废物填埋手册

胡华龙　邱　琦　孙绍锋　等编译

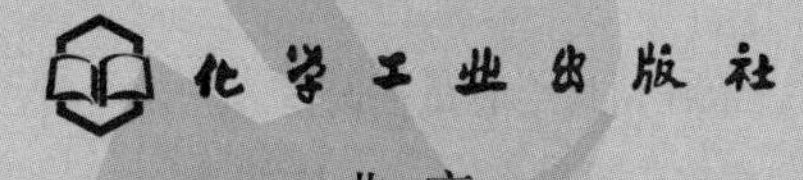

·北京·

图书在版编目（CIP）数据

废物填埋手册/胡华龙，邱琦，孙绍锋等编译．—北京：化学工业出版社，2013.5

ISBN 978-7-122-16872-6

Ⅰ.①废…　Ⅱ.①胡…②邱…③孙…　Ⅲ.①废物-卫生填埋-手册　Ⅳ.①X705-62

中国版本图书馆 CIP 数据核字（2013）第 061060 号

责任编辑：刘兴春　　文字编辑：汲永臻

责任校对：陈　静　　装帧设计：关　飞

出版发行：化学工业出版社（北京市东城区青年湖南街 13 号　邮政编码 100011）

印　　刷：北京永鑫印刷有限责任公司

装　　订：三河市万龙印装有限公司

787mm×1092mm　1/16　印张 25½　字数 594 千字　2014 年 1 月北京第 1 版第 1 次印刷

购书咨询：010-64518888（传真：010-64519686）　售后服务：010-64518899

网　　址：http://www.cip.com.cn

凡购买本书，如有缺损质量问题，本社销售中心负责调换。

定　　价：138.00 元

《废物填埋手册》编译者名单

胡华龙　邱　琦　孙绍锋　郝永利　金　晶
陈　瑛　郑　洋　罗庆明　李淑媛　郭琳琳
薛　军　李玉爽　张　霞　周　强　胡　楠
郭　瑞　许　涓　鞠红岩　张　喆　张　华
孙京楠　叶漫红　刘　刚　张俊丽　何　艺
王　芳　宋　鑫　侯　琼　李　岩　冉　玥
李香香　杨　珂　祁　琳

前　言

我国环境保护工作起步比较晚，固体废物（特别是危险废物）填埋场在选址、设计、建设、运营以及后期维护等方面水平参差不齐，导致了目前固体废物填埋场日常管理水平比较低，存在造成二次污染风险。爱尔兰环保局发布的《废物填埋手册》可为我国从事固体废物填埋工程及其管理人员提供参考。

本书是根据爱尔兰环保局发布的《废物填埋手册》进行编译的，主要包括6章：第1章废物填埋场勘查，主要介绍了废物填埋场选址、建设与运营过程中的勘查程序和勘查范围，设施现状、封场以及后期维护阶段等内容；第2章废物填埋场选址，主要介绍了废物填埋选择的区域，根据相应的标准对多个场址进行评估，从而确定废物填埋场址；第3章废物填埋场设计，主要介绍了废物填埋场设计目标，场地基础设施、衬垫系统、封盖的设计和施工以及后续的质量保证和质量控制等内容；第4章废物填埋场运营管理，主要介绍了废物填埋场运营实践情况；第5章废物填埋场监测，主要介绍了设计与实施废物填埋场监测方案的指导原则，以便准确地评估废物填埋场对周围环境的影响；第6章废物填埋场恢复和恢复后维护，主要介绍了废物填埋场从恢复到恢复后维护再到恢复后的用途等内容。

本书由胡华龙等策划、组织编译。全书具体分工如下：第1章由邱琦、李玉爽、李淑媛、薛军、王芳、杨珂编译；第2章由孙绍锋、郝永利、郭琳琳、李香香、何艺编译；第3章由胡楠、周强、许涓、鞠红岩、张华编译；第4章由郝永利、郭瑞、郑洋、叶漫红、张喆编译；第5章由罗庆明、张霞、张俊丽、刘刚、侯琼、李岩编译；第6章由陈瑛、金晶、宋鑫、孙京楠、祁琳、冉玥编译。全书最后由胡华龙统稿定稿。本书在编译过程中得到环境保护部环境发展中心领导和中国环境科学学会固体废物分会的指导与帮助，在此一并表示感谢。

我们本着忠实原文，对读者负责的原则进行翻译、编辑和校对工作。该书涉及的知识面广，译者知识有限，书中难免存在不足之处，恳请广大读者批评指正。

编译者
2013年8月

目　录

1

废物填埋场勘查

1.1 引言

1.1.1 概述

废物的填埋处置是一个难题且存在争议。随着经济的持续增长，我们正在生产和消耗更多的商品和材料，且我们现在所产生的生活垃圾和商业垃圾比十年前增加了1/3。目前，大多数的废物是通过无衬层系统的填埋场进行处理的，无法满足现在的标准要求，而且这种处理方式也不具有永久持续性。

1.1.2 环境保护局的职责

爱尔兰环境保护局（EPA）成立于1993年7月，其职能包括监测环境质量，提供与环保相关的支持和咨询服务，并为主要工业及相关活动发放环境许可证。在行使上述职责的过程中，环境保护局注意提高环境的保护标准，促进环境的可持续与健全发展。如果有足够的理由相信排放物的潜在影响，并且可能引起严重的环境污染，环境保护局就应当采取适当的安全措施。对于处理生活垃圾与其他类型废物的填埋场，要求环境保护局指定并公布相应的选址、管理、运营以及终止活动标准和程序。

这些标准可能涉及：

① 选址；

② 填埋场设计和运营；

③ 环境的影响；

④ 渗滤液的管理、处理和控制；

⑤ 填埋气体的回收和控制；

⑥ 运营指南，包括废物分类与填埋场废物接收标准的制定；

⑦ 不同类型的填埋场对于不同类别废物的接收；

⑧ 火灾，虫害和杂物控制；

⑨ 适当的恢复、再利用以及设施的再循环；

⑩ 工业废物和其他废物的综合处理；

⑪ 渗滤液、其他污水及排放物的监测；

⑫ 运行终止及其后期监测。

环境保护局确定出相应的标准和程序之后（根据环境保护局法第62条，1992年），在一些情况下，地方当局应立即按照要求执行填埋场的管理和运行，以确保填埋场的管理和运行与指定的标准和程序相一致。任何负责管理填埋场的其他个人或组织，也应遵守这些标准和程序。

1.1.3 国家政策

目前，爱尔兰环境部门正在制定一项综合的废物管理框架。该框架包括政策、立法、基础设施和其他管理措施。1994～1999年的环境服务执行方案第九条——废物管理指出，应将工作重点放在废物管理计划、安排和服务三个方面。下文中的1.1.4～1.1.6条列出了可能对废物管理框架定义与发展产生影响的战略性考虑事项。

1.1.4 欧盟政策

关于废物管理的欧盟政策，其目标是：

① 减少不可回收废物的数量；

② 最大限度地提高废物的利用和再使用程度，对于生产的原材料和能源；

③ 安全地处置任何不可回收的废物。

欧盟第五次环境行动计划——走向可持续发展，列出了实现上述目标所需的途径。同时，应特别注意预防废物的产生，并使用清洁技术，鼓励废物的再利用和再循环，采用废物回收设备，以及废物安全处理基础设施的发展。近年来，欧盟已通过了废物管理战略，该战略对废物框架指令与废物包装指令进行了修订。目前，关于填埋场指令的修订提案还在审议当中。国家法规中列出的标准和要求，将为废物的预防、减少与处置提供直接指导方案。

1.1.5 1995年废物条例草案

1995年5月，废物条例草案正式颁布实施，在本草案中，环境保护局被指定为唯一可以为填埋场发放许可证的机构。填埋场应提供最经济的解决方案，并满足相关的废物处理要求，同时，对于扩大并按工程设计填埋场的趋势，许多现有的填埋场将进行升级，以满足更高的环境标准，并符合欧盟与国家立法以及一般舆论的要求。投资新的设施和升级设施时，应考虑国家立法的重点要求，包括废物预防、回收及再循环。其中，1994年7月颁布的国家回收战略——《爱尔兰废物回收》与地方当局和区域的废物管理战略，提供了实现上述目标的相关措施，前者主要对废物回收与循环再利用设施进行了简要的概述，而后者主要用于评估管理选项。

1.1.6 环境影响

关于填埋场的发展，应考虑法案与当地政府（规划与发展）规章的相关要求。同时，还应考虑郡（县）发展计划和废物管理计划或战略的相关要求。根据1989～1994年欧洲共同体（环境影响评估）条例，年废物接收量超过25000t的填埋场应编制相应的环境影响报告书，而实际上，任何一个填埋场都应当编制相应的环境影响报告书。上述条例规定，应发布环境影响报告书可行性的建议通知，并接受主管机构对于环境影响报告书的相关建议和审阅。此外，拟建填埋场可能对环境产生的重大影响及其相关信息，也应当纳入环境影响报告书中。1995年7月，对于环境影响报告书中应当包括信息以及对现行实践的建议通知，环境保护局公布了相关的准则草案。环境影响报告书的编写与主管机构应注意的问题，可参见在1997年6月颁布的指导准则。

1.1.7 填埋场设计手册

填埋场的选址是一个交互的过程。填埋场的开发商，有关地方当局及市民均在选址过程中发挥着重要的作用。根据1992年环境保护局法第62条的相关要求，环境保护局制定了一系列的填埋场设计手册，包括填埋场选址、填埋场勘查、填埋场运营、填埋场监测。

填埋场勘查手册的制定，旨在帮助开发商确定“填埋场特征”。也就是说，确定填埋场及周边区域特征，并收集相关信息，以逻辑的、经济的和直观的方式区分备选的填埋场。勘查过程中所收集的信息，不但可以用于填埋场的选址，初步和详细设计的编制，监测方案与后期维护计划以及环境影响报告书的编写，而且还可以用于其他需提交于规划机构与环境部的相关文件。使用本手册时，应当参考其他手册，以及与填埋场有关的立法、指令草案，郡（县）发展计划，废物管理计划或战略等。

勘查的目的是为了确定填埋场的最佳选址，或符合地方当局废物管理战略或计划确定的目标要求的选址。在确定最佳选址的情况下，应当在勘查总结报告中给出可用于填埋场的一个或者多个厂址的相关建议。如果对于某一特定场址的勘查，在确定该厂址不适宜作为填埋场的情况下，应当勘查其他的场址。

欧盟关于填埋场指令的建议中，提出了对填埋场的一般要求，包括填埋场的控制、监测、管理与后期维护。废物接收程序、废物填埋种类，与许可证的最低要求一同被列出。许可证的内容和条件应当包括填埋场的具体情况，污染控制方法以及废物处置的详细信息。必须由专业技术人员与财务保障机构参与填埋场的管理，以确保符合许可证的要求。对于现有的填埋场，可根据已通过批准的厂址调试计划继续运营，要求相关工作应当于10年内完成。

本手册中指出的勘查信息，可以帮助开发商与运营商满足填埋场指令建议中提出的要求。根据废物条例草案，环境保护局将作为唯一授权发放填埋场许可证的机构。在发放许可证的过程中，环境保护局应当考虑本手册中的相关要求。此外，国际立法与指令（适用情况下）也对许可证发放做了相关要求。在实际操作中，要求公共与私人部门不仅应当考虑环境保护局的相关规定，同时也要考虑国际立法与指令的相关要求。

1.1.8 填埋场选址

填埋场的设计和管理，应当确保其有害物质量不超过环境可接受的范围。

填埋场的设计理念，还取决于地面条件、现场的地质和水文地质情况，对环境的影响以及填埋场的位置等因素。

填埋场的规划、发展和管理，必须考虑生态、地质和水文地质条件。无论是拟建填埋场、扩建现有填埋场，还是修复现有填埋场，都应当进行勘查。

勘查过程中，需要一步一步地对现有信息进行评估，收集其他需要的信息，并应当在确定该区域或者厂址的相对优势之前，对所收集的信息进行勘查，如图 1-1 所示。

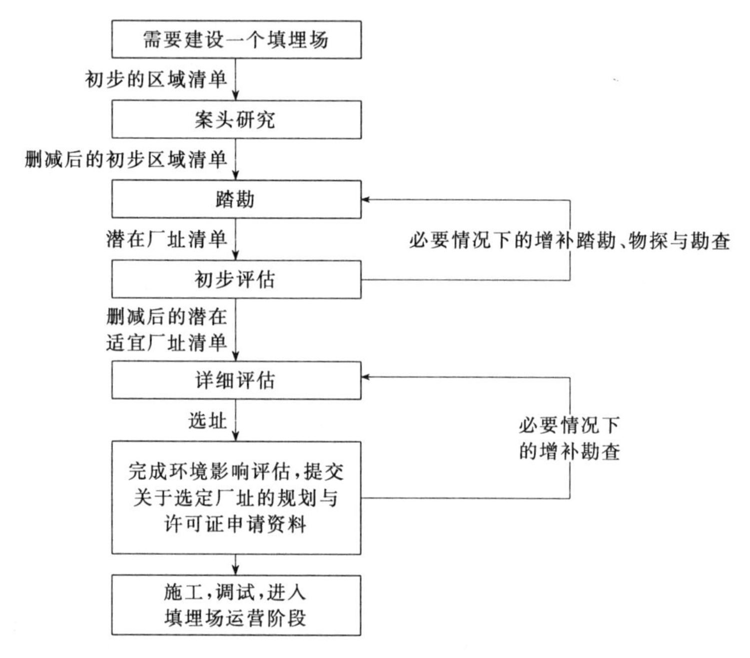

图 1-1 填埋场勘查与选址流程

1.2 勘查目标

1.2.1 概述

勘查的目的在于确定填埋场选址及其周边环境中是否存在可能对填埋场产生显著影响或者可能受到填埋场显著影响的性质和行为。勘查中可能涉及的工作包括收集附近居民区的相关情况、研究历史情况、先前的土地利用方式、今后的土地利用方式、水文、水文地质、生态、考古、地质、岩土工程、填埋场选址周边的交通情况和环境信息等。

此外，通过勘查还应当确定出气体、水的通量及其对填埋场设计、运营与后期维护的影响情况。同时，确定潜在影响来源及相应的缓解措施，也将作为勘查工作中的一部分内容。

1.2.2 目标

勘查的主要目标，是将地面（地质）对填埋场建设项目所造成的不确定性和风险或该项目对环境和公众身体健康所造成的不确定性和风险降低至可接受水平，以确保经济而安全的发展。

确定填埋场选址时，必须：

① 确保对环境造成的风险较低；

② 所选地址适宜进行废物处理；

③ 将企业的金融成本降至最低限度；

④ 选址过程透明化。

勘查潜在的填埋场场址，是选址过程中不可或缺的工作内容，相关详细信息，请参见选址手册。

勘查目标会随不同的填埋场建设项目而有所不同，但一般情况下，可以提供下列数据：

① 场址适宜性的相关考虑因素；

② 设计的相关考虑因素；

③ 环境影响评价。

1.2.2.1 选址适宜性注意事项

(1) 选址 要求地方当局制定废物与危险废物管理计划，同时应定期更新上述计划。

选择填埋场建设场址时，应当首先确定出可能建造填埋场的区域（可以使用关键参数，如地质、水文、降雨等）。

根据所确定的标准，在上述选定的几个建设厂址中进行筛选，然后再在删减后的一个或者几个选址中进行初步评估，以及详细评估，见图 1-1。

在实施废物管理计划的初始阶段，应至少从可供选择的填埋场选址中确定出一个填埋场选址。此外，在确定填埋场选址时，应根据废物来源，考虑废物处理区域的运输成本。通过初步评估所收集的数据，应作为在位置与附属设施之间进行比较的基础数据，以确定某一地点优越于另一地点。确定最终的填埋场选址前，应对一个或多个选址进行详细评估。

关于如何确定填埋场选址的详细信息，以及选址与勘查之间相关性的概述，请参考《选址手册》。

(2) 识别潜在的环境影响 填埋场的建设，可能会对整体环境造成影响。由于选址所处位置的地质或水文地质以及底层土和基岩的性质，可能导致地表水和地下水体系发生变化，释放的气体或者其他有害物质也可能对环境造成危害。通过勘查所收集的信息，可以用来识别和评估这些影响，并可以量化可能产生的风险。

此外，通过勘查所收集的数据还可以用于编制填埋场选址的环境影响报告书与运行计划，以及最终关闭计划。同时，所收集的数据应当能够代表全年度运行情况。

（3）安全评估 应确保填埋场运行期间以及停止废物处置期间的安全性，以消除公众的疑虑。通过勘查所收集的数据可以用于编制安全运行计划，包括废物堆体的稳定性、渗滤液和填埋气的控制措施。

（4）后期维护 勘查数据可以为编制全面的后期维护计划提供信息，包括后期封场监测、补救措施，以确保实现其最终用途，且不会对环境产生不利影响。

1.2.2.2 选址设计

需要收集的信息包括颗粒分布情况、渗透性、强度、压缩特性、地面下层的孔隙水条件等，以评估填埋场选址区域的变形特性与下层土的密封能力，以及基石稳定性。需要对工作期间提供的材料渗透性以及材料（填埋场的衬层系统）进行评估。路基设计、建筑设计与其他土方工程的实施过程中，需要提供下层土参数值。制定地表水和地下水控制措施的过程中，则需要设计参数。应注意选择覆盖材料适当的位置，因为覆盖材料可能产生额外的流量，造成不必要的不利影响。

1.2.2.3 环境影响评价

监测拟建填埋场对环境所造成的影响，需要安装监测点、钻孔、压力计以及类似的设备，以便于获得基础数据。在监测过程中，可以将填埋场开发后期阶段所收集的监测数据与基础数据进行比较。同时，还需制订一份背景空气质量监测方案，建立背景监测时，应当参考填埋场的欧盟指令。

环境影响报告书应当能够如实反映运营商和开发商的运行政策，以及地下水、地表水、填埋气、环境等与相关标准之间的一致性。

背景数据应具有代表性，并应至少包括一年的测量数据或至少一个波动周期评估。

1.3 计划与采购事项

勘查目标和范围确定以后，接下来便需要确定勘查承包商的计划、设计与采购事宜。

1.3.1 计划

在计划阶段，需要确定适当的工作人员（或顾问），制定规范和工程量清单，通过评审投标选定批准承包商的工作方案。

1.3.1.1 主要人员

客户方的高级技术顾问将为勘查过程提供相关建议，并最终负责确保勘查的完全性。上述高级技术顾问可以是客户方的工作人员，也可以是项目阶段中聘请的顾问。要求高级技术顾问组织一个项目团队，进行各方面的勘查。该项目团队可能包括岩土工程师、土木工程师、生态学家、工程地质学家、水文学家、水文地质学家、地球物理学家、考古学家、农学家、化学家、生物学家、景观设计师、建筑师和公共关系专家。应当聘请具有适当专业资格与工作经验的工作人员，以确保勘查过程中的质量控制，同时还应当确保各阶段的勘查工作能够顺利进行，包括可能的公众咨询或口头听证，这种情况下，便需要团队成员能够提供相关的证据。

1.3.1.2 主要勘查项目

对潜在填埋场及其周边区域的勘查，应遵循一定的步骤或者程序。理想情况下，应当包括以下内容：

① 设计团队和开发团队的初级评定；
② 方案研究；
③ 踏勘；
④ 地球物理勘查（适当情况下）；
⑤ 初步评估；
⑥ 制定详细评估的目标；
⑦ 设计详细评估方案；
⑧ 详细评估工作方案；
⑨ 安装监控设备；
⑩ 报告；
⑪ 与项目团队，设计团队和开发团队交流；
⑫ 形成待测填埋场的有关结论和建议。

上述项目的详细介绍，请参照本手册的后续章节。

1.3.1.3 初级评定

项目团队建立之后，则应当实施勘查计划。初级评定将包括项目团队、设计团队和开发团队之间的交流会议。

通过上述三方会议，项目团队可以对预期条件所确定的勘查目标，以及潜在的岩土工程和环境问题进行初级评定，以便于协助设计团队确定具体的设计参数，同时帮助开发团队确定填埋场的边界并解决后勤问题，如土地所有权、进入权限。

1.3.1.4 初步评估与详细评估

初级评定完成之后，接下来便需要进行初步评估。在初步评估过程中，需要整理现有的信息，并需要对地面（底层土和基岩）及其特性、待开发地面的流量进行初步的了解。通过初步评估，可以大概确定拟建填埋场将会对环境所产生的影响情况。应当根据初步评估的结果，安排详细评估的相关计划。

详细评估的规范，要求简明，清晰和明确，应包括以下考虑因素。

(1) 预算 确定勘查阶段的预算。大多数情况下，资金并不是很充裕。但是，在一般情况下都可以找到折中方案，并且还能够保障勘查的完全性。承包商的竞价，可以帮助确定支出金额。因此，应准确估算计划阶段所需的预算，从而确保有足够的可用资金。

(2) 精确度 详细评估的规范应明确、全面。应当由勘查经验丰富的人员编制详细评估的规范，同时参考《土地勘查规范（Specification for Ground Investigation)》（SISG，1993B)。工程量清单也要求清晰、简明，并根据标准测量方法制备，如参照土木工程师协会（ICE）或者英国（UK）颁布的土地勘查规范所提供的建议。适当情况下，应参照关于取样、监测与勘查技术的国家或国际技术规范。

(3) 相关性 可用于土地勘查的技术有很多种。然而，重要的是选择相关性最强、适当的勘查技术。只有参照相关的规范，才能保证勘查结果与既定目标相一致。应当由熟悉设计信息要求的人员选择适当的勘查技术，此时，要求上述人员懂得设计工艺和设计参数方面的知识，并且具有一定的填埋场设计、施工与操作经验。其他方面的勘查技术，如生态和考古等，应当咨询相关专家顾问。

1.3.2 采购

要想获得令人满意的勘查结果，不但要求承包商具有系统化的采购方法，而且除了价格之外，还应当考虑以下几方面的因素：

① 具有测量、日志记录与数据解释的专业知识；

② 承包商的操作规模应当与既定勘查规模相符；

③ 在人员、厂房、设备和实验室设施方面，承包商应能够满足所需的水平要求；

④ 承包商的工作人员应具备类似的工作经验；

⑤ 关键的高级职员，应具有适当的资格认证，并具有丰富的同行业工作经验；

⑥ 承包商应确保管理系统的质量，最好采用通过认证的钻孔/测试/报告。

勘查承包商应具有专业的知识，如水文、地质、生态等，投标文件中应当提及相关的专家信息。当需要某一特定专业的专家时，也应当在投标文件中明确说明。例如，需要水质采样、监测和分析，空气和填埋气体流量采样，考古和生态方面的专家。应根据工程合约的指导准则，确定承包商的选择方法。工程量清单中包括或者通过批准的但属于初步工程合约范围之外的工作，应当制定相应的时间表，以避免出现预算超支的情况。

1.3.3 工作计划

选定承包商之后，应当根据作为部分投标资料提交的方案，确定相应的工作计划。应当确保资产的可用性，并应当确保将调派设备的物流安排以及日常报告程序落实到位。勘查过程中，需要每天对工作计划进行监测与更新。同时，工作计划中也应当涉及每周的监测例会及相关的工作指导。

工作方案应具有灵活性，以确保在考虑以下因素时，可以对其进行调整：勘查区域内的地面条件；可用的勘查设备；相关人员；勘查预算；现有的污染物；安全要求。

当非业主人员实施填埋场勘查时，应当明确雇主与承包商各自的责任。特别是：既定勘查的工作范围；选择将监测井、测压计和类似设备放在合适的位置；生效日期；项目持续时间。

需要在完成工作计划之前，将上述几方面考虑清楚。

1.4 初步评估

1.4.1 概述

通过初步评估，可以在可选的区域之间进行比较，为首选区域和位置提供相关的信息。岩土技术/水文地质虽然是选址过程中的重要组成部分，但在此仍需指出，从岩土技术/水文地质角度所选择的最佳可能无法作为最终的填埋场选址，因为除了岩土技术/水文地质之外，其他因素的重要性也不能忽视。这些因素可能包括选址的位置、生态条件、交通条件、邻近土地的利用方式等。

1.4.2 目标

初步评估的目的是收集当地地形与地质环境的相关信息，主要包括以下几个方面：

① 地形特征；

② 地质类型及其分布情况；

③ 本区域内及邻近区域土地的利用方式；

④ 底层土的分布情况；

⑤ 含水层的分布情况、相关保护政策、相对重要性与脆弱性信息；

⑥ 地下水流体系，包括水位、梯度和水流方向等；

⑦ 气象信息；

⑧ 地下水和地表水的主要开发利用情况；

⑨ 地表水的水文信息，包括既定用途与美化用途；

⑩ 区域标记（如有）。

1.4.3 勘查内容

1.4.3.1 概述

通常情况下，初步评估中涉及可用信息的方案研究，以及踏勘。特殊情况下，还需进行勘查，如试验坑，地球物理勘查或有限钻孔。下文中介绍了进行初步评估的一般方法，包括方案研究（首先）、踏勘（随后），必要情况下，还需根据项目团队的决策进行补充勘查，以将可选择的区域删减至适宜数目，一般为3～5个。初步评估以后，所剩余的区域需进行详细评估。

1.4.3.2 方案研究

在方案研究中，需要整理已经归档的可用信息，包括地质（固体和漂移）与地形地图，考古地图及记录资料，土地覆盖，区域标记，气象数据，航拍或遥感照片，地表水和地下水数据，包括对本地地表水和地下水开发利用与水质信息。

(1) 地形图 对于可供选择的，可以采用比例尺为1∶126720（图上半英寸相当于实际一英里）的区域地形图。上述地形图应标出等高线，同时也应标示出可能影响填埋场位置的地表水特征及其他地形特征。对于全国大部分地区来说，也可以采用比例尺为1∶63360与1∶500000的地形图。

对于某些地区来说，也可以采用比例尺为1∶50000的Discovery系列新版地图。但是如果对具体细节要求较高，通常应采用比例尺为1∶10560（图上6英寸相当于实际1英里）的地形图，该类型的地形图上标示出了深坑、泉水，以及本地的排水系统。应确定河流流域的范围与潜在的利用价值（例如养殖鲑鱼的河流）。此外，地形图上也应当标示出易受洪灾的区域以及低于最高水位的区域。

(2) 基岩和底层土地图 爱尔兰地质勘查局（GSI）是获取地质资料的最佳来源，但是也可以参考第三阶段教育院校和其他公共部门的相关资料，如爱尔兰农业与食品发展部（Teagasc）、地方当局以及公共设施办公室（OPW）。此外，对于某些特定区域，也可以使用矿业公司绘制的地图。爱尔兰地质勘查局同时也提供地下水与岩土技术信息服务，通过本项服务，便可以获得爱尔兰地质勘查局所收集的钻井与勘查记录资料以及底层土数据。也可以采用爱尔兰农业与食品发展部编制的土壤勘查地图。参考地下水保护计划与脆弱性地图（目前，爱尔兰地质勘查局已经绘制了多个地区的地下水脆弱性地图）也变得越来越重要，同时也是非常有必要的。

(3) 气象和水文数据 以往的气象和水文记录，可以确定地下水和地表水的补给情况。同时，也应对填埋场进行监测，降雨量数据可以用来区分干燥区域与潮湿区域，计算潜在的渗滤液产出量，并建立各种降雨情况下的地表水和地下水水位响应时间。这些数据也可以用于模型校准（用于设计阶段），以评估填埋场的渗滤液产出量。此外，还应当考虑对主导风的情况。

(4) 航拍照片 对于可以利用岩土技术与地质条件解释的项目，航拍照片可以为其提供详细的、完整的图片，包括地形、表面排水系统、土地利用情况、植被、水土流失与不稳定性。适当情况下，可考虑采用立体堆。植被可能会掩盖或隐藏某些地形特征。采用立体堆可以改善关于边坡梯度、地貌、排水系统、排水不良地面、山泥倾泻活动、塌陷特征和深坑的解释。这些照片在全国地形测量局（OS）或爱尔兰地质勘查局可以找到。

(5) 考古 在方案研究中，应整理潜在填埋场及邻近区域内有考古价值的相关信息。此时，应参考公共设施办公室（OPW）国家古迹部门编制的遗址与古迹记录（SMR）。通过踏勘进行核查，标示出场内及其周边具有考古意义的任何项目。勘查拟建填埋场时，应首先向公共设施办公室国家古迹部门咨询，并应当将所收集的考古信息转交于国家古迹部门予以观测。这将有助于确定具有潜在考古意义的项目，同时还可以确保在本区域内采取适当的预防措施。

(6) 景观 应当审核现有的土地利用方式以及现有景观的美化质量。同时，应考虑景观的敏感度和视觉吸收力。此外，还应当标示出树行的多样性与范围，以及树篱的相关情况。

(7) 生态　应参考由公共设施办公室编制的区域标记地图，该地图标示了“国家文物古迹区”，以便于确定相关区域是否具有生态意义或者其他相关意义。确定出该区域内是否有重要的生态区，以避免或者减少对上述生态区的不利影响。出现相关情况时，应与国家公园以及公共设施办公室野生动物部门联系。

1.4.3.3　踏勘

踏勘中涉及对填埋场选择及周边地区的目视检查，包括以下特征。

(1) 地形　应当确定地貌的一般特征与地形，同时观察边坡的角度与类型（凸坡角或凹坡角），以及坡度突然发生变化的情况。检测冰河（川）的特征，应标示出现存的土堆或土丘，或者洼地。应标示出山坡上的土丘，凹凸不平的地面或阶梯地面，因为这些地形特征可能会造成山体滑坡。同时，还应标示出具有考古意义的项目、公寓、勘查访问途径、地面条件、架空电缆和电缆塔。地面排水特征，如河流、溪流、池塘也应予以标示。

(2) 地质/水文　应记录地质和水文地质方面的相关信息。检查并记录暴露的岩石，可以收集道路或铁路路堑、砾石坑内沉积的下层土予以检查。应标示出泉水、渗流与坍塌特征，如深坑（石灰坑）。此外，还应标示出地下水和地表水的开发利用情况。

1.4.3.4　其他工作

如果需对方案研究和踏勘进行说明，则有必要利用试验坑、地球物理勘查或浅层探测技术，进行初步地质勘测。有必要通过监测获得基线数据，与可能的后期活动数据进行比较。根据欧盟关于填埋场指令的提案，基准监测应当能够确定潜在污染缓解措施的有效性。

(1) 探井　某些位置是可以挖掘探井的。应采用取样技术，以编制颗粒大小分布分级图表，同时可以通过观察，对下层土的适用性进行初步评估。

(2) 地球物理　当需要快速地勘查大面积的地面时，或者获取试验坑或者钻井存在限制条件时，采用地球物理勘查可以较好地实现既定目标。在地球物理勘查中，需利用某些钻井对勘查结果进行校准，以确保勘查数据的真实性。因此，在初步评估阶段，应采用可以迅速部署的地球物理勘查技术，如电磁、电阻率和地震方法。

(3) 探测　采用眼镜蛇探测器、喇叭探头或手用螺旋钻等设备，可以基本地确定下层土的分布情况。可以通过建立打击数与相对密度之间的经验关系来估计土壤的承载力。

(4) 监测　进行详细评估之前，如果留有充分的时间，最好在需要详细评估上进行地表水和地下水基准监测。此时，可利用现有的钻井和溢流堰，也可以建造专用的系统。

1.4.3.5　初步评估结果

在评估可供选择的过程中，应通过方案研究与初步勘查逐步减少潜在区域与地点的数量。初步评估之后，至多允许留有三个备选，以进行下一步的详细评估。即便在此阶段发现最理想的选址，也需对该理想选址进行详细评估以予核实，并提供相关信息说明为何排除其他或者选择更理想场址。通过勘查所收集的信息，可用于选址程序中，见《选址手册》。勘查与选址可同时进行，也可交叠进行。因此，通过初步评估所收集的信息，将用于删减潜在的数量。在此基础上，应编制可进行详细评估的备选名单。

1.5 详细评估

1.5.1 概述

开展填埋场勘查工作之前，应首先进行方案研究，编制现场勘查与实验检测方案。在完成初步评估之后，再确定详细勘查的范围。应当指出的是，明显不适宜作为填埋场的需排除，并对剩余可供选择的场址进行详细评估。

1.5.2 目标

对于剩余可供选择的场址，详细评估的目标是收集关于其地形、地质、下层土、岩土技术、水文、水文地质、考古、生态与景观的详细信息，以协助填埋场的选址、规划、开发和管理。

1.5.3 勘查所需的信息

勘查所需的信息，可归纳如下。

1.5.3.1 地形

地形的详细信息与地形图；地形图上的等高线，与斜坡类型（凹/凸）；地形图上的排水系统；地面下层的地形特征；土地利用方式；特征，如树篱、沟渠、外露岩石等；道路和风景路线；人口/住宅区；开发计划。

1.5.3.2 地质

（1）基岩 岩石的类型、矿物成分和地层情况；在水中、渗滤液中的溶解度；地质边界的类型和位置；不连续性的分布范围、程度与分离度；岩溶作用和沉降的风险；岩石体变形行为；岩石渗透率（压水测试）。

（2）下层土 地层的组成和物理性质；地层的横向和纵向连续性及分布情况；耐侵蚀性与细粒土砂流失情况；应力和变形行为；土方工程和覆盖材料的可重复利用性、可操作性；浸出试验；土壤水分特征；污染情况。

1.5.3.3 气象

日降水量；主导风向和强度；大气湿度；降雨体系；蒸发和蒸腾体系。

1.5.3.4 地表水

地表水状态（包括美化以及娱乐用途）；地表水的排水方式；现场积水与溪流的详细信

息；水道的流动体系；水质管理计划；流量和水质的变化情况；开发利用情况；背景地表水水质；发生洪灾的可能性。

1.5.3.5 地下水

地下水体系；各地层的渗透性（基于测压数据）；下层土和基岩的透射率（最大值与最小值）；下层土与基岩的分布情况、深度与厚度；泉水、深坑与石灰坑的位置，或其他的地下水特征；地下水梯度、流速与流动方向；地下水位及其变化情况；地下水的化学与其自身本质特性的问题；地下水保护区；地下水的开发利用情况；短/长期地下水位降低的影响预测；与地表水之间的关系；地下水水质；地下水的脆弱性和含水层类别。

1.5.3.6 考古及古遗

关于遗址与古迹记录任何条目的详细信息；关于先前的详细历史信息；先前行为所造成的任何人为干扰及其详细信息；先前所发现的任何细文物与贵重物品及其详细信息，考古任何物体的细节；勘查过程中所发现的具有考古意义的项目及其详细信息；考古项目对填埋场完整性的影响。

1.5.3.7 生态

现有生态信息、重要的物种和栖息地；水生生物和陆地生态的相关信息；具有科学价值的区域、国家文物区或国家公园；对生物多样性的潜在影响；生态敏感性。

1.5.3.8 景观

景观的美化质量评估；景观的敏感度评估；视觉吸收力评估；景观的脆弱性评估；制定美化质量目标矩阵，以确定景观的脆弱性。

1.5.4 勘查内容

1.5.4.1 地形

地形数据的收集，主要是在土地勘查阶段完成的。应当在地图上标示出填埋场边界。同时在本阶段，还应根据景观勘查数据，绘制出现有的、拟建阶段与完成阶段的等高线图，这一点对于地势较低的地点尤其重要。由于等高线间距的问题，这些现有等高线图（如果有的话）使用价值并不是很高。在编制地面勘查方案时，地形数据可以帮助确定土方工程的范围，以及所需的排水措施。

在此阶段，还需根据农作物的轮作信息，仔细研究周围土地的利用方式。必要时，可向农业专家（农学家）咨询。勘查包括地貌与斜坡相关信息、冰河（川）的特征，并应对滑坡或者沉降的风险进行适当的评估。上述工作应交由适宜的、有经验的地质学家负责，每个勘查的持续时间通常为1～2天。

1.5.4.2 地质

勘查基岩和下层土时，往往采用钻井、探井或其他探测方法，或者地球物理方法。但是，也可以采用详细的地质地图，以确定和阐述初步评估中的地质评估。钻井和探井可以直接提供下层土和基岩的相关信息。根据预期的变化性与资金预算，确定探测钻井的数量。由于下层土条件的变化，可能会出现相异性，这时应增加钻井的数量。钻井过程中应谨慎小心，确保能够适当地穿透基岩，并防止穿透不透水层，以证实现有地质构造的相关信息。钻井是直接评估较深地表下层的唯一方式。因此，通过钻井可提供潜在填埋场水文地质与地质特征的必要信息。探井和探测器也可提供类似的信息，只是探测的准确度有限。虽然钻井无法检测出地下环境中的细微差别，但是经验丰富的岩土工程专家的设计方案几乎可以达到既定目标。我们建议每个勘查点应至少有三个钻井。此外，还需根据具体的勘查阶段与现有的钻井数量，确定所需安装的钻井。在下层土的检测中，将评估其用于填埋场覆盖层的适用性和可用性。同时，还应当检测用于中间覆盖层与最终覆盖层的土壤的储存情况及其相关的利用情况。

(1) 钻井 通过使用钻井，应达成以下目标：

① 编制钻井日志，以确定地表下层的特征；

② 提供用于分析的样品，以获取土壤的主要特性信息；

③ 获取关于地下水的初步信息；

④ 开展各种原位测试，如透气性等；

⑤ 安装监测设备。

(2) 探井 通过使用探井，可以对土壤的组成成分进行原位目视检查；观察地下水条件；观察土壤稳定性；获取用于分析的样品；原位测试。

安装探井的成本相对较低，一天大概可以挖掘8～10个探井。有必要拍摄照片获取探井的相关情况，并准确记录相关信息。对于挖掘试验坑的地面，应采取措施恢复至原始状况。

(3) 探测 可以使用适当的仪器进行探测，如动态探测系统、圆锥贯入仪系统、手用螺旋钻或者麦金托什探测，以便于测定土壤的类型和原位测量土壤的强度，透气性。如果现场存在巨石，便会对探测产生限制。

(4) 地球物理方法 在地球物理勘测中，可以使用适当的仪器，通过地面或者钻孔测量各种地球物理参数。上述参数发生变化时，会对地面的特性产生直接影响，如分层、强度和饱和度。地球物理方法可以作为一种间接评估地面下层地质与水文地质的方法。

在详细评估阶段，地球物理方法通常作为补充工具，其插入位置位于探测钻孔之间。而钻孔可用于校准地球物理方法。如果直接勘查方案中加入适当的地球物理方法，便可以减少确定地面下层条件所需的钻孔数量。通过适当校准的地球物理勘查方法所收集的信息，其类型如下：岩石层深度；岩石层上方的下层土分层情况；掩埋在岩石层的管道位置；掩埋的岩溶特征和岩洞的位置；基于电导率测量的污染羽。

地球物理方法的成本较高，重要的是注意采用最适当的技术，以获取土壤条件及其他所需的信息。同时，也应认识到地球物理方法的局限性。附件B对各种技术进行了详细介绍。

1.5.4.3 地表水

在地表水资源勘查中，将涉及流量评估、水位与背景水质测量。通过勘查所获得的数据，可用于量化水文循环中的地表水，以确定：

① 流量体系的变化情况；

② 溪流和河流的低流量数据；

③ 发生泄漏或者溢漏事件下的稀释能力；

④ 水质参数的变化情况；

⑤ 发生洪灾的可能性。

水文站（压力表或者溢流堰）通常会通过连续测量或者定期测量，收集水位和流量数据。每年度应多次收集水质样品，并进行分析，以便于确定其变化规律。应当标示出地表水的当地受益用户及其开发利用情况。在设计阶段，所收集的信息可以用来确定洪水的间隔期与水位，并建立相应的模型。

1.5.4.4 地下水

在本阶段中，应当确定当地的地下水用户，如果可以获得地下水开发利用的相关信息，还应对地下水水位与水质进行背景监测。水井勘查将有助于确定当地的用户，并可以提供有用的水文地质信息。勘查阶段所安装的钻井，可以用于监测填埋场内及其附近地区的地下水水位和水质。应选择压力计的位置和深度，以便于精准地确定不同的地下水位或者离散含水地层。测量地下水水位，适当情况下，还应测量地下水的化学成分，以便于在设计阶段为确定地下水体系与模型提供必要的信息。应确定钻井的安装位置，以便于在填埋场运营阶段还可以使用这些钻井监测地下水条件。在填埋场的顺梯度位置与逆梯度位置，应分别至少安装1个钻井。应确保安装足够的钻井，以便于表征地下水体系的特性。然而，为了获得关于地下水的代表性数据，我们建议应至少安装3个钻井，具体请参考当前欧盟关于填埋场指令的提案。填埋场区域外应至少安装1个钻井，以作为参考（前/后）位置。应在选定的钻井中安装压力计，以分析地表水下渗和地下水流动的相对强度；同时，还可以根据所获得相关数据，编制纵向和横向水流的三维图。

编制地下水水位地图，确定地下水位的季节性波动情况。必要时还需进行实地测试，以获得渗透率和流动条件；可能包括测试抽水；压水试验。

对于某些测试，应安装特定的钻井，同时应当将这些钻井纳入勘查预算中。

1.5.4.5 考古及古迹

在方案研究阶段，应标示出具有考古意义的项目；在踏勘阶段或者勘查的详细评估阶段，应指出相关的地面干扰证据。区域内的任何文物信息以及重要发现，均应向国家博物馆或爱尔兰公共设施办公室的国家古迹部门咨询。同时，在本阶段还应聘请专业的考古学家以审查相关情况，并确定所发现的文物价值。考古学家应与公共设施办公室合作，以针对填埋场内的任何重要考古区域建立相应的保护计划。应采取相应预防措施，控制填埋场对考古区域的潜在影响，某些情况下，还需采取完全覆盖措施。可以通过制订完善的计划，以最大限度地减少实际影响。如果区域内的考古意义重大，还应考虑撤销拟建填埋场的方案，并进行进一步审议。

1.5.4.6 气象

通过物理测量或者其他气象服务测量，确定可选择及邻近区域内的年降水量、风向、风速、蒸发量和蒸腾率及其他气象信息。水平衡法可以用来确定渗滤液的年产出量。应采用适当的测量方法，并确保测量参数的精度。应对每个进入详细评估阶段的地点进行初步水平衡测量，以确定其渗滤液的可能产出量。所获得的数据，也可用在设计中，特别是可以用来确定处理单元的规模。应安装风向袋，以便确定风向。为了确定后期将采用的杂物控制屏障与控制网，应考虑暴露因素。

1.5.4.7 生态

在填埋场的开发过程中，水生或陆地生态方面的问题也非常重要，应聘请具有资质的专业生态学家，以评估拟建填埋场对生态的潜在影响，并制订相应的改善措施。应采用标准勘查技术，如通过国家公园与公共设施办公室野生动物部门批准的勘查技术，对拟建填埋场区域内的生态区进行评估。无法采用上述技术的情况下，则应考虑使用公认的量化方法。应参考公共设施办公室指定的地图，确定该区域内的生态条件（例如自然遗产保护区，特殊保护区域等）。针对所确定的重要生态区域，应采取适当的保护措施，以避免或减少不利影响。

1.5.4.8 景观

拟建填埋场，将会对其周边的景观产生一定的影响，这主要是由于拟建填埋场的建筑物，整体高度以及后期持续运营造成的。拟建填埋场的建设及其堆填操作，将对景观产生不良影响。因此，必须确定景观的敏感度、脆弱性和视觉吸收力。应对确定拟建填埋场的敏感视觉意见，并对其审美质量进行评估（包括视觉冲击力）。为此，需制定一份审美质量目标矩阵，以确定景观的脆弱性，测定视图区域的距离，并计算拟建填埋场对景观的视觉冲击力。对于现有景观以及拟建填埋场不同开发阶段，应建立相应的真实感模拟。同时，还应确定减轻或改善拟建填埋场视觉冲击力的措施，提高景观美感。对于可供选择的每个地点，都应收集其相应的视觉效果、敏感度和脆弱性信息。应基于定性和定量方法，对可供选择的地点进行比较，包括上文所提到的技术。

1.6 合同文件与承包商选择

1.6.1 合同文件

合同文件包括：投标者的指导说明；规范；合同图纸；工程量清单；合同条件；标书、保证书和协议书。

相关文件应基于行业内使用的标准，并应采用标准规范和测量方法制定。清晰、简洁、准确的文件，不仅能够协助雇主准确地估算勘查工作的成本费用，帮助承包商准确地计算工程价格，同时还能够提高参与勘查的工作人员的工作效率。最好按照下述程序制定合同文件：首先制定合同图纸，然后是规范，接下来分别是合同条件以及任何的特定条款、工程量清单，然后是标书、保证书和协议书。投标者的指导说明应当在发布报价合同文件之前制定，并应清楚地说明基本的合同要求。

1.6.2 选择承包商

除了报价之外，选择承包商还应考虑的因素包括：

① 承包商的可用资源，包括厂房、设备和人员；

② 承包商的工作量/正在参与的项目；

③ 承包商所拥有的专业专家/设备；

④ 由承包商完成的项目，以及通过现有/先前雇主审核的承包商记录；

⑤ 承包商安排工作与执行工作的灵活性；

⑥ 合同期限内，承包商完成该项目的能力；

⑦ 承包商所提供保证书的可用性（如果客户要求承包商提供保证书的话）；

⑧ 承包商方的监督人员资历及其工作经验；

⑨ 承包商方的实验室和测试设备；

⑩ 承包商方的质量管理系统实施情况；

⑪ 从客户的角度来看，最具经济优势的投标书。

在评估标书时，必须考虑承包商方关于勘查工作的报价、设备和人员因素。选择承包商时，应谨慎小心，以确保所聘请的承包商能够按照相关标准完成勘查工作。质量较差的信息或者不准确的信息，是不具任何使用价值的，因为这样的信息可能会导致承包商报价出现偏差，并由此导致雇主在建设期间的承担额外费用。此外，使用不正确或不充分的信息选择设计参数，还可能会导致出现错误，并由此增加雇主的长期成本。

1.7 勘查管理

要想获得令人满意的勘查结果，首先应确保由适当的工作人员计划、管理勘查工作，并给予关于勘查结果的正确解释。结构化的勘查管理方法，有助于防止出现疏漏，同时还能够提高勘查的工作效率。勘查过程应具有互动性与灵活性，需要所有的参与者都能够积极地履行自己的职责。如果未能聘请到具有资质/技术的专家，就无法保障全面地完成勘查工作。所采取的勘查管理方式，必须能够全面且清晰地认识到与拟建填埋场相关的危害和风险。合同文件中应当明确列出各方之间的沟通方式，包括雇主、客户的现场监督人员、承包商以及承包商的现场监督人员连同他们的助手，以避免产生误解，同时帮助所有参与者清楚地了解自己的职责与报告途径。

1.7.1 工作计划

承包商所提交的标书文件中，应当包括一份拟议的工作计划。该工作计划由客户方代表进行审核。一旦某承包商投标成功，其所提交的工作计划也将随之确定。对于较大规模的勘查工作，则有必要采用电子表格程序，以便于能够容易地编制进度报告，并进行调整。其中，可能包括每周的更新，并提供比较实施情况与拟议计划的S曲线。目前，还可采用专门为勘查工作设计的软件以协助调度，控制项目实施与配置资源。该类型的软件应当应用于所有项目当中。

1.7.2 承包商的现场监督

在实施勘查工作的过程中，应进行质量控制。承包商是否能够提供具有适当资质并具有相关经验的现场监督人员，对于质量控制是非常重要的，同时，上述现场监督人员还将负责与客户方代表的沟通。在实施勘查工作的过程中，经常会发生意外状况，因此应基于双方共识改变勘查的类型与范围。这种情况下，便需要承包商的现场监督人员和客户方的现场监督人员具有经验和技术知识，能够对勘查工作与遇到的地面条件进行评估。在实施勘查工作的过程中，承包商的现场监督人员应确保不离开现场，负责收集所有的现场信息，同时保证现场信息的准确性符合相关的要求。为避免记录现场数据出现错误，应时刻保持警惕，以最大程度地减少勘查数据在记录，绘图和报告过程中所出现的错误。

1.7.3 客户方的现场监督

客户方应指定具有岩土技术专业知识的工作人员参与勘查工作中的现场监督，要求上述工作人员还应具有不同技术的实际操作经验。客户方的现场监督人员应直接向客户方的首席技术顾问报告，并应被赋予足够的权力以监督勘查工作。关于勘查技术方面的问题，客户方的现场监督人员应具有做出决策的能力，或者能够为客户方提供关于勘查技术进展以及勘查花费方面的指导。客户方的现场监督人员，应确保根据经过审批的工作计划及经过授权的变动完成勘查工作。对于勘查过程中所收集的信息，应定期进行评估。尤其重要的是，关于拟议的勘查变动问题，应向参与设计阶段与建设阶段的工作人员咨询，同时，所颁布的变动指令应与先前制定的信息要求相一致。客户方的现场监督人员应对每天的勘查记录进行审查，以确保记录信息的准确性。合同生效之前，客户方的现场监督人员应当详细了解承包商的质量管理体系（如有），同时在实施勘查工作的过程中，客户方的现场监督人员应定期收集上述质量管理体系的相关信息。

1.7.4 质量管理

该项目的所有参与者，包括客户方和承包商的现场操作人员，都应作为整个项目质量计划的一部分。质量计划中应包括：数据记录，测试，校准等；现场安全；样品处理和存储；现场操作；现场仪表；报告。

有必要制订一份具体的项目质量计划，并将各承包商和分包商的质量说明书纳入该计划中。通过 ISO 9000 系列或同等标准认证的承包商，应将达到标准要求的质量管理系统落实到位。

1.7.5 记录完成与提交

对于所有的开发项目，承包商应采用通过审核的记录表格，完成日志编制工作。各个开发项目的位置，应当在设计图纸上明确标示。应提供经过校准与处理的完整原位测试记录。应提供经过处理的完整地球物理数据，除非另有规定。当天工作完成以后，应于 24h 之内将工作日志记录表提交至客户方的现场监督人员（代表）手中。对于较大规模的项目，应提供相应的每日和每周进度报告，详细说明工作的进展情况与勘查结果的初步详情。这些报告不仅可以协助客户方监测工作进展情况，还可以帮助其更新费用预算。对于需要数字格式的数据，则需要以商定的格式进行传输。

1.7.6 变动与索赔

由于勘查工作的不确定性，有可能需要改动原工作计划中的内容。因此，应制订相应的变动处理程序，以尽量减少索赔。然而，为了能够有效地处理可能发生的索赔事件，一定要确保合同文件的完整性。同时，应强调现场监督的重要性，以及客户方与承包商之间沟通的准确性。

1.8 勘查结果

最终，应根据勘查结果制订一份勘查报告。勘查报告的价值取决于相关人员的使用方式，以及其自身数据的精准性。一份令人满意的勘查报告应能够识别出潜在的问题，并提供可能的解决方案，以协助客户制订设计方案，并为承包商在施工阶段提供帮助。在既定的时间内，应将勘查结果报告及其解释性报告提交给客户方的首席技术顾问，同时，还应确保满足客户方勘查目标的要求。勘查报告的制定一般分为三个阶段，下文对此进行了详细的描述。但对于规模较小的项目，可以将所有报告合并成一个文件。

1.8.1 初步评估

评估报告内容包括：

① 界定项目的范围；

② 方案研究与踏勘的勘查结果；

③ 评估地下水条件和地下水的利用情况；

④ 总结初步勘查的结果；

⑤ 为详细勘查的范围提供相关建议。

1.8.2 详细评估—事实报告

要求事实报告能够简明、准确地描述：

① 填埋场；

② 勘查工作的实施情况；

③ 勘查结果及发现；

④ 监测结果和实验室测试结果。

承包商的工作人员应负责制订事实报告，并且该报告应包含勘查过程收集的所有事实资料。这些资料通常包括：

① 设施及其周围区域的图纸，地图；

② 地形图和地质图；

③ 以既定格式编制的探测器、探井和钻井日志；

④ 渗透测试结果及其图表；

⑤ 能够显示季节性变化的地下水等高线图；

⑥ 抽水测试记录及其分析结果；

⑦ 监测记录及其结果；

⑧ 气象记录；

⑨ 实验室测试结果；

⑩ 考古、生态和景观评估结果；

⑪ 专家勘查测试结果；

⑫ 照片资料。

1.8.3 详细评估—释义报告

释义报告应包括以下内容。

① 汇集和审查初步评估和详细评估中收集的所有信息。

② 确认或修改关于地面的初步介绍资料，包括下层土与土壤地质的剖面图与平面图。

③ 对填埋场衬层系统、覆盖系统与处理单元结构天然地层的适宜性进行评估，以及对下层土作为该天然屏障的适宜性进行评估。

④ 对于安全问题进行评估，包括边坡稳定性、渗滤液的控制、废物堆体的稳固性。

⑤ 为该地点是否适宜作为填埋场提出相关建议，是否选取其他地点，或为做进一步勘查提供相关建议。

⑥ 对渗滤液的产出量和范围进行评估，同时应考虑拟建填埋场的运营方法。

⑦ 对协助于填埋场建设的临时工程进行评估。

⑧ 对生态进行评估，包括生物多样性，生态敏感度与生态区。

⑨ 提供地下水地图，并对预知的含水层、集水区边界、水流方向、开发利用率、地下水等高线以及水质数据进行评估。可在设计阶段引入模型，以预测建设工程将对地下水造成的不利影响，并对该项目的部分风险进行评估。此时，可能会利用到上述地图中的信息。

⑩ 提供设计所需的参数，包括下层土的承载能力和变形情况。

⑪ 确定关于岩土技术与环境的潜在问题。

⑫ 提供一系列解决问题的设计方案。

⑬ 提供后期维护的设计数据，包括监测和污染的控制措施，恢复，排水和填埋气控制。

在拥有一定数量专家的情况下，释义报告可由实施勘查工作的承包商负责制定。然而，在许多情况下，释义报告通常是由客户方的勘查监督小组或顾问负责制订的。合同文件中应当详细说明负责制订释义报告的人员和机构，及其所涉及的范围。此外，释义报告中还应当列出参考专家意见的相关资料。完成详细勘查之后，不能臆断将该地点可作为填埋场的最终选址。应保留排除该地点的可能性，直至完成其他勘查和通过其他原因排除其他的选择。

1.8.4 数据传输

应注意保持设计团队与开发团队之间的互动性，以确保满足他们的要求，保证他们获得足够的勘查信息。应将勘查报告附件提交至爱尔兰地质勘查局，同时，爱尔兰地址勘查局地下水部门应负责保存上述地下水及地点勘查资料。

1.8.5 勘查记录

勘查工作完成之后，应将土壤样品、岩石样品、记录图表以及类似资料递交至雇主，以予保存。应对上述资料进行清晰地标记，并且其参考编号应与事实报告中图表或者日志保持一致。对于设计、施工团队来说，上述记录资料是非常宝贵的。而对于持续数年的项目团队，由于在项目实施期间经常会出现人员变动，因此上述资料更是弥足珍贵。

参 考 文 献

[1] British Standards Institute：(1981) B S 5930 BSI. Site Investigation.

[2] British Standards Institute：(1990) BS 1377. BSI Methods of test for soils for civil engineering purposes，parts 1-9.

[3] Clayton，Simons and Matthews，(1982). Site Investigation-Granada Publishing.

[4] Daly，Wright，(1982). Waste Disposal Sites，Geotechnical Guidelines for their selection，design and management. Geological Survey of Ireland Information Circular 8 1/1.

[5] Department of the Environment UK (1988) Landfilling Wastes，Waste Management Paper 26，HMSO，London.

[6] Ed. T. W Brandon，Institution of Water Engineers and Scientists，London，(1986). Groundwater Occurrence，Development and Protection.

[7] Geological Society Engineering Group (1988) QJEG. Working Party Report on Engineering Geophysics.

[8] German Geotechnical Society, (1991) . Geotechnics of Landfills and Contaminated Land preparation for International Society of Soil Mechanics and Foundation Engineering, European Technical Committee 8 (ETC8) .
[9] Thomas Telford, London. Site Investigation Steering Group, 1993 Site Investigation in Construction Series Parts 1-4.
[10] Environmental Protection Agency (1995) . Draft Guidelines on the Information to be contained in Environmental Impact Statements. EPA, Ardcavan, Wexford.
[11] Environmental Protection Agency (1995) Advice Notes on Current Practice (in the Preparation of Environmental Impact Statements) EPA. Ardcavan, Wexford.

附录 A：现有填埋场勘查

A1 引言

基于两个主要目的，应对现有的或者已建设完成的填埋场进行勘查：一是考虑到填埋场的重建问题；二是为了评估填埋场对周围环境的影响。应采用与污染地点勘查同样的勘查方法，对现有的填埋场进行勘查，而且也应采取与前者类似的预防措施。对现有填埋场或者废物堆进行勘查时，应确定重建以及将设施融入至周围景观中所应采取的措施。当公众认为现有填埋场缺乏视觉吸引力，或者现有填埋场周围存在鸟类、害虫等时，这一点尤其重要。本附录对现有填埋场的勘查方法及相应的勘查程序进行了详细描述。

A2 勘查背景

下列情况下，应对废弃的或者现有的填埋场进行勘查：

① 需评估填埋场对周围环境的影响；

② 拟扩建现有的填埋场；

③ 拟对填埋场进行恢复；

④ 运营商准备制订填埋场的调试计划；

⑤ 运营商想关闭填埋场，并上交许可证。

A3 勘查目标

勘查目标如下：

① 填埋场与堆填废物的形状、范围与面积；

② 填埋场本身的稳定性以及目前周围环境的状态；

③ 评估填埋场达成其既定最终用途的一般适宜性；或者评估填埋场用于其他目的的一般适宜性；

④ 针对于填埋场，选择或者设计适当的控制或者补救措施；

⑤ 确定填埋场对于现场工作人员或者邻近区域内的人员及动物可能造成的不利影响；

⑥ 协助制定填埋场的长期后期维护与监测方案。

A4 分阶段方法

为了获得令人满意的勘查结果，应采用分阶段方法。勘查工作应分为两个阶段进行，其中第一阶段包括关于填埋场的方案研究与踏勘，而第二阶段则应根据第一阶段的勘查结果，对填埋场进行全面勘查。

A4.1 第一阶段勘查

方案研究

公众通常将填埋场看作是一个堆填废物的区域，在此区域内将以可控制的方式对废物进行处理。但是，也存在非控制的废物场，例如通过非法倾倒而形成的废物场所，或者多年来以非控制方式堆填废物的。有时，可以通过旧地图、航拍照片、地方当局的记录、图书馆记录或社会历史记录确定某些以往的利用方式。此外，一些非正式的查询方式，例如向当地居民或者当地的历史学家咨询，通常也是比较有效果的。当填埋场位置确定之后，应收集其已经处理废物的相关详细信息，以及可用的记录资料，这一点很重要。即便是看似完整的相关记录，也不可能将此填埋场的所有废物堆填行为记录完整，包括准确的废物类型及堆填数量。一般情况下，应至少获得以下信息：

① 该设施地点的性质，及其业主或者占用人的相关记录；

② 该设施地点在不同开发阶段的布局；

③ 该设施地点上所实施的所有操作行为；

④ 该设施地点及其周围区域先前的监测范围与监测结果；

⑤ 该设施地点相关的地质、土壤和水文信息，以帮助区分自然条件与人工条件；

⑥ 对该设施现场状况的工程影响进行评估。

踏勘

案头研究阶段应包括对设施地点的踏勘勘查，以确定先前建筑物的位置与设施边界。踏勘勘查应在案头研究之后进行，以便于利用案头研究中所收集的可用记录。勘查人员应当了解踏勘勘查的相关项目，并能够识别和解释所看到的信息。踏勘勘查的范围包括设施地点本身，并尽可能了解其周围区域。比较重要的勘查项目包括：污染水或渗滤液的渗漏情况，植被的变化（标志着是否发生地下填埋气体的泄漏），地表水污染的明显迹象，是否存在填埋气体，以及该地面所发生的其他重大变化。在此阶段，应收集有限数量的河流、钻井或者土壤样品，以确定当前的环境条件。

报告

案头研究报告应对该设施地点的历史信息与目前的状态信息进行介绍与分析，并结合勘查工作的需要提供相关的建议。同时，还应对预期的危害类型进行初步评估，强调说明必要的预防措施。

A4.2 第二阶段勘查

应确定第二阶段勘查的目标，以确保制订相关工程的合同文件，并且最终还为承包商投标提供相关的指导准则，包括适当的专业知识、厂房、机器和设备。第二阶段的勘查目标应能够协助投标人选择材料，确定环境保护措施与施工阶段的人员。

拟定用途

如果设施地点需重新建设填埋场，那么应首先确定拟定的用途。这将有助于确定可能产生的环境危害与污染物。同时，还可以确定可能对岩土工程产生的危害，包括由于低承载能力或不均匀沉降所造成的结构损害问题。某些地方当局的政策规定，严禁在填埋场上建设任何居民区或者商业区，除非可以针对地面下沉或者气体排放提供令人满意的预防措施，并且安装设施要通过专业的监督和认证。

目标

拟定用途确定以后，可以将勘查目标集中于：勘查设施地点内现存的特定污染物与危险物品，及其具体位置；确定设施地点的范围和地形，及其周围区域内未经开发的土地位置；对该设施地点的岩土特性进行评估。

勘查范围

在条件不确定的情况下，可能需要探索性钻探和采样，以为详细的钻探和采样计划提供必要的信息。在探索性阶段中，通常在填埋场区域范围内以网格的形式，开发一定数量的小直径、浅层钻孔。钻探和采样结果可以提供填埋场几何形状的相关数据，并能够确定各种类型废物的堆填位置。如果先前已经对填埋场的几何形状有所了解，便可省略上述初步阶段。在探索性阶段中，还需开发较少数量的深层钻孔（至少 3 个），而且钻孔之间的间距不能太大（不超过 100m），以确定地下水的流动方式。应确保设置足够的采样点，以确定是否有污染物存在，及其具体的分布情况。如果采样点过少，便会降低发现当地污染物源的概率，而这可能会在开发时引起相关问题。

现场勘查

现场勘查是用来确定污染物及相关物质的性质和范围，以及该设施地点的几何形状。通常采用的两种采样方式为：随机抽样（非系统的）；定期网格采样（系统的）。上述两种采样方式，可以与直接勘查方法或者间接勘查方法结合使用。

直接方法

直接方法包括使用探井和钻孔，见本手册主要章节的描述。探井可以用来目视检查较浅地层的相关条件。而对于深层的地层勘查，则宜优先采用钻孔。其他直接的方法包括使用静力触探测试，或者使用探针，如利用温度锥来确定废物的降解状态，或使用电导率锥确定污染羽状。

应当指出的是，在爆炸性或有毒气体存在的情况下，应注意选择填埋场的勘查方法。

关于现场操作的指导说明，如下文所述：

① 以适当的方式处理钻孔中的废物；

② 应清洗位于钻孔之间的设备，以避免发生交叉污染；

③ 应清晰地标记样品，提供相应的颜色编码，标示出样品材料的性质和类别；

④ 应采用适当的方式装载样品，以避免发生溢漏或变质；

⑤ 对于长期监测装置所采用的材料，应当能承受安装环境可能产生的影响；

⑥ 应仔细选择与控制钻探介质，以尽量减少其产生的污染以及对勘查人员可能产生的危害；

⑦ 完成勘查工作之后的设施地点，应保持在令人满意且安全的状态；

⑧ 对于穿透密封层或低渗透层的任何钻孔，应采取适当的密封措施，以维护设施地点完整性。

间接方法

地球物理是最经常使用的间接方法。选择适当的勘查技术，对于填埋场的建设来说是非常重要的。地球物理方法可以用于确定设施地点的边界，以及特定废物的堆填区域，并对所产生的污染物羽状分布进行描述。

周边区域勘查

如果没有适当的监测钻孔，则需要为土壤、下层土、渗滤液和地下水的采样和监测提供专门的钻孔。同时，还需要收集地表水样品。要求能够提供背景浓度的详细信息（基线数据），以与采样分析结果进行比较。而对于垃圾填埋场的周边区域，可以采用的勘查技术包括静力触探测试、表面地球物理方法和井下地球物理技术。

A4.3 危险评估

除非可以提供相关的安全性证明，否则应将填埋场视为潜在的污染设施。因此，应对填埋场的危险物进行评估。

化学物

应对已知的或者预期的废物类型或污染地面进行分类，以便于能够清晰的界定与其相关的危险程度。1994 年现场勘查督导小组（SISG）附录 3（第 4 部分）所提供的颜色编码系统（绿色、黄色、红色），可以用于填埋场或者受到污染的土地。然而，应当指出未采取任何控制措施的废物堆，而对于未有任何记录的材料，应将其处理措施落实到位。在钻井的过程中，可能会发现由填埋场所产生的渗滤液。

填埋气体

在钻井的过程中，可能会发现由堆填废物所产生的填埋气体。填埋气体中通常会含有甲烷和二氧化碳。甲烷是一种易燃、易爆的气体，而二氧化碳是一种会让人产生窒息的气体。勘查过程中所采用的测量仪器，应当能够检测出甲烷、二氧化碳与硫化氢气体的浓度，以便于进行定期检查。

生物危害

填埋场可能存有的生物和细菌，也会造成一定的风险。良好的个人卫生习惯，穿戴防护用品，如口罩、靴子和套装，可以帮助减少上述风险。

岩土技术

由于填埋废物的多变性，采用运输机器设备可能存在很大风险，因为在填埋场上，质地柔软与坚硬的物质经常混合在一起。

安全计划

在开展勘查工作之前，应制订一份书面的安全工作计划，其中包括相关的安全和应急措施以及填埋场的操作指南。此外，建议安排有工作经验的人员在受污染场所工作。进入填埋场工作之前，应对工作人员进行定期体检，并应将他们的健康状况详细信息记录在案。遇到未知的或可疑的污染物，如排放气体或产生异常废物或者颜色，应立即停止操作，等待专家为危险物进行检查和评估。同时，应遵循专家指示恢复勘查工作。

附录 B：勘查技术

本附录对经常在勘查技术中使用的直接方法和间接方法做了简要的介绍。而且，本文仅仅讨论了适用于地面的勘查技术，其他关于地形及其他方面的勘查技术，如生态和考古，请参考其他的出版物。在本附录中，将通过 6 个方面对勘查技术进行介绍：直接勘查方法；间接勘查方法；采样；原位测试；实验室测试；监测。

如果没有适用的国家标准，建议根据 BS1377 和 BS5930 施行勘查工作。

B1 直接勘查方法

对于地面来说，基本有两种直接的勘查方法，分别为：原位检测，钻孔和钻探。

B1.1 原位检测

探井

探井可作为最佳手段，提供关于土壤强度、分层和不连续性的详细信息。通过探井，可以获得高品质的块状样品。在挖掘探井时，通常使用轮式或履带式挖掘机。一般情况下，探井的计划尺寸为 1.5m×3.0m，限制深度为 3～4m。开挖深度大于 1.2m 的探井时，必须使用模板支撑。

地下管道（CCTV）检查

在钻孔中，可以利用电视摄像机检查原位特征，如连接和断层类型以及难以检查的岩心岩溶特征。地下管道（CCTV）检查是由专业分包商所提供的一项高质量服务项目。

B1.2 钻孔与钻探

目前，应用钻孔以提高采样质量，或者获得地层详细信息的方法有很多种。其中，比较常用的方法包括：手动螺旋钻探；探测；光纤冲击钻探；连续螺旋钻探；旋转钻探；静力触探测试（CPT）。

手动螺旋钻

手动螺旋钻是通过手动旋转横木，将螺旋钻与钻杆钻进地面。可根据具体的地面状况，选择螺旋钻的尺寸。手动螺旋钻探仅适用于松软的自支撑地层，通常情况下，其钻探深度限制为 5m。

探测

可以应用各种系统进行探测，如鲍里斯（Boris）、Pionjar、眼镜蛇（Cobra）与麦金托什（Mackintosh）探测器。探测器内含有一组长度均为 750～1000mm 的细长杆（直径为 15～20mm），这些细长杆可以通过螺纹连接起来，以达到所需的钻探深度。钻杆通过落锤或者小型旋转电机推进，这主要取决于探测器的类型。探测方法不仅成本低，而且可以应用于松软沉积物与固体沉积物，或者松散的粒状材料。在适当的土壤环境下，一天内通常可达到的探测深度约为 80～100m，尽管其中掩埋的砾石或石块会阻碍钻探的推进。为达到一定的穿透度而采用的打击数，与材料的一致性或者密度有关。在黏性材料中，可以采用管式采样器或劈管采样器收集样本。此外，安装浅层监测点时，也可采用上述方法。

光纤冲击钻探

光纤冲击钻探方法通常又称为冲击与螺旋钻探。该方法最适用于黏性土壤，此时，可采用 U100（U4）管收集土壤样品。常见的做法是在同一钻孔中使用不同直径的套管，以推进钻探深度，比如开始采用直径为 250mm 的钻管，后期便可以采用直径为 150～200mm 的套管。通常情况下，最小的套管直径为150mm。可以采用直径为50mm的套管，四周安装滤层材料。钻孔中可以应用各种工具，以进行原位测试，如标准贯入试验（SPT）、十字片剪力试验与透气性测试。

连续旋翼式螺钻（CFA）**钻探**

欧洲国家一般不采用连续旋翼式螺钻钻探进行填埋场勘查，但是在美国，这种方法的应用却很普遍。在钻探行业中，该方法主要用于制作现浇桩。螺旋钻可采用实心钻杆或者空心钻杆。空心钻杆连续旋翼式螺钻的优势在于工具或者样品是由螺旋钻进行处理的。

旋转钻探

旋转钻探是将旋转动作与向下的力相结合，通过研磨材料以形成钻孔。旋转钻探方法可应用于土壤或者岩石，但相对于强风化软岩与土壤，旋转钻探应用于均质坚硬岩石时的操作较为简单。应用于填埋场勘查中的旋转钻探，通常是随着钻孔的推进以获得均质岩石。应根据钻探材料及所需的恢复类型，选择钻探方法。空气是最常见的钻井液，但是使用水、泥浆和聚合物作为钻井液也很常见。

静力触探测试（CPT）

静力触探测试（CPT）是利用20t压载卡车的推力，将探测器或者探测锥推进地面中。采用探测锥时，可同时测量探测锥的锥尖阻力，以及其侧面的套筒摩擦力。将这些参数结合起来，可以用于确定土壤的类型，并计算原位抗剪强度。最大钻探深度通常是由土壤条件决定的，但测试土壤的密度相当于标准贯入试验（SPT）中40～70的N值。也可以在此系统中应用探测方法，如电导率测量锥与地下水采样管，以获得更多关于土壤和地下水的相关信息。

B2 间接勘查方法

B2.1 概述

在间接勘查中，经常采用地球物理方法，但是遥感或航拍照片也属于间接勘查方法的范畴。

适当情况下，应注意采用国家地形测量局（Ordinance Survey）或者其他组织所提供的航拍照片。

B2.2 地球物理方法

地球物理方法可以通过表面或者井下技术，间接检查地面下层条件。地球物理技术必须与其他的直接方法结合使用。应当由相关经验丰富的人员，制定地球物理勘查方案，同时，该人员也应当对地球物理技术的局限性有所了解。

选用适当的地球物理技术时，应当考虑的因素有：

① 勘查目标；

② 是否需要确定岩层的深度，地层的分层情况，掩埋特征的位置以及钻孔之间的关联性；

③ 地球物理技术是否适用于该填埋场，其成本效益如何？以及采用直接方法是否更为有效？

电阻率

电阻率方法是通过电极两端电势的增加或者减小来测量地面下层电流变化的。岩石或土壤类型的变化，会导致其相应的电阻率发生变化。因此，电阻率法通常用于绘制地层的横向和纵向变化图。黏土和泥岩的电阻率较低，而干净的砾石和岩石通常具有较高的电阻率。

地震法

地震法能够量化地面对声波的作用效果，而声波是由脉冲源产生的，如引爆小剂量的炸药，或者用锤子敲击盘子。折射或反射的声波可以通过地表的检波器阵列进行检测。地震法是较适用于勘查土壤层或者岩石层的深度和特性，以及岩层顶的深度。

磁性法

磁性法是通过测量当地土壤内的磁场变化，以进行勘查的。磁化率的差异性或者土壤内有金属存在，会导致磁场发生变化。磁性法的主要优点是测量速度快，成本低。然而，在填埋场勘查中，此方法进行仅限于用于确定掩埋的文物，或者通风井，或者矿产的位置。

重力法

重力法是测量地球引力场的横向变化，引力场的变化与近地表密度的变化有关。无论是对于空气、水或是土壤来说，空隙代表着其密度的下降，重力法能够有效地确定岩石中的空隙、溶洞和废弃的部分，重力法尤其适用于岩溶特征的勘查。

电磁法

电磁（EM）法可以应用于多种类型的设备中，例如：大地电导率仪（EM3I，EM34 VLF)；瞬变电磁仪器；探地雷达。

应用电磁法时，其最重要的设备是一个使用交流电的发射器。该发射器能够在地面上产生小的电涡流。而上述仪器可以检测到电涡流所产生微弱的电磁场。

自然伽马

可以通过仪器直接读取主要自然放射场与次要放射场之间的比值并将其作为土壤电导率的直接读数。该方法可以用于：

① 划定砂石沉积物；

② 确定基岩地形的变化情况；

③ 确定掩埋河道的位置；

④ 绘制土壤特性图纸；

⑤ 作为其他技术的辅助方法。

钻孔与地球物理测井

地球物理测井是将各种探测器下放至钻孔中，以确定土壤和岩石的特性。经常采用的测井类型包括：

(1) 井径测井 确定井壁的不平度，并且可用于确定裂隙或崎岖区域以及地基柔弱或者挤压性地面的位置。

(2) 温度测井 用于测量流体的温度以及确定地下水的水流模式。

(3) 电导率测井 用于确定地下水的电导率变化和水流模式；确定污染羽状。

(4) 流量测井 量化钻孔的流量。

(5) 电阻率测井 基于电阻率，可以确定地层的界限和地层类型；用于确定地层的界限，尤其适于确定黏土带位置。

B3 采样

下文主要对各种采样类型进行了简单的介绍。采样频率也是采样过程中一个重要的考虑因素，其指导原则请参考 BS 5930 以及现场勘查督导小组（SISG）（1993 年）。在采样过程中，还应考虑的因素包括样品存储、编目和运输，以确保满足相应的测试要求。

B3.1 底层土和基岩取样

一般来说，收集土壤和岩石样品的方法有两种类型，分别为干扰采样与非干扰采样。干扰采样一般包括采样袋和采样瓶。为获得代表性样品，应采集较大数量（达到 25kg）的颗粒样品。干扰采样主要用于分类测试，或者用于编制粒度分布图。

干扰采样包括：块状采样；敞开击入式采样；活塞采样；土芯采样。

通常，可对黏性或硬结土壤或岩石进行干扰采样，此时，将钻孔中的采样深度设定为 1.5m 即可。而对于非黏性材料，通常不适用于采用干扰采样。干扰采样通常是将采样管放至地面以下。采集样品完成以后，采样管的两端应进行打蜡和密封处理。采用非干扰采样时，需同时进行各种实验室测试，以确定样品的强度、可压缩性和透气性。关于非干扰采样设备的详细信息，可参考有关的土力学教科书。

B3.2 水质采样

选择采样设备时，应确定尽量减少其对水质样品的影响。此外，还需考虑采样之前的分析范围等相关因素。应采用直线前进的方式收集地表水样品，但要收集一定深度的水质样品时除外，对于后者，应采用专门的设备。可应用的地下水采样技术种类繁多，只是收集程序比较复杂。此外，在收集多个含水层的水质样品时，有必要在钻孔里安装多层次采样点。通过简单的抽泥筒管，可以快速地收集窄口井（50mm）内的样品，而且精确度较高。抽泥筒适用于多种材料，如 PVC、不锈钢、聚四氟乙烯（teflon）、高密度聚乙烯（hdpe）。而对于较大直径的钻井采样，则适于用采样泵。使用抽泥筒对大直径钻井进行采样，费时费力。收集样品之前，应首先清除钻井内的积水，以便于含水层的水质样品进入钻井。通常情况下，收集样品之前应至少清除或者抽取三个井筒的积水。

B4 原位测试

某些类型的材料，其样品收集程序较为复杂，而且可能需要非常昂贵、复杂的采样器，如松软土壤、石质土壤、砂子和砾石、破碎或者裂缝岩石。在此，通过原位测试可以获得所需的数据信息。同样的，通过原位测试也可以获得关于地下水条件的定量数据。BS 5930：《厂址勘查实施规范》与 BS 1377：《土木工程用土壤试验方法》为测试程序提供了详细的指导信息。

B4.1 土壤和岩石测试

进行原位勘查时，经常会涉及下列测试。

① 原位密度测试（用来确定土壤的密度）。

② 标准贯入试验（SPT）可以在钻孔中实施标准贯入试验，以确定粒状土壤的“N”值（打击数）。在标准贯入试验中，需要用到一组带有锥端的钻杆，并需使用落锤将钻杆锥端推进土壤中。此时，便可以将对开式取土勺安装在黏性较大的材料中，以收集样品。

③ 十字片剪切强度试验。慢慢旋转十字片，记录扭矩与旋转角度之间的关系。一般情况下，通过最大扭矩值可以计算出土壤的不排水剪切强度。

④ 氧化还原电位测试。可以用于确定土壤的耐腐蚀性。

⑤ 压力计测试。压力计本身含有的圆柱形膜相当于插在预制孔内的钻孔分隔器。当压力增强时，记录分隔器内的体积变化，该数据可以用来解释多种参数，如强度或可压缩性。

上述测试的实施和报告应参照 BS1377。

B4.2 地下水测试

应在专门建造的钻孔内或者钻孔钻探过程中的各个阶段，实施液压测试。

上述测试的目的是确定下列项目的液压特征：钻井；钻井周围的土壤和岩石；含水层。

液压测试可以拆分为一系列的小规模测试，在小规模测试中，不必清除大量的水（但是在大规模的测试中，则需要清除大量的水）；在特定测试中，将包括示踪试验。

小规模测试

小规模测试可以用于快速地获取渗透率值，以便于勘查钻孔附近的情况。一天之内，可以实施多项小规模测试。各种类型的钻孔内，均可以实施上水头测试（RHT）和降水头测试（FHT），其中包括清除（RHT）或者添加（FHT）一定量（已知）的水，并测量水位的变化情况及其响应时间。通过对这些数据进行分析，便可以获得该测试区域的渗透率值。振荡试验与抽泥测试与上/降水头测试类似，只是前者假定其测试范围扩展至整个饱和含水层厚度。如果水力传导率的现场取值过高，无法获得上/降水头或者振荡/抽泥筒测试中的变化率及其准确记录，此时，则应当采用定水头测试。定水头测试要求建立稳定的状态条件，应记录相应的水头与注入/抽取率。分隔器测试可以作为特殊类别的定水头测试，经常用于确定裂隙岩体的水力传导性。分隔器测试有时也被称为吕泰漏水测试（lugeon test）。分隔器测试的原则是对测试钻井内的小范围区域进行测试，而各测试范围通过一个或者多个分隔器进行隔离。

大规模测试

由于小规模测试的局限性，其所获得参数不具推广性，且无法准确地预估含水层的长期行为，因此小规模测试一般不适用于水文地质评估。但规模较大，更广泛的测试可以获得上述数据。大规模测试通常又称为抽水试验，其中包括对测试钻井进行监测，并需要对其观察数天（一般为 3～7 天）。

大规模测试可分为：多级降深抽水试验；恒定速率测试；恢复测试。

多级降深抽水试验的目的是确定钻井的特点（相对于含水层），并绘制产量/水位降低量曲线，以用于确定水清除工作中应使用的抽水设备，或者用于为恒定速率测试确定适当的恒定抽水速率。恒定速率测试可以用来确定含水层的水力参数，以确定抽水的影响范围及与其他特征之间的关联性。恒定速率测试是一项非常重要的测试，应当由经验丰富的人员设计并实施抽水试验，包括试验分析。分析解决方案所需考虑的一些水文地质条件包括：密闭条件；限制条件；渗漏含水层；补给/屏障边界。

应采用适当的解决方案，进行抽水试验分析，这一点非常重要。恢复测试通常是在恒定速率或者多级抽水测试完成之后实施。可以将恢复测试视为对抽水阶段所获得数据的检查。示踪试验追踪技术可以用来确定地下水的运动方向，以及给定途径下地下水的稀释、空间分散或停留时间分布情况。进行示踪试验，基本上有两种方法：注入示踪剂，以根据水的运动情况获取直接证据，示踪剂可以使用染料、放射性核素和生物示踪剂；勘查含水层中所存在物质的分布情况，通过相关技术推断地下水的运动情况。

B5 实验室测试

实施填埋场勘查之前，应制订一份测试时间表。应当在结束工作之前进行测试，以便于跟进异常状况。适当情况下，应当使用通过爱尔兰质量认证体系（ICLAB）审批的实验室。由于篇幅有限，本手册无法提供全部测试程序的详细信息。下文对主要的测试类型进行了阐述。

土壤测试

实施土壤测试的目的是为了评估土壤的变异特征，并获得特定的岩土技术设计参数。土壤测试的内容包括：分类测试；强度测试；固结试验；透气性测试；化学测试。

岩石测试

实施岩石测试是为了评估岩石的变异特征。岩石测试的内容包括：分类测试；耐久性试验；硬度测试；骨料测试；强度试验。

水质检测

对水质样本进行化学测试，可以获得背景、地表和地下水质量的相关信息，同时还可以确定与水质有关的自然问题。水质检测的内容包括：物理和化学分析；细菌分析；离子平衡。

B6 监测

在实施地面勘查的过程中，应当把监测设备安装在适当位置，以便在填埋场使用前、中、后对环境状况进行监测。监测的主要内容包括：土壤和岩石；地表水，渗滤液和地下水；气体监测；气象。

B6.1 下层土和基岩

有必要对填埋场区域内的下层土与岩石特性进行监测，尤其是斜坡区域，以便于对潜在的滑坡进行预测。对于基岩来说，则有必要监测不稳定地面或者松软地面的特性。

B6.2 地表水，渗滤液和地下水

地表水监测，包括监测地表水的流量、水位与质量。应当在重要的水道区域安装一系列的堰（水文观测站），并需定期对其进行监测。某些情况下，有必要进行连续监测，以便于获得用于水文或者水文地质分析的相关数据。应分别在勘查前、中、后时期，定期收集地表水样品。拟扩建填埋场，确定渗滤液迁移情况或者制订填埋场后期维护或者后期维护方案时，应收集渗滤液样品，并对其进行分析。应在填埋场实施堆填废物或者处理废物之前，于

其排放点收集渗滤液样品。

地下水监测包括地下水水质和水位监测。

地下水水位监测可以通过在钻孔中安装竖管或者压力计实现。应采用直径至少为50mm的竖管，以便于获得具有代表性的水质样品。同时，应确保收集含水层的代表性样品，这便意味着当含有多个含水层时，应使用多级测压系统。适当情况下，还应对填埋场周边区域的钻井进行监测，以便于获得较广泛区域的数据。

B6.3 气体监测

在勘查阶段，应对填埋气体进行监测，这一点很重要。应当在填埋场建设时期，安装观察和监测位置，这是因为填埋场开始运营之后，没有充裕的时间安装监测系统。

B6.4 气象

应测量拟建填埋场的降雨量、风向、蒸发和蒸腾率。

缩 略 语

OPW 公共设施办公室
GSI 爱尔兰地质勘查局
OS 全国地形测量局
ICE 土木工程师协会
BOQ 工程量清单
EU 欧洲联盟
SMR 遗址与古迹记录
EIA 环境影响评价
EIS 环境影响报告书
BS 英国标准
IS 爱尔兰标准
Agency 环境保护局
ISO 国际标准化组织
ICRCL 部门间污染土地恢复委员会（英国）
SISG 现场勘查督导小组

2

废物填埋场选址

2.1 手册范围

2.1.1 概述

填埋场可分为三大类：危险废物填埋场、非危险废物填埋场、惰性废物填埋场。每一类填埋场存在不同的环境风险。

本手册主要针对非危险废物填埋场的市政废物填埋场、工业废物填埋场和商业废物填埋场。目前爱尔兰还没有商业化的（单纯盈利性质的）危险废物填埋场。可为此提供依据，但是对于设施的进一步筛选和选址标准，请咨询法定的主管机构，因为这需要用到相关的国际最佳案例［例如，新危险废物管理设施选址，世界卫生组织（World Health Organization，WHO）欧洲地区公告第46号文件］。

上述内容应用于惰性废物填埋场可能会过于保守（例如，关于填埋气体风险、臭气的一些规定）。一些工业废物填埋场虽然不是惰性填埋场，但被认为是单一填埋，即填埋的废物为一种类型（例如，发电厂产生的惰性泥炭灰、矿山废物等）。这种情况下，填埋场的风险不能按照正常情形评估，必须采用本手册。

当然，本手册提出的建议也具有一定的局限性，对于存在争议的设施的环境风险应该做出切实的和恰当的解释。

本手册是一个通用手册，因此设施申请人和决策者可能需要考虑其他的特定场所标准，这些标准将会影响设施的选址。编制环境影响报告（EIS）时通常需要用到这些标准。

2.1.2 最佳可行技术（BAT）

最佳可行技术（Best Available Technique，BAT）的概念于2003年正式引入爱尔兰的法规（2003环境保护法，2004年正式实施）。

填埋活动（草稿，2003）是环境保护局（EPA）的最佳可行技术（BAT）手册的废物监管体系的一部分。最佳可行技术（BAT）手册引用了与最佳可行技术BAT的概念相关的环境保护局（EPA）填埋系列手册和其他技术手册，主要参考资料见附录A-6的注解。本选址手册应与爱尔兰废物填埋场最佳可行技术（BAT）的其它手册结合起来进行解读，并可作为掌握定义和释义的附加手册。

2.1.3 欧盟的要求

本手册还可以与许多欧盟指令中提出的选址建议和要求结合起来进行解读。

评估某些公共和私人项目对环境影响的欧盟指令（环境影响评价 EIA 指令，85/337/EEC 修订）的附件Ⅲ第 2 部分和附件Ⅳ第 2 部分，其对项目地点和寻找替代方案的相关责任做了详细说明。

填埋场指令（1999/31/EC）同时列出了填埋场地标准（附件Ⅰ第 1 部分）。

欧盟综合污染预防与控制指令（96/61/EC）管理工业活动（包括大型填埋场）。该指令允许主管当局在采用最佳可行技术时，能够综合考虑所推荐装置的技术特性、地理位置和当地的环境条件。

因此，选址是欧盟规定的责任和最佳可行技术的确定或应用的重要方面。本手册希望能够履行欧盟规定的这些责任，但是填埋场开发者在具体选址过程中需要综合考虑这些指令。

发布的这些选址手册符合 1998 年《奥胡斯公约》（Aarhus Convention）（通过奥胡斯条例 1367-2996 引入欧盟法律）的一个主要原则，即以透明的方式阐述爱尔兰拟建填埋场的选址和评估框架。

2.1.4 工业设施附属填埋场

爱尔兰有些工业活动与填埋场运营密切相关。如水泥厂（采石场废料和不合格产品）、发电厂（灰渣和石膏填埋场）和采矿企业（尾矿泄洪和废石堆）。这些工业行业一般都位于某个特定的地点（例如，矿山企业和水泥制造企业一般都位于矿石源或其附近；发电站位于燃料源、燃料进口处，或者位于国家电网的关键节点处）。

对于上述情形（即“捆绑式”设施），可能无法为相应的填埋场选择一个最佳的场地。本手册在此将按照限制性因素进行说明。但是，这并不能看作是获得了进行开发的全权委托，因为即便是某些“捆绑式”开发，也可能在任何情形下都找不到适合作为填埋场的场地。

如果一个工业没有因为技术原因被“捆绑”到某个特定的位置，那么任何关于就地填埋的建议，都应同商业填埋场一样符合本章所述的区位测试要求。

2.1.5 公营和私营填埋场

填埋场的开发商有责任为废物基础设施选取最佳位置。政府部门有权强制购买其管辖范围内的土地，有利于填埋场的选址。但是，私营者无权强制购买土地，因此必须在可利用或将来可以利用的区域选取最佳地点。本手册接下来将对此进行具体介绍。

2.1.6 原有堆填场

由于欧洲法院2005年否决了爱尔兰的相关规定，因此那些在“废物框架指令”（75/442/EEC）（1977年7月）生效之后、在《废物管理法1996》（1997年3月开始生效）的废物许可生效之前投入运营的填埋场，必须符合追溯性管理要求。

规范原有填埋场时，必须考虑到存在的风险和最切实可行的场地环保方法。大部分原填埋场地都不符合现代设计标准，因此会影响场地的风险预测。但是，对于许多运行20年或者更长时间的填埋设施，这种增加的风险可随着填埋废物的部分或全部降解而消除。本手册对原有填埋场的指导具有局限性。

2.1.7 非法填埋场

非法堆填场是指在1997年5月实施废物许可证以后建设运营的、未取得废物经营许可的填埋场。

非法填埋场的解决涉及现场残留处置组分的处理方法，合法运营者在提出例如建设设施的解决方案时最起码应该遵循标准管理规范和程序。任何弱化这些责任的行为均是不合理的，并将削弱推行合法监管协议的价值。由于追溯性法律的推行，该行为也会损害合法的工业废物处理行业的利益。

例如，对于某些非法场地，选址草案难以执行，因为草案会建议在非法设施的相同区域兴建合法设施。这些管制盲点使得共同体及其合作伙伴对生活垃圾、商业废物和工业废物设施不能按照完整的或正常的管理决策过程进行管理。

考虑到非法填埋场的风险预测情况，环境保护局（EPA）不认为这些“盲点”能够保护社会的利益，也不认为这是一种好的管制方式。因此，不能说这些实践符合可持续发展原则。

2005年5月3日，环境、遗产与地方政府部长会议“可循环的世界投资报告”（04/05）中给出了关于非法废物处理活动的政策指导。该报告指出所有非法废物处理活动都应该确保场地安全，包括基于风险评估结果的废物移除、检测到的危险废物的移除，以及基于环境可持续发展的可回收利用物质的移除。

一个关键的指导原则是某些场地在任何时候都应该被修复，举例如下。

① 靠近现有或计划中的住宅开发用地或者教育设施的土地。对其进行修复时，需要在尽可能短的时间内移除所有的废物，除非提出更好的保护环境和当地居民健康的替代方案。

② 湿地。

③ 自然遗产保护区、候选的特定保护区或者特殊保护区。

④ 特殊价值地区，例如高环境质量的区域。

部长会议进一步指出了对于适合原位移除废物的地方，废物的所有者应：

① 开展或者安排开展风险评估，以确定废物非法堆存是否对环境有影响；

② 向有关地方当局或者他们的代理机构申请许可或者营业执照，明确所有者将来修复

和管理该场地需要采取的措施；

③ 遵守许可或者执照的规定，确保所有具体的修复和管理措施都符合许可或者执照的要求，场地将来不会对环境或者人体健康造成危害；

④ 不允许输入更多的堆积物质，除非这些惰性物质/土壤是清理场地所必需的。

将本选址手册应用于1997年之后建设的非法填埋场是合法的、合理的和适当的。如果该场地不符合手册提出的可持续性标准，这个问题不能通过常规的工程措施解决，那么采取适当的强制措施移除这些非法废物将是最符合可持续性要求的方法。采用过多的工程方法来解决选址不当带来的问题并不认为是最佳可行技术（BAT）。

2.1.8 受污染的土地

爱尔兰有大量的旧船坞区或者类似的棕色土地，可进行开发和再利用。其中部分土地已被污染，但受目前技术水平限制，污染物不能完全移除。此时开发项目通常采取将残留的污染物封存在开发项目的下面或者内部。其中的一些解决方案可被归类为填埋场。

对此类项目选址手册的严格要求并不是在所有情况下都是合适的或者合理的，因为污染通常是历史问题并与场地位置相关。在这种情况下建议判断性地运用这些手册。

2.1.9 关键原则

基于现行法律，确立了许多关键原则。可以总结如下。

2.1.9.1 就近原则

废物框架指令第5条规定了成员国有建立废物处置网络的责任，以实现在欧盟内部处置产生的废物。这项责任在欧盟委员会1989年的共同体废物策略及其1996年的修订版本中被明确阐述为就近原则。在其最简单的形式中，这个原则要求在就近的适当的装置中处置废物。《巴塞尔公约》中同时体现了该原则。

在无可利用土地的情况下，需要将废物从其产生地区或产生中心转移至其它区域。出现这种情况的原因有：城市化或者特定规划；在环境和经济方面，对于靠近生产企业的特定处理设施，规模经济将对其有效运行产生不利影响；在指定位置未找到可代替填埋场的技术方案。

例如一个国家级危险废物填埋场。由于国家很小、危险废物产者生不多，因此逐县查验或者必须在区域层次建造大规律设施并不符合就近原则，而从国家层面考虑设施的建设可能更加符合这一原则。

因此，在选址遵循就近原则时，必须是合理的、切合实际的，并同时考虑本手册并未详细说明的因素（例如规模经济）。就近原则应该被认为是一个宽泛的目标，而不是一个定义。

2.1.9.2 预防原则

这一原则被写入了1992年的里约环境与发展会议宣言。里约宣言提出“各国根据自己的能力广泛应用预防措施，保护环境。凡有严重威胁或不可逆转的损害，不得以缺乏充分的科学确定性为理由推迟实施防止环境退化的措施”。

2.1.9.3 污染者付费原则

经济合作与发展组织（OECD）自 1975 年成立以来，一直致力于让污染者和消费者而不是社会作为一个整体来承担污染和资源消耗造成的代价。这一观念的实例已经引入到 1992 年《EPA 法》和 1996 年《废物管理法》中。填埋场指令第 10 条是关于成本回收，要求成员国采取措施保证填埋场建立、运行、关闭和后期维护所需要的费用。这些费用应包含在填埋场处置任何类型废物时，运营者所收取的费用中。

2.2 废物管理、政策和规划

2.2.1 废物政策

废物管理国家政策是以欧盟的优先次序原则（欧盟废物管理架构）为基础的。欧盟废物管理架构主要基于如下几个关键原则：

① 从源头预防和减少废物；

② 废物回收/循环利用；

③ 能量回收；

④ 改进最终处置、监管和后续管理；

⑤ 提供一个高效的废物基础设施，尽可能接近废物产生源。

尽管已经实施了有效的废物预防、减少、再利用和回收策略，需要处置的废物量仍十分巨大并将持续增长，尤其是生活垃圾和市政废物。欧盟委员会[1]规定，不能回收利用或者再利用的废物应该尽可能安全焚烧，在无法使用其它处理处置方法时可进行填埋处置。

在可行的前提下，热处理不可回收的废物以回收能源是一种优于填埋处置的废物管理方案。但采用这种技术仍需要有填埋场，这种技术最大的优势是减少了填埋需求容量，减轻了设施的长期污染潜力。

2004 年 4 月，政府发布了最新的废物管理政策声明：废物管理——盘点和展望。它概述了废物管理的政策目标，并就实现这些目标提出了一些需要解决的关键问题。尤其是该声明认定：

① 区域间的废物转移需要符合废物规划；

② 需要有废物预防国家计划，以及更多的宣传计划和沟通方案；

③ 综合废物管理方案是实现国家废物管理目标的关键；

④ 需要监管限制竞争行为；

⑤ 需要更好的监管和执法，特别是针对未经授权的活动；

---

[1] 参见 http：//ec. europa. eu/environment/waste/index. htm

⑥ 需要不断更新废物计划和使其与国家废物统计信息相一致；

⑦ 需要实施国家生物降解废物战略；

⑧ 需要为回收利用创新提供资金；

⑨ 需要更多的生产者责任倡议；

⑩ 国家废物管理基础设施必须拥有足够多的废物填埋空间；

⑪ 热处理废物以回收能源对于爱尔兰废物的综合管理十分重要。

其中的许多目标（例如，区域间废物转移、容量、实施废物转移计划等）都与场地选址有着特殊的关联。

目前的政府政策和举措（减量-再利用-再循环、生物废物策略等）、地方政府行动（回收利用设施、按照重量付费、执法等）和欧盟的要求（例如，包装指令、废电子电机设备指令、掩埋法令）都对进入填埋场废物的体积和种类产生了持续性重大的影响。综合防治污染控制（IPPC）的许可体系进一步促进了清洁生产工艺的创新，这同时有利于减少进入填埋场的废物量。

上述举措也会对进入填埋场废物的特性产生影响，可生物降解的废物（产生填埋气和渗滤液）的百分比会降低，因此会降低这些设施的风险。惰性废物不适用于填埋指令，因为处理这种废物在技术上是不可行的，同时处理这种废物也无法减少废物量或者降低其对人体健康或者环境的危害。

2.2.2 可持续发展

填埋场的可持续发展要求我们这一代的填埋作业不能影响到下一代的生活质量。为了达到这一目标，特别采取以下措施：

① 避开重要的自然资源区域（例如可用地下水）、国家保护区和重要生态区；

② 采用那些加速废物降解而不是抑制废物降解的填埋技术（例如，采取防漏措施、处理渗滤液、收集和再利用填埋气、渗滤液回流等）；

③ 从填埋场中转移可生物降解的废物和其他可回收利用的废物；

④ 为设施关闭和后期维护提供合理地融资担保。

2.2.3 废物管理规划

根据《废物管理法 1996—2005》第 22 章节，地方政府有责任制订其职能范围内的废物管理规划。《废物管理（规划）条例 1997》（1997 年 SI No. 137）详细介绍了编制废物规划的法定要求，废物规划必须考虑国家废物管理政策和欧盟废物管理政策。

多数地方政府都已基于整个地区编制了规划，以满足废物基础设施的需求。地方政府和其他填埋设施的开发者在考虑新建一个设施时，必须考虑这些规划中提出的要求，并且必须清楚地证明建造这一设施的必要性。地区级规划完善了在合理范围配置废物基础设施的战略方针。

规划量化了需要回收利用或者处置的废物的数量和种类。在计算所需填埋场规模时，需要用到这些估算值和建议的设施使用寿命，这些设施包括拟建的和已有的设施。

如果填埋仍是一种主要的废物处置方法，场地的选址和最终用途将是十分重要的。已有填埋场必须评估，新建填埋场必须能提供足够的空间以满足长期需求，以及能够替代废弃的填埋场或者不符合要求的填埋场。

如果能源回收在任何给定范围内都是可行的，规划应规定所有废物残渣在运到填埋场处置前，应在产生这些废物的工厂进行预处理。这项义务符合欧盟废物层级管理框架的要求。

对于危险废物，根据1996《废物管理法》，环境保护局负责制定国家危险废物管理计划(NHWMP)。

2.2.4 规划管理

地方政府如果希望在其职能范围内开发新的填埋场，必须获得规划局的批准。根据《规划和开发法2000》第10部分和《规划和开发条例2001》(2001年SI No. 600)，需要提供一份环境影响报告(EIS)。

环境影响报告(EIS)包含对开发可能产生的环境影响进行评估。可参考环境保护局的"环境影响报告涵盖信息手册(2002)"。填埋场开发还需要有环境保护局根据《废物管理法1996—2005》颁发的废物处置许可证。

2.2.5 战略环境评价(SEA)

通过条例SI No. 435和SI No. 436(2004年)将"关于某些规划和计划对环境影响评估的指令"(战略环境评价(SEA)指令，2001/42/EC)转换为爱尔兰法律。其目的是在详细的规划和计划获批前，对环境进行高度保护，并将环境要素考虑整合到这些编制的规划和计划中。

战略环境评价(SEA)过程包括准备编制环境报告书、磋商和在决策中考虑磋商结果，这些磋商结果接下来必须公开报道。

根据《规划和开发(战略环境评价)条例2004》(2004年SI No. 436)，地方和区域废物管理计划和国家危险废物管理计划(NHWMP)都应开展环境评价。

2.3 地区发展政策

根据《规划和开发法2000》，每一个地方政府每六年都需要制定一份发展规划。该规划是管理和控制这个地区发展的主要法律文件，其目标包括：

① 提供基础设施，包括供水服务和污水处理服务、废物回收和处置设施；

② 住宅、商业、工业、农业等用途区域的分布；

③ 保护、改善和扩大舒适度(环境质量)；

④ 开发和复原废弃区域。

发展规划通常也将包括发展目标，它与控制建筑物使用、社区规划、预留土地、保护和保存等密切相关。发展规划需列出保护区域，特殊的自然便利设施（景点、树木、风景等）和具有艺术、建筑或者历史价值的特殊建筑物、场所等清单。

填埋场的选址必须考虑地区发展规划中概述的地区发展政策。另外，区域废物管理规划一旦成为发展规划的一部分，提出的政策也将成为该地区发展规划的政策。

2.4 协商框架

2.4.1 概述

填埋场选址是一个复杂的、涉及广泛的过程。选址初期，某个商定框架的采纳对于成功选址非常重要。为了能够切合公众的关注内容，需要新的公众参与方式。必须在尽可能早的阶段使公众有机会了解以下内容：

① 参与选址过程，为选址做贡献；

② 了解存在的问题和可能的解决方案；

③ 了解提出的办法；

④ 参与环境影响评价过程；

⑤ 对正面的和负面的潜在影响做出评价。

2.4.2 填埋场选址磋商

填埋场选址时，下列可行的方式可用于征询公众意见。建议填埋场开发者联合使用这些方法，通知和征集民意。但并不是要求用到所有的方法，同时这个清单中并未涵盖所有的方法。

① 在当地/国家具有重要影响的媒体上公告相关的废物策略或者项目规划；

② 向民选议员和当地团体代表简要介绍情况；

③ 资料传单/简报；

④ 与利益团体沟通；

⑤ 与土地所有者沟通，单个的土地所有者或者土地所有者团体；

⑥ 公开会议；

⑦ 本地研讨会/会议/研习会/展示会；

⑧ 公共信息视频和其他视听教具；

⑨ 实地考察高水准的填埋场；

⑩ 公共信息中心；

⑪ 与利益相关方沟通；

⑫ 面向学校、居委会及其他社区团体的公共资讯项目；

⑬ 在本地媒体或国家媒体上进行专题讨论会和访谈；

⑭ 私人住宅探访；

⑮ 建立公众联络小组/委员会；

⑯ 建立地方当局委员会（如果地方当局要求），倾听相关意见。

提议成立公众联络小组/委员会，其成员应包括：

① 社区代表和本地政治家；

② 地方当局的代表；

③ 废物收集、回收企业代表；

④ 地方产业代表；

⑤ 在这一地区从事回收利用经营活动的组织代表；

⑥ 非政府环保组织的代表；

⑦ 村社代表（IFA，ICMSA）；

⑧ 有关商会的代表。

开发者应考虑当地社区如何能更加便捷地参与到场地选址中，以及在接下来的填埋场运营过程中如何保持交流合作。应识别出存在的优势，并与当地社区进行交流。

只有在一方面履行了现有的法定程序（环境影响评价、规划许可、申请许可证等），另一方面征询了民意，才能进行设施的开发。

至于提议的填埋场的开发/运营，对于许多的社区来说，公共健康风险是一个认知问题。在交流过程中，必须争取将这些意见收集起来，就此进行磋商并在环境影响报告中进行解答。

2.4.3 公共信息中心

如果设立公共信息中心，应在指定时间开放。配备的工作人员应对建议的填埋场有清楚的了解，并具备必要的交流技能。此外，如果需要还应配备具备相关技术知识的人员。

2.5 识别排除区域

2.5.1 概述

当确定要建设填埋场后，其选址应履行一系列的步骤（见图 2-1）。

选址初期，应识别警戒区，即认为基本不适合作为填埋场的区域。这一步骤需要以地区或者流域为基准开展工作，必要时可使用沙盘模拟演练和地理信息系统（GIS）。

就环境影响而言，场地的自然特性很大程度上决定了其作为填埋场的可行性。工程措施可以减轻或降低环境风险。但是，根据最佳可行技术（BAT）原则，并不是所有的场地采用工程措施后都能达到令人满意的设计标准，因此可以考虑使用警戒区。这个步骤还需要在选址初期，识别出不合适作为填埋场的区域。

在判定一般情况下不适合作为填埋场用地的区域时，应考虑 2.5.2～2.5.9 节的内容进行详细说明的因素。

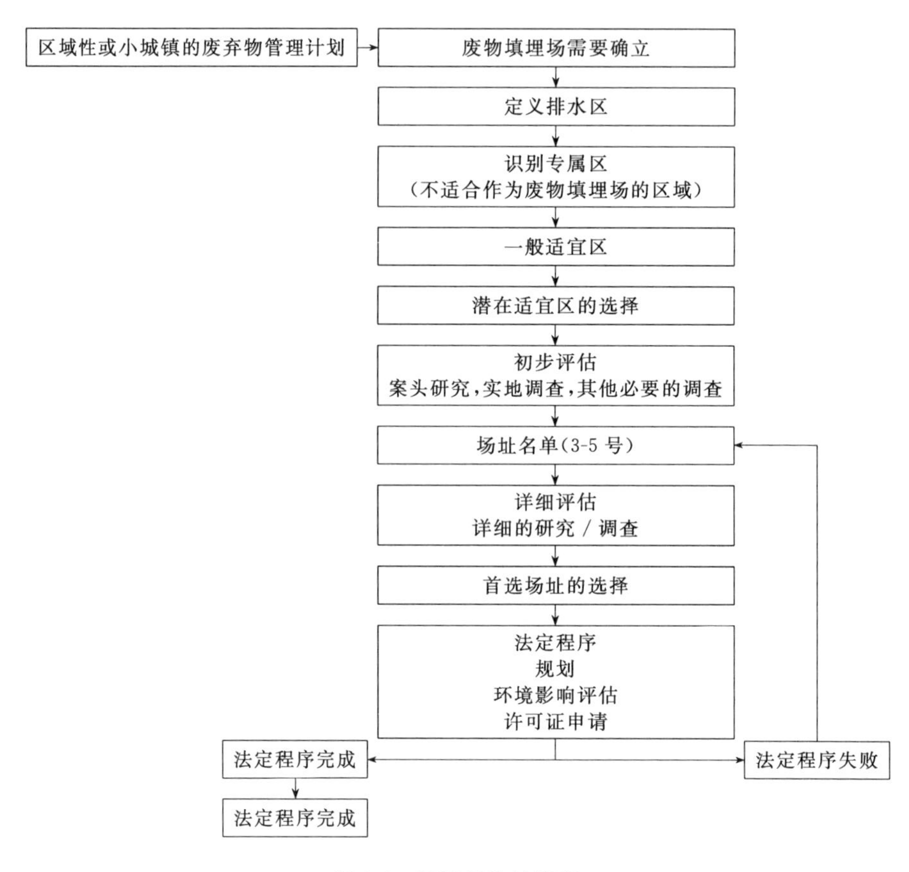

图 2-1 填埋场选址流程

2.5.2 填埋指令

审查填埋场的位置时，必须考虑下面的要求（具体见填埋指令 1999/31/EC 的附录 I）。

① 填埋场边界与住宅区和游憩区、水道、水域，以及其他农业区或城市区域之间的距离；

② 该地区是否存在地下水、近岸水域或自然保护区；

③ 该地区的地质和水文地质条件；

④ 洪水、地陷或山体滑坡的风险；

⑤ 保护该地区的自然遗产或文化遗产。

2.5.3 地区的重要含水层

1999 年，环境和地方政府部（DoELG）、环境保护局（EPA）和爱尔兰地质调查局（GSI）联合颁布了地下水保护方案手册。在地下水保护方案中提出了一组具体的填埋场地下水保护措施，具体措施已包含在附录 A 中。该组措施概述了可接受的填埋场应主要考虑含水层类别或水源保护区，以及地下水的脆弱性。

有人建议，如果可能的话，堆填场不能位于爱尔兰地质调查局（GSI）手册中定义为R4的高脆弱等级的“区域性重要含水层”，相关内容见附录A。在某些特定场所和特殊的技术条件下，可以克服这个限制因素。

2.5.4 地质不稳定区域

地质不稳定区域定义为，具有能对填埋场结构的完整性构成重大危害的自然或者人造特征的地点。原则上填埋场一般不应位于这些区域内。

典型的不稳定区域包括：

① 喀斯特石灰岩的地区；

② 采矿活动造成的沉降易发区；

③ 不牢固的或者不稳定的、不能够被修复的底土区；

④ 容易发生山泥倾泻或边坡失稳的区域。

2.5.5 洪泛区

堆填场开发者应确保填埋场不处于50年一遇洪水的河流洪泛区。50年之内被水淹没少于一次的区域称为洪泛区。除非预计的洪水水位以上修建了控制线和通道。

在某些情况下，需根据国家环境研究委员会（National Environment Research Council）洪水研究报告（Flood Studies Report）（1975年）概述的程序开展洪水风险分析。开发者应就此联系公共工程办公室（Office of Public Works，OPW）。

2.5.6 机场

填埋场选址时，开发者需参考国际民航组织（International Civil Aviation Authority，ICAO）的相关建议。

填埋场是否会对飞机造成潜在的危害，取决于填埋场的位置与飞机飞行路径、堆积废物的性质和附近出没的鸟类类型。

即使采取严格的控制措施，在紧邻飞机场的地方建造填埋场仍存在风险。因此，应慎重考虑填埋场的位置，并征询鸟类控制专家的建议。

此外，还应考虑填埋场的类型。只接收一种废物的填埋场，例如惰性废物，对鸟类不会有吸引力，因此不会对飞机场构成危害。而对于可生物降解的城市废物，“可生物降解废物国家战略（National Strategy on Biodegradable Waste）2006”制定了从填埋场移出这类废物的目标，以降低其对鸟类的吸引力。

2.5.7 划定的保护区

环境、遗产和地方政府（Department of the Environment，Heritage & Local Government，DoEHLG）的国家公园和野生动物保护机构（National Parks & Wildlife Service，NPWS）（原 Dúchas）负责划定爱尔兰的保护区。

这些场地主要有以下三种类型。

2.5.7.1 特别保育区（SACs）

主要的野生动物保护区在欧洲和爱尔兰都占十分重要的地位。选址和划定这些场地的法律依据是栖息地指令（92/43/EEC），该指令通过 1997 年修订的欧盟（自然栖息地）条例转换成国内法律。

栖息地指令列出了那些必须保护的栖息地。包括需要特别关注的优先栖息地。爱尔兰优先栖息地包括高位沼泽、活跃的毡状酸沼、季节性沼泽和沿岸沙质低地[1]。指令中的其他栖息地还包括荒野、湖泊和林地等，同时列出了一个必须保护的物种清单，其中包括爱尔兰的宽吻海豚、水獭、淡水育珠蚌和基拉尼蕨。

2.5.7.2 特别保护区（SPA's）

欧盟鸟类指令（79/409/EEC）要求成员国划定鸟类特别保护区。附件 I 列出了需要特殊保护的鸟类。这些鸟类包括格陵兰白额雁、大天鹅、游隼、秧鸡和燕鸥。成员国还需要保护那些对于鸭、鹅和涉禽等鸟类迁徙特别重要的区域。

2.5.7.3 自然遗产保护区（NHA's）

在爱尔兰，主要的野生动植物保护区是自然遗产保护区。1995 年发布了自然遗产保护区提议（pNHA），2000 年自然遗产保护区划定和保护的法律规定开始生效。根据 2000 年的野生动物保护法（修正案），自然遗产保护区自被正式提议之日起将受法律保护免遭破坏。

选择填埋场地时，应就区域生态价值定位和现状尽早咨询国家公园和野生动物保护机构（NPWS）。

所有可能会对这些场地带来负面影响的开发，都必须进行评估以确定其可能产生的影响。如果评估显示开发过程会对场地造成严重的负面影响，则必须寻找到替代解决方案。规划主管部门需要评估授予规划许可对场地潜在的影响。

一般来说，混合废物填埋场不应位于自然遗产保护区的范围内。

2.5.8 考古文物

《国家遗迹法 1930》及其修订案为保护爱尔兰的遗迹确立了正式的法律机制。环境、遗产和地方政府（DoEHLG）承担管理建筑遗产的职责。通过沙盘模拟演练研究地区内所有已记载的考古遗迹和遗址，识别并绘制出考古遗迹和遗址图，同时记录其法律地位。

---

[1] 沿着海岸线发现的肥沃的低地隆起海滩

2.5.9 环境质量要求高的区域

《规划与开发法 2000》对指定的具有特殊环境质量要求高的区域（通过自然美景或者特殊的娱乐价值）和风景保护区做出了法律规定。开发规划需识别出这些区域，根据规定填埋场不应位于这些区域的边界内，还应考虑这些区域周围应有缓冲区。

2.6 场址评估和选择标准

2.6.1 介绍

从环境角度考虑，整个选址过程的主要目的是找到一个废物填埋场，它可以保障公众健康，尽可能降低废物对环境的影响并安全处置废物。

选址应该满足废物管理计划的目标，并且在较长的时间内，填埋场要有足够的容量，从而保证填埋场的开发、经营和维护可以达到最高标准，且它们所需的费用是合理的。

第 5 节中涉及了警戒区，这些区域中可能适于填埋场开发利用的地方需要进行鉴定。依据本章详细描述的选址标准，采用分阶段方式进行鉴定，被挑出来的区域随后归为潜在利用区，最终确定较优的填埋场场址。

2.6.2 评估框架

以下章节描述了现场评估及选址要考虑的标准。这些标准一般是依照法定程序作为场址整体比较和较优场址选择的基础。图 2-1 为填埋场选址流程图。

2.6.3 土地使用

填埋场选址对现存土地利用方式及其作为填埋场后提出的土地利用方式产生的影响，需要进行详细考虑和评估。爱尔兰的土地利用以农业为主，还包括森林和半自然区、湿地和人工景观等其它用地。通过 CORINE 土地覆盖数据库（2000 年）和卫星图像可获取土地利用信息。

土地利用区域划分及其目标应参考县级发展规划。区域划分包括住宅、农业、工业或高环境质量的土地。

还需要考虑人口趋势，以及提出的交通网络的变化。一般在人口密度较低的地区选址比较合适，但也必须考虑到其他因素，包括筛查的程度以及这些地区的市容和旅游业方面的价值。

2.6.4 土地面积需求/可用性

填埋场所需土地面积受到许多因素的影响。这些影响因素因填埋场不同而异，主要包括：

① 缓冲带和作为住宅或其他开发用途的土地；
② 视觉和审美的影响；
③ 覆盖材料的可用性；
④ 地表水、地下水、地质情况；
⑤ 废物填埋场的水文地质情况；
⑥ 城市便利设施和运输/收集设施的可用性。

2.6.5 当地社区

填埋场运营受到了当地社区居民的普遍关注，因为填埋场可能产生水污染、垃圾、寄生虫、苍蝇、灰尘、异味、消防、交通和噪声等方面的环境问题。然而，这些问题都可以通过现代化工程设计、良好的操作实践和有效的管理手段加以控制，并使其影响最小化。填埋场的运行往往需要考虑下列因素：

① 公众健康和环境的影响；
② 工作人员的操作能力和操作标准；
③ 财产贬值和对社区的普遍影响；
④ 对填埋场附近未来发展的影响；
⑤ 对农业的影响；
⑥ 对公路交通的影响。

开发人员应考虑如何促进当地社区居民参与选址，以及在后续运行过程中，如何保持与其联络。应明确选址存在一些劣势和缺点，并与当地社区进行沟通。

2.6.6 敏感受体的缓冲区

缓冲区的主要目的是为了协助减轻环境问题。

缓冲区或'警戒线'为活动区和敏感区之间提供了一定空间和距离，以降低填埋活动对敏感区域造成的实际或潜在的环境风险。但该活动并不是对所有敏感区的受体都会产生相同的影响。例如，一个废物填埋场的潜在影响因素可能包括噪声、粉尘、气味，视觉、油气运输等。这些因素对商业树木栽植无潜在的影响，而可能对房屋产生影响。缓冲区的概念根据具体情况有不同的含义。

识别受体和填埋区域之间的距离将取决于下列因素：

① 废物的性质（惰性、市政等）；
② 填埋场的设计（遏制、排放控制等）；
③ 填埋场的续发事件；
④ 经营规模；
⑤ 填埋场在运行过程中实行的环境控制；
⑥ 主导风向、地下水和地表水流量；
⑦ 该地区的地质情况；

⑧ 该地区的地势情况（如住宅的海拔）和填埋场的最终轮廓；

⑨ 筛选和景观美化水平；

⑩ 受体的类型。

爱尔兰发展控制文件（“建筑物规例 1997-C 部分”，相关 DoEHLG 指导“保护新建筑物及居住者不受填埋气体的危害，1994）指出废物填埋场周围 250m 规划为控制区。规划手册表明 250m 应视为指导准则。特别是一些有利于填埋气体扩散的区域，废气可能向更远处扩散。重要的是，DoEHLG 规划手册指出当采用气体控制措施（如密闭或抽取）时，仅有少量气体甚至无气体扩散。DoEHLG 规划手册认为：计划开发的填埋场缓冲区应为 250mm，开发商应该特别检查其区域内的原有填埋场（如，可能没有气体控制措施），且需要对这些计划开发的填埋场进行风险评估。这项内容仅需要检查环境风险，而不需要建立一个无菌区。事实上，DoEHLG1994 年的规划手册关于间隔距离的规定指出：对于存在填埋气体扩散的填埋场，在其周围 50m 范围内，不允许私人建造房屋；在其周围 10m 范围内，不允许建造私家花园。

在现有居民区和具有相似敏感受体的附近，选址建造填埋场是一个争议性问题。如上所述，填埋场距居民住宅及其相似敏感受体最佳距离的最终选取，受到许多场地特定特征的影响。对于许多现有设施（现有的填埋场或现已开发的工业），希望可以扩建或开发填埋场，但由于其靠近住房和相似的公共设施，因此该想法的实现受到约束。在这种情况下，混合废物填埋场与任何已存在的住宅（或其他敏感受体）间的最小距离应为 100m，且在技术可行的前提下，任何该类填埋场的运营都应是短期的。然而，如果想在接近敏感受体处开发建造这类填埋场是可行的。

新的未开发的填埋场应符合填埋场场址距房屋和相似敏感受体 250m 的要求。这些填埋场用于处理可能产生污染或有气味的废物。

在使用惰性废物开展或恢复填埋活动时，其最佳缓冲区的选择由填埋特定场地决定。这些废物的回收利用活动一般为短期运行且无臭气或气体形成。

2.6.7 地质和水文

准确了解选址地区的地质环境是非常必要的。这有利于对选址的合理性及该地预防污染的能力进行评估。地质环境包括地形、地层结构和特征的详细说明、底土的组成和分布、水文地质的分布和特征。

地形数据一方面用来评估在不稳定地方发生斜坡崩塌的可能性，另一方面用来解释地质、水文和水文地质关系的地形表达式。

与地层有关的影响因素包括岩石类型、风化程度，结构特征的范围和分布（如断层、节理、层理面）、喀斯特地形的作用和地层的渗透性。对于底土，很有必要知道它的组成、地层的横向和纵向的连续性、透气性，耐侵蚀性和抗变形性状。

水文地质调查应包括对含水层的类型和分布进行评估。还应该考虑地下水的分布、含水层的厚度和深度以及含水层的渗透率或透光度的重要性。此外，应确立地下水源的重要性，包括保护区、授权使用、地下水和地表水源的交汇。在这个阶段，也应收集水位和水质的相关数据。

填埋气体的流动需要动力和途径，以促进其向填埋场边界移动。在场界外，填埋气体为自然流动，该气体流动途径的可用性和渗透性都由地质特征决定。

进一步的建议见“爱尔兰地质研究所2012年环境影响报告地质手册（www.igi.ie)”。这个手册遵循美国环保局（EPA）指导方针，该信息包含在EIS中。这些资料应作为选址过程的参考。

2.6.8 地质断层

适合作为填埋场的地区难免位于或接近地质断层。尽管大多数的断层会增加断裂带基岩的渗透性，但由于断裂带的存在而排除该地区或将其降级是不合适的。同样，也不能因为一个地区没有断层，而从地质学角度就完全肯定其适合作为填埋场。

渗水岩的断裂带（一般为地域性的重要含水层）通常比低透水性岩石（一般较差的含水层）更重要。“主要”和“次要”断层是相对而言的，没有绝对的意义，并在任何情况下，没有特别的水文地质意义。

一般不建议在地质断层进行填埋场选址。但是，需要注意的是，首先这些断层普遍存在于爱尔兰基岩中，它们在一定程度上增加了基岩渗透性，且在调查过程中应考虑它们存在的可能性。在调查结果表明具有极高渗透性的断层区，应避免在与直接接触的地方建造有潜在污染的填埋场。

2.6.9 水文和地表水保护

填埋场选址的潜在影响包括对水质、水量和水生生态的影响（栖息地的丧失、干扰或改变)，这与渗滤液污染或地表径流增加有关。

欧盟的淡水鱼指令（78/659/EEC）将河流指定为渔业保护的大马哈鱼水域。这些水域和一些非指定水域对大马哈鱼类（鲑鱼和鳟鱼）非常重要，必须维持其水质和鱼类的栖息地。欧盟水框架指令（2000/60/EEC）要求，到2015年，所有水域至少应具有良好状态。

应记录备选填埋场影响区域内的地表水体（溪流、河流、湖泊、河口和沿海)，包括所有的标识。应考虑采用生态评级法（Q评级）对河流进行评估，并从生态、美化市容、渔业或商业价值角度对水体的重要性进行评级。

2.6.10 地势

地势指地表或地形的物理特征，这些特征在地图上以等高线表示。

等高线图可以用来找出陡坡，这些陡坡可能使填埋场的建造或路径复杂化。通过等高线图可以确定排入或穿过特殊区域的分水岭。分水岭地区决定了填埋场接收上游区域的径流量。此外，应考虑现有的天然洼地，在视觉筛查和噪声衰减方面，它们有利于填埋场的开发。

2.6.11 场址可见性/自然筛选

作为选址过程的一部分，自然筛选区、独立环境区或现有天然洼地区较适合作为填埋场。在填埋场周围，也可以通过建造护堤、围栏、种植或增加现有植被覆盖的措施筛选。在偏远地区选址，还必须考虑到废物的长距离运输。

必须考虑意义重大或指定的景点、自然特征和对景观风貌潜在影响的评估。

2.6.12 生态

不同备选填埋场有不同的生态价值。填埋场的运行可以对它的生态环境及其周围的生态环境产生不利影响。它也可以摧毁现有的植被、破坏水生生物和陆生生物的生存环境。在下列情况下，必须对备选地区的生态进行研究：

① 任何有重大作用的特定区域（例如特殊保育区、特殊保护区、自然遗产保护区或第5.7节中描述的具有特殊利益的区域）；

② 稀有物种的任何植物和动物的区域；

③ 需要被保护的任何特定功能的栖息地（陆地和水生）；

④ 该地区有任何需要被保护植物的记录。

任何对生态的不利影响，必须与场地修复后带来的利益或采取的其他补偿措施互补，以保持平衡。

修复的目的在于将填埋场整合到现有的景观中，或建立一个较修复前更有价值的且可行的生态环境。在策划填埋场运行时，需要考虑到其对生态环境的影响。

2.6.13 考古遗产

备选填埋场对考古遗产的影响需要进行评估。应确定该地区所有记录备案的考古地点和遗迹（参照5.8节）。要咨询的信息来源包括：遗址和文物的记录（SMR），遗迹和位置的记录（RMP），公布地区调查详细目录上关于历史文物的登记，国家现有建筑遗产（NIAH）详细目录和地区发展计划。

信息的其他来源包括早期全国地形测量图、国家博物馆爱尔兰地形文件、航空摄影及发布的其他相关来源文件。调查同时包括野外勘探、地面和航空测量。除了记录的遗址和古迹外，在表层土下，可能还存在一些预先不知道的特性或遗迹。可根据环境特征或考古测检，确定一个地区的考古潜力。

填埋场的选址也应该考虑该地区发展规划中为了保护考古遗产和建筑遗产而制定的目标和政策。

2.6.14 重点保护区域

2000年的规划与发展法令制定了特殊市容美化区和景观保护区的法定条件。特殊市容美化区是指具有突出的自然美和特殊娱乐价值的地方。

地区发展计划必须参考景观和市容建筑的目标和特定性。它们包括保留景点和未来开发的景点，以及保留自然风景较美或有吸引力的地点和地貌的市容建筑。

2.6.15 机场

在填埋场选址时，开发者应考虑可能与其相关的国际民用航空管理局（ICAO）的建议。

在填埋场选址时，应征求鸟类控制专家的意见，对鸟类撞机事故的潜在危险进行评估。填埋场是否会产生潜在危险，取决于填埋场的地理位置，因为其位置与机场的飞行航线、堆积的废物性质以及预期在附近的鸟的种类有关。

有许多方法可以阻止鸟类在填埋场觅食，如在机场附近的高风险区，可能较容易被接受的限制鸟类入侵的方法是使用网或围墙封闭倾倒区。填埋场的合理选址及选择合适类型的填埋场可以降低机场附近危害的风险。

2.6.16 气象

在选址阶段，应考虑气象因素，从气象部门获得备选地区关于降水量和蒸散量的数据。年降雨量是一个非常重要的因素，因为全部的新场址必须收集和容纳产生的渗滤液。同时，应监测风力和风向，防风林可以避免碎片或垃圾乱飞。

2.6.17 交通

在建设和运营过程中，填埋场的交通运输可能会引起噪声、振动、废气排放、灰尘、泥土和视觉污染。重型车辆在狭窄的道路上行驶可能会引起交通管理问题，如交通堵塞、损坏道路，并会遭到投诉。

选址过程中应考虑以下问题：

① 废物距备选填埋场的距离，应遵循就近原则；

② 接近现有的国家/地区道路或铁路网和预期的车流量；备选的填埋场最好有较为便利的通往国家或地区的道路；

③ 有任何必要的升级措施或新的公路基础设施，以容纳额外的交通流量；

④ 具有潜在通道的住宅种类；

⑤ 地区发展计划和区域计划的目标。

2.6.18 覆盖材料的获取

为了填埋场可以持续运行，配备的覆盖物是至关重要的。这包括日常覆盖材料和最终恢复覆盖材料。

在考虑将一个地区作为填埋场时，必须了解该地区土壤的性质。如果配备的覆盖材料在现场不可用，将不得不进口或更换现有的覆盖系统。

日常覆盖材料应具有渗透性，以帮助雨水渗透，并协助废物降解。同时，它应该能够减少倾倒区的局部臭气，并减少昆虫和害虫的滋扰。

2.6.19 服务与安全

选址应考虑一些服务项目，它对于保证填埋场开发和运行达标是非常必要的。例如，必须考虑供水（包括现场存储）、接近污水处理系统和合适的污水处理、电力供应和电话联系。

如果有必要考虑将渗滤液进行场外处理时，则应考虑场外处理设施的位置。

通往填埋场的通道必须加以控制，以防止未经授权的车流进入填埋场和废物的非法倾倒。选址时，应考虑安全因素，同时应重视自然屏障或人工屏碍的可用性。

2.7 候选场地和场址的选择

2.7.1 概述

潜在填埋场地的调查或者评估是整个选址过程的一个必不可少的部分，其目的是确定最适合用作填埋场的场地。下面概述的逐步调查过程，其详细内容可参见环保局 1995 年发布的《填埋场手册》系列的“填埋场调查”部分，该部分内容应与本章一并阅读。其主要描述了填埋场选址、建设和运营过程要求的初步评估和详细评估的顺序和范围。

2.7.2 初步评估

根据 2.5 提到的不适合做填埋场的区域，就可以明确可能适合的区域。选址时应避开重要的区域含水层、主要河流的洪泛区、指定的保护区，以及对周围环境要求较高的和具有考古价值的区域。

根据 2.6 确立的评价标准，适合用作填埋场的区域数量进一步减少。开展初步评估可以对比分析这些场地，并获得相关的信息。通常采取资料研究和实地调研的方式。

在资料研究和初步调查完成之后，可用作填埋场的场地数量将逐步减少。根据选址标准和废物管理计划将得到一份候选场地清单，接下来就可以据此开展更加详细的评估。

2.7.3 详细评估

在初步评估所得出的结论中，应最多保留有三到五处场地。然后对这些场地进行详细的调查和评估，进一步分析其特性，确定其适用性。

详细的调查需要考虑覆盖层的深度、基岩类型、地下水保护、土地使用、对当地人口可能造成的影响、道路通行状况、天然屏障情况，以及其他的当地重要因素。这一阶段可能要用到航空勘测和地理信息系统（geographic information system，GIS）。附录 B 中列出了可用的信息来源一览表。

评估阶段和选址阶段应同时运作，并在一定程度上可以重合。所采用的程序应遵循《填埋场调查手册》（环境保护局 EPA，1995）列出的相关内容。

2.7.4 筛选过程

需要重点强调的是，无论是筛选过程还是最终场地的选择，都不需要用到精确的数学方法。此外，由于场地特定信息的获取过程可能会很慢，筛选潜在区域和场地的初步调查过程需要有一定的灵活性。因此，初步调查过程应考虑所有的筛选后场地（候选场地），直至有足够的信息将候选场地范围缩小。

候选场地的早期调查可能也会建议选择特别适宜的邻近区域，而这些区域在资料研究或开始阶段可能并未涵盖。所有这些过程的目的都是找到一个合适的场地。这应该是根据调查得到的一个有事实依据的判断结果，既考虑了国家和国际标准，又考虑了当地的可行性因素。

决定填埋场对当地环境影响程度的主要因素是场地本身的自然属性和采取的补救措施。很重要的一点是，随着场地数量的减少，调查技术水平和研究集约化程度的提高，必须保持灵活性，以确保收集到大量信息后选址的可变性。同样，不能因为没有完全达到所有的评价指标要求，就在很早的时候排除某个场地。应考虑使用设计方法和施工工艺克服原有的缺陷。

2.7.5 私营填埋场

正如 2.1.5 节所述，政府当局有责任在其管辖范围内找到用于填埋场建设的最佳位置，并有权采取强制措施购买这些废物基础设施用地。私营企业运营商（或者地方当局在其管辖范围之外寻找填埋区域）无权强制购买，因此一定要把最佳场址定在可以或者将来可以获得的地点。如果一块场地是提供给地方当局或私营开发者的，调查报告中将不需要讲述此场地选择过程，但是评估还是需要选用本章中的选址标准。

2.7.6 场址选择

根据初步调查、详细调查和选址标准的相关信息，对清单中的场地开展对比评估。

必须进行详细的评估，这是因为需要以此为依据从技术、环境和资金方面做出决定：

① 每一个场地可能的影响程度；

② 根据技术和环境因素得出的场地适用性；

③ 每一个场地建设填埋场的预算成本。

依据选址标准来分析每一个场地的有利方面和不利方面。有利方面包括距离国家级公路或者区域级公路较近、位于弱含水层、优良的天然屏障和其他可能有助于使填埋场融合成一个特殊区域的因素。典型的不利方面包括距离国家级公路或者区域级公路较远、临近生态敏感区域、人口密度很高和其他不利因素，这些不利因素使得填埋场选址难以确定下来。

任何一个场地都不可能完全符合所有选址标准，因此决策过程和最佳场地选择过程就是在考虑上述所有因素的基础上进行权衡取舍。

2.7.7 最佳场址

当法定程序完成之后，填埋场将被视为“选定”。场地还必须符合欧盟关于废物填埋场的指令（91/31/EC）的要求，具体要求如下：

“成员国应采取措施使…主管当局不会发放填埋场许可，除非符合…．填埋场工程符合指令包括附件中的所有相关要求”

该指令的附件1还提出，只有在选定场地的特质和采取了整改措施使得该填埋场不会产生严重的环境风险的情况下，填埋场才会获得许可。

在最佳场址上开始兴建任何填埋场之前，都应开展环境影响评价（如果需要的话）。环境影响报告对环境影响做出评价的同时，还应列出考虑到的备选方案。如果最佳场址被规划主管机关或许可证发放机关否决，开发者可以申请批准在候选清单上的另一个场地，这一场地也需要开展环境影响评价。

需要强调的是，任何批准的填埋场，必须进行严格的、科学的工程设计，并要尽可能地保护环境。一些场地因素可以通过工程设计进行改进，通过合适的运营方式可以减轻潜在的影响。

附录A：填埋场地下水保护对策

背景

爱尔兰根据欧盟立法和国内立法来保护地下水。地方当局和环境保护局（EPA）负责执行相关法律法规。爱尔兰地质调查局（GSI）会同环境和地方政府部（DoELG）和环境保护局共同制订地下水保护方案编制方法，以帮助主管当局和其他各方履行其保护地下水的职责（环境和地方政府部/环境保护局/爱尔兰地质调查局，1999年）。这种方法涵盖地表区划和地下水保护措施。

地下水保护措施与填埋场选址过程和相应的填埋场设计、运营和监管密切相关。这些措施列出了在每一个地下水保护区中建填埋场的可接受性［如“地下水保护方案”所述（环境和地方政府部/环境保护局/爱尔兰地质调查局，1999年）］，以及基于地下水脆弱性、重要性和污染物负荷量的响应/限制的推荐水平。

总体而言，本章主要是针对非危险废物填埋场的选址。所涉及的原则也可能适用于危险废物和惰性废物填埋场的选址。

在所有填埋场选址过程中，一个十分重要的因素是保护地下水。地下水是重要资源也是爱尔兰主要的水源，尤其在农村地区。

区域的地质和水文地质情况会对以下事宜产生重大的影响：①适合作为填埋场区域的可获得性；②地下水免受填埋场渗滤液污染的自然保护水平；③填埋场的设计、运行和监管情况。

由详细调查得到的地下水保护方案，提供了用于填埋场选址的水文地质资料。这些资料可以用于确定哪些区域不能兴建填埋场，哪些区域受到地下水污染风险较小。在此概述的地下水保护措施要求在区域重要的含水层上不能兴建新的填埋场。

填埋场的开发者应考虑到资源潜力和表层、相邻含水层的脆弱性。地下水保护方案将这些因素综合考虑，有助于从水文地质的角度就某个填埋场的可接受性做出理性的决定。

填埋场废物对地下水造成的风险主要受如下因素的影响：

① 废物的性质；

② 渗滤液的组分；

③ 产生渗滤液的体积；

④ 地下水的脆弱性；

⑤ 靠近地下水源的程度；

⑥ 地下水资源的重要性；

⑦ 填埋场的设计；

⑧ 填埋场的运营和管理情况。

总的来说，水源保护区和区域重要含水层的污染风险最大。表土和底土对于预防地下水污染和减轻潜在污染具有重要的作用，具体取决于表土和底土的类型、渗透性和厚度。它们在地下水上充当保护过滤层。

这些应对措施中提出的指导方针应该基于预防的原则，用于辅助填埋场的选址、设计和管理。风险管理的概念应该用于新填埋场选址的决策过程中。

这些地下水保护措施应与“地下水保护方案”（环境保护局 EPA/环境和地方政府部 DoELG/爱尔兰地质调查局 GSI，1999 年）结合起来阅读。

废物填埋：对地下水造成危害

填埋处置废物时，产生的渗滤液是对地下水的主要危害之一。选址得当、设计合理和运行规范能够使污染最小化。非危险废物填埋场渗滤液是一种高污染的液体，其组分取决于填埋场内废物的性质。其污染潜力可以通过体积计算和预测将要产生的渗滤液的组成来估算。

渗滤液的体积主要取决于填埋场的面积、气象因素、水文地质条件和覆盖层的有效性。必须确保产生的渗滤液体积最小。填埋场的设计和运行，应确保深入地表水和地下水的量是最小的并且是可控的。

渗滤液的组分会因为很多不同的因素发生变化，例如所处阶段、废物类型、所在地的运行情况。

随着时间的推移，填埋场内的条件也会发生变化，好氧条件转变成厌氧条件，从而能够发生各种化学反应。大多数填埋场渗滤液的生化需氧量、化学需氧量、氨、氯、钠、钾、硬度和硼的值都很高。氨是一种污染物，也可以作为一个污染指标，特别是针对地表水。氨在低浓度时（1mg/L）对鱼类产生毒性。氯化物是一种能够迁移的组分，经常被用来作为污染指标。非危险废物填埋场的渗滤液可能会在填埋场下方形成还原性条件，使得铁和锰从底层沉积物中溶解出来。

非危险废物填埋场产生的渗滤液通常含有复杂的有机化合物、氯化烃和金属，其浓度较高会对地下水和地表水造成危害。溶剂和其他合成有机化学品的危害显著，环境效应浓度较低，并且不容易生物降解。此外，它们在某些情况下可能会转变成危险性更大的化合物。填埋场在几百年内都会产生渗滤液。

填埋场地下水保护对策矩阵

关于地下水保护方案中地下水保护措施作用的解释，读者可参阅“地下水保护方案”的文本（环境和地方政府部 DoELG/ 环境保护局 EPA/爱尔兰地质调查局 GSI，1999 年）。

填埋场的选址、设计、运行和监管必须符合环境保护局的《填埋场手册》，除非相关设施已经获得了环境保护局颁发的废物许可证。所有填埋场都需要具有废物许可证。

从降低地下水的风险的角度，建议所有的填埋场选址都位于或者尽可能地接近矩阵（表 1）右下角的区域。

每个保护区的地下水污染风险的恰当响应级别（R）在表 1 中列出。

表 1　填埋场对策矩阵

脆弱性等级	源保护		资源保护					
			区域性的重要含水层		局部性的重要含水层		弱含水层	
	内部	外部	Rk	Rf/Rg	Lm/Lg	Ll	Pl	Pu
极度脆弱(E)	R4	R4	R4	R4	$R3^2$	$R2^2$	$R2^2$	$R2^1$
高等很脆弱(H)	R4	R4	R4	R4	$R3^1$	$R2^1$	$R2^1$	R1
中等脆弱(M)	R4	R4	R4	$R3^1$	$R2^2$	$R2^1$	$R2^1$	R1
低等脆弱(L)	R4	$R3^1$	$R3^1$	$R3^1$	R1	R1	R1	R1

注：R1 符合环境保护局填埋场手册中概述的手册和废物许可证条件。

$R2^1$：符合环境保护局填埋场设计手册中概述的手册或废物许可证条件。应特别注意检查是否存在高渗透区。如果存在这些区域，那么只有在证明渗滤液迁移到这些区域风险很低，并且已对场地已有水井的下降梯度和含水层未来发展规划给予了特别关注，才允许建设填埋场。

$R2^2$：符合环境保护局《填埋场设计手册》中概述的手册或者废物许可证条件。

· 应特别注意检查是否存在高渗透区。如果存在这些区域，那么只有在证明运动到这些区域的渗滤液量微不足道，并对场地已存在水井的下降梯度和含水层未来发展规划给予了特别关注时，才允许建设填埋场。

· 地下水控制措施，例如防渗墙或者截流渠用于控制地下水高水位或根据场地状况将渗滤液水头设置在地下水位以下。

$R3^1$：一般来说不可接受，除非能够证实：

· 含水层中的地下水是承压的；

· 能够证实将不会对地下水产生大的影响；

· 不可能找到一个风险更低的区域。

$R3^2$：一般来说不可接受，除非能够证实：

· 存在着厚度均匀的低渗透底土，厚度至少为 3m；

· 能够证实将不会对地下水产生大的影响；

· 不可能找到一个风险更低的区域。

R4：不可接受。

在所有情况下，都应符合环境保护局《填埋场设计手册》（环境保护局 EPA，1999）所述标准或废物许可证条件。

区域性的重要含水层

考虑的填埋区或附近区域重要的含水层：

① 水力梯度（相对于填埋场底部的渗滤液水位）每年都以较大比例增长（承压含水层位置）。

② 拟建填埋场位于含水层的排水区。此时会对地表水产生较大风险。

③ 地图中显示的区域重要含水层包括低渗透区域或单元，虽然不能利用现有的地质和水文地质信息描绘出，但可以通过实地调查确定。如果向透水区域或单元的渗漏量微不足道，填埋场选址于此是可行的。废物类型是限定的，并按照废物接收程序与环境保护局认可的标准一致。

调查

应特别注意检查是否存在透水区，例如断层，特别是在基岩裂隙含水层的透水区。可以先采用地球物理勘测来确定这些区域，再应通过钻孔来确定它们在横向和纵向的伸展范围。也应开展水文地质测试确定其对透水区的局部和区域影响，应根据环境保护局《填埋场勘察手册》1995 开展调查。

参考文献

[1] DoELG/EPA/GSI，1999. Groundwater Protection Schemes. Department of the Environment and Local Government，Environment Protection Agency and Geological Survey of Ireland.

[2] EPA，1995. Landfill Manual Investigations for Landfills. Environmental Protection Agency.

[3] EPA，1995. Landfill Manual Landfill Monitoring，Environmental Protection Agency.

[4] EPA，1997. Landfill Manual Landfill Operational Practices，Environmental Protection Agency.

附录 B：信息来源

主题	来源	信息
地形学	全国地形图和航空摄影测量照片、空军航空摄影、数字地面模型、地形测量	地势（地面近似水平），地表水排放量、最近房屋的距离、可到达性
地质学	爱尔兰地质调查局（GSI）地图、其他爱尔兰地质调查局（GSI）发布的采石场和采矿场记录、场地调查记录	地质连续性（基岩和表层沉积）、地层厚度和横向范围、地质结构、矿物资源和利用
含水层，含水层保护区	爱尔兰地质调查局（GSI）地下水部门	位置和收益、脆弱性地图、保护区
土壤类型和排水	爱尔兰农业与食品发展部、实地调查、爱尔兰地质调查局	农用地分类（限于某些县）、土地利用
气候 空气质量	气象办公室、环境保护局	平均降水量和潜在蒸散量（计算有效降雨量和渗滤液的产生情况）
水资源，质量远景目标，流量数据	地方当局、环境保护局、爱尔兰地质调查局、公共工程办公室、实地调查	水的利用程度（河流与水库集水区）、地表水和地下水水质、原位地表水/地下水的重要性
规划和发展	地方政府发展计划、国家发展计划实施规划、政府部门区域发展计划	允许开发和给予考虑的填埋场区域、工业场地和建设、基础设施、行业发展建议

续表

主题	来源	信息
人口	中央统计局	人口数据
人类和动物的健康	卫生和儿童部、健康与安全管理局、健康研究委员会、农业和食品部	人类健康统计数据和调查研究，动物健康
考古遗迹和建筑遗产的生态保护，生物多样性，植物群和动物群景观	环境、遗产和地方政府部(DoEHLG)，通信、海洋和自然资源部(DoCMNR)，渔业委员会，规划部门	国家纪念碑，具有考古重要性的指定区域；指定的保护区域或者具有生态重要性的区域；指定的景观区

术　语　表

不会渗漏的堆填场：渗滤液释放到环境中的速率十分小的填埋场。废物重的污染组分留存在填埋场中足够长时间，能够进行生物降解过程和衰减过程；因此不至于使释放出的污染物浓度不可接受。

不可渗透的（不渗透的）：用于描述具有阻挡流体流经的天然或者合成材料。这种性能不是绝对的，通常以水渗透率小于 $10^{-9}\sim10^{-10}$ m/s 为界限区分填埋场衬垫材料是否是不渗透的。

沉陷（沉降）：由于废物降解和填充地下孔洞而导致的固结所引起的填埋场表层下沉。

处理：处理指的是通过加热、物理、化学或者生物过程改变废物的特性，以降低其体积或者危害性，或者使其更容易处理或增加回收。

导水系数：评价指定流体（通常为水）在单位水利梯度下，通过单位宽度的某种饱和介质厚度的速率。

等高线/等位线：地形图上一条连接具有相同高度点的线；或者平面图上一条用于标识地下水位或者地下水中污染物等效浓度的线（污染晕）。

堤岸（边坡）：由黏土或者其他惰性材料建成的堤坝或者护堤，用于确定单元格或者阶梯或者道路的界线；或者区分不相容性废物设置的不同填埋区；减少噪声、光线、灰尘和杂物的影响

底土：表层土之下的、结构稍差和生物活性稍差的土层，该土层为表层土种植物生长提供营养物质和水分储备。

地下水：地表之下的水，储存在高于不渗透土层之上的含水层中或者含水层之上的不饱和（渗流的）地带。

封场：达到最终高度并结束填埋作业并停止接收废物，完成填埋操作的过程。封场包括布设覆盖层。填埋场封场后是土地复田护理期。

覆盖物：用于覆盖填埋场内的堆存废物的物质。日覆盖材料是指在每个工作日的各项工作完成时用来覆盖提升机或者地层，以防止臭气扩散、垃圾被风吹起、昆虫或啮齿动物侵扰，以及水浸入的物质。中间覆盖层是指填埋场的特定时期的末期覆盖在废物上的物质。最终覆盖层是覆盖在填埋场表面的材料层。

含水层：能够储存和传送大量水的透水地质地层或者构造层。

承压含水层：夹在上下两个隔水层之间的含水层。

非承压含水层：在饱和区域上表层形成地下水层。

环境影响报告： 环境影响报告（EIS）是指如果一项提议实施则对环境产生的影响的描述。

混合废物： 由两种或者更多种下列废物类别组成的废物：惰性废物、商业废物、工业废物、城市垃圾，以及可能产生填埋气、渗滤液和臭气的废物。

基岩： 土壤下的实体岩。

集水区： 有助于地表水排放至下游特定点位（集水处）的上游陆地区域。

敏感性受体： 住宅、宾馆或者旅社、健身场所、教育机构、礼拜场所或者娱乐场所，或者其他任何对环境要求较高不能由于环境排放物对其愉悦造成影响的区域或场所。

黏土： 黏土是土的四大类型之一，另外三种为泥沙、砂土和砾土。黏土是由十分小的颗粒组成，湿润条件下具有可塑性（可铸成模型）。黏土是用作填埋场衬里和覆盖层的首选土壤，因为它们具有抗流动性（不渗透）。

渗滤液： 渗滤液是指从堆积废物中渗透出的所有液体和由填埋场排出或者包含在填埋场中的液体。

渗滤液再循环： 使渗滤液返回填埋场上层（渗滤液从该层抽离出），通常是直接喷洒在填埋场表面。

渗透量： 通常是指以降雨的形式进入土壤的水流量。当雨水渗透通过填埋场覆盖层或者遮盖物时，能够渗入废物中产生渗滤液。

渗透率（k）：指定流体（通常是水）在单位水力梯度和指定温度下，传递通过单位横截面积地质介质或者合成介质的速率，也可以称为渗透系数。单位通常是米每秒（这是由$m^3/(m^2 \cdot s)$降低维数而得到）。在某些情况下，可能必须区分垂直渗透率和水平渗透率，因为许多天然物质的垂直渗透率和水平渗透率相差很大。

市政废物设施（市容）：公众根据地方当局的规定堆存废物的设施

收集： 与废物有关的收集是指为了方便运输而聚集、分拣或者混合废物，包括运输废物和适当管控废物。

输入量： 在一定时间内输入到填埋场的废物量。

衰减： 通过各种各样的机理单独作用或者组合作用减低液体中化学物质浓度，包括稀释、吸附、沉淀、离子交换、生物降解、氧化、还原等。

填埋气体（LFG）：填埋气体是指填埋废物产生的所有气体。

土地复田护理： 设施停止活动后，采取必要的环境污染预防措施。

修复： 填埋完成后，使场地适用于计划的后期用途。

悬浮颗粒： 悬浮在液体中的固体物质。

有效降雨量： 总的降雨量减去由于蒸发和蒸腾作用而造成的实际损失量。有效降雨量包括地表径流和渗入地表土壤层下的水分。

蒸散： 通过土壤表层蒸发和植物蒸腾作用转移到大气中的总水量。

3

废物填埋场设计

3.1 引言

3.1.1 概述

环境保护局法（1992）要求环境保护局（EPA）指定并公布废物填埋场地选择、管理、运营和终止使用的标准和程序。环境保护局按照法律要求，出版了一系列关于危险废物填埋的手册，“废物填埋场地设计”就是其中之一。

过去由于设施设计不合理和管理不善导致废物填埋出现了很多问题。废物填埋场设计和开发必须全面考虑该手册和其他废物填埋手册中所列内容。

有许多潜在的环境问题与废物填埋有关。这些问题经常是长期的，有可能带来地下水污染和地表水污染、填埋气体无组织逸散以及产生气味、噪声和视觉污染。

该手册和该系列中其他文件的目的是为了帮助填埋设计符合相关标准的要求，比如不考虑成本的最佳可行技术原则，同时通过有效的封闭、监测和控制确保将废物填埋场（包括封闭的废物填埋场）引起的长期环境风险降到最低。

3.1.2 废物政策

《废物管理-政策声明-改变我们的方式（1998）》（以下简称《政策声明》）以政府1997年采用的“可持续发展-爱尔兰战略”为基础，提出了爱尔兰的固体废物管理政策。国家固体废物管理政策是基于欧盟内部通过的一系列法则而提出的，按顺序排列依次是：

① 预防废物产生并从源头减量；

② 通过再利用、循环利用和能源回收促进废物再利用；

③ 安全处置剩余的不可回收废物。

《政策声明》的主要宗旨是提供一个国家政策框架，在该政策框架内，地方政府和固体废物处置行业能够主动的制订前瞻性计划，如减少对废物填埋场的依赖，改变目前92%的城市生活垃圾需要进行填埋的现状。废物填埋场只应作为废物综合处置设施的辅助部分，仅用于处置必须进行填埋或其他处置方式无法处置的废物。

《环境保护局法》(1992) 和《废物管理法》(1996) 正在推动可持续的废物管理方式。

《废物管理法》(1996) 为以下事项提供支持:

① 出台政策措施推进与预防、减少和回收废物有关的国家行为;

② 制定适用于更高环境标准(特别是与废物处置相关的环境标准)的制度框架。

根据《废物管理法》(1996) 第22条和《废物管理(规划)条例》(1997) 要求,地方政府负责编制废物管理规划。规划必须充分考虑废物预防和废物回收。《废物管理法》(1996) 第26条要求环境保护局制定国家危险废物管理规划。该规划也必须充分考虑预防和最大限度减少危险废物的产生以及危险废物的回收。

3.1.3 废物填埋

欧共体条例75/442/EEC (EC Directive 75/442/EEC) 要求所有会员国采取适当措施,建立一个综合的能够满足需要的废物处置设施网络,以此确保会员国可以有足够的能力处置国内产生的废物。

《欧共体固体废物战略》[COM (96) 399最终版] 指出,填埋是固体废物处置的最后选择。1999年,欧共体委员会通过了废物填埋条例(委员会条例99/31/欧共体)。该条例的宗旨是:

① 保证欧盟内的废物处理采用高标准;

② 鼓励通过废物循环再利用避免废物的产生;

③ 统一废物处置成本,防止不必要的废物转移。

《废物管理法》(1996) 指定环境保护局为唯一的废物填埋许可证颁发机构。《废物管理(许可)条例》(1997) 规定了环境保护局负责废物回收和处理许可制度的建立和实施。通过颁发许可证、控制许可证数量以及主动管理,提高废物填埋场的设计和运营标准。

3.1.4 废物填埋场设计

好的废物填埋场设计将最大限度地预防或减少填埋场对环境的负面影响和对人体健康的威胁。设计人员有必要采用基于当今最佳实践的方法、标准和运营体制,这些最佳实践能够反映管理手段和环境标准的进步。设计过程应满足保护环境和人体健康的需要。

废物填埋设计是个互动过程,融合了概念设计方案、环境评价和环境监测的结果、风险评估和调查结论。废物管理基本目的是实现废物管理的可持续性,所以废物填埋场的开发和运营(二者存在内在联系)应反映出可持续性。

该手册阐明了废物填埋设计需要考虑的设计目标和考虑事项,探讨了控制渗滤液、气体、地表水、地下水的管理体制,也讨论了与衬层和封盖有关的工程设计。

3.2 设计目标和注意事项

3.2.1 设计目标

废物填埋场设计的主要目标是提供有效的控制措施，最大限度地防止或减少填埋场对环境的负面影响，特别是防止其污染地表水、地下水、土壤和空气以及威胁人类健康。

废物填埋的设计理念取决于场地的土地状况、地质状况和水文状况、对环境的潜在影响和填埋地点。废物填埋调查工作应为编写具体场地设计文本提供足够的信息。

废物填埋是动态的，它随着技术进步和法律的变化而变化。与其他建设项目相比，废物填埋场地从开始到完成 的时间长，为了适应技术进步和法律变化，应定期重新审查设计。一般来讲，废物填埋场应分期建设。

3.2.2 注意事项

设计人员应考虑整个废物填埋场寿命期内所有可能受到重大影响的环境介质。选定的设计将对填埋设施的运营、修补和后期维护产生重要影响。设计必须考虑下面的事项。

(1) 废物种类和数量 能够填埋的废物种类决定要求采取的管理措施。惰性废物与无害的可降解废物的填埋要求不同，危险废物填埋设施和无害的可降解废物或惰性废物填埋设施的要求也不相同。

(2) 水的管理 为了减少渗滤液的产生，应采取控制措施最大限度减少进入填埋废物的降水、地表水和地下水。被污染的水需要收集处理后才能排放。

(3) 土壤和水的保护 必须用衬层保护土壤、地下水和地表水。衬层系统必须由天然或人工矿物质层和土工合成材料衬层组成。衬层必须满足规定的渗透性和厚度要求。

(4) 渗滤液管理 为了保证聚集在废物填埋场底部的渗滤液最少，必须建设高效的渗滤液收集系统。渗滤液系统可以由渗滤液收集层和管道网络构成。管道网络将渗滤液输送至渗滤液贮存或处理设施。

(5) 气体控制 必须控制废物填埋气体聚集和移动。废物填埋气体可能需要收集并后续处理和利用，或者以安全方式处置后排放。

(6) 环境公害 废物填埋可能造成的污染包括噪声、气味、粉尘、乱丢的废物、鸟、害虫和火灾。为了最大程度地减少并控制废物填埋场建设、运营、关闭和后期维护导致的污染，设计中必须考虑相应的预防措施。

(7) 稳定性 必须考虑地基、基础垫衬系统、废物质量和封盖系统的稳定性。为了防止过度沉降和滑移，地基和基础衬层必须足够稳定。地下水对衬层系统产生的浮力必须予以考虑。放置废物的方法应保证废物不滑动和翻转。封盖系统设计应保证封盖系统不出现滑坡现象。

(8) 外观和环境美化 填埋场运营和结束运营时，应考虑填埋场对周围地形和地貌的影响。

(9) 运营和修复要求 在废物填埋场运营和修复期间，设计人员必须考虑场地开发方式并设计必要的基础设施。废物填埋场建设应分期进行。场地基础设施应包括食堂、宿舍、地秤、废物检验设施、轮胎清洗设施、现场服务设施和安全护栏等。

(10) 监测要求 在设计阶段，设计人员应考虑环境保护局《废物填埋监测手册》提出的监测要求。

(11) 设施预算成本 设计人员应估算整个工程（建设、运营、关闭和后期维护）从开始到完成的费用。这些费用包括规划费用、场地准备和开发工程费用、运营工程费用、恢复/封盖费用、废物填埋后期维护费用和监测费用。设计阶段应考虑填埋设施的融资，以便保证有足够的资金支付现有的和可能出现的债务。

(12) 后续用途 设计人员应考虑该设施的后续用途。后续用途应与封盖系统的材料成分和物理布局，周围地貌以及在有关发展规划中当前土地用途区划一致。

(13) 施工 必须考虑施工期间对环境的影响，避免机械噪声，挖掘和堆放土壤、运输过程带来的粉尘以及施工带来的其他污染。

(14) 风险评估 废物填埋工程设计应在影响环境质量和人体健康方面进行综合评价。

3.2.3 设计标准

设计标准可以保证废物填埋场设计采用一致的方法。引入标准有助于改进废物填埋场设计，并能预防或减少填埋对环境的负面影响。

采用的标准和规范包括以下几种。

(1) 绝对标准 如果可能，设计人员应采用由正规团体出版的爱尔兰、欧洲或国际的相关标准。设计人员应保证采用的标准是当前正在使用的标准。

(2) 性能说明 对特定课题才需要起草和使用性能说明，例如，渗滤液控制设备并气体利用设备需使用性能说明。

(3) 指导方针 对于废物填埋的不同方面有许多指导方针。该手册旨在发挥双重功能——指出设计的一般过程并提供有关信息。

(4) 质量保证和质量控制规范 质量保证和质量控制作为一个整体是废物填埋设计方案中的一部分。质量保证/质量控制方案用于保障填埋设施的设计和施工符合相关标准。

3.3 场地开发

3.3.1 场地布局

废物填埋场的设计应能够保证实现填埋设施正常运营。场地布置平面图应清楚标明填埋区域的位置。

勘测阶段应绘制数字地表模型（DGM），亦称为数字地形模型（DTM）或地形图。这些图的一般比例是 1∶500 或 1∶2500（大于 $60hm^2$ 的大型场地）。等高距取决于地面高程。如果场地地形无起伏（几乎是平地），等高距为 0.25m，如果场地地形起伏大，等高距为 0.5m 或 1m。

废物填埋布局示意见图 3-1。

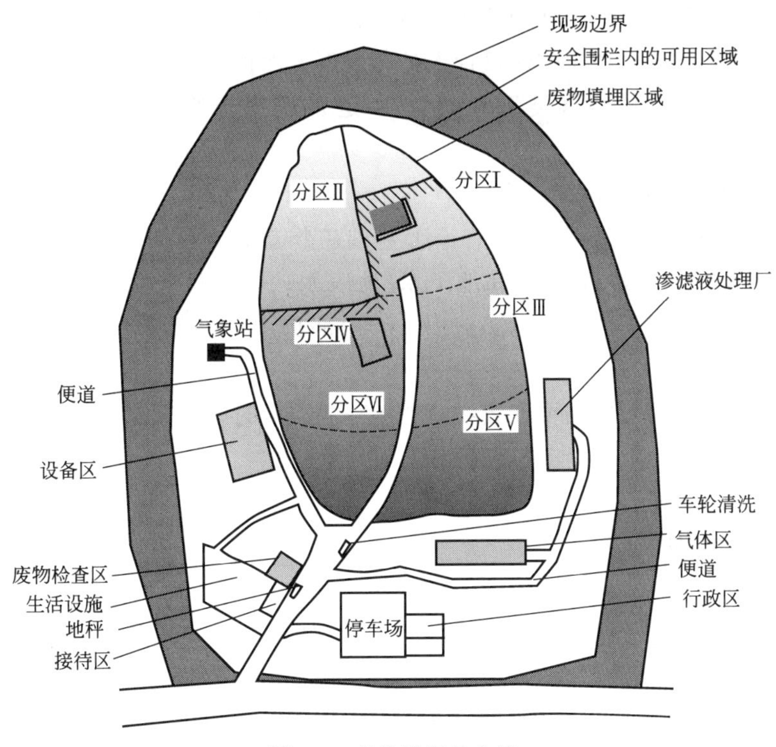

图 3-1　废物填埋场布局

3.3.2　场地准备

填埋场设计者应在勘测阶段根据场地的具体情况确定场地准备工作的范围。准备工作包括剥土/填土，目的是达到以下设施的施工基面：

① 分区/分期施工的衬层系统；

② 渗滤液和气体管理设施；

③ 地下水、地表水、渗滤液系统；

④ 景观美化和筛分；

⑤ 其他填埋场基础设施。

预留的废物处理区域中现有的基础设施必须搬迁。该区域的钻孔应进行灌浆处理防止其直接通到地下水。

3.3.3　材料要求和平衡

废物填埋场开发的所有阶段（施工、运营和恢复）都需要材料（土等）。设计人员的一项重要工作是估算需要的材料量、场地开发产生的材料量、场地内可用的材料量。如果必要，还需要估算可获得的材料量比需要的材料量少多少。如果可获得的材料量比需要的材料量少，为了使材料平衡，需要从场地外运入材料，并确定所需原料的来源。如果材料过剩，应该制订处置过剩材料的计划。

设计过程的调查阶段应包括详细的土工技术评价，包括探坑、钻孔、现场检测、取样、实验室检测和压实实验。这些工作对设计人员在以下方面提供帮助：

① 确定现场开采的材料（类型和数量）是否适用于废物填埋场的施工、运营和恢复；

② 完成各个阶段的物料衡算。

废物填埋场开发阶段需要的材料有：①基础矿物垫衬；②顶部封闭层；③渗滤液排水层；④其他排水层，例如封盖层 和地下水/地表水；⑤气体收集和排放系统；⑥道路；⑦覆盖物（日常用的和中间用的）；⑧护坝；⑨内部护坝和外部护坝；⑩恢复层（下层土和表层土）。

上述工作需要的材料可能需要在废物填埋场存放一段时间，并应选取有利于重新利用这些材料的存放方式。

3.3.4 分期建设

废物填埋场的开发应分期进行。分期施工可以以渐进的方式开发利用废物填埋区域，从而使施工、运营（填埋）和恢复等工作可以在填埋场的不同地点同时进行。为了防止频繁的（和互相干扰的）场地准备工作，建议 一个分期的填埋场预期使用期限至少为12个月。

确定分期时需要考虑废物的接收量和作业顺序。废物的接收量将决定分期填埋场的大小和预期使用寿命。作业顺序必须考虑以下方面：

① 渐进式施工、填埋和恢复；

② 尽可能提早规划以确保在合适的季节开发后续工程；

③ 最大限度利用现场材料，尽可能避免重复搬运；

④ 渗滤液和气体控制装置；

⑤ 渗滤液收集系统管理；

⑥ 地表径流水管理。

图3-2所示为建议的分期顺序。

3.3.5 分区建设

分区是在分期的前提下进行的。分期中的分区数量和分区的大小应通过水平衡计算（见3.7.2.1）确定。分区数量和大小应综合考虑在“分期建设”中讨论的因素和对运输工具的限制。分区之间用护坝分隔，分区内护坝在3.3.6中予以讨论。小的分区有利于废物填埋作业，可以减少渗滤液的产生，并通过减小暴露废物的覆盖面积避免废物被风吹走。设计人员

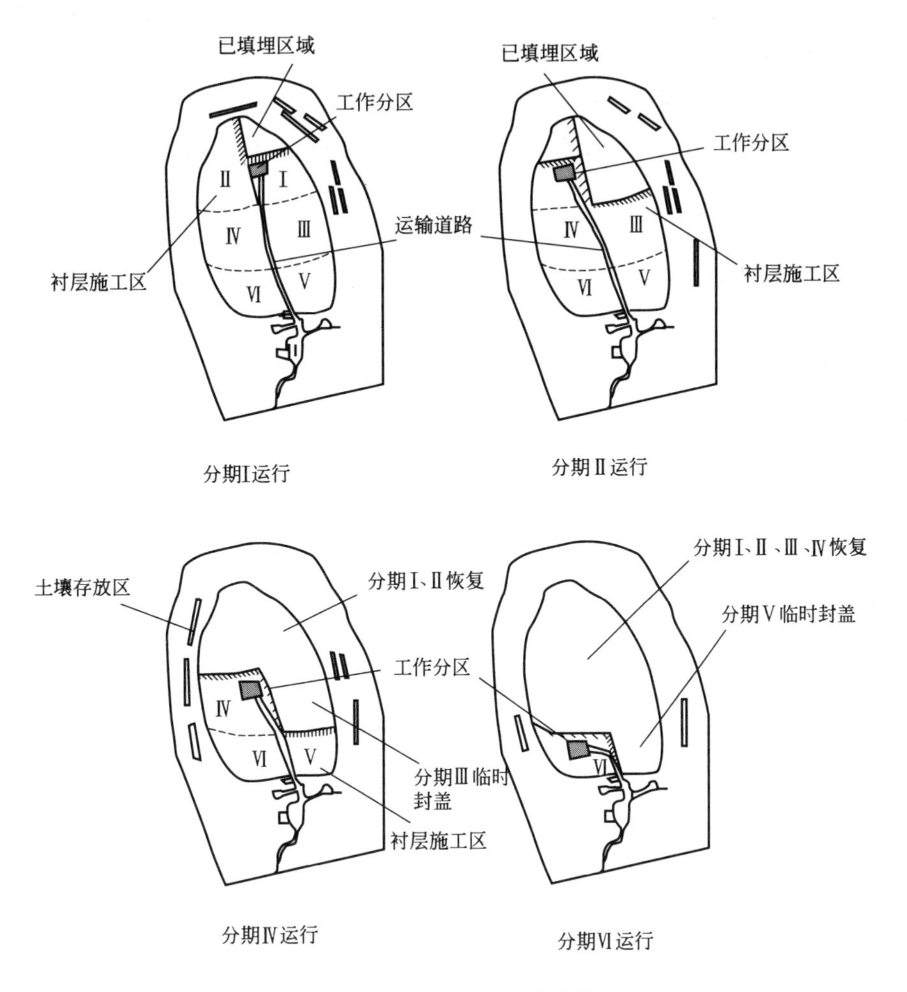

图 3-2　废物填埋场开发分期

应估算出每个分区的空间大小、使用寿命以及开发顺序。

3.3.6　护坝

废物填埋场的护坝用于：

① 周边遮挡；

② 临时遮挡；

③ 边界护坝-分区护坝和分期边界。

周边护坝用于阻止和限制不必要的物体进入填埋场。护坝设计应符合现有的地形图。周界遮挡的高度可以从 2m 到能够遮挡整个开发区域的高度。护坝斜坡应该稳定。

临时护体建在填埋区域附近，阻止废物、噪声等进入填埋场。随着填埋场建设的推进，临时护坝布置不断发生改变。临时护坝 一般高约 2m，边坡比为 1∶2.5，并可以临时存放最终/中间遮盖材料。

边界护坝可以作为分期内分区的分界线或分期的隔离物。边界护坝建设需要考虑坝体、基础衬层和渗滤液收集系统间的关系。护坝一般建在基础层上，高 2m。基础层一般位于分区内坝之下。在使用柔性膜衬层的地方，护坝上可以放一层牺牲膜，并与下方的衬层相连，以阻止渗滤液进入填埋场分区和分区之间的连接处，防止填埋的废物污染分区内收集的地表水。此外，坝体还可以用矿物质作为基础层并用柔性膜覆盖。

3.3.7 覆盖材料

覆盖材料在填埋场运行期间必不可少。本节只讨论用于日常和中间覆盖的材料。封盖系统将在 3.10 中予以讨论。日常和中间覆盖材料有助于控制逸散性废物、气味、害虫、苍蝇和鸟等带来的危害。

日常覆盖（使用土壤覆盖约 150mm）是指每天工作结束时盖在废物上的覆盖物。日常覆盖材料应具有一定的渗透性，允许水通过，防止在表层形成积水。中间覆盖是指在恢复或继续放置废物前覆盖一段时间的材料（使用土壤覆盖至少 300mm）。中间覆盖应大大减少雨水渗入。

对覆盖材料的详细要求见 3.3.3 节“材料要求和平衡”。通过调查确定现场可用材料。如果需要，设计人员应为现场覆盖材料确定取土坑和材料堆放地点。

设计人员应考虑将可替代的生物可降解材料用于日常覆盖。这些生物可降解替代材料包括：

① 在重负载条件下可重复利用的生物可降解覆盖膜；

② 不能再利用的塑料膜；

③ 土工织物；

④ 泡沫塑料和喷雾剂；

⑤ 碎木屑/绿草；

⑥ 堆肥。

相较于传统方法，用可替代材料进行日常覆盖优点包括：①保存空隙；②保存土壤；③生物可降解；④透水和透气。

3.3.8 环境美化

废物填埋场地应向公众呈现干净、管理良好的外观。在填埋场周围建造带有环境优美的护坡道并经过绿化的缓冲带，可以减少填埋对周围环境的影响。开发顺序应顾及废物填埋场的早期遮蔽，以保证项目开始时废物填埋场周边护坝的建设和绿化。

设计人员应考虑完工后该场地被建议的最终用途，因为这在一定程度上决定最终地形。最终地形应适应周围环境。

关于封场和恢复进一步的指导意见在环境保护局编制的《废物填埋场的恢复和后期维护》工作手册中。

3.4 场地基础设施

3.4.1 概述

将在后面的章节中介绍更详细的场地的主要基础设施。场地的主要基础设施是：①进出场的交通管制设施；②现场食宿和商业或贸易中心；③地秤；④车轮清洗设施；⑤现场公用设施；⑥生活垃圾处理设施；⑦安保设施。

3.4.2 进场和交通管制

在规划阶段，废物填埋场的设计就需要考虑入口。入口可以在公路旁、铁路旁或水路旁，但在爱尔兰的典型做法是在公路旁。

如果废物填埋场的入口在公路旁，应分析所建填埋场的开发对现有公路网络的影响。交通分析的结果将决定是否需要采取具体措施应对可能出现的交通阻塞。可通过升级现有的公路网络来解决因填埋场施工和运营带来的车辆拥堵问题，也可以在填埋场和主次要干道最近的地方修建专用道路来解决。在任何情况下，详细设计前的分析工作应保证对填埋场施工和运行对现有路面可能造成的破坏及公用道路上车辆可能出现排队的现象进行说明。

连接填埋场的道路包括接待区应按交通干道的标准进行铺设，宽至少 6m，并提供超车点。道路设计应按照国家道路管理局（NRA）制定的《道路建设合同文件手册》第一卷“道路建设规范”的相关要求进行设计。

从接待区到每个分期入口运输道路的设计应满足载重车辆通过的标准。运输道路还应允许重型施工车辆（例如钢轮压土机和履带式推土机）通过。

通往废物填埋场其他设施（渗滤液处理设备、抽气系统）的便道应满足服务车辆的通行。

出入通道、便道和运输道路的细节见图 3-3。建设道路需要的材料应包括在材料平衡要求中。设计者应考虑把建筑/拆除废物用作路基材料，可以要求在强度低或用废物建的路基上使用土工合成材料，例如土工织物。

应特别注意每个分区的出入点，防止出入道路对衬层造成威胁。典型分区入口坡道的最大宽度为 6m，最大坡度 10%。典型入口坡道的示意见图 3-4。

废物填埋场的交通标志应包括通往接待区、地秤、停车场和生活垃圾收集区等的停车标志和方向标志。对于更多关于标志的要求，设计人员可以参考能源部《交通标志手册》(1996)。除了交通标志外，在废物填埋场入口还应放置废物填埋场标志，并注明有关信息，如开放时间、接收废物的类型、填埋场许可证号、联系电话等。

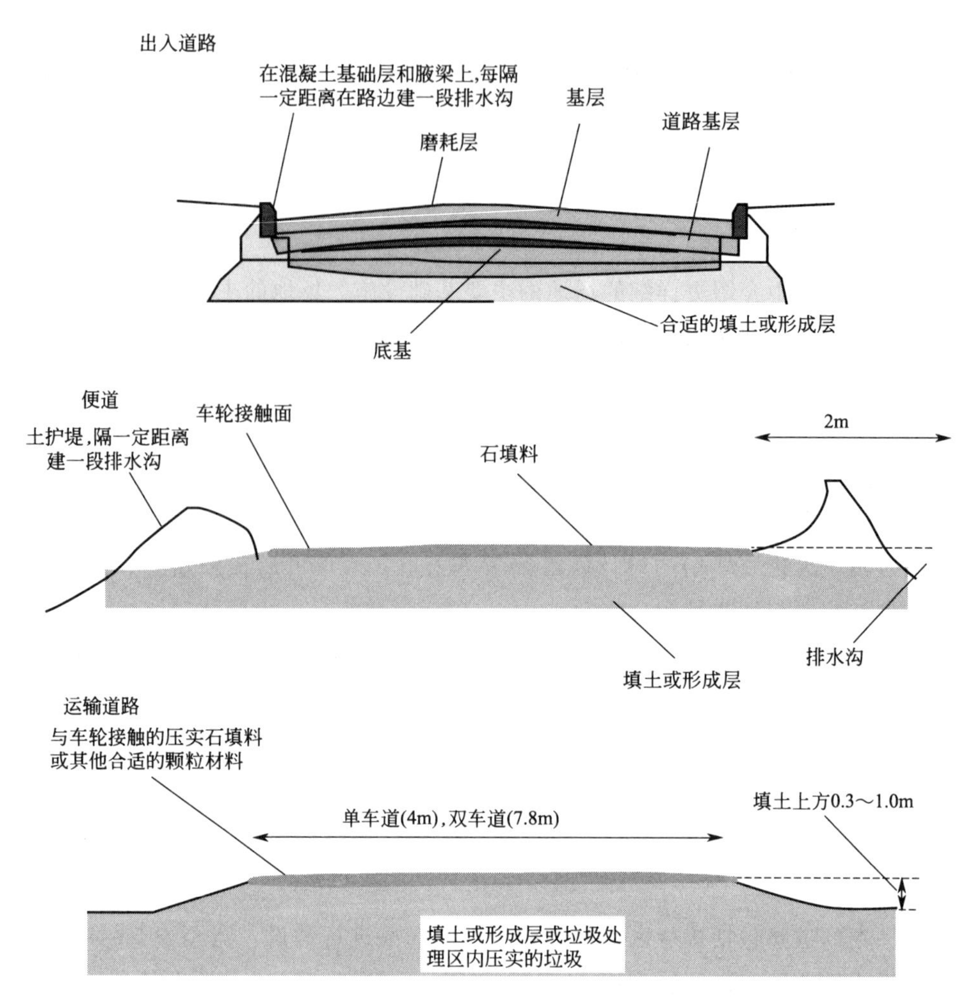

图 3-3　典型出入通道、便道和运输道路示意

3.4.3　现场食宿

必须按高标准设计、建设和维护现场食宿设施。现场食宿应包括以下设施：

① 由管理办公室、急救区和一般接待区组成的行政楼；

② 卫生设施，如淋浴设施和厕所；

③ 雇员设施，如更衣室和餐厅

④ 废物接收区；

⑤ 检测设备库；

⑥ 设备维护和燃料储存；

⑦ 停车场。

建议建设上述专业用途的建筑。如果需要，应建现场试验设施。行政楼中应有工作电话、传真机，并适宜存放记录。

废物接收区是废物填埋场基础设施的重要部分，因为在该区域确定是否应把废物接收并

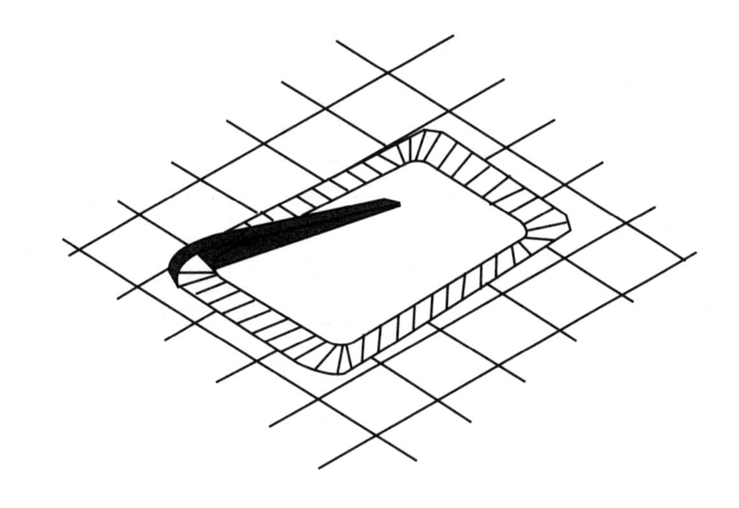

(a) 进入分区的典型入口坡道的构型图

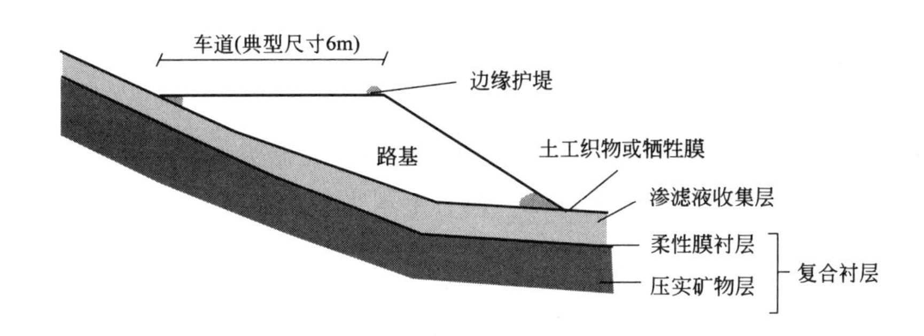

(b) 斜坡车道剖面图

图 3-4　典型入口坡道

在废物填埋场处理。废物接收区应放置废物检验设备，目的是尽量减少对其他车辆在使用填埋场设施时的干扰。废物接收区应建在带封挡护坝的硬质地面上。该区域的排水应独立于接待区其他部分并排至污水或渗滤液处理设备。

填埋场应建设设备维护和燃料储存设施。燃料和油应存放在具有明显标志和受控的区域。燃料罐或容器应用安全护坝围住，该护坝的容纳能力至少是最大罐的110%。护坝的建设和检测导则见本章附录A。燃料/油罐的地点和规格应得到县消防官员的认可。

停车区域应为员工和来宾提供足够的停车位。停车区域应临近行政楼并易于进入接待区，但不能运送废物进入填埋场的运输区。

3.4.4　地秤

填埋场应建设地秤，以便准确称量进场废物。地秤应临近废物接收区并距离公共道路有足够的距离，以避免车辆在公共道路上排队。如果有必要，称重设备应满足进场车辆和离场车辆的使用。

常用的地秤有三种：坑式地秤、地表地秤和轴式地秤。这些地秤的优点和缺点列在表3-1中。选择地秤时必须考虑：①要求的长度；②承重能力。

表 3-1 地秤类型及优缺点

地秤类型	优　点	缺　点
坑式	不需要斜坡	坑内废物转移困难 维护时需要从地秤下方进入
地表式	易于安装，可以移到其他地方，工程作业量小	需要建造斜坡
轴式	低成本	称量不够精确

地秤的最小长度为15m，最小承重能力60t。地秤的维护/校准费用也可能会很高。

地秤一般由提供地秤的公司按照地秤生产厂提供的标准规范安装。地秤的地基建设应符合地秤生产厂和设计人员提出的详细要求。

地秤的供货商通常也提供用于记录入场废物详细信息的计算机软件。选择计算机软件时，应考虑废物填埋许可证上要求的向环保局提供的信息。

3.4.5 轮胎清洗设施

为了防止把泥土带到公共道路上，废物填埋场需要有轮胎清洗设施，可以使用不同型号的轮胎清洗装置（图3-5）。轮胎清洗设施一般有不用水的振动杆式、水洗式以及二者组合

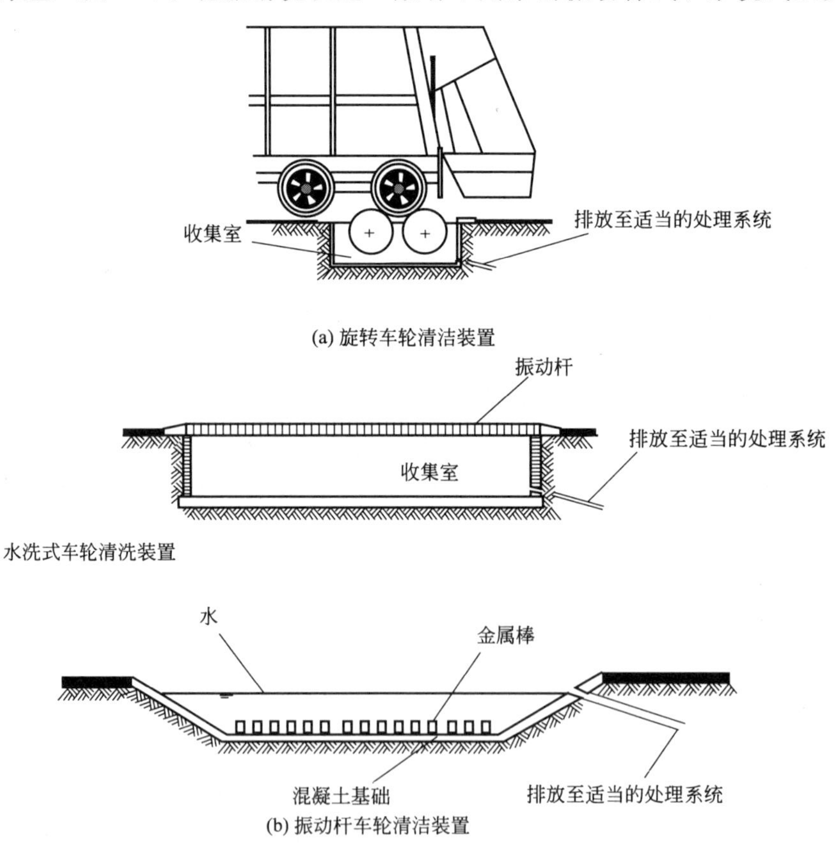

图 3-5　车辆清洗装置

使用三种方式。除了考虑清洗轮胎/底盘，还应考虑整个卡车的清洗。清洗整个卡车的装置至少应包括喷水/蒸汽清洗器。

轮胎清洗设施应采用单向体系。轮胎清洗装置的设计应保证该装置下方的基础稳定而且该装置的结构能够承载卡车重量。

如果轮胎清洗设施使用水，则需要建有供水设施、排水设施和硬化区域。污水应排入合适的处理系统，例如污水管、渗滤液处理设备等。

3.4.6 现场公共设施

现场公共设施应提供以下服务：①照明；②电话/传真；③遥感勘测，如果需要应提供连续监控（闭路电视）；④供水；⑤消防水；⑥污水（排除/处理）；⑦供电。

在天黑后仍在作业的区域应提供照明，包括从公共道路到废物填埋场接待区的通道和需要在正常工作时间外维修的现场设施，例如地秤、轮胎清洗装置和生活垃圾收集区。

填埋场应建设供水设施为日常活动提供用水。此外，应该储存足够的消防用水。消防设施的设计和建设应咨询当地政府的消防部门。

3.4.7 生活垃圾收集设施

生活垃圾收集设施的主要功能是为方便家庭和从事商业经营的人提供丢弃可重新利用的废物和其他废物的地点。生活垃圾收集设施通常由各种容器组成，用于收集绿色废物、建筑/拆除废物和大体积废物等各种废物，这些容器被指定用于特定废物和区域。把生活垃圾收集设施开发成独立设施的趋势正在增加，但这些设施通常也作为废物填埋场基础设施的一部分。

废物填埋场的生活垃圾收集设施应易于出入并能承受大的交通流量。入口和驶入区域应用筑路材料铺成。所有用于收集的容器应放在用筑路材料铺成的表面。如果有大量的废物进入，应考虑分级管理并且可跳过较低级别的管理。如果提供收集电池、废弃油和类似材料的设施，应考虑建设护坝。

用于存放、搬运或处理绿色废物或建筑/拆除废物的区域应由硬化表面和不渗水的基础层、围界护坝和进入坡道组成，并用密封排水系统收集来自这些区域的液体。收集到的液体应转移到渗滤液存放或处理设施。

生活垃圾收集设施还可作为家庭危险废物（HHW）收集中心并且应提供安全处理这些废物的容器。家庭危险废物包括：用过的或过期的药品或兽医用品、家用清洁剂、涂料和溶剂、一次性电池、杀虫剂和除草剂等。家庭危险废物的收集 需要严格监督。生活垃圾收集设施对公众开发，并由专人负责管理。

应对生活垃圾收集设施进行美化，以便使其有美的外观。图 3-6 为典型生活垃圾收集设施布局。

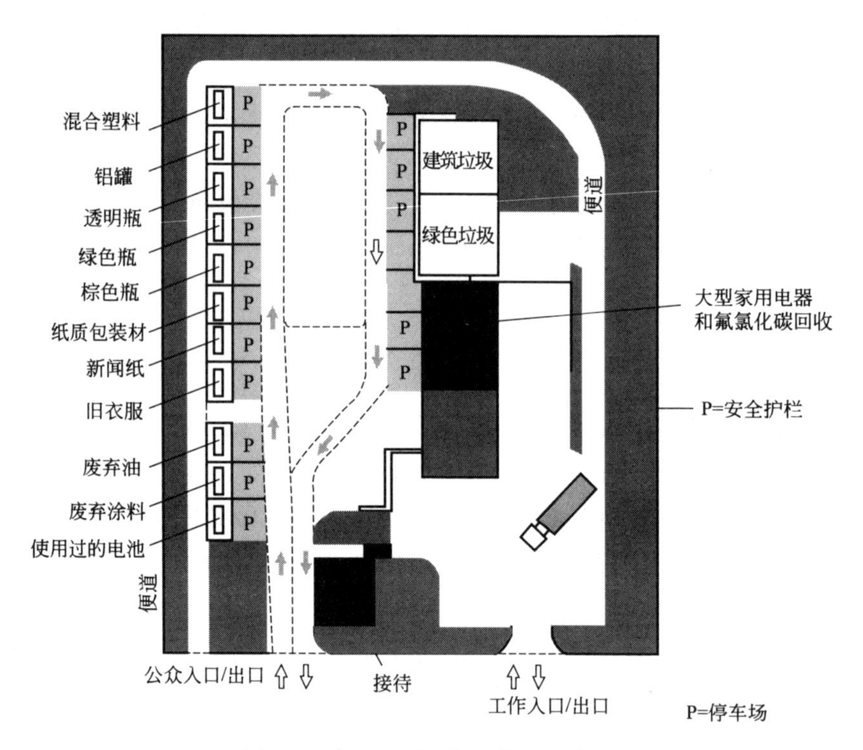

图 3-6 典型生活垃圾收集设施布局

3.4.8 保安

废物填埋场设计应有保安设施，保安设施可以包括以下物品。

(1) 护栏 所有废物填埋场都应有周界围栏。为了防止未经允许的相关人员进入填埋场，围栏应满足适当的标准（链状栅栏，栅栏）和足够的高度（约 2.3m）。

(2) 大门 接待区应有出入大门。填埋场周围，可能需要建设多个进入填埋场的大门。所有大门应符合类似护栏的标准。大门必须用锁锁上。

(3) 保安摄像头/警报 保安摄像头可设在出入口/接待区和填埋场周围具有重要意义的位置，例如生活垃圾收集区。入侵者报警装置可以装在接待设施或综合仓库并且与呼叫系统相连。

3.5 地下水和地表水管理

3.5.1 概述

地下水和地表水是既具有生态价值又具有经济价值的自然资源，防止其被污染是至关重要的。因此，废物填埋场设计需要考虑管理和保护这两种资源。

调研的信息将有助于填埋场设计符合地下水/地表水管理要求的标准。环境保护局《废物填埋场勘测手册》列出了必要的调研顺序和范围。

3.5.2 地下水管理

地下水管理要求最大程度降低/预防：①填埋场施工期间对地下水质量的影响；②损坏（顶起）衬层；③输出来自填埋场的污染物；④渗滤液的产生（通过防止地下水渗入）。

3.5.2.1 地下水保护战略

1999 年出版的“地下水保护计划”规定了国家地下水保护的战略。该文件的一个主要目标是提供地质和水文信息，以便把可能造成污染的开发放在安全区域并制定适当的措施把开发行为可能造成的污染降到最低。该战略把土地表面区划和可能造成污染行为的应急响应方阵相结合。土地表面区划考虑了地下水水源、地下水资源（蓄水层 ）和易被污染的地点，从而通过与应急响应程序相结合建立了地下水保护区。响应方阵向存在可能造成污染的地方提供响应建议。应急响应取决于相关风险大小和可接受程度、对可能造成的污染降到最低所采取的措施以及适当的调查要求。

3.5.2.2 地下水条例

通过《废物管理（颁发许可）条例》（1997 年第 133 号条例)、《地方政府（水污染）法规》（1977）和以后的修正案，《废物管理法》（1996）使“保护并防止地下水被某些危险物质污染的委员会条例 80/68/EEC”生效。

该条例的宗旨是预防地下水被表Ⅰ和Ⅱ中所列种类的物质污染，而且，尽可能检查或消除已经出现 的污染。该条例把向地下水的直接排放和间接排放区别开。直接把表中所列物质排入地下水意味着没经过土壤或下层土过滤污染物直接进入地下水。间接排放指经过土壤或下层土过滤后表中所列物质进入地下水。

需要注意该条例禁止把表Ⅰ所列物质直接排入地下水（除非勘测表明地下水永远不再适合其他用途）。必须采取措施防止表Ⅰ所列物质进入地下水并限制表Ⅱ所列物质进入地下水。

3.5.2.3 地下水管理措施

用来自勘测的信息评估是否需要控制地下水，如果需要，控制系统将对地下水产生哪些影响。从调查获取的信息包括：①地下水动态；②所有底层的渗透性和导水性；③下层土和岩床的分布、厚度和深度；④下层土壤的变薄特性；⑤井、泉水、落水洞和溶沟或其他表示地下水的显著特征；⑥地下水等高线、坡度、流速、流向；⑦地下水质量（化学特征和本底值)；⑧地下水保护区；⑨地下水抽取速度；⑩预测长期/短期地下水下降的影响；⑪与地表水的关系；⑫集水区边界；⑬地下水易损性；⑭蓄水层种类。

应绘制含有上述信息的地图。地下水控制评估的出发点是鉴别地下水承载力或者渗透性底层以及地下水位或压力等级与要进行的挖掘的关系。这一般会涉及对钻孔和探坑日志以及来自钻孔和压力计的地下水水位记录的研究。

废物填埋场衬层系统的位置与地下水位的相对关系将决定需要采取的控制措施。如果衬层系统位于地下水位上方，在废物下方会立刻产生不饱和区，这种情况下可能就不需要采取地下水控制措施。相反，如果地下水位相对较高并且衬层系统在该水位下方，可能需要采取地下水控制措施。

图 3-7 所示为可能出现的地下水状况举例。列举的例子有：①向外梯度；②向内梯度；③上层滞水；④承压含水层。

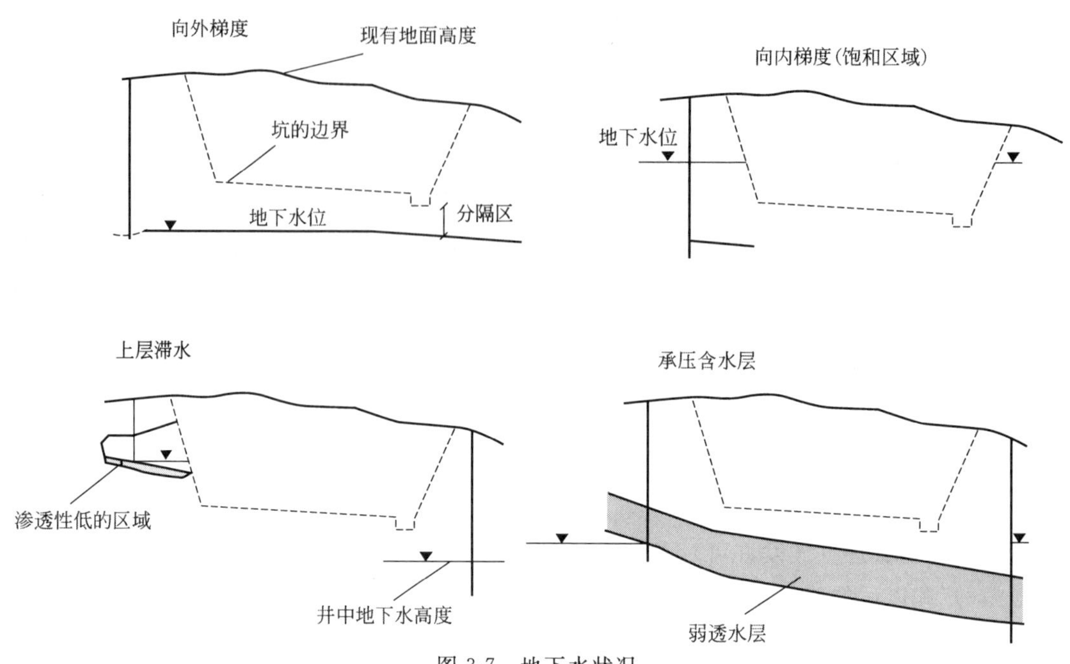

图 3-7　地下水状况

可以通过物理隔绝或从集水坑和地下水井内用泵抽水达到控制地下水的目的。物理隔绝控制法一般包括下排水系统、周围排水系统和隔断墙。只有需要短期控制时才用泵抽水。图 3-8 所示为典型截断排水沟示例。附件 B 图 B.1 给出了土壤中的地下水控制技术的适用范围。附录 B.1 列出了地下水控制方法。有关地下水控制进一步的信息可以从建筑工业研究与情报协会第 113 号报告（CIRIA，1988）中获得。这一报告将于近期内被该协会出版的《地下水控制：设计和实践》代替。

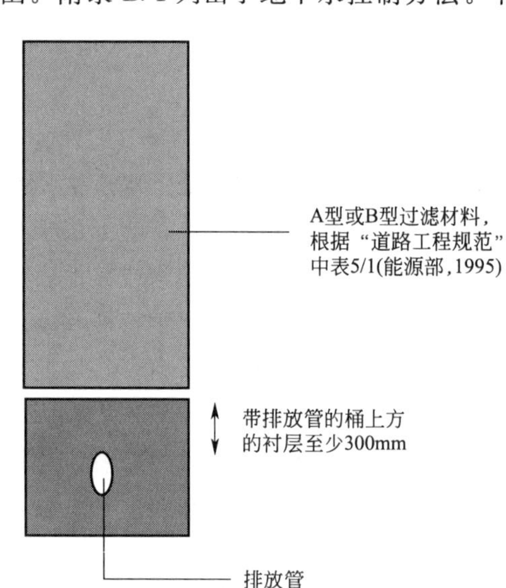

图 3-8　典型截断排水沟

如果需要采取地下水控制措施，随后应建地下水出口。如果地下水不符合承受水体的质量标准，出口可以直接通往蓄水池或储水池。

3.5.3　地表水管理

地表水管理要求尽可能降低：

① 渗滤液的产生（通过防止积水和水渗入填埋的废物）；

② 从废物填埋场运输污染物；

③ 衬层、固体废物和覆盖材料的腐烂。

地表水收集系统可以达到以上目的。

3.5.3.1 地表水收集系统

所有的废物填埋场应提供地表水收集系统。在评价地表水控制系统对周围环境影响时应从勘测得到以下信息：

① 地表水状况；

② 地表水排水模式；

③ 填埋场周边水塘和河流的详细情况；

④ 地表水的流量动态；

⑤ 水的质量；

⑥ 流速和流量的瞬时变化；

⑦ 水的抽取；

⑧ 地表水背景值；

⑨ 发生洪灾的可能性。

收集到的关于水位和流量的信息可以用于建模以及在设计阶段确定洪水重现周期和等级。

3.5.3.2 地表水排放

地表水排放系统的功能是，把来自废物填埋场和周围区域的径流收集并输送到废物填埋场周围的排水沟内。排水通道应放在合理的位置，以便来自周围区域的地表水径流在到达废物填埋区域前就被截断并转移。周界地表水控制系统的设计既要满足废物场外汇流的控制也要满足废物场内汇流的控制。

场外汇流可以通过土壤自由排入地下水并通过地下水控制系统收集。地表水可能不容易排入细粒土壤，这种情况可能需要提供地表水控制系统。地表水控制方法如图 3-9 所示，可以用排水层、沟渠、暗沟和流水环沟控制地表水。

来自废物填埋场内的地表水汇流可以分为：建设中的分区；运营区域；恢复区。

可以通过建设沉淀池，以便把来自建设中的分区和恢复区地表水中的固体去除。另一种可选方案是，如果来自这些区域的地表水符合接收水体的标准，来自这些区域的地表水可以直接排入水体。来自建设中的分区的水可能需要用泵抽到排水通道或储水池。来自恢复区的地表水应通过包含在封盖系统内的排水层送至周界排水通道。正在使用的分区中的地表水应直接排入渗滤液收集系统。

来自表面硬化区域或填埋场出入道路的地表水可以直接排入雨水收集池或渗滤液储存设施（如果必要）。来自经过表面硬化的停车/加油/修理/维护区域的地表水应通过汽油/油拦截器。

3.5.3.3 地表水系统设计

地表水排水系统通常根据暴雨（雪）的重现周期和降雨的持续时间设计。一般设计的重现周期是 1 年、5 年、10 年、25 年和 50 年。可根据场地条件、排水系统的故障风险及故障后果选择重现周期。需要注意的是，重现周期越长，排水系统的能力越大，但成本越高。

应确定峰值排放速度和峰值排放期间的汇流量。使用的设计方法有：①推理法；②改进的推理法；③TRL（运输研究实验室）水文过程线法。

设计的地表水管理系统应至少能够收集和控制在指定降水持续时间和重现周期内的水量。

降水强度可以通过持续时间和重现周期计算。爱尔兰不同地区降水的具体持续时间和重现周期可以从位于都柏林的气象局或 J. J. Logue 著的《爱尔兰极端降水》中的图表得到。

《洪水研究报告》（FSR）也可以用来预测流量。《洪水研究报告》（FSR）包括了对小流域流量预测（小流域理论）的研究。对填埋场设计人员来说小流域理论是非常适用的，因为对废物填埋场及其流域的研究通常是对局部的研究。

3.5.3.4 通道和排水沟

地表水排放系统可以采用管道系统或明渠。

(1) 管道系统 基于 Colebrook White 公式的设计表格通常用于设计管道排水系统。所选的管道直径应能输送峰值排放流量。图 2-8 中的地下水截断排水沟和地表水管道排水系统相似。

地下水/地表水排水沟一般为 300～400mm，用预制混凝土建造。管道基床和管道周围的材料很重要。基床/铺设/包裹应按照与能源部《公路修筑规程，1995》相似的标准。基床材料通常用颗粒状材料，颗粒材料的 95%～100%能通过 20mm 筛子。使用管道排水系统时，应考虑提供维护和检查的进出通道。

(2) 明渠 明渠分水沟的尺寸通常根据 Manning 公式确定：

$$Q=\frac{1.49AR^{\frac{2}{3}}S^{\frac{1}{2}}}{n}$$

式中，Q 为排放流量，m^3/s；1.49 为从英国度量衡单位换算成公制单位的系数；A 为明渠截面积，m^2；R 为明渠水力半径，m；S 为明渠纵向坡度，m/m；n 为粗糙系数。

各种渠的尺寸和不同类型衬层的最大允许速度可以在教科书中找到。明渠一般宽且浅，截面为梯形、三角形或抛物线形。边坡比一般不应大于 2.5（水平）∶1（垂直），如果采取合适的防冲蚀措施或渠内衬有混凝土，可以采用更陡的坡。为了使冲蚀量最小，明渠可以覆盖植被或放防冲乱石。明渠可衬土工合成材料或天然材料。

3.5.3.5 接收水体

为了防止冲蚀，可能需要在接收水体的渠底基础放置不可冲蚀材料，典型设计可能包括一些类型的乱石堆，使用的材料包括土工织物膜、金属筐和石垫。

3.5.3.6 储水池

为进行地表水沉淀控制需要建设储水设施。这些设施可能包括：

① 按照英国标准 8007 设计的混凝土罐；

② 预制构件；

③ 带土工合成衬（例如 PVC）的装置。

储水设施的设计应防止汇流导致的溢流。如果有地表水排放系统，重现周期可以根据现场特点、故障风险和该系统的故障后果确定。至少应该有 0.5m 的储备高度，以防止溢流。

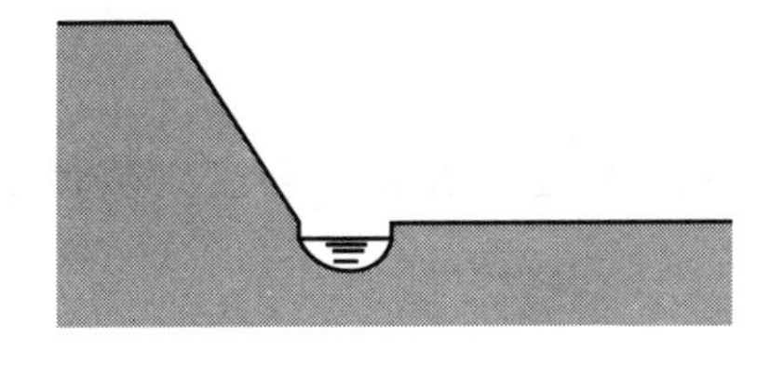

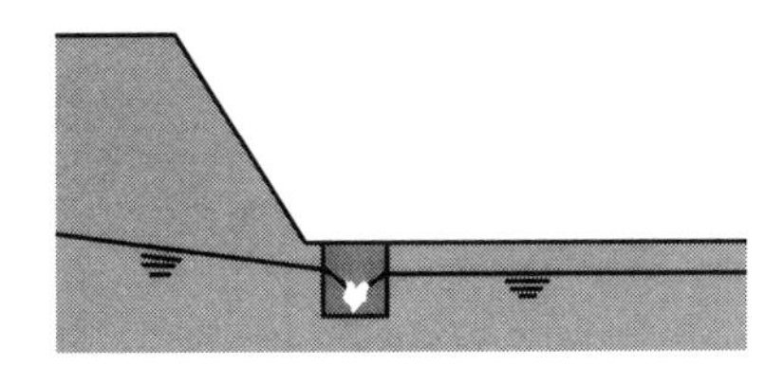

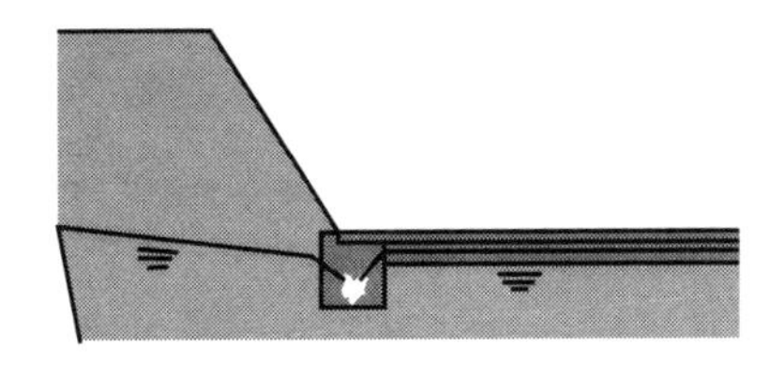

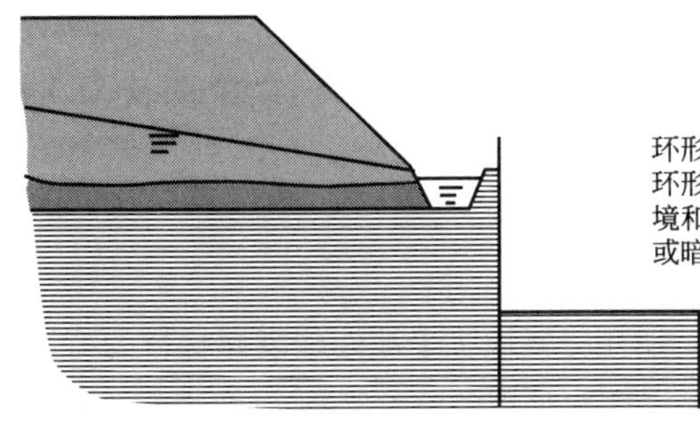

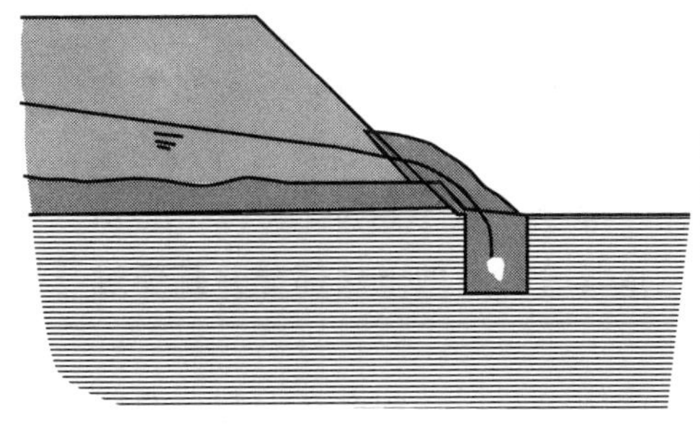

图 3-9 地表水控制方法

沙粒通常可以让排放水经过沙粒捕集器或沉淀池的方法除掉。这种沉淀池的一般尺寸至少为 3m×1.5m，深约 1.5m，根据颗粒沉淀速度设计。沙粒会沉淀在池的底部，为了保证沉淀池继续高效率工作，需要定期清理沙子。如有需要，通过建设污水池使淤泥和黏土颗粒沉淀。

3.5.4 地下水/地表水监测点

地表水和地下水监测点的位置应在勘测阶段确定。但是，在设计和废物填埋场运营期间，可能需要增加监测点。

3.6 衬层系统

3.6.1 衬层系统的功能

衬层系统通过控制填埋场内渗滤液的产生、地下水的进入以及帮助控制填埋场气体的迁移，从而对填埋场周围诸如土壤、地下水和地表水环境进行保护。在该设施的设计使用寿命期内，选用的衬层系统必须性能稳定，适用于预期的渗滤液。

3.6.2 衬层系统的要求

下面章节列出了适用于非危险、危险和一般废物填埋场衬层系统的可选方案。图 3-10 列出了每种填埋场类型的最低要求。图 3-10 中保护层的详细信息在 3.6.6.3 部分详细讲解。3.6.3～3.6.6 内容对衬层系统的构成材料进行了简要的描述。3.7.3 内容中对渗滤液收集系统和排放要求进行了详细的讨论。

3.6.2.1 危险废物的填埋

危险废物填埋设施应至少使用复合衬层。所用方案取决于被处理废弃材料的特性，对经过预处理的危险废物（例如经过固化、稳定化、熔融固化处理的危险废物），可考虑选用替代系统。

(1) 选项 1：单一复合衬层 衬层系统由以下组成：

① 厚度至少 0.5m、渗透系数至少 1×10^{-3}m/s 的渗滤液收集层；

② 复合衬层的上层部分必须由柔性膜衬层组成，至少使用 2mm 的高密度聚乙烯或相同的柔性衬层膜，因为它足够结实，同时不易于过度的破裂，也没有施工难度；

③ 基础和侧壁矿物质层的厚度至少 5m、渗透系数不超过 1×10^{-9}m/s；

④ 5m 厚的矿物质层中至少有 1.5m 构成复合衬层的下层部分并且经过一系列夯实，夯实间隔厚度不超过 250mm。

(2) 选项 2：双复合衬层 该系统有两个复合衬层，相叠在一起，两层之间有渗滤液探测系统，该系统应由以下部分组成。

① 厚度至少 0.5m、渗透系数至少 1×10^{-3}m/s 的渗滤液收集层。

② 上层复合衬层至少包括：a. 厚度至少 2mm 的高密度聚乙烯或柔性膜衬层；b. 厚

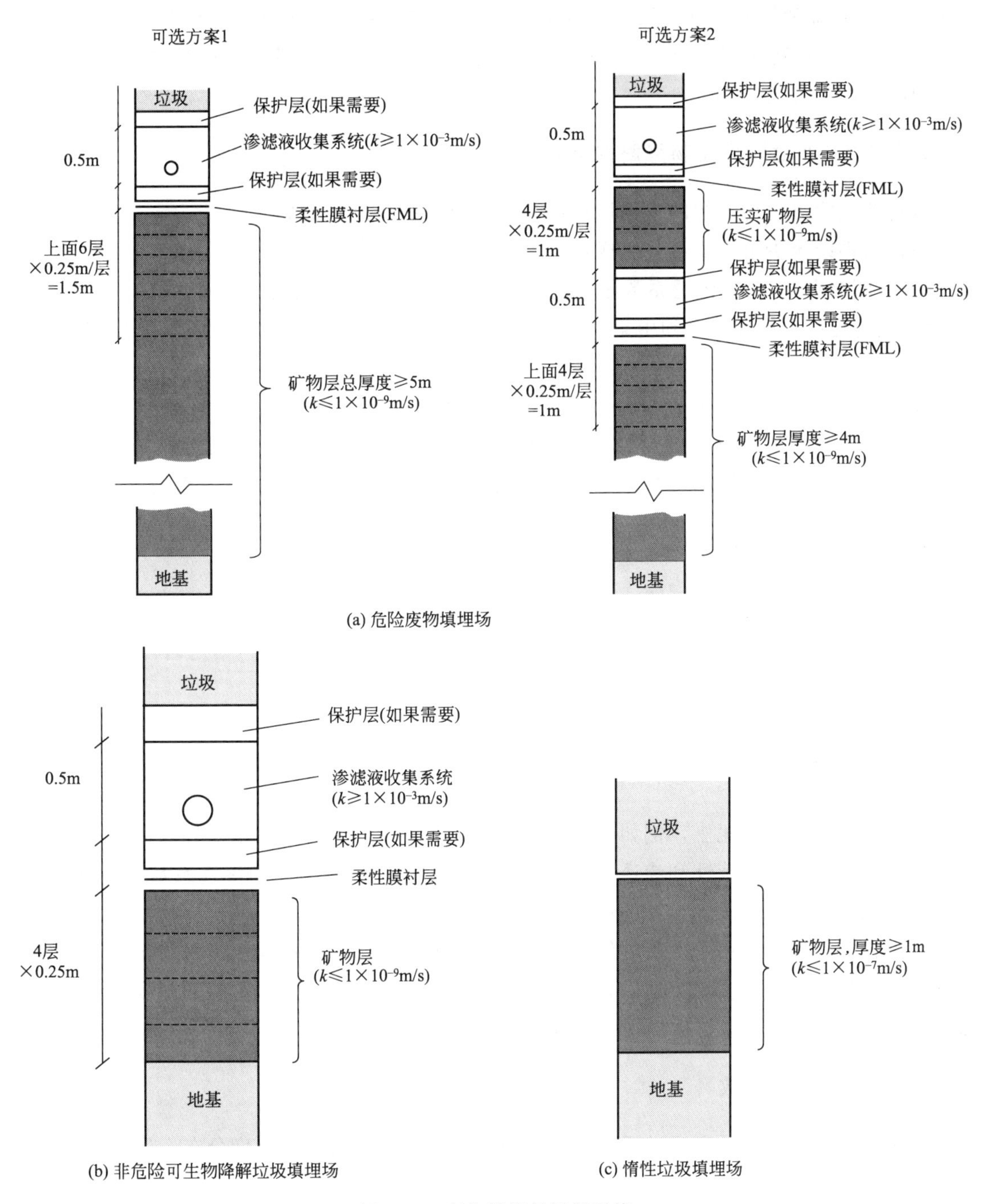

(a) 危险废物填埋场

(b) 非危险可生物降解垃圾填埋场

(c) 惰性垃圾填埋场

图 3-10 废物填埋场衬层系统

1m、渗透系数不超过 1×10^{-9} m/s 并且经过一系列夯实、夯实间隔厚度不超过 250mm 的压实土层，或者厚 0.5m 的人工加强土层，或经过一系列夯实（夯实间隔厚度不超过 250mm）能提供与上述材料同等保护的材料。

③ 厚度至少 0.5m、渗透系数至少 1×10^{-3} m/s 的渗滤液探测层或具有同等性能的土工合成材料。

④ 底层复合材料至少包括：a. 厚度至少 2mm 的高密度聚乙烯或柔性膜作为衬层的上

层部分；b. 基础和侧壁矿物质层的厚度至少为 4m、渗透系数不超过 1×10^{-9} m/s。

⑤ 4m 厚的矿物质层中至少有 1m 用来构成复合衬层的下层部分并且经过一系列夯实，夯实间隔厚度不超过 250mm。

3.6.2.2 非危险可生物降解的废物填埋

所有非危险可生物降解的废物填埋场至少应使用复合衬层系统。

该衬层系统至少由以下部分组成：

① 厚度至少 0.5m、渗透系数至少 1×10^{-3} m/s 的渗滤液收集层；

② 复合衬层上层部分必须由柔性膜衬层构成，应使用厚度至少 2mm 的高密度聚乙烯或相同的柔性膜衬层；

③ 复合衬层的下层部分必须由厚 1m、渗透系数不超过 1×10^{-9} m/s 并且经过一系列夯实、夯实间隔厚度不超过 250mm 的压实土层构成，或者由厚 0.5m 的人工加强土层构成，或经过一系列夯实（夯实间隔厚度不超过 250mm）由能提供与上述材料同等保护的材料构成。

3.6.2.3 惰性废物填埋

惰性废物填埋场的衬层系统应至少符合以下要求：

基础和侧壁矿物质层的厚度至少为 1m、渗透系数不超过 1×10^{-7} m/s，或者厚 0.5m 的人工加强土层，或提供与上述材料同等保护的材料。

3.6.3 天然黏土

渗透系数低的天然泥土，例如黏土、粉砂黏土和黏质粉土可用来制造好的衬层。原位置的天然衬层材料，其连续性和渗透系数难以预测，而且证明连续性和渗透系数要花费高昂，因此，建议使用专业工程师设计的衬层。

如果在现场发现适用于上层的低渗透性材料，通常会把这种材料挖出来并按照一定标准重新加工。如果在当地发现合适的材料，重新加工也在现场进行。黏土层的厚度和渗透系数取决于填埋的废物类型，3.6.2 节中给出了相关的建议。

3.6.3.1 设计参数

影响渗透系数的参数和设计需要考虑的方面包括：黏土含量；粒度分布；压实程度（密度）；压实方式；含水量。

材料的自然特性、黏土含量、颗粒细度和成分含量是无法改变的。但渗透系数受材料压实程度和含水量的影响，当对材料进行重新加工时，渗透系数会发生改变。最大干密度对应着最佳含水量，此时，湿态压实土壤的渗透系数最低。图 3-11 所示为密度、渗透系数和含水量间的关系。含水量最佳时，渗透系数可以是 1%～7%的任何值。

需要注意的是，土壤太干，可能导致一个高的渗透系数；土壤太湿，可能导致强度低而且收缩的可能性增大。如果存在收缩的可能性，需要在材料微干、含水量最佳、密度最大时进行压实，但压实力度更大。

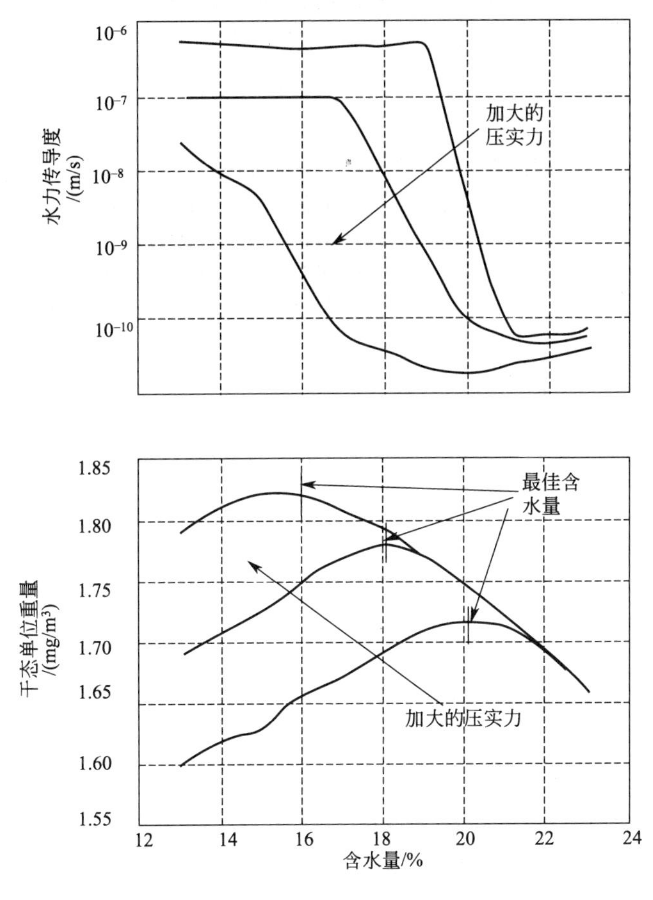

图 3-11　含水量和压实能量对粉砂黏土渗透系数的影响

（根据 MITCHELL，HOOPER 和 CAMPANELLA，1965）

附录 C 给出测试清单，这些测试可以用来评价黏土衬层的适用性。

3.6.3.2　土壤分类测试

应通过土壤分类测试评定黏土材料作为衬层系统组成部分的适用性。至少达到表 3-2 中所列的特性要求。被认为适用于衬层系统的黏土，其多种特性的典型范围列在表 3-3 中。

表 3-2　土壤分类试验

试　　验	标　　准
含水量	英国标准 BS 1377:第 2 部分,第 3 节:1990
阿特贝限(液限、塑限、塑性指数)	英国标准 BS 1377:第 2 部分, 第 4,5 节:1990
颗粒密度(比重)	英国标准 BS 1377:第 2 部分,第 8 节:1990
粒度分布	英国标准 BS 1377:第 2 部分,第 9 节:1990
最大干密度与最佳含水量的关系	英国标准 BS 1377:第 4 部分,第 3 节:1990
渗透系数	英国标准 BS 1377:第 6 部分,第 6 节:1990
有机物含量	英国标准 BS 1377:第 3 部分,第 3 节:1990

表 3-3 黏土参数的典型适用范围

特　性	范围	备　注
细粒(小于 0.075mm 的颗粒)百分含量	≥20%	如果黏土含量高或粉砂和黏土含量高,渗透系数就低
砂砾百分含量(大于 4.76mm 的颗粒)	≤30%	
塑性指数	10%～30%	塑性指数低的土壤不太可能达到一个足够低的渗透性 高塑性的土壤干燥时倾向于收缩并出现裂纹,当土壤湿的时候非常的黏,所以在现场难以使用
最大粒度	25～50mm	粒度分布曲线应包括进行良好分级的材料,因为这些材料倾向于压实成渗透系数更低的材料。粒度一定不能影响衬层的完整性

3.6.3.3 应力变形行为

稳定性计算要求评价矿物材料的变形行为和膨胀特性。按照英国标准 BS1377，在相应的堆放密度和含水量条件下，用实验室制备的试样或用从试验衬层上取得的样品来确定可压缩性、膨胀行为和抗剪强度。

3.6.3.4 渗透系数

渗透系数（K）和渗透性系数是多孔介质的函数，也是流体的函数。有时它会和比渗透率或内通透性（k）混淆，比渗透率或内渗透系数（k）只是介质（固体成分）的特性。渗透系数低的土壤通常指的是低渗透性土壤。

通过对原状的土地样本或实验室制备的试验样本进行测试，可以在实验室检测渗透系数。影响实验室渗透系数的重要因素包括样品特性和样品的制备、渗透特性、检测仪器的设计和测试时变量的选择与控制。这些因素可能（并且很可能）导致实验室和现场测量的渗透系数不同。在构建衬层之前，建议在实验室测量，以研究土壤是否适合作为衬层的材料。实验室获得的渗透系数可以用来确定含水量和密度的可接受范围。

因为检测需要的时间长，在实验室检测建造好的衬层样品的渗透系数受到限制。如果从在建的衬层取样进行实验室检测，样心孔应用膨润土或类似材料回填。三轴压缩试验（英国标准 BS：1377：Part 6：1990）通常用来估算实验室渗透系数。检测渗透系数时，使用的有效限制压力不应太大，因为这可能产生人为的低渗透系数。应在质量保证计划中规定最大有效限制压力，如果没有规定数值，建议衬层和覆盖系统都采用 35kPa（美国环保署，1993，技术指导文件，废物防护设施质量保证和质量控制）。

考虑到检测的时间，通常不对已经完成的衬层进行原位渗透系数检测。但是，可以对试验衬层进行原位检测。一般使用四种原位检测方法：钻孔检测、多孔探针、渗透针检测和排水压力渗透检测。密封双环渗透计法被认为是最成功的。这些方法的进一步信息可以从 Daniel 1989 年发表的“现场渗透系数综述”中获得。

也许可能需要使用 pH 值稳定的渗滤液（与拟建的废物填埋场预期产生的渗滤液相似）或利用一个特殊的配制测试液（按照“废物填埋场设计和补救工作技术建议土工学-GLR，1993”和下列各项中的描述配制）来评估该材料的渗透行为。要求如下：

① 5%无机酸（盐酸、硝酸和硫酸，各 33%，体积含量），pH 1；

② 5%有机酸（乙酸和丙酸，各50%，体积含量）pH 2.2；

③ 金属盐渗滤液（氯化镍、氯化铜、氯化铬、氯化锌，各1g/L），pH 2.9；

④ 合成渗滤液（0.15mL 乙酸钠，0.15mL 乙酸，0.05mL 氨基乙酸，0.007mL 水杨酸），pH 4.5。

3.6.3.5 施工工序

在施工前、中、后应进行原位测试和实验室测试以评价材料的适用性。

(1) 堆放前的加工处理 为了使土壤的状况适用于衬层系统，可能需要对土壤进行加工。如果材料中含有大土块，需要用合适的机械，例如圆盘或旋转碎土器，把土块破碎。如果材料中含有石块，需要用合适的机械，例如大筛子，或者用手把石块去除。可能需要对土壤中的含水量进行调节，使其略高于最佳含水量。可以通过把土铺成薄层，然后根据情况均匀地洒水或干燥土壤来达到上述目的。

(2) 表面预处理和土壤堆放标准 应通过一系列的压实过程构建所推荐的最小厚度的土壤层（见3.6.2部分）。压实厚度取决于土壤特性、压实设备、地基材料的稳固程度和达到土壤渗透系数要求的预期结果。

压实时，堆放的每层土壤不应超过250mm。应选择经过现场试验的合适设备（例如羊脚辊或滚筒式压路机）来压实材料。使设备对每层土壤进行多次碾压，以确保衬层的压实程度合适。应根据现场试验选择压实设备的类型和设备在各层土上的压实次数。这些应满足设计规范标准的要求，例如对压实比、含水量范围和渗透系数的要求，并且成为操作方法的基础。

为了避免出现高渗透性区域，各层土应结合在一起。为了使各层结合在一起，先压实的土层的表面应粗糙。为了保证黏土衬层不出现干燥破裂，在干燥天气应特别注意，这种天气可能需要定期向表面喷水。如果覆盖柔性膜衬层，最后一层的表面应光滑。

堆放作业的重要标准有密度和含水量。应按照英国标准 BS 1377：Part 4：1990，通过实验室压实试验（Proctor 试验）来确定密度，该密度是含水量的函数。

应结合渗透性试验确定堆放作业要求的压实等级和堆放作业含水量。应规定设计中的含水量和对应土壤密度（压实系数）的范围，这样可以适于所要求的渗透系数。

应根据渗透性要求确定含水量下限。应用黏土的抗剪强度确定含水量的上限，因为尽管能够达到渗透性的要求，但装卸、压实和运输将变得更加困难。这与稳定性方面的考虑一起决定了对最低抗剪强度的要求。典型情况下，要求无排水抗剪强度（Cu）不小于$40kN/m^2$。

现场密度可以按照英国标准 BS 1377：Part 9：1990 用核密度计、样芯切割机或砂置换法确定。应注意的是，使用核密度计需要得到爱尔兰放射保护学会的许可。为了保证压实作业前材料含水量在要求的数值范围内，可以做水分状况值（MCV）试验（英国标准 BS 1377：Part 4：1990）。

3.6.3.6 质量保证试验

需要完成质量保证和质量控制，目的是：

① 证实施工材料合适；

② 证实压实过程合适；

③ 确保黏土层表面足够光滑，以防止对柔性膜衬层造成机械损坏。

质量保证计划应提供测试细节、测试频率等。

下面章节提供了推荐的取土源的最小测试频率以及松散压实时每层土壤的厚度，也提供了松散放置土和压实土的最大允许变化建议值。另外，质量工程师要求以最低测试频率一直观察施工过程，质量工程师还可以要求做进一步的试验。测试样品可以随机取样或从规则网格系统取样。

(1) 取土源 需要测试取土源，以保证材料适用并且确定为达到设计规范而需要做的处理。表 3-4 列出了所推荐的多种参数的最小测试频率。

表 3-4 调查取土来源测试的最低建议测试频率

参数	频率
含水量	每 2000m^3检测一次或每改变一次材料类型检测一次
阿特贝限	每 5000m^3检测一次或每改变一次材料类型检测一次
粒度分布	每 5000m^3检测一次或每改变一次材料类型检测一次
压实试验	每 5000m^3检测一次或每改变一次材料类型检测一次
渗透系数试验	每 10000m^3检测一次或每改变一次材料类型检测一次

(2) 松散土层厚度 表 3-5 给出对土壤衬层材料建议的测试。从松散放置土（在压实前）取样。

表 3-5 对于放置在松散土层后（压实前）取样的土壤衬层材料所推荐的材料测试

参数	检测频率
含水量	12 次/(hm^2·层)
阿特贝限	12 次/(hm^2·层)
粒度分布	12 次/(hm^2·层)

(3) 松散土层中的不合格材料 由于特性的不同，土壤本身也是一种多变的材料并且不可避免地会出现与设计规范不同的地方。在土层松散放置后取样，表 3-6 给出这种试样建议的最大允许变化值。不符合允许变化范围的材料必须采取补救措施。必须确定不合格区域范围并进行补救。

表 3-6 放置在松散土层后（压实前）取样的材料最大允许变化值的建议值

参数	最大允许变化值
阿特贝限	5%（异常值不能集中在一个区域或一层材料）
细粒含量百分率	5%（异常值不能集中在一个区域或一层材料）
石砾含量百分率	10%（异常值不能集中在一个区域或一层材料）
土块尺寸	10%（异常值不能集中在一个区域或一层材料）
实验室压实土渗透系数	5%（异常值不能集中在一个区域或一层材料）

注：不符合设计规范但在最大允许范围的样品一定不能集中在同一区域或同一层中。

(4) 压实土壤层 表 3-7 给出了所推荐的压实土壤的最低测试要求。

表 3-7 推荐的压实土壤的最低测试频率

参　数	检测方法	检测频率
含水量	核子法或微波炉干燥	12 次/(hm^2・层)
含水量	直接烘炉干燥	3 次/(hm^2・层)
密度	核子法或样芯切割机	12 次/(hm^2・层)
密度	沙置换法	3 次/(hm^2・层)
渗透系数	三轴试验	3 次/(hm^2・层)
压实次数	观测法	10 次/(hm^2・层)

注：1. 另外，每天至少对上述参数做一次测试。在质量保证人员对压实不充分的区域有疑问时，应进行额外的测试和土壤压实。

2. 用核子法或微波炉干燥法检测含水量的样品，每五个取一个用烘炉直接干燥法检测，以帮助识别显著的系统性校准误差。

3. 用核子法或样芯切割法检测密度的样品，每五个取一个用沙置换法检测（尽可能靠近同样的测试地点），以帮助识别显著的系统性校准误差。

(5) 压实土壤层中的不合格材料　在土层放置、压实后取样，表 3-8 给出这种试样建议的最大允许变化值。不符合允许变化范围的材料必须替换。必须确定不合格区域范围并进行补救。

表 3-8 推荐的最大允许变化值

参　数	最大允许变化
含水量	3%(异常值不能集中在一个区域或一层)① 而且含水量不低于允许值的 2%或高于允许值的 3%的情况
干密度	3%而且干密度不小于 0.8kN/m^3 并低于要求值
渗透系数测试	5%(渗透系数不合格的样品不超过最大目标值一个数量级的一半)②
压实次数	5% (异常值不能集中在一个区域或一层)①

① 不符合设计规范但在最大允许变化范围内的样品一定不能集中在一个区域或一层。

② 如果某一特定点的渗透系数超出一个数量级的一半就太高了，不论该区域多么孤立，该区域都应重新检测或修复。

(6) 取样/试验钻孔的修补　必须回填衬层系统的取样点并用膨润土或类似密封材料密封。

3.6.4 膨润土加强的土壤 (BES)

为了改善渗透性特性，天然土中可以添加膨润土。应通过制造厂提供的资料和探索性试验（包括用类似渗滤液组成成分所做的实验室试验）来评估材料的适用性和规范。可以用膨润土加强的土壤代替 3.6.2 部分有关衬层建议中所列出的天然黏土。加强土层最小厚度为 0.5m，并且为 3.6.2.1～3.6.2.3 部分中规定的材料提供等同保护。

可以提供颗粒或粉末状膨润土。膨润土主要吸附的阳离子通常是钠离子和钙离子。钠膨润土吸水膨胀更大而且吸水性更强，钙膨润土在接触某些化学物质时可能更稳定。

可以在薄层或计量装置中混合膨润土和土壤。用专门的旋耕机将薄的松散土层和散布在土壤上的膨润土混合。就地现场混合可能出现许多问题，这些问题可能包括：

① 混合设备插入深度不够，在混合松散土壤层和膨润土时可能不充分；

② 混合设备插入太深，把下层的松散土壤层和膨润土也混合了；

③ 混合设备没能经过松散土壤层的所有区域并且可能使松散土壤层的某些部分混合不充分；

④ 在坡度大于33%的坡上难以混合膨润土和土壤。

所以，定量分批混合提供了一种更可靠的混合土壤和膨润土的方法，还可以用计算机控制膨润土定量供料装置。如果使用膨润土加强土壤，建议使用定量供料装置混合。

膨润土加强土壤应分层施工，压实前每层最大厚度为250mm。膨润土加强土壤的质量保证测试应和黏土衬层的质量保证测试相似。对于质量控制、质量保证具有重要意义的参数有：

① 膨润土类型；

② 膨润土等级；

③ 加工过的膨润土的粒度分布；

④ 添加到土壤中的膨润土量；

⑤ 用于制备膨润土强化土壤的土壤类型；

⑥ 膨润土和土壤混合的均匀程度。

(1) 膨润土检测 膨润土的检测和黏土的检测类似。下面突出显示的可以增加检测。另外，测试频率列在下面的表中。需要再次注意的是，这是对黏土衬层额外增加的测试。

(2) 膨润土质量 膨润土质量可以用阿特贝限表示。液限和塑性指数越高，膨润土质量就越高（阿特贝限的检测按照英国标准BS 1377进行）。钙膨润土的液限经常在100%～150%。中等质量的钠膨润土的液限约为300%～500%。高质量的钠膨润土的液限典型范围约为500%～700%。

(3) 自由膨胀测试 自由膨胀测试测定膨润土接触到水时（没有标准，必须参考制造商的文字材料）的膨胀量。钙膨润土通常自由膨胀量小于6cc。低等级的钠膨润土的典型自由膨胀量为8～15cc。高等级膨润土的自由膨胀量可以在18～28cc。

(4) 膨润土分级 膨润土的筛分按照英国标准BS 1377进行。

(5) 膨润土含量 建议用亚甲基蓝试验（Alther，1983）测量土壤中的膨润土量（见表3-9）。该试验基于把亚甲基蓝用滴定法加入材料中并确定材料饱和时所需要的亚甲基蓝量。土壤中的膨润土越多，达到饱和所需要加入的亚甲基蓝越多。膨润土加强的土壤中膨润土的典型含量为5%～15%。对于非黏质土壤这种测试效果良好。

表3-9 对在放置松散土层后（在压实前）取样的膨润土加强的土壤衬层材料进行的膨润土含量检测

参　数	检测方法	最小测试频率
膨润土百分率	Alther (1983)	每800m^3 1次

注：上述测试中推荐的不合格测试的最大百分率为5%，异常值不能集中在同一层或同一区域。

随着干密度的增加（可填充空隙减少），湿膨润土的含水量减少。使用高等级的土壤或细粒含量高的土壤能够获得高的干密度，从而减少对膨润土的需求并改善混合材料的渗透性及其抗化学性。如果要获得低渗透性，土团的含水量必须处于可接受的水平，同时还要具有抗化学效应，耐干，耐冷冻。

3.6.5 土工合成黏土衬层

典型土工合成黏土衬层（GCL）由复合垫构成，该复合垫包括一个厚约6mm的膨润土层和两层土工织物层。两层土工织物之间夹膨润土层，经缝合、针刺或胶黏，并且在工厂制造。土工合成黏土衬层用来加厚或替换压实黏土或基础衬层土工膜或最终封盖系统中的土工膜。带有土工合成黏土衬层（GCL）的衬层系统必须为2.6.2.1～2.6.2.3部分中规定的材料提供同等保护。除非证明土工合成黏土衬层（GCL）与前述系统性能一样，不建议在衬层系统中使用土工合成黏土衬层（GCL）。

使用土工合成黏土衬层（GCL）时需要考虑的细节和使用土工膜（见2.6.6）需要考虑的细节相似。必须考虑以下细节，规范和质量保证计划中必须涵盖这些细节。

(1) 生产 包括原料的选择、把原料制作到土工合成黏土衬层和用防水塑料层覆盖的土工合成黏土衬层卷中。

(2) 搬运 包括材料在工厂和现场的存储和把材料运至填埋场。质量保证人员应确保该材料已通过质量检测并且可以用来安装。

(3) 安装 包括材料的放置。下层材料，不论是土壤或土工合成材料，必须都在放置土工合成黏土衬层前通过批准。

(4) 材料的连接 应规定搭接距离。典型最小搭接距离为150～300mm。根据材料种类，搭接的部分可能不需要连接。应明确规定放置程序，包括在质量保证人员批准后缺陷的修补和土工合成黏土衬层的覆盖/回填。

3.6.6 土工膜（柔性膜衬层）

市场上可以买到各种类型土工膜（通常也被称为柔性膜衬层）。用作废物填埋场基础衬层组成成分的土工膜应具有低渗透性，能承受机械压力和应变的物理强度，化学特性适合于衬层所包容的废物。

土工膜经常需要承受的机械压力既有长期压力也有短期压力。短期压力来自安装期间的运输，长期压力源于废物的堆放和后续地基土的不均匀沉降。土工膜必须有足够的强度以满足锚固沟和边坡处的应变要求。

3.6.6.1 土工膜的选择

基础衬层土工膜需要具有长期的化学稳定性，而用在斜坡上的膜还需要适当的摩擦特性。制造商通常会提供一个化学品清单，该清单附有表明衬层性能的检测结果。如果要求衬层与现场特定的渗滤液具有化学相容性，可以采用美国环境保护署方法9090或美国材料试验协会或等同标准。

设计时需要考虑影响土工膜材料选择的因素包括：

① 边坡上支撑自身重量的能力；

② 废物堆放期间和废物堆放完成后承受向下拉力的能力；

③ 最佳锚固点布局；

④ 土壤覆盖层的稳定性；

⑤ 其他土工合成材料的稳定性。

(1) 土工膜厚度 用于基础衬层系统的土工膜典型厚度为 1.5～ 2.5mm。建议使用的土工膜最小厚度 2.00mm，因为这种膜提供了更大的污染物穿透抵抗力，也就增加了防范系统的设计寿命。厚度增大，抗拉强度、抗撕裂和抗刺破能力也相应地增大。

(2) 土工膜稳定性 为了保证施工期和废物填埋不同阶段材料的稳定性，需要认真评估不同土壤层和土工合成材料（例如土工膜、排水介质）之间接触面的摩擦力。需要用现场特定材料做剪切箱试验。

3.6.6.2 工膜标准

目前可用于土工膜检测的公认标准为美国材料试验协会标准和德国工业标准。从 1997 年底，国家公共卫生设施基础标准中涉及柔性膜衬层的标准（国家公共卫生设施基础标准 54）已经被废止。土工合成研究所制定了高密度聚乙烯土工膜标准，该标准被称为 GM13。英国标准机构委员会（B/546/8）正在从事一系列有关土工合成刊物的出版工作。制造商通常会提供一个材料说明书，设计人员应利用该说明书以保证所选土工膜在设计使用寿命期内满足预期的压力要求。

3.6.6.3 土工膜工艺——从原料到废物填埋场系统以及其安装部件

从原料到废物填埋系统的组成部分，土工膜的搬运和安装需要考虑的主要事项被标注显示并在下面予以讨论。建议从生产厂提供的资料获得具体应用的详细信息。质量保证/质量控制计划应包括如下这些需要考虑的细节：①制造；②搬运（包装/存储/运输）；③铺设；④接合/连接；⑤破坏性/非破坏性测试；⑥保护和回填。

(1) 制造 土工膜是一层比较薄的柔性热塑或热固聚合材料，它在工厂制造或预先加工，然后运至填埋场。土工膜的制造包括选择特定类型的土工膜，用一定配方加工成连续的薄层。土工膜由一种或多种聚合物填充各种其他成分（例如炭黑）组成。用于制造土工膜的主要工艺是挤出及后续的其他工序，例如压光、薄膜吹塑等。防范固体或液体废物的最常用的土工膜有：①高密度聚乙烯；②线型低密度聚乙烯；③其他挤出材料；④聚氯乙烯；⑤氯磺化聚乙烯；⑥其他压光材料。

高密度聚乙烯是用于废物填埋场基础衬层系统中最普通的土工膜。高密度聚乙烯具有良好的耐化学性和耐生物性，并且具有良好的缝合性能。土工膜的基础聚合物的优点和缺点列于附录 C 的表 C1 中。

应做符合性测试以确保这些材料满足规范的要求。

(2) 搬运 搬运包括衬层的包装、储存和运输。土工膜一到现场，质量保证人员就应确认土工膜是否符合最低标准要求。规范应详细规定交货地点、仓库布置、现场运输机制。

(3) 安装 规范应详细规定安装步骤或要求安装者/承包商提供详细信息，详细信息包括土工膜布置图、土工膜在施工现场的展开、接缝准备、缝合方法、修补的详细步骤以及记录的施工缺陷、土工膜与配件的粘封及其与衬层的连接和穿入、质量控制破坏性试验和非破坏性试验。

布置图应提供能识别地点、土工膜卷号、安装顺序和方向的标牌。应详细说明铺设土工膜的方法，包括配件及锚固沟周围土工膜的铺设和切割方法。现场安装应考虑场地出入、风向、路基表面和现场排水的情况。当出现不利状况时，不应继续安装。

土工膜衬层系统的质量取决于安装的质量。开始放置前，应检查土壤地基或其他底基层材料是否准备好。安装期间，不应该允许施工设备直接作用到土工膜上。

(4) 锚固沟 为了防止滑移和弄皱，需要把薄膜嵌入锚固沟中。正常情况的最低要求是沟从边坡上缘回退 1m，深 0.6m，宽 0.6m。根据土工膜的预期拉伸负荷和组成护堤顶部的土壤的强度，沟的尺寸可以变化。在一些情况下，设计可能只要求提供有限的锚固，目的是在土工膜受到过大张力负荷时可以滑移。图 3-12 所示为典型锚固沟。

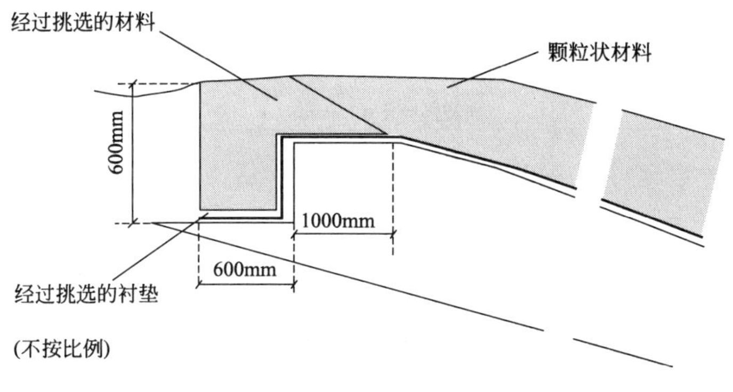

图 3-12 典型锚固沟细节

(5) 缝合/连接 可以在工厂或填埋场缝合土工膜，有几种在工厂和现场缝合的方法。表 2-10 给出了一些常用方法。

表 3-10 土工膜粘接方法

热工艺	挤出	角焊
		热挤出平焊缝
	热熔	热楔
		热空气
化学工艺	化学品	化学熔接
		有形化学熔接
	黏结剂	化学黏结剂
		接触黏结剂

上面的方法包括溶剂、热封、热气枪、绝缘体缝合、挤出焊接、热楔法。特定土工膜接合方法的选择主要取决于组成该膜的聚合物，而且土工膜应用生产厂推荐的接合方法。

在要求接合表面干净、获得高质量接缝所需要的压力和时间方面，加热法和黏结剂法的要求一样，它们的主要区别是，作为黏结法的替代方法，加热法对热量有一定的要求。

(6) 现场焊接 任何土工膜安装的最关键环节是接缝的现场焊接。为了保证土工膜的性能，焊缝接合必须充分。在热天，可以预计气温在一整天内的变化很微小，焊接应限于早晨或下午晚些时候，这样将防止过多起皱或绷紧（当膜收缩时应变导致的）。接合前，接缝处不应带有水、灰尘、污垢或任何碎片。接缝应避免在水平方向横穿斜坡或在斜坡脚下，因为这样的接缝可能受过大的压力。通常土工膜接缝离坡脚的最短距离为 1.5m。

在现场，熔融楔形焊接是接合相邻搭接土工膜的主要方法。楔形焊接工发明了熔化焊接，该焊接法通过加热搭接内表面，然后在熔化状态把它们压在一起。楔形焊接生成单轨迹或双轨迹焊缝。焊接轨迹之间的空气通道用于无损空气压力检测，以证明焊缝的完整性。

在熔化楔形焊接不可行的情况下，采用挤出焊接。采用这种焊接，搭接的土工膜先进行点焊，然后把要焊接的衬层表面磨毛。为了生成永久焊缝，挤出焊工把熔化的聚乙烯挤入搭接区域已经准备好的接缝。图 3-13 所示为熔化楔形焊接和挤出焊接。

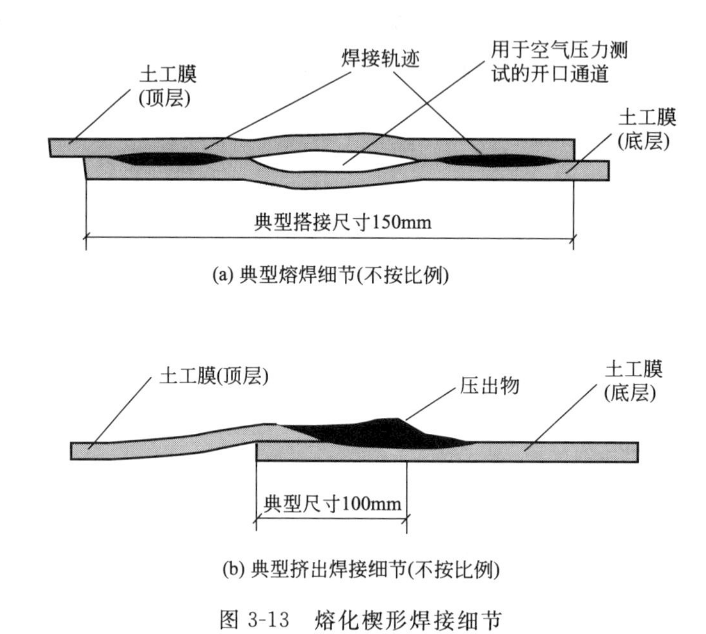

(a) 典型熔焊细节(不按比例)

(b) 典型挤出焊接细节(不按比例)

图 3-13　熔化楔形焊接细节

(7) 试验接缝焊接　为了证明接合条件满足要求，应在试件上试验接合。试验接合应在和实际接合一样的条件下进行。应用试件评估生产接缝的质量，这样把破坏性力学性能试验对已安装的土工膜的损坏降到最低程度。应在每个班次的开始和结束时制作试件。在更换人员或设备、气象条件使土工膜的温度大幅度变化或其他可能影响接缝质量的情况出现时应制作试件。

(8) 破坏性试验　破坏性和无损检测确保了焊接接缝的高质量和一致性，并且符合设计规范。破坏性试验直接评价了接缝强度和接合效率，这些能表明接缝的耐久性。现场和试验室破坏性试验包含两种方法：剪切试验和剥离试验。剪切试验是把拉伸应力施加到上层膜，拉伸应力通过接缝传到底层膜。剥离试验是沿与底层膜搭接边缘相反的方向剥离上层膜，目的是观察它们如何分离。该试验能够显示通过接缝连接的膜是否连续、均匀。每次测试的样品应显示出粘接膜，这是焊缝分开前土工膜的屈服点或撕破点。

因为直接取样后需要修补，所以应进行接缝测试试验，把破坏性试验对已安装衬层的损坏程度降到最低。如果需要做破坏性试验，应切下尺寸合适的样品，样品还应和土工膜卷/片特性一致。从该样品切下10个试样，5个用于剪切试验，5个用于剥离试验。检测过的接缝应显示出粘接膜。如果5个试样中的4个满足这个试验标准，认定试验通过。

另外，上述试样必须达到或超过强度要求。用剪切试验检测接缝，规定破坏力达到无缝土工膜强度的80%～100%（高密度聚乙烯为95%）为合格；用剥离试验检测接缝，规定破坏力达到无缝土工膜强度的50%～80%（高密度聚乙烯为62%）为合格。出于特殊的目的，焊缝强度应表述为规定的最小抗拉强度的百分数。

如果接缝没通过上述测试，要在切下来的样品的各边接缝处做进一步试验，直到获得合格的结果。如果大量的样品没通过测试，可能需要更换整个接缝。如果在衬层中发现缺陷，应进行修补并做无损检测。

(9) 无损检测 进行无损检测的目的是检查接缝的连续性。现场的接缝应对整个长度进行无损检测。检测应随着接合工作推进进行。无损检测方法包括：利用真空检测装置（挤出焊缝）、空气压力试验（熔化楔形焊缝）或其他被认可的方法（例如火花试验和超声波检测）。

在空气压力试验中，空气通道中的压力必须保持5min，以证明接缝中没有裂缝。对于2mm和2.5mm厚的土工膜，施加的压力通常为200～240kPa。5min的压力损失不应超过15kPa。测试结束时，气压应在接缝末端的反方向进行释放，以保证空气通道的连续并且确保接缝全长被全部检测。在箱体试验中，肥皂溶液被涂在接缝上，真空箱放在接缝区上方。真空箱内至少抽成35kPa真空。土工膜被检测10～15s。在接缝上有空气通过的地方，肥皂溶液会出现肥皂泡，表明这里有泄漏。

如果没通过无损检测，应确定泄漏区域并进行修补。通常用真空试验对泄漏区域进行再次检测。

(10) 保护和回填 在与土工膜检测有关的质量保证行为完成并且经过施工质量保证人员鉴定后，应尽快覆盖土工膜。根据土工膜的位置，必须用土壤或一层土工合成材料覆盖土工膜。

大多数的制造商提供关于地基的最终处理和放置在土工膜上方材料的指导意见。不论有没有土工织物保护，应通过圆柱体试验或能提供定量结果的类似的试验室方法证明土壤下面的覆盖材料与拟定的土工膜的相容性。这种检测是任何现场试验以外的附加试验。

已经开发出检测土工织物能效的试验室性能试验。圆柱体试验是这种试验的一个例子。该试验通过把恒定负载加在一段衬层系统上评价土工膜保护系统的性能。可以确定土工织物保护土工膜免受应力的有效性。该试验一般根据把设计负载施加到土工织物/土工膜复合材料的原理，确定撕裂时的应力或用应变板评估应变等级。

如果覆盖材料是土壤，可能需要规定最大粒度，这应根据制造厂的指导方针或初步试验。如果所有颗粒形状圆滑并且颗粒广泛（例如40%）分布在5mm以下，可以接受最大粒度为25mm的土壤覆盖层。但是，如果使用经过压碎、有棱角的材料，应规定最大粒度为6mm。土工膜被刺破与最大粒度、粒度分布、颗粒形状、土工膜厚度、施工和运营负荷（包括覆盖材料的展开方式）之间存在着复杂的关系。某些情况下，覆盖材料也可以被设计成发挥排水层功能的材料。

覆盖土工膜的土工合成材料可以包括土工织物、土工网、土工格栅（用于加强斜坡）和排水土工复合材料。如果把土工合成材料铺在土工膜上，必须提供足够的临时压载物，以防止该系统被风损坏。

3.6.7 土工膜泄漏位置勘测（GLLS）

应对新建的填埋场衬层进行漏电位置测量，以调查土工膜是否存在孔洞。在填埋场投入使用前应修补发现的孔洞。

土工膜衬层上发现的漏洞数量与安装质量、规范和土工膜上下方材料的控制有关。好的施工质量保证将减少缺陷数量。应把漏电检测作为施工质量保证计划的补充。土工膜泄漏位置勘测应证明刚建成的衬层系统的泄漏率低于规定的泄漏率。为了知道泄漏率，在放置好保护/排水层之后和在开始回填前了解土工膜的状况很重要。附录C给出了泄漏率计算示例。

有两种方式进行泄漏位置勘测：一是移动泄漏位置勘测；二是永久性泄漏位置勘测。

两种勘测都是基于利用柔性膜衬层（亦称土工膜）的绝缘特性的原理。这些系统都是把交流电送入地下并测量下面地层和周围地层的电阻率。可以用让电流从柔性膜衬层（亦称土工膜）上方的电极发出然后传到柔性膜衬层下方的电极网格的方法测试柔性膜衬层的完整性。柔性膜衬层是绝缘体，所以 如果衬层内没有缺陷，电流就无法通过它。但是，如果存在孔洞，电流就可能通过而且在缺陷附近会观察到电势增大。在要检测的区域暴露出一条柔性膜衬层，以便使渗滤液收集层和柔性膜衬层保护层与衬层区域以外的地面处于电绝缘状态。应修补缺陷并重新测试。

这些技术可以用来检测用于渗滤液或其他液体存放/处理的带衬层的蓄水池或集水区的完整性。

3.6.7.1 移动泄漏位置勘测

移动位置勘测能够探测土壤覆盖层（保护/渗滤液收集层）下方柔性膜衬层的孔洞 。随着土壤覆盖层厚度的增加，电信号的灵敏度通常会下降。当柔性膜衬层覆盖 0.6m 厚的土壤时，能够探测到 $6mm^2$ 的缺陷。该技术是根据电流利用土壤中的水分进行传输来实现的。应在放置保护层、渗滤液收集层期间或之后（进行勘测的确切时间取决于保护层、渗滤液收集层的厚度），对所有安装柔性膜衬层的填埋场进行移动泄漏位置勘测。

电流的测量通常被安排在 0.5m × 1m 的格栅上进行。当经过处理（在现场完成，以便立即标记泄漏，便于修补）的数据表明存在可疑区域，则应准确定位泄漏，进行进一步测量。然后把缺陷上的覆盖层去掉，修补并再次检测。

3.6.7.2 永久性泄漏位置勘测

永久性泄漏位置勘测系统由装在复合衬层（在柔性膜衬层和土壤层下面）下面的电极格栅组成。典型格栅跨度为 10～20m。该设备必须简单、耐用，因为一旦埋在下面，通常不可能进行日常维护或修理。当在格栅跨度内发现缺陷时，随后使用便携式电压表和移动探针进行准确定位。然后把缺陷上的覆盖层去掉，修补并再次检测。

3.6.8 现场试验

施工前，应对材料的土工特性和放置填埋场衬层的施工程序进行测试。应在受控条件下进行试施工以证明其达到性能目标。现场试验应由注册土工技术工程师计划、制定规范、监督和解释。

经过设计的现场试验必须能提供以下信息：

① 在现场条件下材料的适用性；

② 材料达到土工技术设计标准的能力；

③ 放置方法和压实方法达到设计标准的适用性；

④ 用于衬层施工方法陈述的信息，应包括试验类别、试验频率、使用的设备、压实前各层的厚度和压实设备的压实次数。

可以在试验衬层上就地做渗透系数试验。可以在实验室用原状土样模拟现场条件。

3.7 渗滤液管理

3.7.1 渗滤液管理

3.7.1.1 导言

废物填埋场产生的渗滤液是经过废物过滤、携带着来自废物或废物降解产生的悬浮物或可溶物质的液体。

任何渗滤液管理系统设计前的重要工作是考虑要达到的目标。需要对废物填埋场产生的渗滤液进行控制，主要基于以下原因：

① 减少利用衬层的薄弱处或通过其基体的流动从侧面或底部渗出填埋场的可能；

② 防止液位上升到可以溢出并对沟渠、下水沟和水道等造成不可控制地污染的程度；

③ 影响导致填埋场气体、废物填埋场化学和生物稳定性形成的过程；

④ 使渗滤液和衬层的相互作用降到最低程度；

⑤ 确保上述地面废物填埋场废物的稳定。

应制订渗滤液管理计划。该计划应包括渗滤液管理方式和最大程度地降低渗滤液产生所采取措施的明确信息，还应包括渗滤液回流率（如果建议的话）的详细信息并讨论如何持续监测衬层的性能，这涉及渗滤液的回流和该填埋场渗滤液收集和清除系统的水力负荷。该计划还应描述诸如渗滤液表面渗漏、臭味问题及渗滤液收集和清除系统补救性清洁/清洗的可能性，以便确保渗滤液的自由流动状况和通过衬层增加的渗漏的可能性。

3.7.1.2 主要构成成分

渗滤液中主要的有机物是在图 3-14 中的分解过程形成的，通常以生化需氧量（BOD）、化学需氧量（COD）或总有机碳量（TOC）计量。随着废物填埋场内的废物继续降解，城市废物填埋场的渗滤液性质随时间推移而变化。降解过程一般分为 5 个连续阶段：a. 需氧；b. 水解和发酵；c. 产生乙酸；d. 产生甲烷；e. 需氧阶段（图 3-15）。这些过程是动态的，每个阶段取决于前一阶段产生的适宜的环境。

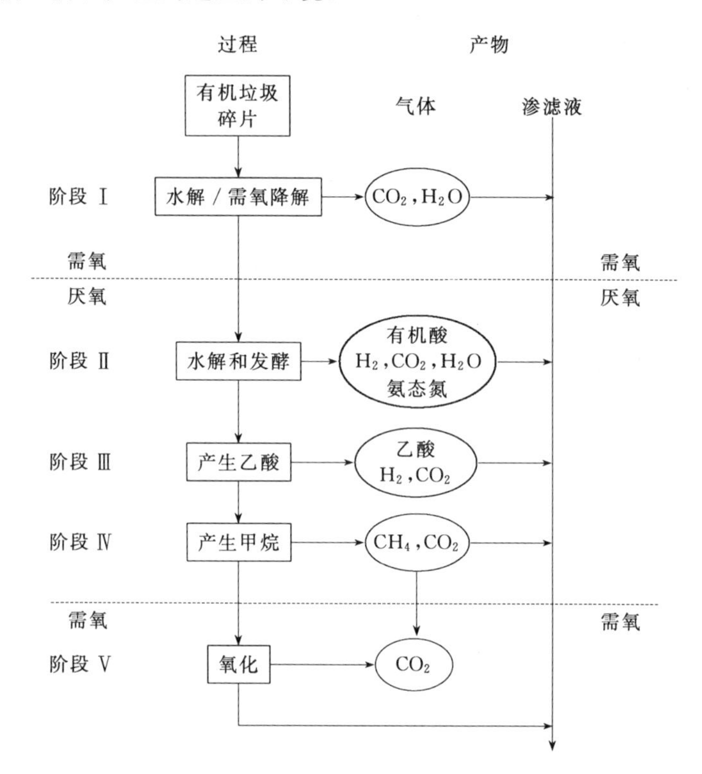

图 3-14 废物降解的主要阶段

第三阶段渗滤液的特点是有机物含量高，BOD/COD 比超过 0.4，而且 pH 值低。在向产生甲烷阶段（第四阶段）过渡后，虽然 pH 值增大，渗滤液的有机物浓度和 BOD/COD 比迅速降低。BOD/COD<0.25 的渗滤液是典型的产生甲烷阶段的渗滤液。某些如氮、铵、磷化合物和氯化物的浓度，在这些阶段没有大的变化。氨很可能是对地表水和地下水造成影响的主要无机污染物。但是，在某些环境下，其他成分（例如重金属和硫化物）可能是地表水和地下水重要的无机污染物。含盐度水平提高是普遍存在的现象，在这种情况下，铁和钙对于固体沉积特别重要。应该注意，填埋场具体的排放要求将决定哪些成分需要被处理或清除。也可能存在低浓度的危险有机化合物，例如杀虫剂（阿特拉津、西玛津）、AOX（可吸附的有机卤化物）等。这些物质中的大多数是人工合成的，但有些可能在填埋场形成。

渗滤液一般含有比城市污水更大的污染物负荷。然而，与废水不同的是，渗滤液通常所含的氮浓度高，磷浓度低。

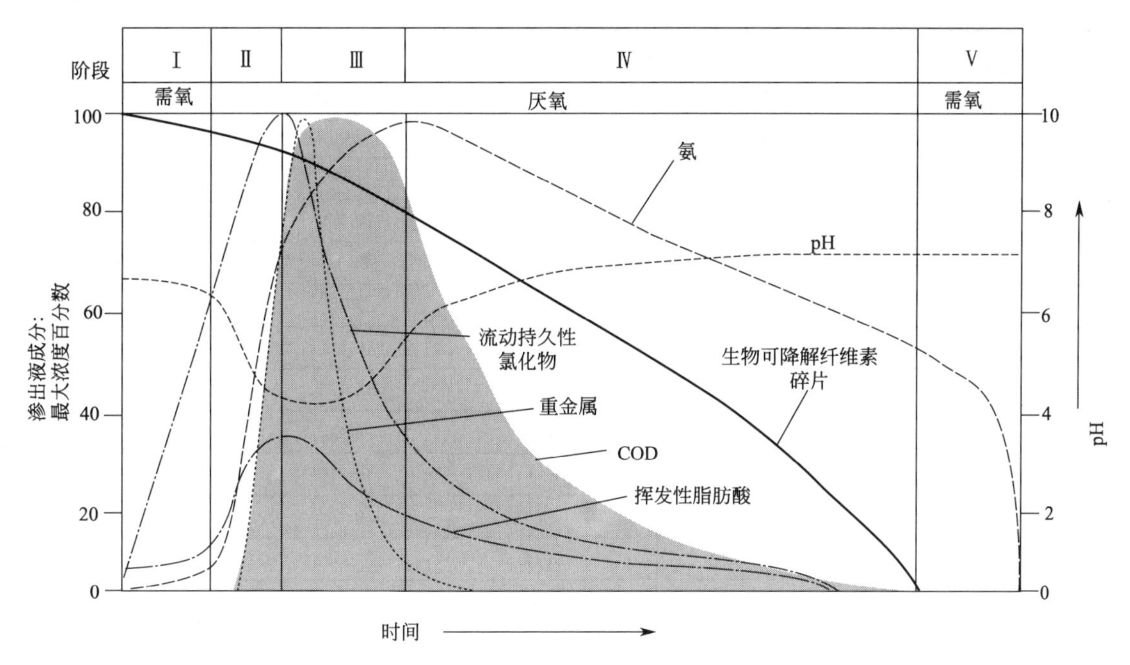

图 3-15 渗滤液成分的变化（来源：英国能源部，1991）

产生乙酸、甲烷的渗滤液组分的详细信息和危险/惰性渗滤液组分的详细信息分别列在表 3-11、表 3-12 和附录 D.1 中。

表 3-11 大型废物填埋场（废物相对干，输入速度快）**取样时产生乙酸的渗滤液成分概览**

决定因素	全部范围		全部数值	
	最小值	最大值	中间值	平均值
pH 值	5.12	7.8	6.0	6.73
电导率/(μS/cm)	5800	52000	13195	16921
碱度（以 $CaCO_3$ 表示）	2720	15870	5155	7251
化学需氧量	2740	152000	23600	36817
二十日生化需氧量	2000	125000	14900	25108
五日生化需氧量	2000	68000	14600	18632
总有机碳	1010	29000	7800	12217
脂肪酸(以 C 表示）	963	22414	5144	8197
氨态氮	194	3610	582	922
硝酸盐态氮	<0.2	18.0	0.7	1.8
亚硝酸盐态氮	0.01	1.4	0.1	0.2
硫酸盐（以 SO_4^{2-} 表示）	<5	1560	608	676
磷酸盐（以 P 表示）	0.6	22.6	3.3	5.0
氯化物	659	4670	1490	1805
钠	474	2400	1270	1371
镁	25	820	400	384

续表

决定因素	全部范围		全部数值	
	最小值	最大值	中间值	平均值
钾	350	3100	900	1143
钙	270	6240	1600	2241
铬	0.03	0.3	0.12	0.13
锰	1.40	164.0	22.95	32.94
铁	48.3	2300	475	653.8
镍	<0.03	1.87	0.23	0.42
铜	0.02	1.1	0.075	0.13
锌	0.09	140.0	6.85	17.37
砷	<0.001	0.148	0.010	0.024
镉	<0.01	0.1	0.01	0.02
汞	<0.0001	0.0015	0.0003	0.0004
铅	<0.04	0.65	0.3	0.28

注：除 pH 值和电导率（μS/cm）外，结果单位为 mg/L。

资料来源：英国环境部（1995）。

表 3-12　大型废物填埋场（废物相对干，输入速度快）取样时产生甲烷的渗滤液成分概览

决定因素	全部范围		全部数值	
	最小值	最大值	中间值	平均值
pH 值	6.8	8.2	7.35	7.52
电导率/(μS/cm)	5990	19300	10000	11502
碱度（以 $CaCO_3$ 表示）	3000	9130	5000	5376
化学需氧量	622	8000	1770	2307
二十日生物需氧量	110	1900	391	544
五日生物需氧量	97	1770	253	374
总有机碳	184	2270	555	733
脂肪酸(以 C 表示)	<5	146	5	18
氨态氮	283	2040	902	889
硝酸盐态氮	0.2	2.1	0.7	0.86
亚硝酸盐态氮	<0.01	1.3	0.09	0.17
磷酸盐(以 SO_4^{2-} 表示)	<5	322	35	67
磷酸盐(以 P 表示)	0.3	18.4	2.7	4.3
氯化物	570	4710	1950	2074
钠	474	3650	1400	1480
镁	40	1580	166	250
钾	100	1580	791	854
钙	23	501	117	151

续表

决定因素	全部范围		全部数值	
	最小值	最大值	中间值	平均值
铬	<0.03	0.56	0.07	0.09
锰	0.04	3.59	0.30	0.46
铁	1.6	160	15.3	27.4
镍	<0.03	0.6	0.14	0.17
铜	<0.02	0.62	0.07	0.13
锌	0.03	6.7	0.78	1.14
砷	<0.001	0.485	0.009	0.034
镉	<0.01	0.08	<0.01	0.015
汞	<0.0001	0.0008	<0.0001	0.0002
铅	<0.04	1.90	0.13	0.20

注：除pH值和电导率（μS/cm）外，结果单位为mg/L。

资料来源：英国环境部（1995）。

3.7.1.3 渗滤液成分的意义

渗滤液的成分表明废物内的生物进程状态和离子的可溶性。如果要对渗滤液进行清除和处理，有些参数具有特定的环境和经济意义，这种意义将随选择的处理/处置路线改变。下面对最重要的参数进行探讨。

(1) 氨 在大的时间跨度里，氨态氮是可能对填埋场附近地表水和地下水造成负面影响的最重要的污染物。需要经过几十年的时间，氨态氮的浓度才能降到可以直接排入水道。氨对渔具有毒性并且只有浓度很低时才能排入地表水。多数研究表明，在淡水和咸水中，0.002～10mg/L的游离氨可以使鲑鱼类和非鲑鱼类的鱼急性中毒。氨在需氧条件下进行处理，这一过程伴有硝酸盐浓度增加。需要注意的是，地表水中硝酸盐的浓度不应超过50mg/L。

(2) 有机物负荷 该术语指的是渗滤液中的有机化合物。有机物负荷的主要意义是其对存在化合物需氧分解的水道的影响——使该水道的溶解氧水平降低并且威胁鱼类。可以用许多分析方法测量有机物负荷，例如总有机碳（TOC）、化学需氧量（COD）和生物需氧量（BOD）。渗滤液中有机碳量影响处理方法和渗滤液或废水排入水道的适宜性。总之，排放许可以COD（输入基于COD的公式）为条件，但地表水排放通常以BOD（对植物群落和动物群落的影响）为许可条件。

(3) 氯化物 渗滤液含有废物的最终可溶性降解产物，它们主要以简单离子形式存在。该离子强度的主要贡献者是氯化物，这能够影响鱼类的存活并对其他用水者造成危害。对于污水管排放，受限制的可能性更小，因为其他污水会起稀释作用。

(4) 磷 渗滤液中的总磷处于低水平（英国废物填埋场记录的数值见表3-11和表2-12）。事实上，作为细菌生长的养分，在污水处理厂处理渗滤液时可能需要加入磷。《城市污水处理条例》（国际标准化SI No. 419，1994）对从城市污水处理厂向所列易受富营养化的敏感区域排放水设定了要求（包括总磷浓度）。《地方政府（水污染）法》（1977）、“（有关磷的水质标准）条例”（1998，国际标准化 SI No. 258，1998）明确规定了改善河流和湖泊的水质状况。检验来自渗滤液处理厂的排放物时，必须考虑这些条例。还应考虑可从受纳水体获得的同化能力和稀释作用。

(5) 金属 产生乙酸期间废物填埋场的情况是，渗滤液可能具有化学侵蚀性，产生的渗滤液可能含有高浓度的铁、锰、钙和镁。在产生甲烷的阶段，重金属变得不可溶，而且溶解的金属水平倾向于低水平。如果的确出现高浓度，需要在处理时把它们降下来，因为污水和地表水排放许可条件包括对这些物质的限制。总之，金属浓度低于常规的生活污水中的金属浓度（英国能源部，1995）。

(6) 硫酸盐 在排放许可条件中可能限制硫酸盐浓度。一般情况，产生甲烷的渗滤液硫酸盐浓度低（中间值 35mg/L），而产生乙酸的渗滤液中的硫酸盐浓度比产生甲烷的渗滤液硫酸盐浓度最高高 10 倍。如果有硫酸盐存在，由于在还原作用下能够生成硫化氢，很可能在气味阈值低的情况下引起气味问题。

(7) 溶解的气体 为了排入污水管，可能需要采用物理方法处理甲烷、二氧化碳和硫化氢，目的是防止爆炸性、窒息性、毒性的气体在污水管中聚集。排放到地表水的排放物要求通风，其中应该只含大气中的气体。

(8) 其他化合物 为了防止污染地表水或地下水，“欧盟关于危险物质的条例”（76/464/EEC）和“欧盟关于地下水的条例”（80/68/EC）规定了表Ⅰ和表Ⅱ中的物质。一些物质（有机物和无机物）由于在水生环境中具有毒性和持久性，将被严格限制。如，在德国标准中铅和可吸附卤化物的浓度被限制在 0.5mg/L。如果渗滤液中存在微量的一些这类物质，则严禁排入地表水和/或污水管网。

3.7.2 渗滤液数量和质量

3.7.2.1 水平衡

了解废物填埋场可能产生的渗滤液是制订渗滤液管理战略计划的前提条件。如果没有阶段计划，不可能评估渗滤液的产生速度。在概念设计阶段，需要理解渗滤液产生的可能性。水平衡被用于评估渗滤液的可能产生量。使用的参数包括废物量、输入速度和吸收能力、有效降雨量和总降雨量、渗透参数和其他现场参数。

随着填埋场设计向前推进，计算应细化。作为最低要求，一年应做两次简单的水平衡计算，以便检查渗滤液产生量是否已经增加。计算应采用以下形式：

$$L_o = [ER \times A + LW + IRCA + ER \times l] - [aW]$$

式中，L_o 为渗滤液产生量，m^3；ER 为有效降雨量［把实际降雨量（R）用于工作中的区间）］，m；A 为区间面积，m^2；LW 为液体废物（也包括来自淤泥的过多的水分），m^3；IRCA 为通过恢复区域和封盖区域的渗透，m；l 为积水表面积，m^2；a 为废物的吸水量，m^3/t；W 为堆放的废物量，t/a。

表 3-13 给出了典型水平衡计算结果（仅为了举例说明）。

表 3-13 典型水平衡计算

年数	工作中的分期	工作面积 A/m²	工作区域渗入量 RA /m³	恢复分期编号	液体废物 LW /m³	恢复面积 RCA /m²	恢复区域渗入量 IRCA /m³	总水量 (1)+(2)+(3) /m³	累计水量 Σ(1)+(2)+(3) /m³	吸收能力 aW /m³	累计吸收能力 ΣaW /m³	累计渗滤液量 ΣL_o /m³	产生渗滤液量 L_o/m³
1	1	17000	19261		0	0	0	19261	19261	500	500	18761	18761
2	2	28000	31724	1	0	12000	737	32461	51722	500	1000	50722	31961
2	2	28000	31724	1	0	12000	737	32461	84183	500	1500	82683	31961
3	3	27000	30591	1,2	0	34000	2088	32679	116861	500	2000	114861	32179
5	3	27000	30591	1,2	0	34000	2088	32679	149540	500	2500	147040	32179
6	4	28000	31724	1,2,3	0	55000	3377	35101	184641	500	3000	181641	34601
7	4	28000	31724	1,2,3	0	55000	3377	35101	219742	500	3500	216242	34601
8	5	30000	33990	1,2,3,4	0	76000	4666	38656	258398	500	4000	254398	38156
9	5	30000	33990	1,2,3,4	0	76000	4666	38656	297055	500	4500	292555	38156
10	5	30000	33990	1,2,3,4	0	76000	4666	38656	335711	500	5000	330711	38156
11	6	28000	31724	1,2,3,4,5	0	98000	6017	37741	373452	500	5500	367952	37241
12	6	28000	31724	1,2,3,4,5	0	98000	6017	37741	411193	500	6000	405193	37241
13	6	28000	31724	1,2,3,45	0	98000	6017	37741	448935	500	6500	442435	37241
14	6	28000	31724	1,2,3,4,5	0	98000	6017	37741	486676	500	7000	479676	37241
15	7	22000	24926	1,2,3,4,5,6	0	118000	7245	32171	518847	500	7500	511347	31671
16	7	22000	24926	1,2,3,4,5,6	0	118000	7245	32171	551018	500	8000	543018	31671
17	7	22000	24926	1,2,3,4,5,6	0	118000	7245	32171	583189	500	8500	574689	31671
18	8	27000	30591	1,2…7	0	133000	8166	38757	621947	500	9000	612947	38257
19	8	27000	30591	1,2…7	0	133000	8166	38757	660704	500	9500	651204	38257
20	8	27000	30591	1,2…7	0	133000	8166	38757	699461	500	10000	689461	38257
21	8	27000	30591	1,2…7	0	133000	8166	38757	738218	500	10500	727718	38257
22	已恢复	0	0	1,2…8	0	160000	9824	9824	748042	0	10500	737542	9824
23	已恢复	0	0	1,2…8	0	160000	9824	9824	757866	0	10500	747366	9824
24	已恢复	0	0	1,2…8	0	160000	9824	9824	767690	0	10500	757190	9824
25	已恢复	0	0	1,2…8	0	160000	9824	9824	777514	0	10500	767014	9824
26	已恢复	0	0	1,2…8	0	160000	9824	9824	787338	0	10500	776838	9824
27	已恢复	0	0	1,2…8	0	160000	9824	9824	797162	0	10500	786662	9824
28	已恢复	0	0	1,2…8	0	160000	9824	9824	806986	0	10500	796486	9824
29	已恢复	0	0	1,2…8	0	160000	9824	9824	816810	0	10500	806310	9824
30	已恢复	0	0	1,2…8	0	160000	9824	9824	826634	0	10500	816134	9824

注：实际降雨量为每年 1133 mm。有效降雨量为每年 614mm，其中的 10%渗入已经恢复的区域。不允许液体流出。在 21 年中，估计每年吸收 20000t 废物。废物密度为 1t/m³，吸收能力为 0.025m³/m³（英国环境部，1995）。

水平衡计算的两个用途是：一是为了设计渗滤液收集和处理系统；二是设计区间的尺寸。

用于水平衡计算的参数列在下面。水平衡的进一步细化计算可以考虑包括通过填埋场气体带走的水分和废物发酵损失的水分这些因素。进一步的信息见 Knox，1991。

(1) 有效降雨量 有效降雨量（ER）定义为总降雨量（R）减去实际蒸发量（AE），即 ER=R－AE。对于单独的废物填埋场，常见做法是从最近的气象局气象站或降雨测量站获得数据来估算降雨量。自动气象站的降雨估测值精确到 5%（Met Eireann，1997）。应该注意的是，超过一定的距离，降雨量可能存在较大的变化。独立的降雨事件，例如夏天的暴风雨，可能发生在非常小的局部。在估算 R 时，废物填埋场和降水测量站的高度差能够导致系统误差。估算年总降雨量 R 时，这种原因导致的误差可能达到 10%，估算独立降雨事件降雨量时，可能超过 20%。蒸发损失是表面水分蒸发和植物对水的蒸腾作用（如果有植被存在）联合作用的结果。在对未建完的填埋场做水平衡计算时，可以有效忽略植物的蒸腾作用。不管怎样，根据单日的情况，难以预测蒸散，而且冬天几个月的潜在蒸散（PE）可能被高估，最高可达 20mm/月，或者被低估，最多可超过 60～160mm/a。因此，为了给水平衡计算提供一个安全系数，蒸发损失可以被忽略。对填埋场活动期进行水平衡计算时，假设所有的实际降雨都渗入到废物中。在已经临时封盖/恢复的区域，应使用的渗透率为年降雨量的 25%～30%。在已经恢复的区域，对复合防水垫黏土衬层封盖假设的最坏的渗透情况是有效降雨量的 2%～10%。应根据填埋场现场的具体情况计算渗入已恢复区域的水量。

(2) 液体废物 “欧洲委员会 关于废物填埋场废物的条例”（99/31/EC）要求会员国禁止废物填埋场接收液体废物。液体废物指的是包括废水在内的任何液体形式的废物，但不包括污泥。据估计，到 2000 年，爱尔兰将总共产生 100000t 干燥固体城市污水污泥（“爱尔兰污水污泥处理和处置选择的战略研究”，1993）。尽管该研究建议把污泥用于土地和森林作为污泥处理的可选方式，但可能也将采用填埋法（最后选择的方式）。“关于废物填埋场废物的条例”要求，废物填埋场只能接收经过某些形式预处理的污泥。污泥刚产生的时候，许多污泥只有 1%的固体。全世界有 40 多种污泥处理技术，最常用的包括：①浓缩/脱水；②厌氧消化；③需氧消化；④石灰处理。在欧洲的经验表明，只有干燥固体含量超过 20%的污泥才能填埋。只有使用脱水设备（例如板式压榨机和离心式分离机）才能达到这种要求。其他方法包括把接收的污泥量限制在废物接收总量的 10%以下。做水平衡时，必须考虑污泥中的固体百分含量。

(3) 废物输入 为了完成水平衡计算，需要废物输入速度。应考虑废物特性和输入速度，这些在填埋场的使用寿命期内会发生变化。

(4) 吸收能力 在不产生渗滤液的情况下，废物能够吸收的水量取决于废物的种类、废物初始含水量和压实密度。例如，当密度为 0.65t/m^3 时，在产生渗滤液前，每吨废物还能吸收 0.1m^3 的水分。当密度为 1t/m^3 时，这种吸收能力降至每吨废物吸收 0.025m^3 的水分。废物密度与废物吸收能力的关系如图 3-16 所示。

这些数字忽略了通过废物的优先路径可能产生的短路和高强度降雨产生的影响。通过渗滤液的回灌，可以获得更大量的吸收。

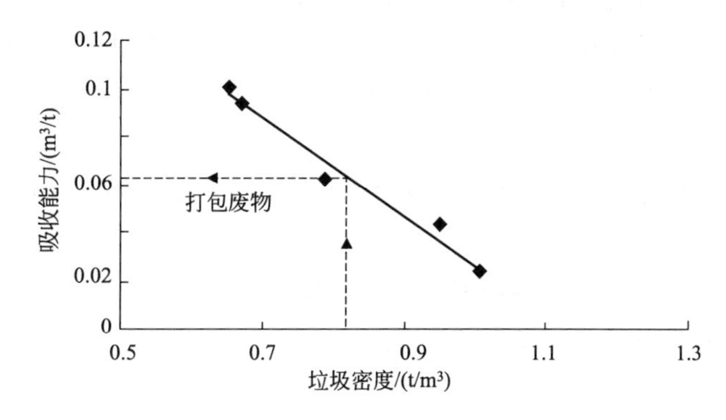

图 3-16　废物密度与废物吸收能力的关系

(5) 水平衡计算准确度　计算的准确度取决于采用的方法和数据来源。每次计算受估测误差的影响。在运营中的填埋场，甚至在可以获得渗滤液数据的已封场的填埋场，都可能难以估测好系数 2（Knox，1991）。但是，渗滤液的现场测量将指导计算。

(6) 水平衡　应根据许多情况，例如渗滤液月平均产生量、开发期间渗滤液最大产生量，使用 2 天和 5 天降雨事件以及 10 年和 25 年重现周期的数据进行水平衡计算。这些计算将有助于预测渗滤液产生的可能速度。但是，现场条件将影响产生的实际速度。校准设备/管网时，峰值流量系数应采用预测平均流量的 3～5 倍。

3.7.2.2　控制渗滤液的产生

为了防止渗滤液污染地下水和避免填埋场气体迁移，现在普遍做法是基于封存控制的废物填埋法。但是，建立一个封存控制等级高的填埋场可能导致渗滤液聚集在填埋场底部。随着渗滤液蓄积高度增加，泄漏风险也在增大。另外，随着不饱和废物层深度减小，抽气也会变得更困难。因此，需要把渗滤液从填埋场底部清除并且以环境可接受的方式进行处理。为了减少渗滤液抽取和处理成本，废物填埋场采用的运营方式应使渗滤液产生量最小化。

3.7.3　渗滤液收集和清除系统

3.7.3.1　导言

有效的渗滤液收集和清除系统（LCRS）是所有非危险和危险废物填埋场需要首先具备的条件。执行严格的废物接收标准的惰性废物填埋场可以不需要渗滤液收集和清除系统（LCRS）。渗滤液收集层的目的是能够把渗滤液从废物中移除并控制渗滤液在该衬层上的深度。不管是采用何种液体管理策略，渗滤液收集系统必须在废物填埋场整个设计使用期限内发挥作用。

渗滤液收集和清除系统（LCRS）是填埋场衬层系统的组成部分，读者在阅读本部分的同时还应结合第 6 章中关于衬层系统的建议的部分。

渗滤液管理系统应包括以下部分。

① 排水层（覆盖层）由自然颗粒材料（砂或砂砾）或合成排水材料（土工网或土工复合材料）构成。在颗粒材料施工和作业困难的地方可以将合成排水材料用于填埋单元的侧壁。

② 排水层内有多孔的渗滤液收集管用来收集渗滤液，并把渗滤液运送到污水池或收集到集水管内。

③ 如果有必要，在排水层上方覆盖保护过滤层以防止该层材料被细粒材料堵塞。

④ 渗滤液监测点。

⑤ 在渗滤液收集坑或集水管系统可以清除渗滤液。

图 3-17 举例说明典型的渗滤液收集系统。

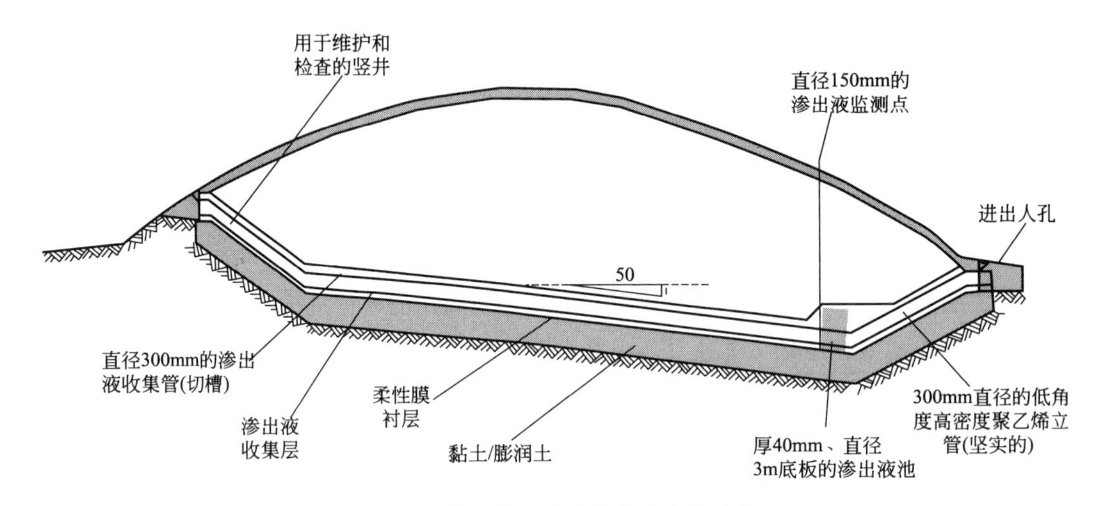

图 3-17　典型的渗滤液收集和清除系统

3.7.3.2　设计特性和建议的最低标准

应把渗滤液收集系统设计成使该衬层上的渗滤液水头最低的系统。渗滤液水头是渗滤液产生、底部坡度、管间距和排水层渗透系数的函数。

(1) 基础形状　区间基础应有坡度，以方便渗滤液在重力作用下流到集水坑或渗滤液集水管。

① 将渗滤液收集坑的坡度至少降 2%，则该坡度就能促进其自身清洗并减少渗滤液收集管的堵塞；

② 对于渗滤液主收集管的坡度至少为 1%。

(2) 排水层

① 厚度 500mm，最小渗透系数 1×10^{-3}m/s；

② 排水介质圆滑，预先冲洗非石灰石质石子（$CaCO_3$少于 10%），除非现场具体试验证明不需要这样做；

③ 粒度适合、合适的土工膜，见 3.6.6.3 部分关于“保护和回填”的内容；

④ 备有文件证明的具有与建议负荷相称的耐久性和机械强度的排水层；

⑤ 考虑标准集合试验（例如消除耐久性试验 英国标准 BS 882、酸浸没试验、硫酸镁耐固性试验）。

(3) 渗滤液排水管　排水层管道是最容易出现耐压强度故障的部分。渗滤液收集管的设计应考虑：①要求的能力和管间距；②管径和最大坡度；③管的结构强度。

渗滤液收集管应至少满足以下要求：

① 直径至少 200mm 的带许多光滑孔的网状构造（一般是高密度聚乙烯或聚丙烯），铺设坡度可以达到自清洗；

② 入口区域至少是 $0.01m^2/m$ 的管；

③ 它们的压碎强度应适合废物施加的负荷和作业设备；

④ 不应该易受渗滤液的化学侵蚀。

可以用护堤模型确定管间距。在该护堤模型中（见图 3-18），两根平行多孔排水管之间的最大流体高度为（美国环境保护署，1989）：

$$h_{\max}=\frac{L\sqrt{c}}{2}\left(\frac{\tan^2\alpha}{c}+1-\frac{\tan\alpha}{c}\sqrt{\tan^2\alpha+c}\right)$$

式中 $h_{\max}$——该衬层上的最大允许水头；

c——渗滤液量，$c=q/K$；

q——流入速度；

K——渗透率；

α——坡度；

L——管之间的距离。

该方程的 L 和 c 为未知数。

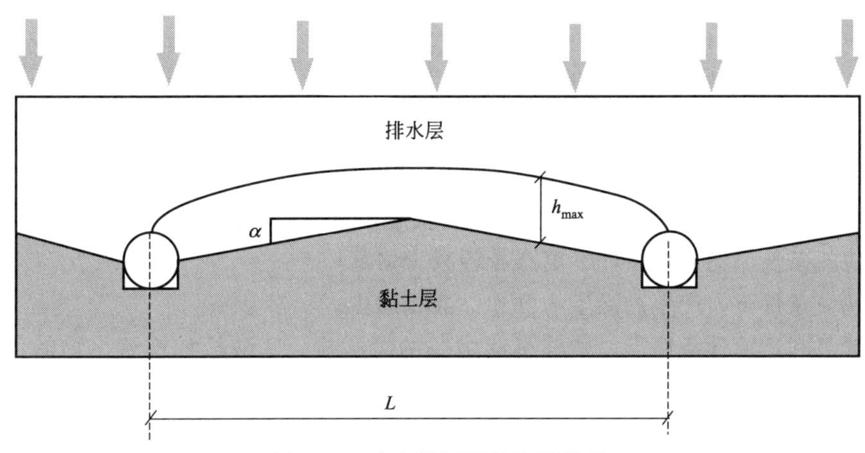

图 3-18 确定管间距的护堤模型

可以从水平衡计算获得产生的渗滤液量，然后可解计算管间距的方程。在废物沉积的早期对该装置进行保护被认为具有极其重要的意义，因为此时是它最容易损坏的时候。所以，建议最初堆填的 2m 中应不含大块、尖锐的物体，并且将这些废物在不进行压实的情况下堆放在排水层上方。这样将不仅保护它免受设备损坏，而且将加强废物下层区域的排水并为悬浮物提供额外过滤，避免悬浮物被渗滤液带走。

3.7.3.3 堵塞来源

排水系统中最常见的故障原因是堵塞，即管道内、排水层内或过滤层内材料的物理堆积。其他次常见原因是腐蚀和系统超负荷造成的劣化。堵塞可能由固体、生物有机体、化学或生化沉积或者所有四种原因的组合（见表 3-14）。它可能是由进入颗粒的直径大于过滤孔隙引起的。管道内沉积物的聚集可能由局部流量不足引起，导致局部流量不足的原因有：坡度太小或某些区域的（例如安装得不好的管接头、弯头和交叉接头）水压扰动。

表 3-14 存在堵塞可能情况的渗滤液的特点

堵塞可能机理	渗滤液有关参数
微粒	pH 值、总固体量、溶解总固体量、总悬浮固体
生物	pH 值、化学需氧量、生化需氧量、总需氧量、总氮量、总磷量
沉淀物	pH 值、电导率、碱度、硬度($CaCO_3$)、氨、TP、NO_3^-、Ca、Cl、Na、SO_4^{2-}、Mn、Mg
生化	pH 值、铁、锰

生物堵塞的原因是在需氧、合适的养分、生长条件和能量来源的情况下微生物的间质生长。影响微生物生长的主要因素包括：a. 渗滤液中碳氮比值；b. 有氧或无氧条件；c. 养分供应；d. 多糖醛酸苷浓度；e. 温度。

当 pH 值超过 7 时，能够形成化学沉积（在 pH 值超过 5 时，有较小的沉积），但也取决于渗滤液的硬度和总碱度。其他能引起沉积的因素包括氧、CO_2 局部压力的改变和残留液体的蒸发。最常见的沉积物是碳酸钙，其他沉积物是碳酸锰、硫化锰和硅酸盐。

生化沉积也能导致堵塞。主要的生化沉积物是 $Fe(OH)_3$ 和 FeS，尽管也可能涉及锰化合物。这种过程（对于铁）取决于①可获得溶解的（自由）离子（受氧化还原电位、pH 值和络合剂影响）；②存在铁还原细菌。沉积物一般和生物黏液混在一起，生物黏液很黏并且能阻塞液体流过排水系统。生化行为产生的沉积物一般在形式和结构上与单独化学行为导致的沉积物很不一样，它们明显粘着塑料管道，并且表现出更大的堵塞倾向。

3.7.3.4 减少堵塞的预防性措施

建议使渗滤液收集和清除系统保持在缺氧状态，原因如下：

① 在缺氧条件下比需氧条件下更有希望减少堵塞；

② 在缺氧条件下，产生的微生物群和黏液相对少；

③ 在缺氧和还原性条件下，能够引起堵塞的碳酸盐、硫酸盐和铁氧化物的化学沉积没有在需氧条件下普遍。

建议把空气排出在渗滤液收集和清除系统之外。在把区间设计成所有渗滤液都排走的废物填埋场，可以通过积水坑达到清除渗滤液的目的。把渗滤液水头保持在一定水平以保证渗滤液收集系统处于永久饱和状态也能取得这种效果。

另外，该系统的设计应包括考虑到管道系统清洗的组成部分。清洗系统应包括以下组成部分：

① 最小直径 200mm 的管道，以方便清洗；

② 考虑到检查和清洗的主管道交叉处和弯头处的出入口；

③ 生物杀灭剂和/或清洗剂可以进入的阀门、端口和其他附件。

3.7.3.5 渗滤液清除

通过渗滤液收集坑或渗滤液收集总管系统可以将渗滤液从废物填埋场清除。下面是主要可选部分的各种清除系统：

① 带人孔的积水坑，人孔井向上纵向延伸穿过废物和最终封盖系统。在现场建造积水坑，或者在场外预制。该竖井是混凝土或塑料管。随着废物放入该设施，竖井也延长。

② 带有实心壁竖井的积水坑，该竖井延边坡上升并最后穿过最终封盖系统（图 3-19）。

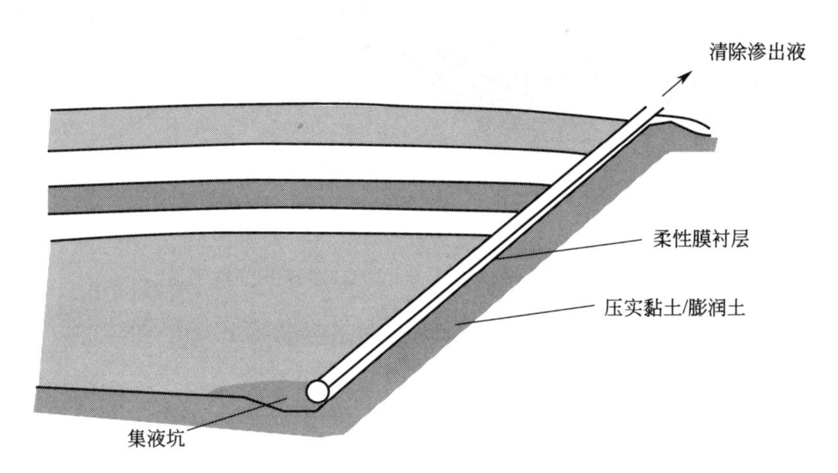

图 3-19　渗滤液收集坑和沿边坡上升的上升管

③ 靠自重排水的渗滤液总管，该总管延伸穿过衬层系统，到达填埋场该区间以外的地方。

建议采用带竖直竖井或侧壁竖井的积水坑系统，可以分开用，也可以组合用。组合使用时，便于维护。

(1) 穿透衬层　如果可能，应避免穿透基础衬层系统。但是，对于带有双衬层的用于危险废物的设施，如果穿透初级衬层是首选方式，穿透位置应该靠近远离渗滤液最大水头区间的顶部边坡［图 3-20(a)］。如果穿透次级衬层，应该允许探测到的任何渗滤液在重力作用下流到外面的人孔或积水坑［图 3-20(b)］。穿透衬层的设计和施工都应特别小心。穿透衬层的设计和施工方式都应允许对管道和土工膜之间的密封作无损质量控制检测。

(2) 积水坑　为了允许渗滤液在重力作用下排出，积水坑应位于区间的低处。用泵将渗滤液从积水坑中清除。过去，已经成功地用放在混凝土底座（典型情况下，直径至少 1m）上的钢筋混凝土管建成小容量积水坑。近来则是更多的使用高密度聚乙烯管，通过一系列的支撑网焊接到厚的高密度聚乙烯底板上。为了在必要的时候更容易的放入泵，最小尺寸应约为 300mm。这些构件（高密度聚乙烯）可能适合代替积水坑的混凝土部件而且具有质量轻的优点。

(3) 立式集流室　为了有助于渗滤液竖直渗流进集流室，立式渗滤液集流室应用渗透性排水介质围起来，而不是由沉积的废物围起来。图 3-21 所示为渗滤液泵送室的一般布置。应考虑安装可伸缩高密度聚乙烯人孔竖井，而且竖井周围废物高度高，沉降施加到竖井上的应力可能压垮竖井。

(4) 侧墙管　应考虑使用与填埋场的侧坡面平行的小角度渗滤液上升管。这些作为先前阐述过的传统渗滤液集流室的另一选择。尽管该系统不适合侧壁陡峭的填埋场，但它施加到衬层系统的压力却小得多。与立式集流室相比，该系统还有第二个优点，就是可以避免像立式集流室那样经常受到沉降引起的侧移影响，尽管采用伸缩式高密度聚乙烯竖井能够减小/

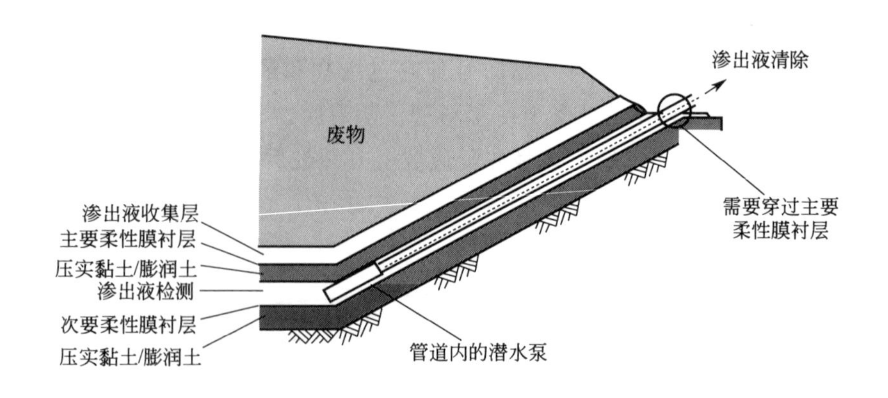

(a) 渗漏探测清除系统(通过衬垫和穿透主要衬垫之间的泵送)

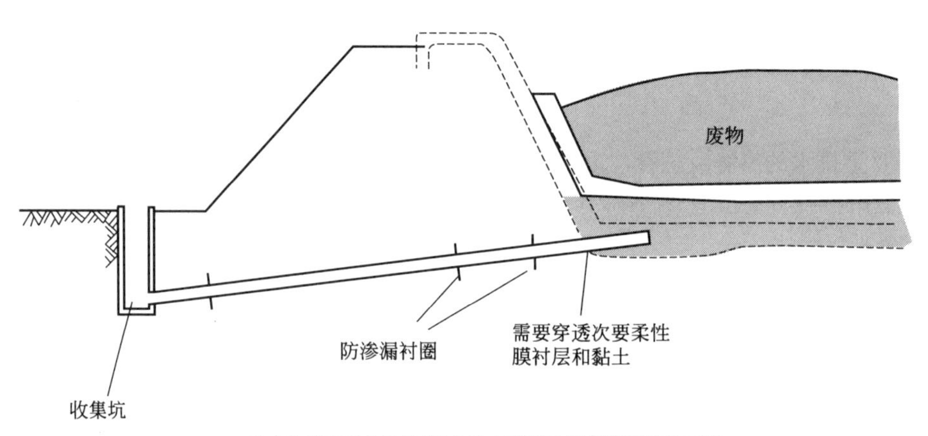

(b) 通过穿透次要衬层经由重力监测的渗漏探测清除系统

图 3-20　次级泄漏探测清除系统（只限于危险废物填埋）

减轻这种影响。小角度提升管系统遭受来自填埋过程的损坏的可能性更小，因为它们位于该分区的周围。

(5) 泵　用于从集水坑移除渗滤液的泵应该按规格选择，以确保在渗滤液最大产生速率的时候也能够进行清除。这些泵应该具有足够的工作压头，以便把渗滤液提升到从集水坑到出入口所要求的高度。

有 3 种常用类型的泵：a. 射流泵（水力）；b. 喷射泵（风动）；c. 潜水泵。

泵应具有以下特性：a. 易于安装和拆除；b. 坚固耐用；c. 最少的运动部件；d. 维护要求低；e. 能够变化流量，因为随着四季循环变化，情况会改变，对于放在钻孔内的泵而言，流量变化为 60L/h～1m^3/h；f. 能够干转，而且不会对它造成损害；g. 能够处理数量变化的颗粒物质和污泥（也许需要通过过滤提供额外保护），颗粒物质和污泥经常伴随着渗滤液产生 ；h. 有足够的扬程。

① 射流泵。该系统使渗滤液通过喷嘴循环。通过喷嘴时加快的速度产生吸入效应，吸入额外的渗滤液。射流泵的能力变化幅度从 1m^3/h 到数百立方米每小时。

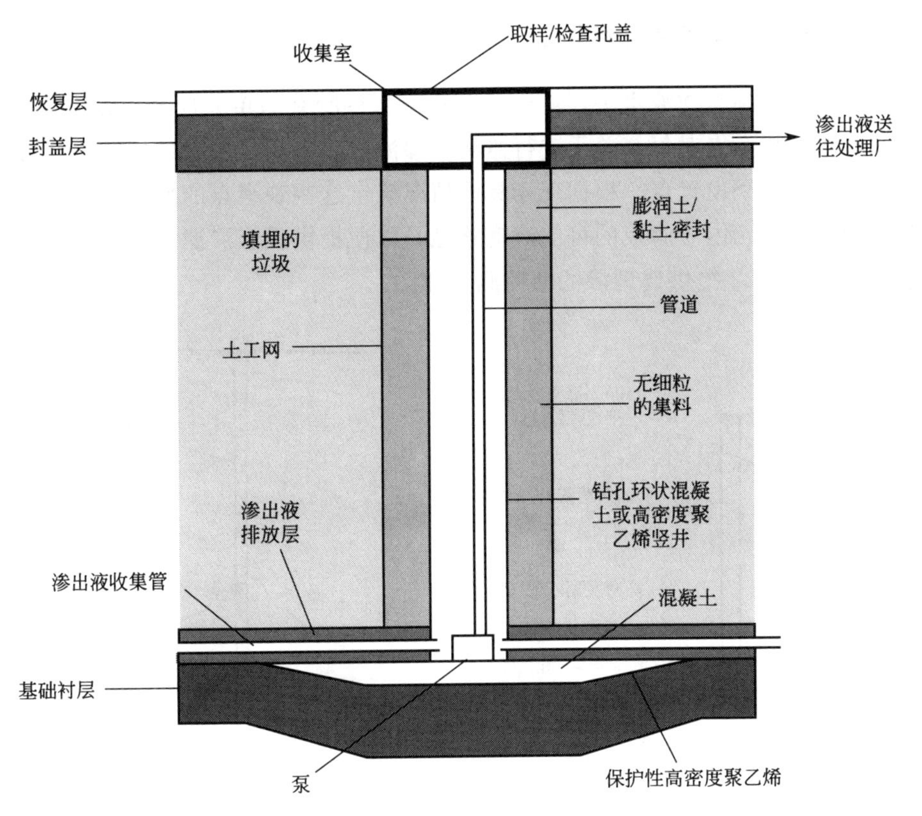

图 3-21　渗滤液泵室一般布置

优点：a. 没有昂贵的运动部件；b. 维修费用少；c. 安装费用低。

缺点：运行费用可能高。

② 喷射泵。需要注意，风动喷射泵也被认为是射流泵，二者的区别是：一个是水力；另一个是气动。风动喷射泵利用间歇式压缩空气气源将容器中的渗滤液挤出去。该容器装有单向阀和允许渗滤液流入的合适的接头，然后允许压缩空气进入并把渗滤液挤出去。气动喷射泵的工作能力范围可以达到从每口井排出渗滤液 0～30m^3/d。

优点：a. 空气输入量低，根据需要调节输入量；b. 维修保养费用低。

缺点：每个装置的安装费用高。

③ 潜水泵。泵直接与电机相连，电机就在泵下面。

优点：安装快捷、容易。

缺点：a. 需要浸在渗滤液里，如果干转，将迅速出现故障；b. 渗滤液能够严重磨损运动部件。

(6) 渗滤液收集和清除系统的维护　渗滤液收集和清除系统应该经常维护，在该系统的设计中设计管道疏通口。主出入口将通过渗滤液收集坑出入管，这样允许把疏通点装在地表，以便清除管道中的堵塞物并方便用闭路电视进入管道检查。必须监测泵室和收集管中的甲烷，如有必要应进行排放。所有泵本身都应是安全的，而且任何监测设备都不应在封闭空间内产生火花。例如，不要用钢质提水器从渗滤液通风管取样（《废物填埋场营运实践手册》，环境保护局，1997）。

3.7.3.6 废物填埋场渗滤液监测

为了保证成功控制渗滤液水头，需要进行监测。在所有的单元应至少设置两个监测点。应在单元的渗滤液收集点对每个单元进行监测。渗滤液收集点是单元的最低处，而且每公顷单元面积额外增加两个设置点。根据现场具体情况确定这些观察点的准确位置，但确定它们的位置时应考虑在单元内渗滤液的可能流动路径，以便提供代表渗滤液一般组分的试样并测量渗滤液水头。图 3-22 提供典型渗滤液监测井详图。

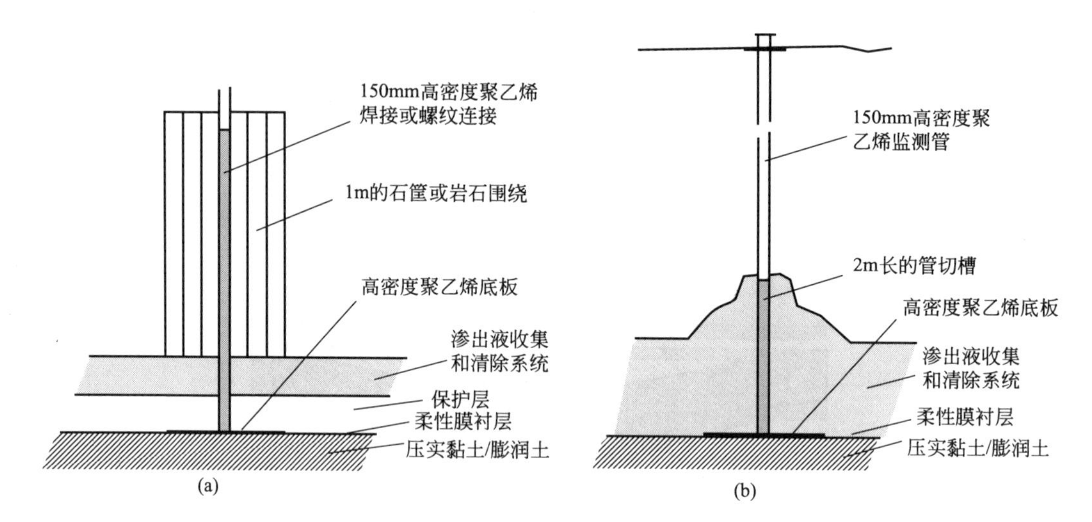

图 3-22 典型渗滤液监测井详图

废物填埋场渗滤液位、液量和组分监测的最低要求在本书中的第 5 章中做了明确规定。

3.7.4 渗滤液储存

渗滤液储存设施的形式可以和 3.5.3.1 部分中确定的雨水保持设施的形式一样：

① 按照英国标准 BS8007 设计的混凝土罐；

② 预制单元；

③ 土工合成材料衬层，例如具有高密度聚乙烯衬层的设施。

这样的设施大小应适合 3.7.2 中计算的渗滤液量并且设计合理防止溢流。

所有装置都应有防渗漏设计。使用混凝土罐或预制单元时，应考虑提供储存坝（参见附录 A 中的指导）。在建议为储存设施加装土工合成材料衬层的情况下，设计/施工和相关质量控制/保证应遵循 3.6“衬层系统”中的一般性指导。

来自非危险废物的渗滤液的储存池包含以下复合衬层：

① 复合衬层的上层可以由柔性膜衬层组成，应使用最小厚度 2mm 的高密度聚乙烯或等同的柔性膜衬层；

② 复合衬层的下层可以由 1m 厚的压实土层组成，该土层的渗透系数不超过 1×10^{-9} m/s 并通过一系列分层压实建成。压实前每层厚度不超过 250mm。复合衬层的下层也可以

由 0.5m 厚的人工加强土层组成，该土层能为上述材料提供相同的保护并通过一系列分层压实建成。压实前每层厚度不超过 250mm。

危险废物的渗滤液储存池与对应的非危险废物储存池相比，其所包含的衬层系统相似，但其柔性膜需要适合这种渗滤液，设计应提供渗漏探测装置。

在放入渗滤液前，应利用渗漏探测调查（见 3.6.7）和液体保留试验检查储存池衬层系统的完整性。在储存池使用期间，这些检测可能需要重复进行。将根据现场的具体情况确定检测的时间间隔。

3.7.5 渗滤液再循环

在许多国家相当多的废物填埋场（例如在丹麦 30% 的城市固体废物填埋场）进行渗滤液再循环。目前，渗滤液再循环的主要目的不是增加冲洗速度，其主要目的是促使降解率更均衡并且作为渗滤液短期储存措施。

渗滤液再循环可能得到以下好处：

① 有更多、更好的填埋废物产生的气体用于能源回收工程；

② 减少渗滤液收集和处理成本；

③ 促进填埋场沉降并增加重新利用空气占据空间的机会；

④ 填埋场及早稳定并且减少关闭后的时间和成本。

上述好处中的最后一项——填埋场及早稳定和控制关闭成本可能是业主/经营者努力进行渗滤液再循环的动力。现行法律对关闭后或后期维护阶段的要求，对业主来说是一种重要的潜在责任。

运营中的填埋场执行再循环计划会存在一些令人担心的事项。

① 运营中的填埋场是难以加入再循环系统组件的环境。

② 典型运营要求重型机械（例如平土机、推土机、压土机）在填埋场工作的区域上移动。从机械操作工的位置看，经常观察不到纵向障碍物（例如人孔或沉降观测板入口管），随着废物填埋的推进，重型机械的重量也可能将安装的管道系统组件压碎。

③ 担心渗滤液再循环最初将导致污染物浓度增加，这可能妨碍与城市污水处理厂现有协议的执行。

④ 可能使衬层系统上的渗滤液水头增加。

⑤ 渗滤液突然增加并漫过地上的边坡是填埋场经营者长期担心的事。许多经营者担心再循环可能加剧渗滤液突然增加的问题，特别是如果填埋场施工期间使用渗透性相对差的日常覆盖层。

除非合适的衬层系统和渗滤液收集系统安装就位，否则不应该进行再循环。

为了使渗滤液正常再循环，一般认为需要以下组成部分：

① 渗滤液再引入系统应包含在填埋场内；

② 带渗滤液处理系统的复合衬层系统，该渗滤液处理系统的衬层至少有 6 个月的可接受性能。如果衬层系统的性能可接受，对于现有带衬层的填埋场，地下水监测表明，没有废物导致的污染；

③ 用于确定废物中渗滤液液位的适当的监测系统；

④ 在任何有土壤覆盖层的区域必须要有收集和防范渗滤液溢出的条款；

⑤ 经过培训的操作者，应该理解渗滤液再循环的运营要求。

当渗滤液产生乙酸时，最好在再循环之前先把抽出的渗滤液通过需氧处理工艺进行预处理。这限制了被禁止的污染物（例如氨）的累积，尤其限制了高酸度渗滤液的形成，因为在高酸度条件下不利于 pH 中性条件的快速建立，pH 中性条件则是有助于产生甲烷的。如果“新鲜”的渗滤液被直接注入，增加 pH 缓冲器也许对维持产生甲烷的（近中性）条件有利。虽然这些选择可能是冒险的，尽管与之相关的是增加废物填埋成本，但也被认为是可行的。虽然如此，废物趋于稳定能大大节约渗滤液系统的运行费用。

文献中有关渗滤液施用速度的设计信息很少。Miller 等（1994）的报告说渗滤液施用速度为 14～ 23m^3/h，0.31～0.62m^3/m 沟长。

3.8 渗滤液处理

3.8.1 概述

渗滤液中需要处理的主要成分是氨和有机成分。处理方法可以分为四类：①物理/化学预处理；②生物处理；③在一个系统中联合使用以上两种方法；④高级处理。

表 3-15 提供了渗滤液处理方法和目标。

表 3-15 渗滤液处理方法和目标

处 理 目 标	主要处理方法	垃圾类型①
清除可降解有机物(BOD)	需氧生物法	Ⅱ
	·曝气塘/延时曝气	
	·活性污泥	
	·序列间歇式反应器(SBR)	
	厌氧生物法	
	·上流式厌氧污泥床(UASB)	Ⅱ
清除氨	需氧生物法	Ⅱ
	·曝气塘/延时曝气	
	·活性污泥	
	·序列间歇式反应器(SBR)	
	·生物转盘	
	物理化学法	
	·氨的空气吹脱	Ⅱ
脱氮	厌氧生物法	Ⅱ
	SBR	Ⅱ
清除不可降解有机物和颜色	加入石灰/絮凝剂	Ⅰ,Ⅱ,Ⅲ
	活性炭	Ⅰ,Ⅱ,Ⅲ
	反渗透	Ⅰ,Ⅱ,Ⅲ
	化学氧化	Ⅰ,Ⅱ,Ⅲ

续表

处 理 目 标	主要处理方法	垃圾类型[①]
清除危险的微量有机物	活性炭	Ⅰ,Ⅱ,Ⅲ
	反渗透	Ⅰ,Ⅱ,Ⅲ
	化学氧化	Ⅰ,Ⅱ,Ⅲ
清除甲烷	空气吹脱	Ⅱ
	需氧生物法(有限的)	Ⅰ,Ⅱ,Ⅲ
清除溶解的铁、重金属和固体悬浮物	加入石灰/絮凝剂,曝气和沉淀	Ⅰ,Ⅱ,Ⅲ
最终精处理	芦苇床	Ⅱ
	砂滤	Ⅱ
体积缩小	反渗透	Ⅰ,Ⅱ,Ⅲ
	蒸发	Ⅰ,Ⅱ,Ⅲ

① Ⅰ=非危险工业垃圾；Ⅱ=城市固体垃圾和联合处理；Ⅲ=危险废物。

注：根据 Hjelmar 等（1995）改编。

3.8.2 物理-化学预处理

物理-化学预处理法尤其适用于处理可生物降解有机碳含量较低的陈旧、关闭的填埋场的渗滤液或者用来对经过生物法处理后的渗滤液进行最后的深度处理。

下面简述应用于渗滤液预处理的一些物理-化学处理工艺。

3.8.2.1 甲烷的空气吹脱

在不进行任何其他预处理就把渗滤液排入污水沟的情况下，一般要求进行空气吹脱以清除溶解的甲烷。未经处理的渗滤液中的甲烷经常处于饱和状态，最高含量达 50mg/L。当渗滤液中的甲烷含量低至 0.5mg/L 时，能够使空气中的甲烷气体达到爆炸浓度(体积浓度 5%～15%)。为了避免在污水管道系统中形成可能爆炸的气体，需要清除溶解的甲烷。

设计标准如下。

对该领域的研究很少。Lancaster 大学的一项研究表明，通过持续 40min 的强力曝气 [$36m^3/(m^3 \cdot h)$] 清除了约 90%的甲烷，当持续时间为 6.7min 时，清除率则降至 75%。在英国马其赛特郡的工业设备的实际效率更高。一个装 1m 深渗滤液、用挡板分 5 个区域的反应器在曝气速率约为 $10m^3/(m^3 \cdot h)$ 的状态下持续运行 40min，甲烷清除率达 99%。另外，一个在英国格洛斯特郡的 Hempsted 废物填埋场的工业设备通过强力曝气和搅拌从高达 $700m^3/d$ 的渗滤液中清除甲烷。

3.8.2.2 氨的空气吹脱

氨的浓度越高，BOD∶N 比值越低，可能越适合使用物理-化学法。一般认为适合污水处理的最佳 BOD∶N 比值为 100∶5，但是产生甲烷的渗滤液的 BOD∶N 比值可能达到 100∶100。在各种物理-化学工艺中，对于渗滤液中氮的去除来讲，氨的汽提提供了一个最佳的可能工艺。

利用空气去除渗滤液中的挥发性气态氨是一个质量转移过程。由于氨高度可溶，为了把氨从液体中去除，在进行汽提之前，必须把氨变成游离气态氨分子。在向大量空气暴露之前，将渗滤液 pH 值调整到 10 以上。

$$\underset{\text{氨气}}{NH_3} \underset{\text{高 pH 值}}{\overset{\text{低 pH 值}}{\rightleftharpoons}} \underset{\text{铵离子}}{NH_4^+}$$

使渗滤液的 pH 值达到 10 以上需要加入的碱性物质量变化很大，对于一些产生甲烷的渗滤液需要加入的石灰量低至 0.5kg/m^3，对于一些产生乙酸的渗滤液需要加入的石灰量则高至 6kg/m^3。调整 pH 值的过程可以在污水池中完成或者在专门建的空气/渗滤液比值较高的洗提塔中完成。该比值越大，该过程的效率越高，相对成本越低。洗提塔排出的气体中释放的氨的浓度通常为数百 mg/m^3。该浓度值低于产生毒性作用的浓度（1700mg/m^3），但高于气味阈值（35mg/m^3），所以该设备附近可以闻到气味。因此需要进行气体洗涤和热破坏，从洗提塔流体中释放的氨比污水池中不定点释放的氨更容易控制。

在氨的汽提过程中，必须注意渗滤液中的其他污染物，并且避免排放不允许排放的挥发性有机物。该工艺过程是非选择性的，而且渗滤液中存在的任何挥发物都可能会释放。应注意，经过洗提的渗滤液排放前可以用酸中和。

设计标准如下。

尽管对于氨的去除机理存在争议，普遍一致认为需要大量的空气，例如，当氨的去除率达到 90%时，气液比最高达到 6000（Fletcher 和 Ashbee，1994）。依靠液体压头供给空气，同时需要很大的流量，这就意味着需要大量的能量。利用填充塔、扩散曝气池或污水池完成氨气的汽提。

3.8.2.3 沉淀剂/絮凝剂

添加化学药剂和随后的一系列混合、絮凝、凝结和沉淀过程可以和其他处理过程联合使用。沉淀的目的包括：

① 减少固体悬浮物，目的是为了减少堵塞；

② 使碳酸钙、铁、锰和重金属沉淀，以便保护实验设备，防止在生物过程中毒物和无机物固体蓄积；

③ 去除流出液的混浊和颜色；

④ 部分清除有机污染物负荷；

⑤ 清除活性炭粉末（三级处理期间）。

已加入了许多化学物质，例如熟石灰、硫酸铝、硫酸铁和聚合助凝剂。已经证明熟石灰是最有用、经济的沉淀剂。

3.8.3 渗滤液的生物处理

许多填埋场的渗滤液含有高浓度可降解的碳化合物或氨化合物或者这两者同时存在。生物法为这些成分提供了最可靠和经济的处理方法。它们的附带作用是可以影响铁、锰和其他金属的清除，但这些并不是设计的初衷。

根据微生物的新陈代谢，生物处理方法分为需氧型和厌氧型。在需氧过程中，微生物有机体利用分子氧作为电子受体，通过酶的作用引导电子的转移，从而产生能量。在厌氧过程中，无机化合物（例如硝酸盐、硫酸盐和二氧化碳）作为电子受体。

许多生物过程也能够处理或耐受危险成分，例如氰化物、苯酚和杀虫剂。通过需氧或厌氧微生物，某些有机化合物能更容易降解。例如，带几个氯基、硝基和氮基取代基的芳香族污染物容易被厌氧微生物还原，而还原最终产物可以容易的被需氧细菌矿化。这样，厌氧和需氧处理组合使用可以促进络合物的矿化。

3.8.3.1 活性污泥

活性污泥工艺是悬浮生长的生物处理系统，该系统使用需氧微生物处理含氨含氮物质和有机物。液体被引入反应器，反应器内的细菌混合培养基被保持在悬浮状态。在氧气、养分、有机化合物和驯化生物量存在下，反应器内发生一系列生化反应，降解有机物的同时并产生新的生物量。图 3-23 为完全混合活性污泥的工艺示意。

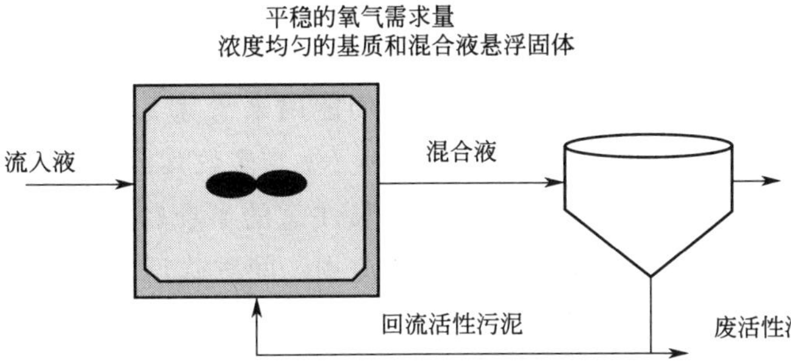

图 3-23　活性污泥工艺

利用扩散曝气或表面曝气使反应器内保持在需氧状态。经过一定时间后，新细胞和旧细胞的混合物进入沉淀池。为了使反应器内的生物保持在要求的浓度，一部分沉淀的生物量进入循环，其他部分被废弃并送入污泥处理设施。

养分（氮、磷）也是通常的化学必需品，如果它们不存在于渗滤液中的话。对于需氧过程（例如活性污泥处理），在 1%左右的固态浓度下，每消耗 1g 的 COD 大约会产生 0.1～0.6g 的污泥残留物。

为了使流量和负荷条件保持稳定，可能需要对活性污泥系统加以限制（包括限制生化需氧量负荷能力和流量平衡）。没有额外的工艺组成的传统活性污泥系统不太可能达到填埋场渗滤液处理所要求的氨态氮去除率。表 3-16 列出了活性污泥设备设计标准。

表 3-16　活性污泥设备设计标准

参　数	范　围	参　数	范　围
混合液悬浮固体浓度/(mg/L)	3000～6000	污泥停留时间/d	0.5～3
混合液挥发性悬浮固体浓度/(mg/L)	2500～4000	停留时间/h	0.1～20
有机负荷率/[kgBOD/(kgVSS·d)]	0.1～1.0		

3.8.3.2 间歇式反应器

间歇式反应器工艺是活性污泥处理的一种方式，这种工艺中，曝气、沉淀和倾析可以在单个反应器内进行。该工艺采用五阶段循环：进水、反应、沉淀、排水和闲置。

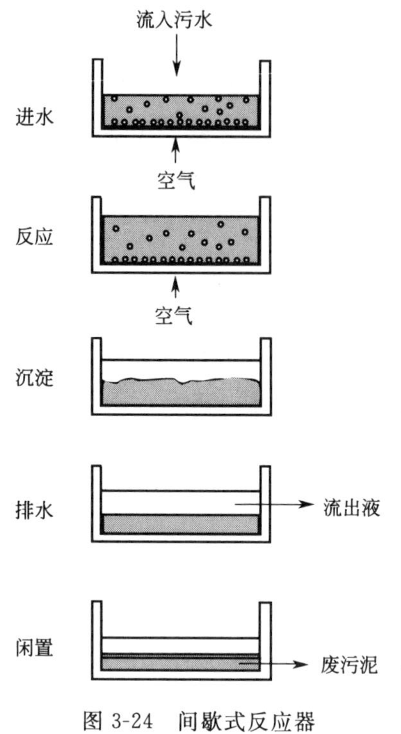

图 3-24 间歇式反应器

污水在进水阶段进入反应器，污水在反应阶段经过需氧处理，生物团在沉淀阶段沉淀，上清液在排水阶段被倾析，淤泥在闲置阶段被清理出反应器，随着下一个进水阶段的进行，循环又重新开始。

图 3-24 为间歇式反应工艺示意。

序列间歇式反应器工艺的优点包括：a. 简单可靠；b. 非常适合用于水量和水质变化大的情况；c. 出水水质好；d. 与多数其他工艺相比，需要操作人员注意的事项较少；e. 操作灵活，可以用来进行硝化、反硝化和磷的去除。

间歇式反应器系统的关键组成部分包括曝气/混合过程、倾析过程和过程控制。间歇式反应系统出水水质好，经过改造，它们能用来清除氮和磷，间歇式反应器设计标准如表3-17所示。与多数其他工艺相比，间歇式反应系统需要操作人员注意的事项较少。间歇式反应技术在欧洲许多国家被应用。间歇式反应系统的缺点包括：a. 控制系统复杂；b. 可能需要熟练的操作人员；c. 据报道，在设计得不好的系统排水过程出现问题。

间歇式反应器设计标准见表 3-17。

表 3-17 间歇式反应器设计标准

参 数	范 围	参 数	范 围
混合液悬浮固体浓度/(mg/L)	3000～10000	污泥停留时间/d	10～30
有机负荷率/[kg 生化需氧量/（kgVSS·d)]	0.05～0.54	停留时间/d	4～50
最大体积化学需氧量负荷/[kgCOD/(m³·d)]	0.48～2.16		

3.8.3.3 曝气塘

在污水池通常进行延时曝气处理。这种处理方法的优点包括：

① 渗滤液处理的灵活方式；

② 易于应对渗滤液流量和浓度的大范围变化。

曝气塘的缺点包括：

① 由于表面积大和机械曝气导致大量热量损失，而硝化对温度敏感；

② 对于废物填埋场，占地面积大可能并不是个问题，但是场地条件却很重要；

③ 如果生化需氧量/氨比值很低，沉淀情况不好；

④ 产生臭味和气溶胶；

⑤ 不能加保持热量的覆盖物；

⑥ 机械曝气装置能量效率低并且在冬天可能失去硝化作用。

设计标准如下。

英国经验表明，在负荷率为 0.5kg COD/(m^3 · d) 时，能够清除 90%的生化需氧量。为了彻底清除生化需氧量（<25mg/L），能够承受 0.025～0.05kg COD/(m^3 · d) 的负荷。在这些负荷率下，清除效率约是活性污泥系统的 1/3。

3.8.3.4 生物转盘

生物转盘（RBC）是一种需氧固定膜生物处理工艺。生物转盘（RBC）由水平轴上的一系列间隔近的塑料（聚乙烯、聚氯乙烯或聚苯乙烯）盘组成。图 3-25 是生物转盘（RBC）工艺示意。

在常见的生物转盘（RBC）设计中，圆盘（直径可达 4m，长度可达 7m）以 1～10r/min 的转速旋转，该装置放在池子里，介质浸没到圆盘直径约 40%处。该装置旋转保证介质在空气中和在污水中交替，这样会形成生物薄膜。当生物薄膜在空气中时，氧气进入薄膜。当生物薄膜在污水中时，氧气可能进入薄膜或从薄膜里出来，这部分取决于污水和薄膜中氧气的相对浓度。碳的氧化出现在入口末端，如果有足够的介质，将沿着轴进一步出现硝化作用。生物转盘设计标准如表 3-18 所列。

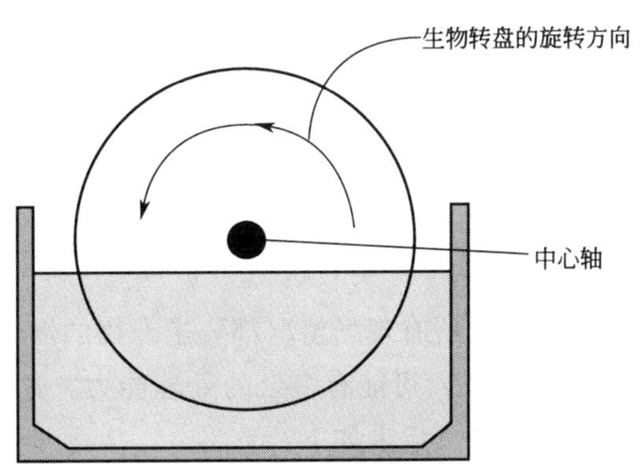

图 3-25 生物转盘

表 3-18 生物转盘设计标准

参 数	范 围	参 数	范 围
混合液悬浮固体浓度/(mg/L)	3000～4000	正常 NH_3 负载率/[g NH_3/(m^2 · d)]	1～4
混合液挥发性悬浮固体浓度/(mg/L)	1500～3000	最大生化需氧量负载率/[g BOD/(m^3 · d)]	0.24～0.96
有机负荷率[kg BOD/(kg VSS · d)]	0.05～0.3	水力停留时间/d	1.5～10
正常生化需氧量负载率/[g BOD/(m^2 · d)]	3～10		

为了避免大雨、霜和雪损坏生物膜，出于安全考虑，需要覆盖层保护生物膜。有许多各式各样的生物转盘系统，它们的主要区别在于介质安装到支撑结构上的方式不同。总之，它们更普遍被用于处理低浓度的渗滤液。

生物转盘系统的优点包括：

① 维护费用低；

② 能在冲击负荷条件下发挥作用；

③ 运行费用低；

④ 噪声水平低；

⑤ 无蝇虫滋扰；

⑥ 对操作人员的技能要求低；

⑦ 水头损失低；

⑧ 设施能够覆盖并保温；

⑨ 如果有带颜色的物质进入，不容易引人注意；

⑩ 固体沉淀情况好；

⑪ 产生的污泥少；

⑫ 可以硝化和脱硝。

生物转盘系统的缺点包括：

① 包装设备的污泥储存量可能不够，这能增加生物膜负担；

② 停电、干扰圆盘的转动能导致生物膜生长不均匀，这使轴承和轴过载并引发装置故障；

③ 有机物负荷高能引起麻烦；

④ 控制系统必须能发现超载；

⑤ 结构损坏能产生高额费用。

3.8.3.5 渗滤液和城市污水联合处理

可能并非所有现场情况都要求专用的渗滤液处理系统。在填埋场附近的现有城市污水处理厂（WWTP）可能有多余的处理能力。这种情况下，有可能在城市污水处理厂进行渗滤液的联合处理。要求如下：

① 能够处理渗滤液；

② 在工艺上与渗滤液的特性兼容；

③ 能够处理污泥。

应注意，渗滤液的浓度可达城市污水的 30～50 倍，城市污水处理厂的多余能力可能被迅速用完。尽管对于减少五日生化需氧量、化学需氧量和重金属的作用得到高度认可，但对于重金属、氨的转化、污泥的产生量、起泡、固体沉降性能和沉淀物形成影响的认可不及前者。

渗滤液的性质对处理设备的性能有一些影响，这已被公认。一般来讲，设备能容忍不超过 4%（体积）的渗滤液，此时，不会对处理过程和流出液质量造成大的影响。但是，必须根据个案情况对性能进行调查。当可能产生毒素或要处理的渗滤液比例高时，可能需要进行预处理。简单的氧化池就可以提供需要的预处理。

3.8.3.6 厌氧处理

渗滤液的生物处理一般是通过需氧法进行。但是，厌氧处理法也已经被用在渗滤液的生物处理中。与需氧工艺相比，该工艺有几个优点，其中有：

① 污泥产生量更低；

② 需要的能量更少（如不需要氧气）；

③ 回收的甲烷可以提供能量。

尽管大量中试规模的消化池建设评价工作已经开始进行，但世界上大规模的厌氧渗滤液处理厂仍然相对较少。有两个问题使这种处理形式一般不适用于渗滤液处理。当填埋场废物堆内具备产生甲烷的条件时，在很大程度上，厌氧设备是多余的。此外，厌氧工艺无法清除氨，这阻碍了厌氧工艺的更广泛使用。

3.8.3.7 生物法清除氮

渗滤液中的氮既可以以有机形式（例如氨基酸）存在，也可以以无机形式存在（例如氨）。可以通过同化作用和硝化-反硝化作用以生物法将氮清除。

硝化-反硝化作用涉及两个工艺步骤。在硝化过程中，在需氧条件下经过一系列的反应氨被转化成硝酸盐。相反，反硝化作用是在缺氧条件下把硝酸盐逐步还原成氮气。

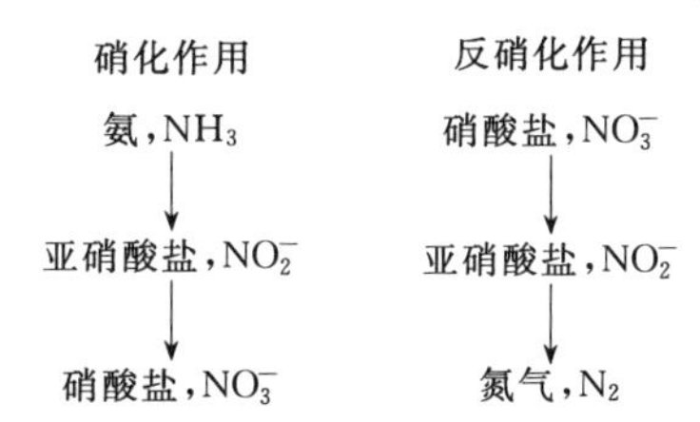

因此，对于渗滤液的处理，由于厌氧过程中氮主要以氨的形式存在，可以预计氮的去除是很低的。然而，为硝化作用设计的需氧过程对于氮（氨）的清除则是可行的。例如，生物转盘（RBC）的正常负载率是4g $NH_3/(m^2 \cdot d)$。硝化细菌的倍增时间长，为了促使处理过程更有效，最好在20℃进行硝化。因为温度较低时硝化细菌增长很慢，欧洲的许多专门的硝化处理系统利用填埋场产生的气体加热渗滤液，这些硝化处理系统的运行温度高于20℃。为了将硝酸盐转化成氮气，反硝化作用需要有碳来源（C/N 比为3∶1）。如果碳来源不足，需要提供外部碳源（例如加入甲醇）。

3.8.4 渗滤液的物理-化学/生物处理

高浓度废水的紧凑式处理系统正变得越来越重要。生物处理和膜技术被联合用于渗滤液处理。

3.8.4.1 膜生物反应器

在膜生物反应器中，要处理的污水流入曝气室，在曝气室内，可生物降解的有机物和被还原的氮化合物被氧化。污泥流被引入并通过超滤装置。在超滤装置中，混合液体和水彼此分离。滤出液被作为流出液排出，浓缩液被重新循环到曝气室，剩余的污泥通过污泥阀排出。

该紧凑式系统与传统系统有以下方面的区别。

① 该紧凑式系统能够在生物量高、污泥浓度达到20～30g/L的情况下运行。生物量浓度保持在高水平，就会有一个高的体积负荷率。

② 高的污泥龄和温度会引起大范围的矿化作用，结果导致污泥的净生成量低。

③ 在放热过程中，生物比活度最高，出现这种情况的最佳温度范围为35～38℃。

④ 因为系统在有压力的情况下工作，氧气进入曝气池的效率高得多，这保证氧气供给充足，尽管体积负载率高，相应的需氧量也高。

⑤ 通过直接注入空气，全封闭系统被保持在压力状态。废气通过降压阀排出，这样，便于管理空气排放，而且，如果有必要，可以进行处理。

⑥ 空气排放量比传统系统少得多，因为氧气传递效率高，需要的空气量比传统系统的空气需要量低4～5倍。

⑦ 将超滤膜用于污泥分离，提高了流出液质量，流出液中没有固体悬浮物，化学需氧量、N和微量污染物水平低。

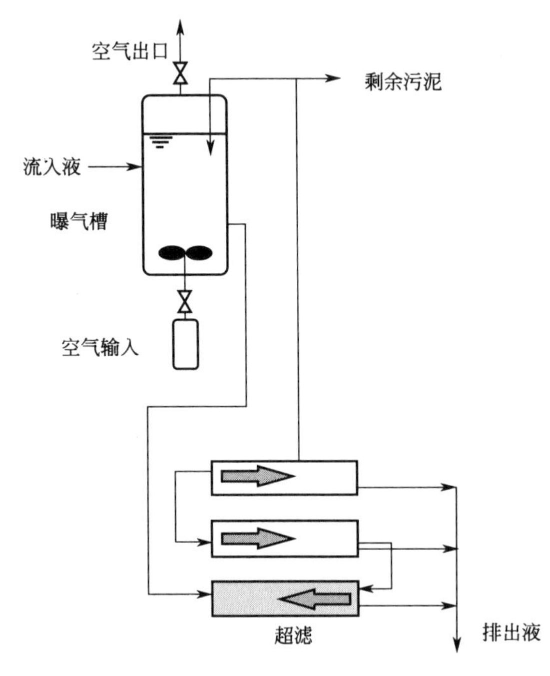

图 3-26 膜生物反应器系统

德国有13家大规模的工厂具有这样的系统，它被用于处理含高化学需氧量和氨浓度的渗滤液（$275m^3/d$），膜生物反应器系统如图3-26所示。另外，试验性研究表明，在氨负载率为1.7kg N/(m^3·d)时，化学需氧量和氨的清除效率相应为90%和99.9%。需要注意，因为在德国填埋的可降解废物比在爱尔兰的少，一般德国渗滤液的有机物含量（生化需氧量、化学需氧量）比爱尔兰渗滤液的有机物含量低。

3.8.4.2 活性（生物）炭粉末

该系统涉及以受控方式将活性炭粉末加入活性污泥系统中，这样所获得的处理效果比单独使用其中的一种系统可能获得的处理效果好。曝气池中存在的炭可以起到以下作用：

① 清除一些难以处理的有机物；

② 加强固体沉淀；

③ 缓冲系统，以防负载波动和毒性冲击。

将炭粉加入到渗滤液的处理中的做法始于20世纪80年代。

活性炭粉末系统设计标准见表3-19。

表 3-19 活性炭粉末系统设计标准

参　数	范　围	参　数	范　围
碳的剂量/(mg/L)	50～10000	最大化学需氧量负荷/[kg COD/(m^3·d)]	3.2
混合液悬浮固体/(mg/L)	2000～11000	停留时间/d	1～16
有机负荷率/[kg BOD/(kg VSS·d)]	0.05～0.3		

3.8.4.3 过滤

过滤是通过一个固定或移动的介质层将流经介质的渗滤液中所包含的固体悬浮物捕获并清除的过程。单介质过滤器通常包括砂，而多介质过滤器包括砂、无烟煤并且可能包括活性炭。在过滤过程中，渗滤液向下流经过滤介质。颗粒主要通过过滤、吸附和微生物作用被清除。

所有过滤介质需要具备的良好特性如下：

① 良好的水力特性（渗透性）；

② 要求有反冲洗设备；

③ 不和水中的物质发生反应（惰性的并且容易清洗）；

④ 结实耐用；

⑤ 无杂质；

⑥ 不溶于水。

砂砾被用于支撑滤砂，其应具有与滤砂相似的特性。

这种处理系统也能被称为继间歇式反应系统/曝气塘初级处理之后的渗滤液三级或深度处理系统。该系统一般对有机物含量低的渗滤液有效，但可能容易堵塞。关于砂滤器运转和维护进一步的详细信息先前列在爱尔兰环保局的《水处理手册-过滤》（环境保护局，1995）中。

3.8.4.4 其他处理系统

现在，有许多正在实验室试验（中试规模和大规模）的其他系统，目前，在 Laois 的一个运营的填埋场和 Kerry 的一个关闭的填埋场中正在试验使用泥炭处理渗滤液。尽管目前手头上还没有设计细节，但初步的结果令人鼓舞。

3.8.5 先进的处理方法

下面的方法是更普遍使用的（特别是在排入地表水之前）三级渗滤液处理方法。

3.8.5.1 活性炭吸附

这种方法涉及构建一个填满多孔的、比表面积大的炭颗粒的容器。活性炭用煤、木材、焦炭或椰子壳制造，每克活性炭的表面积为 500～1300m^2。当渗滤液通过时，渗滤液中的污染物被吸附或附着在炭上。该系统必须包括炭的定期反冲洗或更换装置。图 3-27 是典型活性炭处理系统的示意。固体悬浮物含量高（>50mg/L）的渗滤液，应在进行活性炭处理之前先进行过滤。之所以需要反冲洗，是因为炭的表面被污染物覆盖而且反冲洗还可以预防堵塞。必须提及炭和冲洗流出液的处理，因为它们与成本有重大关系。

该工艺特别适用于：

① 从工业渗滤液中清除危险有机物；

② 从生活废物的渗滤液中清除微量可吸附有机卤化物；

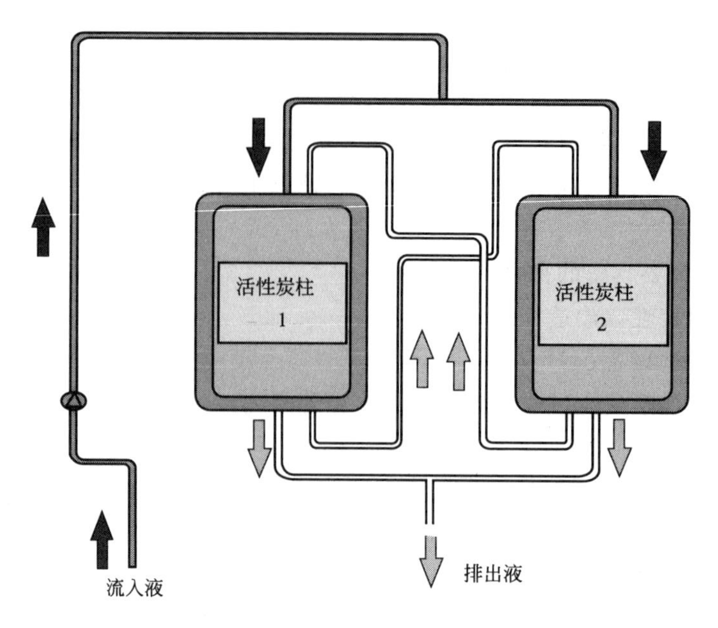

图 3-27　典型活性炭处理系统示意

③ 从稳定的渗滤液中清除颜色和剩余难处理的总有机碳和化学需氧。

该工艺的典型用途是在气提后清除不挥发有机物。其典型的吸附能力是 0.5%～10%（重量百分数），而且炭还能再生后重复利用。在最佳条件下，炭吸附可以清除 99%的有机污染物，但其装置的基建投资很高，运行费用也可能高。

设计考虑事项和设计标准如下。

设计和运行需要考虑的事项包括以下内容。

① 在管道上提供取样阀，以监测临界点。

② 压降 0.69 ～6.9kPa/罐（水）。

③ 空床接触时间（EBCT）：通过中试试验确定，或者由炭供货商提供，液体系统的典型时间为 15～60min。

④ 填充的炭量：空炭层接触时间（EBCT）×流量。

⑤ 水力负荷率：84～336L/(min・m^2)。

⑥ 杂质负荷率：单位（g）吸附物的污染物吸附量。

⑦ 湿度：降低汽相炭效力。

⑧ 温度：降低汽相炭效力，但是如果空气经过预热，将补偿湿度的负面影响，会有一个炭效率的净增益。

⑨ 流动方向：液体向下流动是最常见的流动方向，向上流动用于固体悬浮物含量高的水。

⑩ 反冲洗：永久性炭装置一般配有反冲洗系统，以从炭层清除捕获的固体悬浮物。可能包括气体冲洗，以便从炭上清除生长的生物。

⑪ 安全：装卸散装炭时考虑炭粉尘，可能自燃。

⑫ 施工材料：使用带环氧树脂涂层的碳素钢容器。

3.8.5.2 反渗透

如果半透膜放在浓度不同的两种溶液之间，纯水会穿过半透膜，直到浓度达到平衡。这个过程被称为渗透。如果浓度高的溶液中的压力增大，流动方向将反过来（见图3-28)。这个过程被称作反渗透，可以通过反渗透生成浓度更大、体积更小的“盐水”溶液来减少渗滤液的量，“盐水”溶液的体积能够达到流入的渗滤液体积的25%～40%。常用的渗透膜材料为醋酸纤维素、聚芳酰胺和薄膜复合材料。需要注意，所用的膜很脆弱，有限的寿命大约只有2年，容易堵塞和污染，只适用于处理设备的后面阶段并与蒸发工艺结合使用。

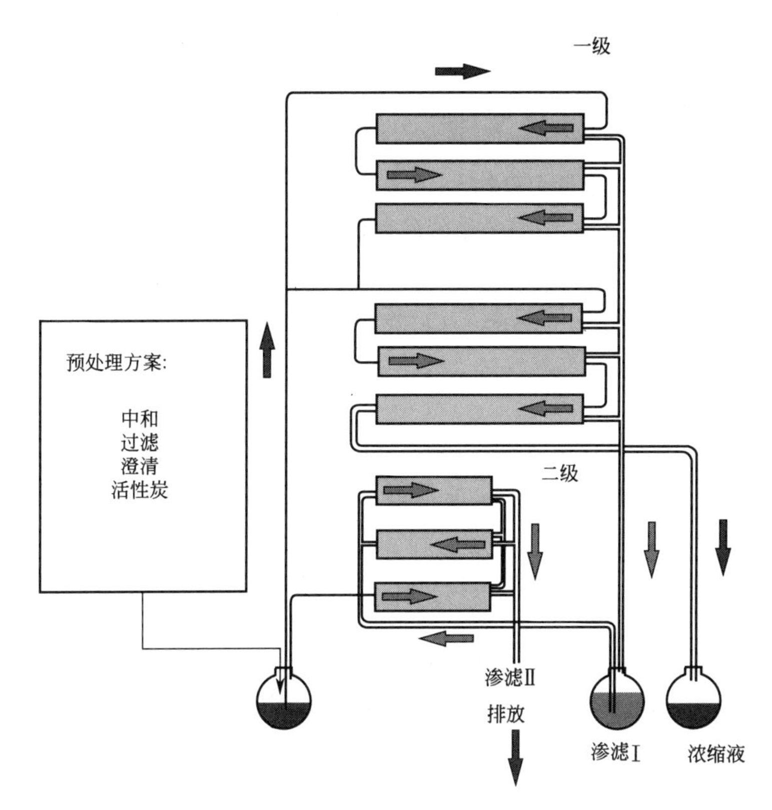

图3-28 反渗透处理系统

该系统的用途包括：

① 清除悬浮物和胶质物；

② 清除染色剂；

③ 清除氨态氮、重金属、多数溶解固体；

④ 减少化学需氧量和生化需氧量。

它可能适用于高无机物负载和低体积流速的渗滤液。安装一套这样的系统资金成本非常高，运行成本也非常高。还需要提供处理或处置产生的高浓度液体的设施。

设计标准如下。

典型反向渗透膜的孔径范围为5～20Å（$1Å=10^{-9}m$），常见压力为2000～4000kPa。典型设计参数如下。

① 流体质量：总溶解固体小于 50g/L。镁、铁、硫酸盐、碳酸钙、硅酸盐、氯和生物有机体的浓度为最低限度。

② 悬浮固体：用 5～10μm 的过滤器清除胶质物和泥沙。

③ 压力：2000～4000kPa。

④ 生成的水流量：42～420L/(m^2 · d)。

3.8.5.3 化学氧化

化学氧化用于破坏氰化物、苯酚、其他有机物和一些金属的沉淀。该处理技术在大规模的工业过程中得到了很好的应用。氧化还原反应是指至少一种反应物的氧化态升高同时另一种反应物的氧化态降低的反应。

化学氧化可以用于以下几个方面：

① 稀释含有危险物质的水流；

② 清除处理之后残留的微量污染物。

化学氧化前，渗滤液要经过生物净化阶段彻底的硝化处理。渗滤液的化学氧化过程包括溶液的 pH 值调整。

氧化剂的形式有：气体（例如臭氧）；液体（例如过氧化氢）；固体（例如高锰酸钾）。

3.8.5.4 蒸发

这是一个分成 2～4 个阶段的过程，它通过蒸发和蒸馏将渗滤液中的污染物浓缩。该过程包括以下步骤：

① 加入酸对渗滤液进行预处理，其目的是降低 pH 值并把挥发性氨转化成可溶性铵盐；

② 渗滤液用相对低的热源蒸发并分成馏出液和浓缩液；

③ 馏出液可能包含预处理后残留在渗滤液中的挥发性物质，排放前，需要对馏出液做进一步处理；

④ 浓缩液可以进一步蒸馏成馏出液和污泥，污泥需要进行热处理或运到填埋场处理。

该工艺还没被广泛采用，因为成本高，并且像反渗透一样，需要具备产生冷凝液或污泥残留物（原始体积的 5%）的预浓缩技术，同时必须要对冷凝液或污泥残留物进行处理。因此，只有少量的关于该处理方法的设计信息。

3.8.5.5 芦苇床处理

这种处理方法取决于芦苇将氧传送到其延伸广阔的地下茎根系统的能力，这种能力刺激地下茎根系统周围土壤介质中细菌的生长，细菌分解根系区域的有机物。液体中的其他成分可能被植物固定或吸收。芦苇床系统已经用于处理工业污水和废物填埋场渗滤液。图 3-29 是芦苇床系统示意。

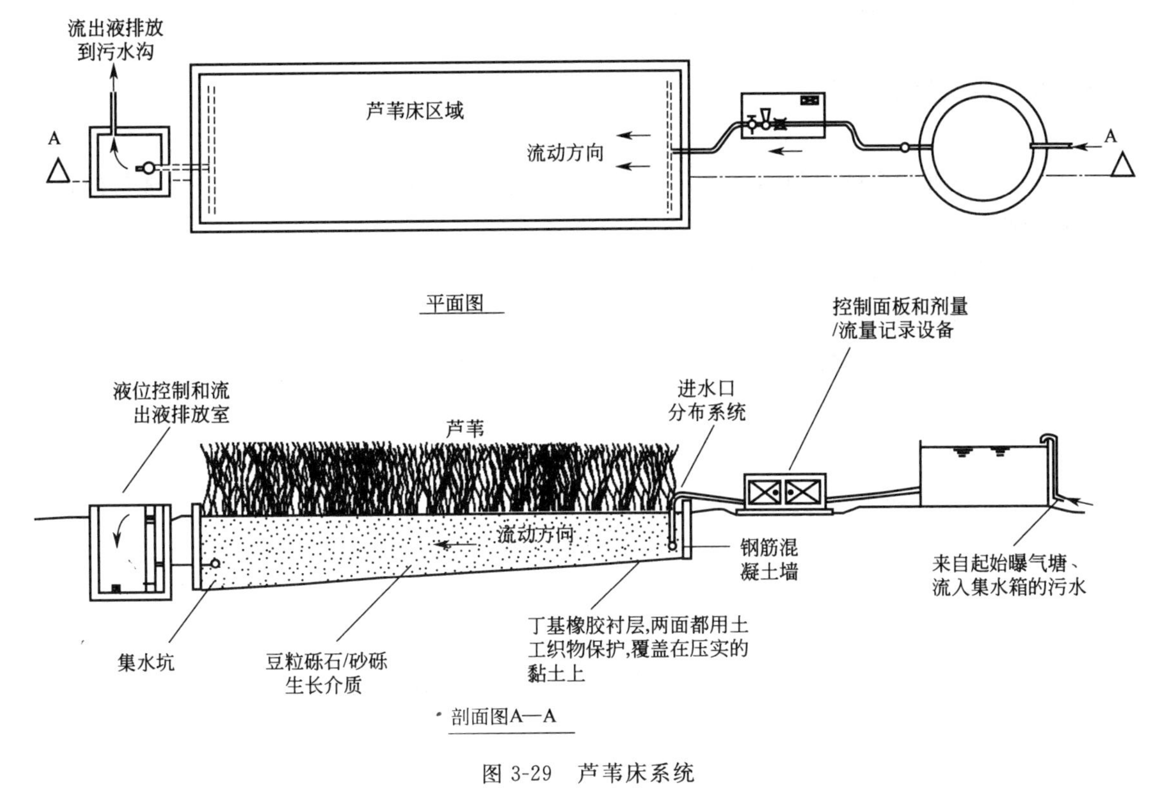

图 3-29　芦苇床系统

芦苇床设计遵循的原则：

① 每平方米芦苇床生化需氧量典型设计负载为 11g（在污水术语中，每种群当量 $5m^2$ 的芦苇床负载率）（Robinson 等，1991）。

② 一个表面平坦的床体可以形成溢流，利用溢流可以作为除草的一种的手段。

③ 帮助芦苇床溢流的可调节流量的出口。

④ 渗透系数至少为 1×10^{-3} m/s 的填充介质。填充前，应先冲洗该介质。可以把高渗透性砂砾设计成坡度很平缓的一层介质，这样容易实现溢流，达到除草的目的。砂砾层也可以用来迅速控制水位。将水位提高到地面的高度，防止干旱；将水位降低，以便对芦苇床曝气并促进深处的根茎生长。

⑤ 进水口末端芦苇床土壤或砂砾的深度至少为 0.6m，这与 *Phragmites australis*（普通芦苇）生长的最大深度相对应。出水口末端应更深些（取决于介质的渗透系数），底部可以有 0.5%～3%坡度，芦苇床可以排水。

⑥ 在芦苇床下面提供衬层系统。衬层系统的组成应遵照本章中 3.7“渗滤液存储”中给出的指导。

这些系统清除有机成分（包括残余的 5 日生化需氧量、化需需氧量和固体悬浮物）的效果良好，起到一些脱氮作用，但清除氨态氮的效果差。这可能限制芦苇床处理未经处理的渗滤液的价值。但是，芦苇床处理系统用于处理老化填埋场的稀释渗滤液和排放到地表水之前的三级处理有相当大的潜力。

爱尔兰环保局的污水处理手册《小型社区、商业中心、娱乐中心和宾馆的处理系统》提供了关于芦苇床系统的进一步细节。

3.8.6 残留物管理

设计渗滤液处理系统遇到的最重要的问题之一是处理过程产生的残留物的管理与处置。这些残留物包括:

① 污水沉淀或过滤过程产生的悬浮固体污渣;

② 反渗透分离过程产生的浓缩盐溶液;

③ 化学沉淀法产生的金属污泥;

④ 来自活性炭吸附器的废弃炭;

⑤ 离子交换再生浓缩溶液;

⑥ 废生物污泥。

关于来自渗滤液处理设施的残余物管理的进一步细节在其他地方也有概述(Weber 和 Holz,1991;美国环境保护局,1995)。

3.8.7 关于(设施)整体服务期限需要考虑的因素

设计渗滤液处理系统时需要考虑许多因素:渗滤液流量、特性以及填埋场的主要天气条件、地质条件、填埋的废物和使用年限。在冬天,渗滤液流量可能增加。在开始的数年,有机酸产量通常增加,以后随着填埋废物的年数增加而减少。在废物填埋场运营期间和填埋设施关闭后的许多年(可能是几十年),需要对渗滤液进行处理。

为了成功地设计渗滤液处理系统,设计人员应考虑这些因素并制定一个"寿命周期设计"。

随着项目设计寿命周期的逐步展开,可能出现物理或化学的变化,这需要调整原始的设计。设计人员在设计时应具有灵活性。对于短期项目,考虑使用模块设备包,装置很容易从一种布局变到另一种布局。相反,长期项目则应考虑永久性处理装置的安装。

用来比较处理方案的传统方法包括将基本建设费用摊入年度成本并将其加入其他运营成本(例如,化学药剂、动力、处理和维护成本)。通常选择满足处理目标(见表 3-15)并且年度运营成本最低的方案,但是必须考虑项目寿命期限内出现的状况和变化,例如,像生物处理等一些过程的效率可能会随着浓度的降低而降低。

可以获得成本、适用性和有效性不同的各种物理-化学和生物处理技术,关于这些方法的特性比较更多的细节见附录 D2。附录 D3 详细介绍了一个成功运营的渗滤液处理设备需要的控制级别。渗滤液处理设备的设计有必要采用工艺专家的意见,例如将工艺专家的意见用在工业废水处理系统的设计中。

图 3-30 提供了渗滤液处理系统设计过程的示意。

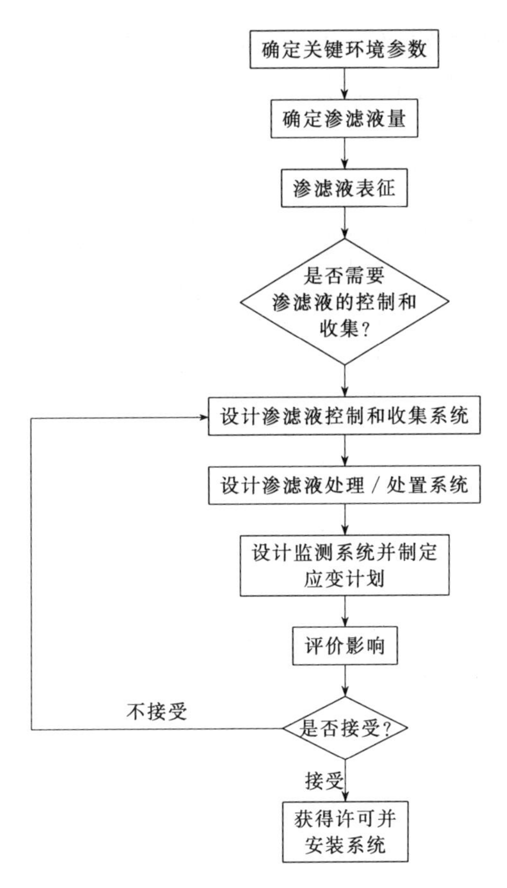

图 3-30 渗滤液处理系统设计过程原理

3.9 废物填埋场气体管理

3.9.1 概述

废物生物降解产生废物填埋场气体（LFG）。废物填埋场中气体产生的条件是温度升高，并且这些气体总是伴有水蒸气。未经稀释的废物填埋场气体预期热值为 15～21MJ/m^3（天然气热值的一半）。

废物填埋场气体的主要成分是甲烷和二氧化碳（通常比例为 3∶2），还有一些低浓度的次要成分。甲烷是易燃的并且能够导致窒息。二氧化碳是能引起窒息的物质。二氧化碳的职业暴露极限为：短期 15min（在空气中的体积浓度为 1.5%时）和长期 8h（在空气中的体积浓度为 0.5%时）。典型废物填埋场气体的成分列在附录 E 的表 E.1 中。

当可燃气体或可燃液体的蒸气在一定的浓度极限内与空气混合，遇火可能燃烧或爆炸。浓度极限包括爆炸下限（LEL）和爆炸上限（UEL）。甲烷的爆炸下限（LEL）和爆炸上限（UEL）分别约为 5%和 15%。

甲烷和空气的混合物在有限的空间内积聚，如果引燃的话将引起爆炸。图 3-31 所示为甲烷、空气和氮气混合物的燃烧极限。对于典型的废物填埋场混合气体，维持燃烧需要的最低空气浓度为79%（含氧量约为16.6%）。

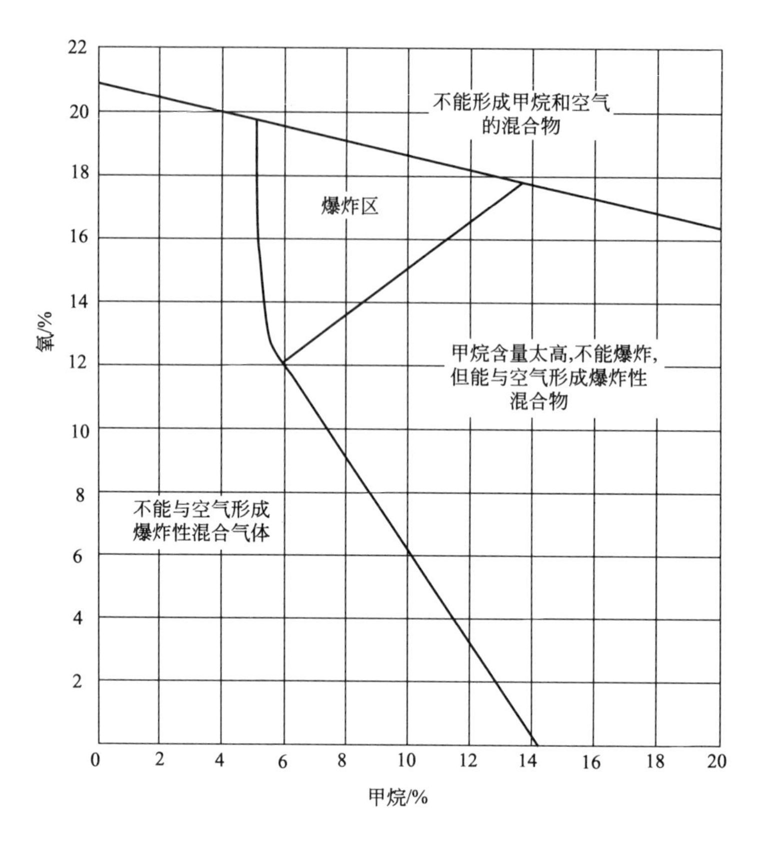

图3-31 甲烷、空气和氮气混合气体可燃性极限

3.9.2 废物填埋场气体管理系统的目标

① 使对空气质量的影响和温室气体对全球气候的影响降到最低；

② 使废物填埋场气体迁移到填埋场周界以外的风险降到最低；

③ 使废物填埋场气体迁移到填埋场的公用设施和建筑物内的风险降到最低；

④ 避免不必要的空气进入填埋场并使填埋场由此引发火灾的危险降到最低；

⑤ 使对已经恢复的废物填埋场区域内的土壤和植被的损害降到最低；

⑥ 可以有效控制气体排放；

⑦ 在可行的情况下可以进行能量回收。

3.9.3 废物填埋场气体产生量

废物填埋场的气体产生速率在填埋场的整个使用期限内是不断变化的，该速率取决于以下因素：废物种类、填埋深度、含水量、压实程度、填埋场的pH值、温度和废物的堆放时间，预测气体产生量存在不确定性。

应使用模型估计填埋场气体的可能产生速率，这项工作应在填埋场开发的后期阶段通过详细的分析和适当的调查手段进行加强。

有许多估计填埋场气体产生量的方法，其中包括经验法、泵吸法和计算机模型。按照经验法则，可以假设，从堆放废物开始的前十年每吨可降解废物每年将产生约 $6m^3$ 填埋场气体。

在最佳条件下，降解 1t 废物理论上能够产生 $400 \sim 500m^3$ 的填埋场气体。在实际情况下，可以收集并加以利用的填埋场气体产生速率要低得多。典型情况下，每吨潮湿的城市废物产生 $200m^3$ 或更少的填埋场气体。

对 262 个废物填埋场的调查表明填埋场气体累计产量的平均值为 $146m^3/t$（湿态，和运送到填埋场时的状态一样），其中约有 70％能够回收利用。这样，在填埋场的使用期限内，填埋场气体产量可达 $102m^3/t$。

3.9.3.1 泵送试验

通过气体泵送试验，除确定气井性能外，还能分析气体成分并估计填埋场气体产生量。泵送试验的优点是能够适应填埋场的复杂情况。泵送试验得到的气体产生速率可以用于估测整个填埋场或填埋场的一部分的情况。在填埋场选定的区域进行的泵送试验按比例放大并被认为代表整个填埋场的情况。

泵送试验涉及在气井抽气并监测周围的井或将测压探头在试验井周围呈放射状排列。试验期间，在井口测量的参数包括气体流速、压力、性质和吸力。通过从监测点测到的数据确定影响区域。泵送试验应该在稳定情况下进行。在此阶段，废物填埋场气体性质应该稳定，井口处的填埋场气体流速基本上应该是气体产生速率。使用泵送试验数据的一个关键因素是准确的估计试验气井的影响半径。

3.9.3.2 模型

能从计算机模型获得气体的估计产量，它可以作为泵送试验的替代办法或与泵送试验结合使用。模型预测的可靠性取决于获得填埋场具体数据的有效性。模型需要输入的数据列在表 3-20 中。可以用气体产量确定控制设备的规模和气体的经济利用价值。

表 3-20 模型输入数据

输入数据	输入数据
填埋开始日期	填充密度
填埋结束日期	气体和垃圾温度
填埋场垃圾的质量	填埋场垃圾的 pH 值
填埋速度	垃圾成分分馏
垃圾类型	垃圾降解速度
捆包/切碎/压实	可降解碳馏分
气体抽取和成分	气体回收效率
含水量	

3.9.4 废物填埋场气体控制

填埋场气体通过扩散、对流或水的输送迁移。气体的这些迁移方式彼此独立，但可以同时发生。所以，迁移控制措施可能减轻一种迁移可能，但不能消除其他迁移形式的风险。

扩散使气体从浓度高的区域移动到浓度低的区域。对流使气体从压力高的区域移动到压力低的区域 。决定气体压力的因素有大气压力、地下水位和细菌活动。气体迁移的距离受迁移途径的容易程度和填埋场气体压力的影响。

填埋场气体也可以通过溶液提供的便利迁移。压力增加时，甲烷的溶解性略有增加。废物填埋场气体能够通过渗滤液或地下水从填埋场迁移。气体会随着压力的变化和液体中微生物连续活动的变化从溶液中释放出来。

通过美国建筑工业研究与情报协会报告 131“来自地下的甲烷和其他气体的测量方法”中所列出的方法来评估水中/渗滤液中的溶解甲烷。关于溶解气体的详细信息在渗滤液管理和处理的章节中（3.7 部分和 3.8 部分）。3.7.1.3 部分中列出了渗滤液中溶解气体，清除溶解的甲烷的处理方法在 3.8.2.1 部分中。

废物填埋场设施填埋气管理的主要方法是：屏障、排放、主动控制和燃烧。

在一个填埋场，可能需要将废物填埋场气体控制措施综合起来考虑。

据估测，甲烷气体的温室效应对全球气候的破坏性（每分子）比二氧化碳高 20～30 倍。只要废物填埋气产量能够支持燃烧，就应该对其进行放空燃烧或作为能量回收，一部分进行燃烧处理将甲烷转化成二氧化碳。废物填埋场气体主动处理系统的设计应考虑在气体产量减少时易于转变成被动处理系统。

如果切实可行，应当收集所有接收可生物降解废物的填埋场气体并将其转化成能量或放空燃烧。

3.9.5 废物填埋场气体屏障

控制填埋场气体的迁移可能需要物理屏障系统。通过构建与柔性膜衬层紧密接触的压实黏土或强化土壤复合衬层来限制填埋场中气体的迁移。如果有需要免受填埋场气体迁移影响的潜在目标，可以构建一个屏障。

屏障系统可以是立式屏障系统也可以是卧式屏障系统。典型立式屏障的范例是水泥/膨润土泥浆隔断沟。为了提高效率，应在沟内放入土工膜。可以通过喷射灌浆或化学灌浆来构建卧式屏障。用于控制填埋场气体迁移的屏障类似于控制地下水/地表水的屏障（见附录 B 表格 B.1，隔绝地下水的物理隔断技术）。

3.9.6 填埋场气体排放

只有在气体质量太差、无法利用或放空燃烧时才使用排气系统，例如，甲烷和氧气浓度不足时。排气系统的形式可以是排气竖管或填充砂砾的沟渠。排气系统的设计应该防止水进入。图 3-32 所示为典型被动排放布置。排气竖管的设计类似于抽气的气井设计，详见 3.9.7 部分中相关内容。

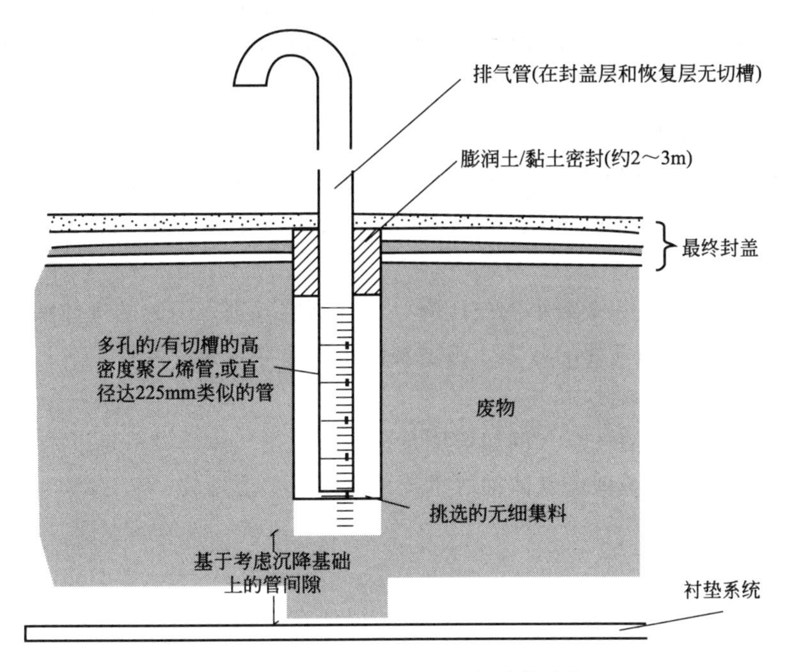

图 3-32　被动气体排放（废物堆体内部）

填埋废物期间安装的排气竖管应适合连接到主动抽气和利用系统上。排气竖管应向上延伸并穿过封盖系统以便提供永久监测点以及被动和主动抽气点。

最终封盖系统和渗滤液的排气层为气体到达排气管提供了通路。图 3-33 所示为封盖系统中排气层的排气系统。

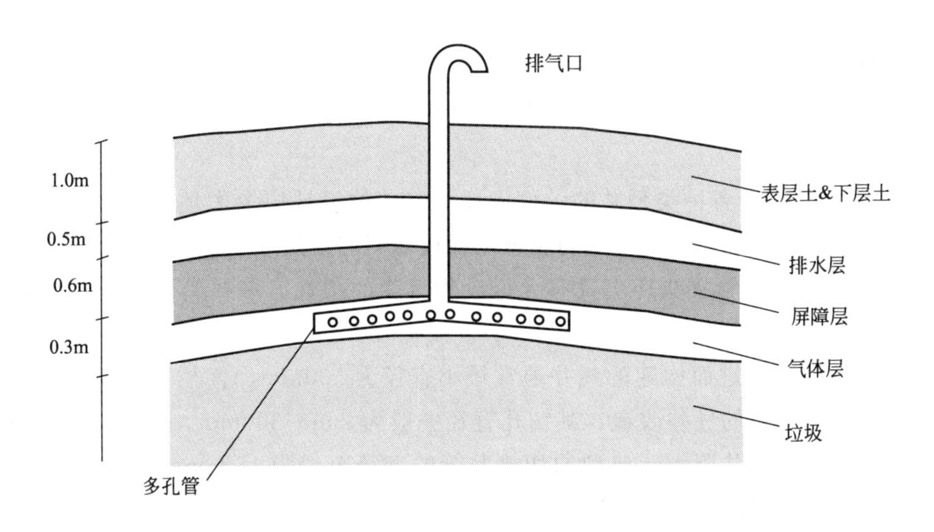

图 3-33　被动气体控制系统（从气体排放层排入大气）

3.9.7 废物填埋场气体的收集

通过带有气体后续利用或放空燃烧装置的抽气系统实现对废物填埋场气体的主动控制。抽气系统需要一个气体收集网络。典型的气体收集网络由气井、井口装置和收集管组成。

影响收集的因素如下。

① 填埋场运营和恢复使用的中间层和顶层的数量将影响横向迁移的程度。废物封盖层不足会导致从填埋场地表吸入空气，这样既使得甲烷细菌中毒又稀释了抽取的填埋场气体。

② 施加的吸力应产生一个最小的气压降，以抑制空气进入引起的气体稀释效应。

③ 渗滤液液位影响抽气井的效率。渗滤液液位高会导致效率降低。

④ 气井类型。

废物填埋场气体通过抽气泵（例如增压泵）抽取。在气体质量不足以维持燃烧（如甲烷含量低）的情况下，废物填埋场气体抽取系统可以用于主动排放。

3.9.7.1 气井

气井的安装可以随着填埋场废物填埋推进，以便在废物填埋场发展的早期阶段就提供气体控制。另一个方案是在废物填埋后钻井。甚至在填埋阶段安装大量的气井装置，经验表明，当填埋完成时，为了主动抽气需要下至衬层 2m 以内钻口竖井。

最常见的气井类型有以下几种。

(1) 立式多孔管——立式气井 由管壁下部的穿孔和钻孔组成的管，该管周围填充粗集料。

(2) 卧式多孔管——卧式气井 平放在沟内的多孔管，将沟挖在废物内或最终封盖系统的气层内，管周围填充粗集料。

(3) 混合型 由一组多孔浅竖井组成。每个竖井连接到一个水平埋设的管段上。

(4) 金属筐井 由废物内集料填充的坑组成，通过集料内的多孔管把气体从坑内抽出来。

图 3-34～图 3-37 是各种类型井的示例。任何气井的设计应考虑填埋场内废物沉降的余量，为了减小损坏衬层的危险，井底与填埋场衬层之间应留足够的空间。典型气井的钻井深度为废物深度的 75%。管接头还应具有允许废物沉降的柔性，多孔管段周围的材料为不含碳的集料。

随着废物填埋的推进而构建的气井通常最小直径为 500mm，直径为 600～800mm 的气井更好。对填埋废物后的气井改造，其钻孔直径一般为 250～300mm。填埋废物期间建的气井通常比填埋后建的气井要大。典型的切槽井管的直径至少为 160mm。井管材料通常为高密度聚乙烯、中密度聚乙烯或聚丙烯。

收集气体需要的气井间隔根据填埋场具体情况确定。立式气井通常的中心间距在 20～60m 之间（在英国，工业标准要求的距离为 40m）。气井管道尺寸恰当的设计依据是：管道

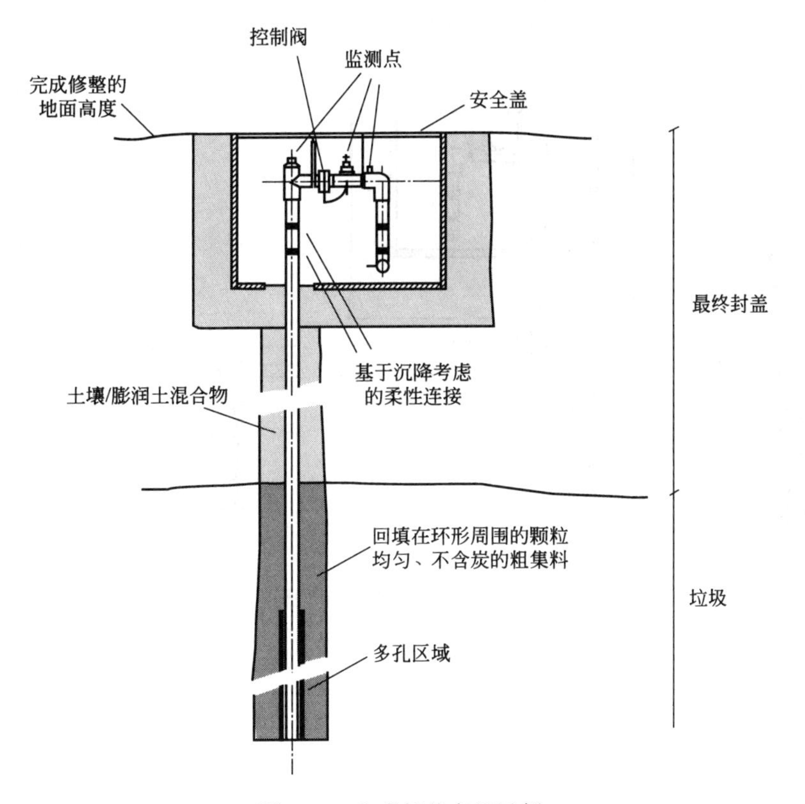

图 3-34　立式气井布置示例

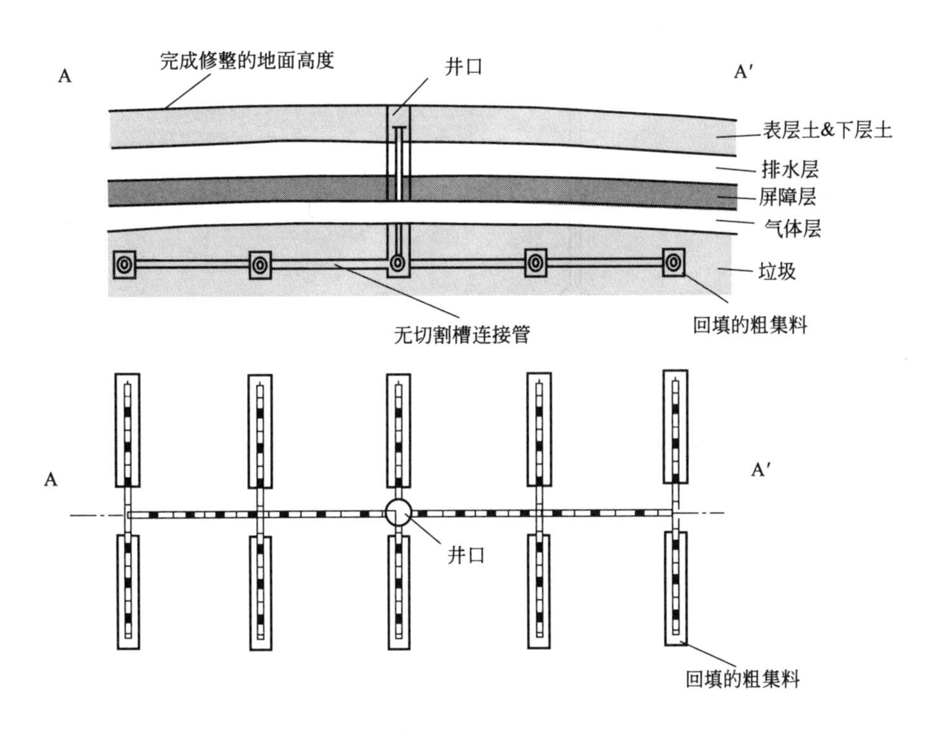

图 3-35　卧式井示例

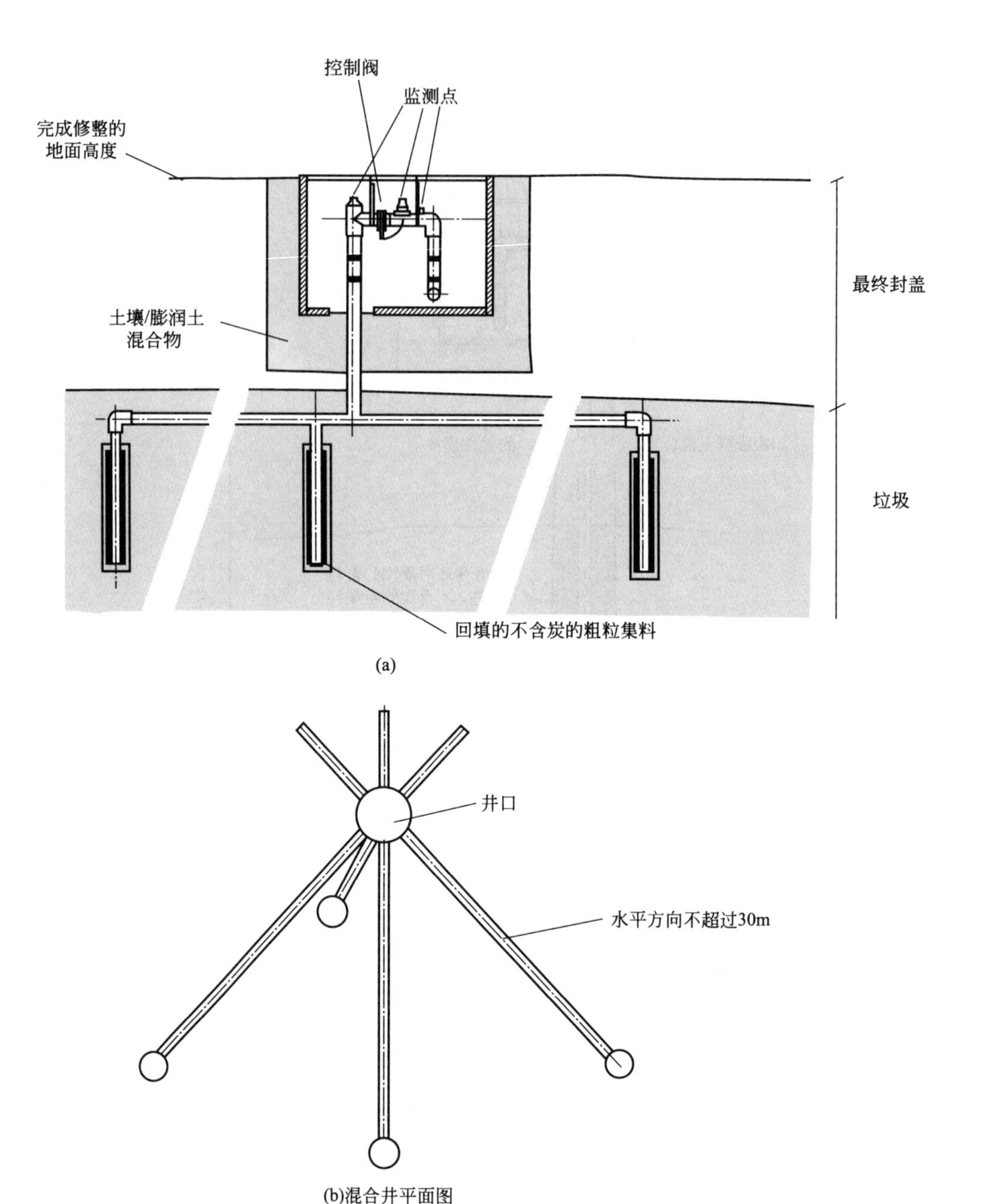

图 3-36 混合井布置示例

的尺寸能满足每 10m 带孔气井每小时产生的气体为 $50m^3$。所有单个气井的综合流量必须考虑收集器系统（ETSUB/LF/00474/REP/1）。

选择立式气井时需要考虑的要求如下。

① 气井的最小管径为 100mm。

② 把从地表到至少 3m 深处的上部的气井套管用膨润土密封。

③ 为了让气体进入，至少切除管表面积 17%的区域。

④ 切槽宽度为 3～5mm。

⑤ 管周围应为适当尺寸的无微粒、带有圆滑颗粒的集料。圆滑颗粒大小为切槽宽度的

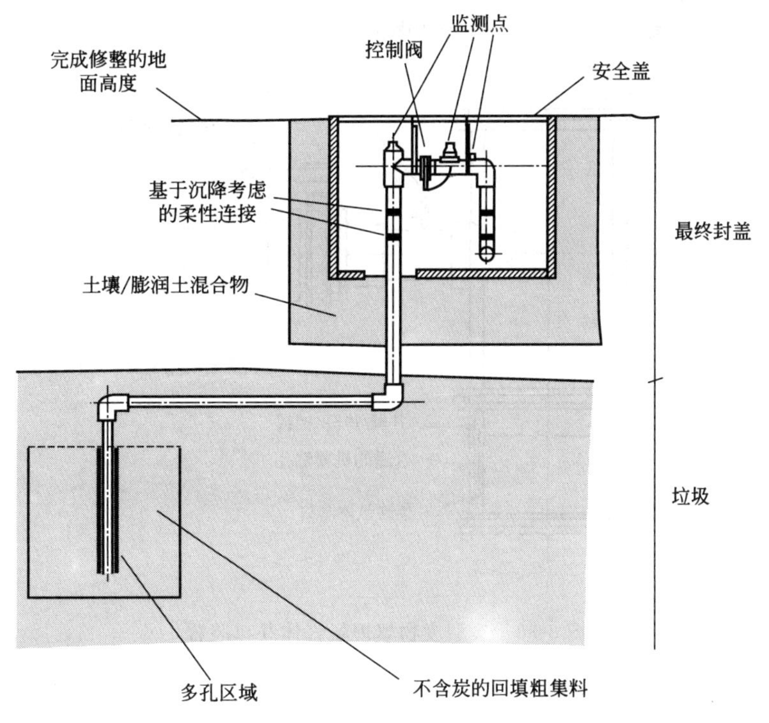

图 3-37 金属筐气井布置示例

4～6 倍，集料粒度为 12～30mm。

⑥ 切槽的最佳布置为卧式，即与管轴线成直角，这使管的压溃强度降低 30%～40%；与此形成对比的立式布置则使管的压溃强度降低 65%～70%。

⑦ 根据气井的利用或控制计划，其间隔应在 20～100m 的范围内。

3.9.7.2 井口装置

为了控制抽气，井口装置安装在气井的顶部。用于修建井口装置的材料通常为聚乙烯(PE)。图 3-38 为典型井口装置示例。

为了防止故意损坏，井口装置应安放在一个可以封闭的井架中。出于沉降考虑，应使用软管把它们和连接管件连起来。井口装置的开发涉及许多部件，涉及的部件取决于所需要的功能，它们包括：

① 可以测量各个气井的流量和流速的测量装置；

② 流量调节器；

③ 降水井口装置；

④ 渗滤液和气体的联合抽取；

⑤ 为了解决填埋的废物表面随填埋场沉降而运动需要的可伸缩配件。

井口装置应包括监测气体性质和吸入压力的装置。

3.9.7.3 收集器管

为了把气体从产生地点或收集地点输送到热分解或产生能量的地点，需要收集管网。管

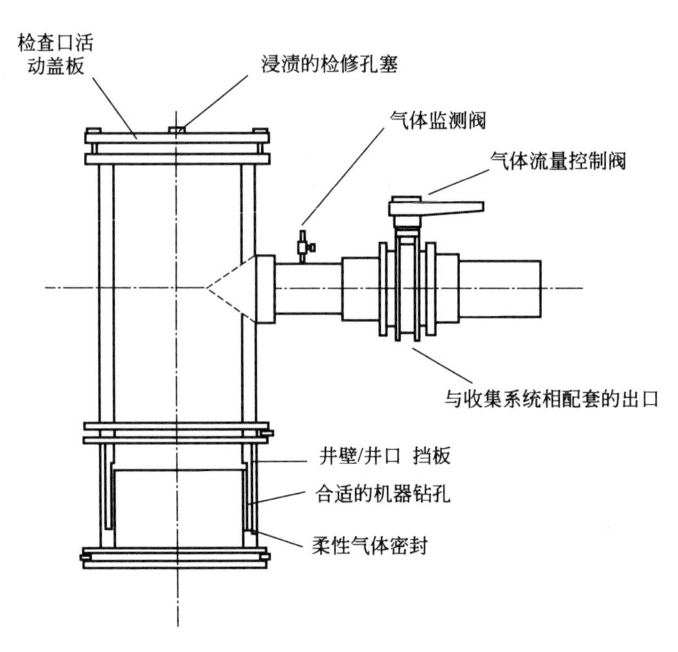

图 3-38 典型废物填埋场气体井口装置

道材料应具有能够耐受填埋场气体、冷凝液和渗滤液的化学特性。为了能够承受负载和土地/废物沉降，管线材料还应具有合适的机械强度。被人们认为尤其适合的材料是聚乙烯（中密度聚乙烯和高密度聚乙烯）和聚丙烯。管道工程的尺寸应考虑到填埋场气体的最大可能流量。

为了帮助排出冷凝液，建议管道铺设的最小落差坡度为 1∶30。为了获得最小落差，可能需要在平地上把管道铺设成锯齿形。在这样的系统中所有的高度下降处的支柱，需要提供排水点。为了把管段隔离开，管线应配有足够的阀门。为了保证管材和接头的完整性，应对收集管网进行压力测试。所有埋在地下的管材，从顶部起，管的上方至少应有 600mm 厚的覆盖层。

3.9.7.4 冷凝液的清除

当废物填埋场气体进入温度较低的区域时，就会产生冷凝液。冷凝液可能具有腐蚀性并含有挥发性有机物。冷凝液的主要成分是挥发性脂肪酸、氨态氮。在一些冷凝液化验样品里，还含有气体收集系统的镀锌元件或金属元件受腐蚀后产生锌或铁的化合物。英国能源部的研究还检测到了微量的莠去津、西玛津和五氯苯酚（英国能源部，1995b）。

有必要从管线中清除冷凝液，以防止堵塞或气体流动受限制。通过使用虹吸管（图 2-39）或分离罐（图 3-40）来清除冷凝液。虹吸管由水封支柱和滴管组成。冷凝液通过滴管流到地面上的渗滤坑。当预期冷凝液量大或预期地下水水位或渗滤液液位超过气体收集管网时，使用分离罐。分离罐包括容许气体流量增大的桶，桶可以收集因气体流量增大流出的冷凝液。冷凝液被排出或通过泵输送到合适的接收点。当冷凝液被收集起来后应把冷凝液转移到渗滤液收集系统中去。

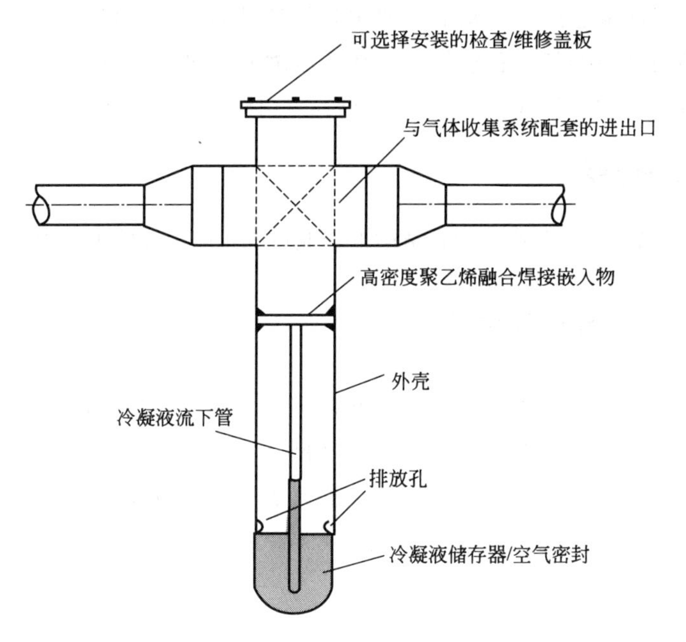

图 3-39　废物填埋场气体冷凝液收集器

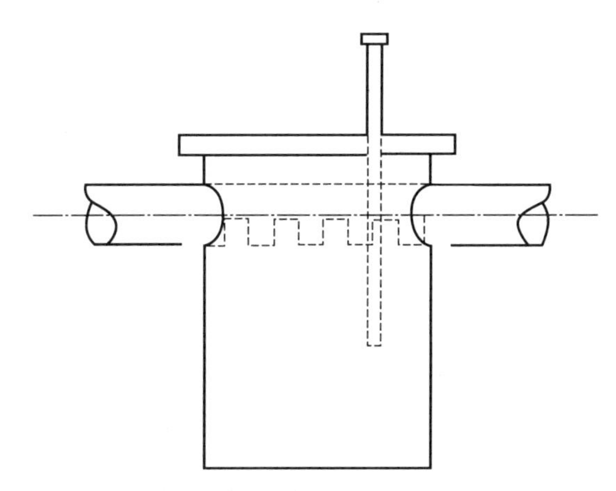

图 3-40　配有虹吸管的典型冷凝液储存器

3.9.7.5　抽气泵

通常用离心式压缩机抽取气体。离心式压缩机通常的能力范围是 150～3000m^3/h。为了提供经济有效和灵活的解决方案，抽气设备通常基于模块设计。需要确定的废物填埋场气体抽取系统的参数包括：入口吸力和出口压力、流量和功率消耗。应安装防火器，目的是在泵送爆炸范围内的气体/空气混合物时，将爆炸力传播的危险降到最小。需要使用仪器，以便可以定期重新平衡来自各个气井的气体流量。

可能需要吸力达到 100mbar（1mbar＝100Pa）。抽气设备出口处要求的压力是燃料使用量和涉及的管道大小的函数（ETSUB/LF/00474/REP/1）。离心式鼓风机的压力范围为 50～100mbar（单级），所以井口装置的吸力被限制在 25mbar。出于利用气体的目的，废物填埋场需要更高的气体输送压力，从而将使用其他型号的气体压缩机。

可以考虑使用的其他抽气设备包括：液环式压缩机；再生气体输送压缩设备；鲁特送风机；往复式压缩机；滑动叶片式压缩机；多级离心气体输送压缩设备。

3.9.7.6 试运转/停运

控制系统的试运转和停运是存在潜在危险的作业过程，应由经验丰富的人员执行和监督。

3.9.8 废物填埋场气体的利用

把填埋场气体作为能源使用是一个具有商业可行方向，并且能补偿部分控制成本。气体的利用取决于气体质量、产量和现有市场的经济价值。填埋场气体最终用途取决于气体中甲烷的含量。出于安全原因，甲烷的收集和使用必须在超爆炸上限的情况下进行。图 3-41 所示为填埋场气体从产生到利用的过程。

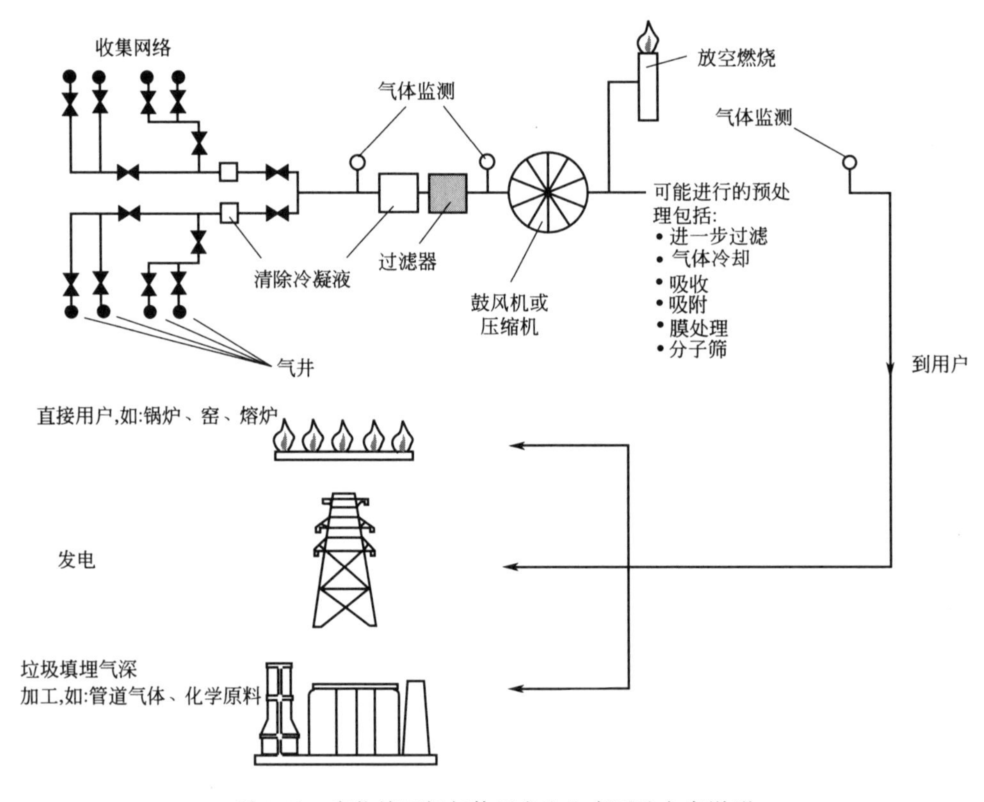

图 3-41　废物填埋场气体开发和生产可选方案说明

维持具有商业可行性的填埋场气体发电至少需要填埋大约 200000t 可生物降解废物（贸易和工业部“技术状况报告 017”，1995)，这是被广泛接受的数字。没有构建良好的封盖，废物填埋场气体的利用不可能具有实际的商业价值，除非填埋场很深并且含气量在 100 万立方米以上（ETSUB/LF/00474/REP/1）。在填埋场整个使用期限内，40%的收集效率似乎是最大实际收集效率（ETSUB/LF/00325/REP）。

决定放空燃烧设备、气体抽取/利用设备的建设地点时，应考虑敏感接收器、主导风向等，并且应该建在气味公害和视觉干扰最小的地方。

3.9.8.1 直接利用

下面的用途能直接利用填埋场气体：锅炉燃料；在窑里烧砖；生产水泥；石块干燥；区域供暖；温室供暖；补充国家气源；交通工具燃料。

典型直接用气计划的规模一般为0.5～3.5MW。最低甲烷浓度会随应用的不同发生变化。为了能直接利用填埋场气体，必须具备市场。

3.9.8.2 发电

通常情况，发电计划的规模为1～5MW。典型情况下，发1MW电需要600～700m^3填埋场气体（甲烷含量50%）。发电设备的类型将取决于产生气体的数量和质量。当甲烷含量为28%～65%时，在废物填埋场发电是可行的。

使用的发电设备包括燃气轮机、双燃料发电机和点火花发电机。这些设备要求的最低甲烷含量不同，但是通常35%的甲烷含量是必需的。燃气轮机的起点约为3 MW并且适合于气体流量超过2500m^3/h的更大的填埋场气体发电计划。

对于放空燃烧装置，应对用气设备的燃烧产物进行检测，以证明达到预计的性能。可以在颁发许可证时规定发动机排放的具体极限值，但也可以参照排放物的一般指导性标准（例如TA Luft）。

3.9.9 废物填埋场气体放空燃烧

如果气体质量太差，不能用作燃料，则可以放空燃烧。通常情况下，废物填埋场气体放空燃烧装置运行要求甲烷体积含量至少达到20%。放空燃烧系统可以烧掉多余的气体，或者在设备停止运行期间作为备用方案。

放空燃烧装置有两种基本类型：放空燃烧塔和遮蔽式放空燃烧装置。为了清除填埋场气体中的次要组成成分，填埋场气体的放空燃烧温度应为1000～1200℃。为了充分焚烧，燃烧时间保持0.3～0.6s。采用放空燃烧塔时，不可能长时间保持高温。遮蔽式放空燃烧装置能够在容积足够大的燃烧室、在规定的时间内把温度保持在设计温度。图3-42为废物填埋场气体放空燃烧装置示意。

燃烧填埋场气体降低了填埋场气体自由排放的风险，但还应考虑放空燃烧排放物和其他利用填埋场气体燃烧过程的排放物对于健康和环境的潜在影响。敞开式放空燃烧只应作为临时措施，因为这种方式达不到下列的排放标准。例如，临时用途可以包括在不超过6个月的有限时间内对气体实际流量的评估。

放空燃烧装置的高度也有重要意义，高的放空燃烧装置比低的放空燃烧装置更可取，原因如下。

① 它们能更好地引入燃烧需要的足够的空气。

② 它们更可能为整个气流提供足够的持续时间。

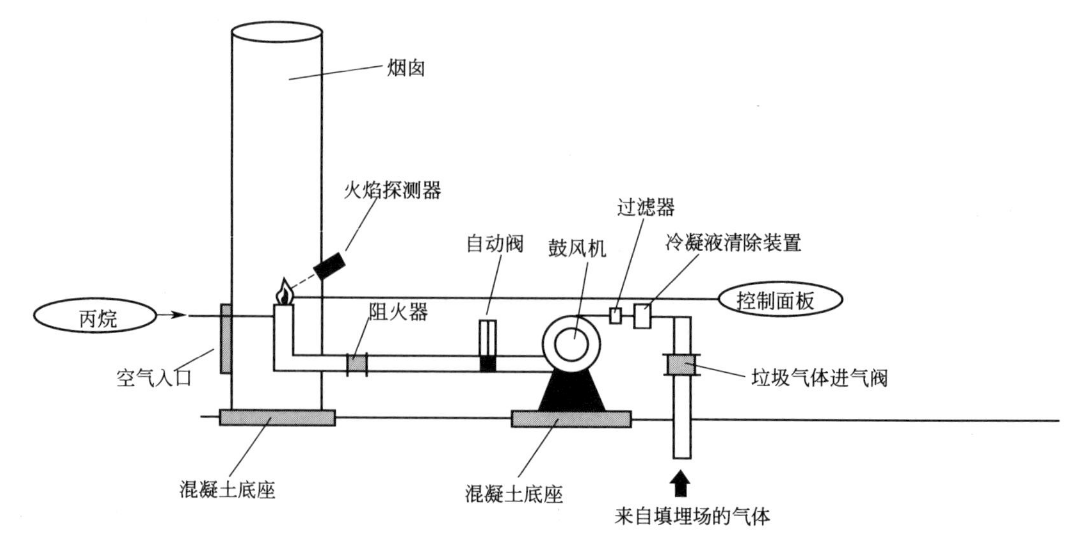

图 3-42　废物填埋场气体放空燃烧原理

③ 温度分布更均匀。使用短粗烟囱时，烟囱壁附近气体混合不好的风险增大。因此，高的放空燃烧装置出现燃烧状况不好的冷点的可能性更小。

④ 使用高的放空燃烧装置，废气能更好地扩散到大气中。

决定气体抽取/利用设备、放空燃烧设备的建设地点时，应考虑敏感接收器、主导风向等，并且应该建在气味公害和视觉干扰最小的地方。

对于放空燃烧装置的燃烧产物进行检测，以证明达到预计的性能。可以在颁发许可证时规定放空燃烧装置的具体极限值，但也可以参照排放物的一般指导性标准（例如 TA Luft）。放空燃烧装置的监测设备示例在表 3-21 中。

表 3-21　来自放空燃烧装置的燃烧产物的监测

级　别	类　型	入口气体	排　放　物
一级	日常输入和输出	CH_4,CO_2,O_2	主要成分(O_2,CO) 温度和气体流量
二级	燃烧产物	CH_4,CO_2,O_2	主要成分(O,CO,NO_x,CO_2,THC) 温度、保持时间和气体流量
三级	微量产物	CH_4,CO_2,O_2	主要成分(O,CO,NO_x,CO_2,THC)温度,保持时间和气体流量,HCl,HF,SO_2 和一系列氧化和硫化有机物

注：1. 一级监测应定期进行，因为它提供控制放空燃烧装置需要的基本信息。

2. 二级监测应定期进行或当填埋场气体出现一些大的变化（例如成分变化）时进行，二级监测提供关于燃烧完全度和主要排放物的更多信息。

3. 三级监测可能不经常进行，但对于靠近居民点或其他对环境敏感的地区的大型放空燃烧装置应考虑三级监测，因为它的目的是为放空燃烧排放物中存在潜在危险的排放物提供好的指标。

在标准压力、标准温度和氧气含量 3%的条件下，放空燃烧系统排放物不应超过下列的浓度：

一氧化碳（CO）	50mg/m^3
氮氧化物（NO_x）	150mg/m^3
未燃烃	10mg/m^3

3.9.10 填埋场气体监测

对监测的最低要求参考爱尔兰环保局的《废物填埋场监测手册》。图 3-43 为典型监测钻孔图。监测点需要设置在填埋场周界上和可能受到填埋场气体迁移威胁的建筑物与填埋场之间。应通过调查确定监测点的设置地点。根据《废物填埋场监测手册》，如果填埋场周围有气体气源，在堆放废物前应先进行监测。

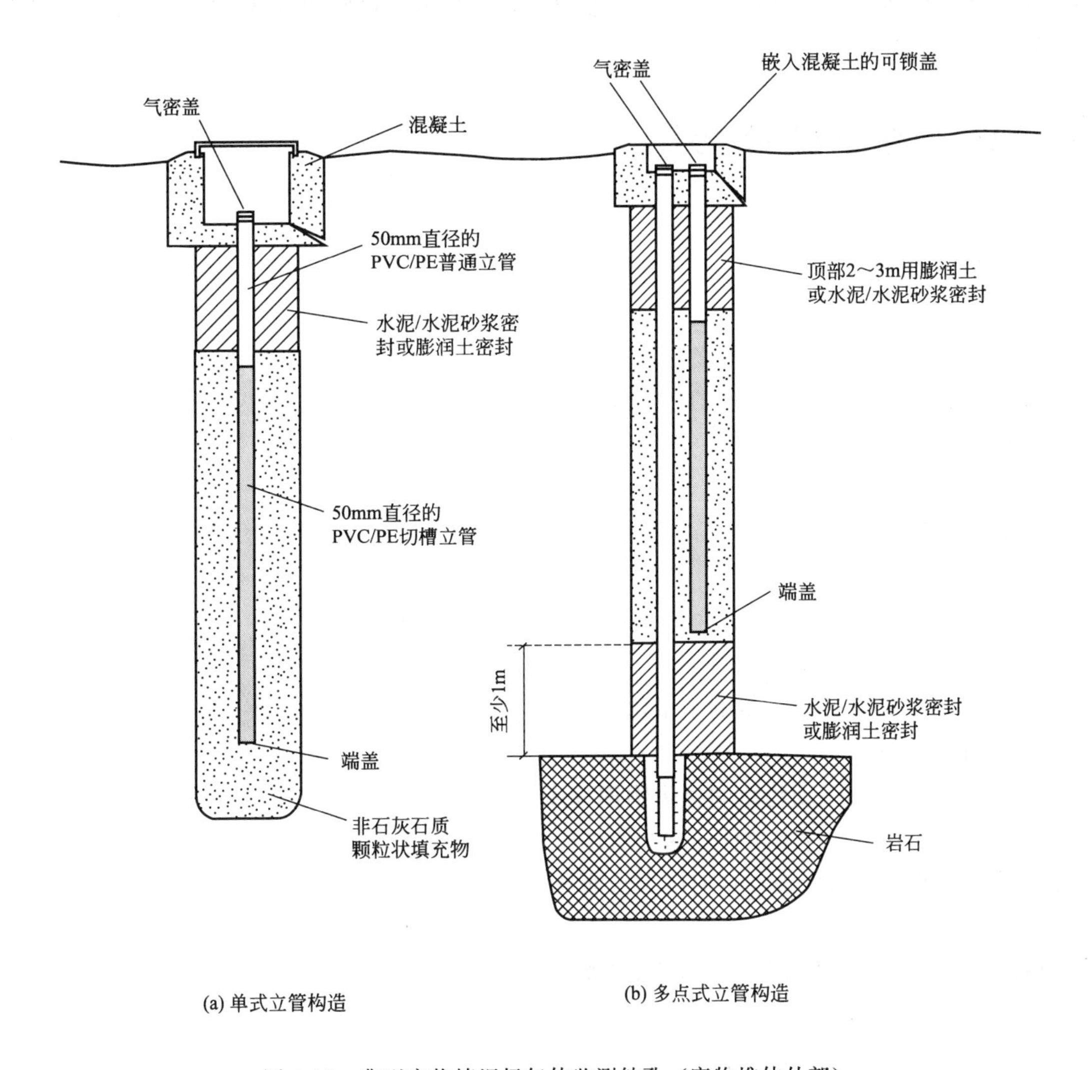

图 3-43 典型废物填埋场气体监测钻孔（废物堆体外部）

应按照“保护新建筑物及其居民免受废物填埋场气体的侵害”（能源部，1994）中的规定评价废物填埋场内部和附近的建筑物。另外，填埋场建筑应配有作为防范措施的警报器。如果填埋场气体超过触发水平，警报器会发出警示。在这种情况下，应进行紧急监测确定气体进入点并采取控制措施以防气体进一步进入。

附录 E 表 E.2 列出了监测填埋场气体使用的典型仪器。

3.9.11 废物填埋场气体安全

与监测、运营、施工或气体管理系统等方面有关的人员需要充分培训废物填埋场气体的可燃性、毒性和窒息特性要求。在填埋场气体管理系统工作开始之前，应提供书面的工作安全制度和应急程序演练。

对填埋场气体收集、使用、放空燃烧和排放设备应采取严格的安全措施。安全措施应该包括灭火器、自动报警关闭阀和备用放空燃烧装置。如果燃料发动机出现故障，备用放空燃烧装置将烧尽多余气体。

3.10 封盖设计与施工

3.10.1 概述

封盖系统由工程所需层和恢复层组成。恢复层的构成必须和规划的该设施的后续用途一致。关于恢复和土地使用后护理的进一步指导性建议在爱尔兰环保局的手册《废物填埋场恢复和土地使用后的护理》中。

3.10.2 封盖的目的

设计封盖系统的主要目的：

① 使渗入废物的水最少；

② 促进表面排水并使流走的水量达到最大；

③ 控制气体迁移；

④ 为废物与植物、动物之间提供物理分离。

封盖系统通常包括许多组件，这些组件经过挑选，以便达到上述目的。封盖系统的首要功能是使渗入废物的水量最小从而减少渗滤液的产生。

3.10.3 封盖系统设计考虑的因素

封盖系统设计人员应考虑：

① 极端温度和降水量；

② 植物根和洞穴动物对其完整性的影响；

③ 抗沉降应力的强度；

④ 斜坡稳定性；

⑤ 车辆运动；

⑥ 车辆出入道路和公共人行道；

⑦ 地表水排水；

⑧ 渗滤液再循环；

⑨ 气井井口装置和收集管道的安装；

⑩ 渗滤液收集管道和人孔的安装；

⑪ 便于修理；

⑫ 外形美观；

⑬ 最终用途。

3.10.4 封盖系统组件

废物填埋场封盖系统的组件可以包括：

① 表层土；

② 下层土；

③ 排水层；

④ 屏障（渗透）层；

⑤ 气体排放层；

⑥ 渗滤液循环系统（见 3.7.5）。

废物填埋场封盖系统的组件和使用的材料应逐个评价。并不是每个填埋场都需要所有的组件。

3.10.4.1 表层土和下层土

表层土的主要功能是使废物填埋场关闭后计划的用途得以实现。为了防止地表积水和促进地表水流走，表层土应均匀并且最小坡度为 1∶30。最大坡度取决于关闭填埋场之后的用途，但建议不超过 1∶3。关于地面坡度与用途关系的进一步细节写在手册《废物填埋场恢复和后期维护》中。

表层土应有足够的厚度，目的是：

① 适应根系的需要；

② 提供持水能力以减小降雨的影响并用来维持植被旱季的生长；

③ 考虑长期侵蚀损失；

④ 防止屏障层干燥和冰冻。

建议表层土和下层土的总厚度至少 1m。

3.10.4.2 排水层

排水层在表层土/下层土的下方和屏障层的上方，其目的是：

① 使下面屏障层的水头最小，这减少了水通过封盖系统的水的渗透量；

② 为上面的表层土和下层土提供排水，这增加了这些层材料的储水能力并通过减少表层材料和缩短保护层材料中水处于饱和状态的时间使侵蚀降到最低；

③ 通过减小上面土壤材料的孔隙水压力增加斜坡稳定性。

排水层收集的水将被排入地表水。排水层可以选择颗粒材料（厚度至少 0.5m）或土工合成材料排水介质。渗透系数应大于等于 1×10^{-4}m/s。为了有助于重力排水，最终封盖系统中的排水层坡度不应小于 4%，即 1（竖直）：25（水平）。

3.10.4.3 屏障层

屏障层的功能是：

① 最大限度减少水的渗透量，控制渗滤液的产生；

② 控制填埋场气体的迁移。

屏障层通常包括渗透系数低的压实矿物质层或特性与用在衬层中的合成材料层相似的合成材料层（例如土工膜或土工合成黏土）。天然材料压实层的厚度至少为 0.6m，渗透系数 1×10^{-9}m/s。如果使用土工合成材料，土工合成材料应提供同等的保护。

3.10.4.4 气体收集层

气体收集层将气体传送至收集点，以便进行清除和处理或使用。能够用来收集气体的材料包括砂、砂砾和土或者土工织物过滤器、土工织物排水纤维和带土工织物过滤器的土工网排水装置。天然材料气体收集层的厚度通常为 150～300mm。关于清除收集气体需要的管道的详细信息在 3.9 部分中。

3.10.4.5 过滤器材料

为了防止细粉的进入，粗粒材料层或土工合成排水层的边缘可能需要过滤层。如果要把粗粒排水层放在土工膜上，为了保护土工膜，以防穿透或承受过大应力，需要放置保护层。

3.10.5 建议的封盖系统

下面提供了关于非危险废物、危险废物和惰性废物封盖系统的建议。图 3-44 所示为建议的最低要求。可以选择其他系统，但是通常情况下，这些系统应满足下列要求。

3.10.5.1 危险废物封盖系统

这种类型设施的封盖系统至少包括以下部分：①表层土（150～300mm）和下层土，总厚度至少 1m；②厚 0.5m 的排水层，渗透系数至少 1×10^{-4}m/s；③厚度至少 0.6m 的压实矿物质层，该矿物质层的渗透系数小于等于 1×10^{-9}m/s 并且与厚度 1mm 的柔性膜衬层紧密接触。

应考虑包括天然材料的气体收集层或土工合成层。

3.10.5.2 非危险生物可降解废物的封盖系统

这种类型设施的封盖系统至少包括以下部分：

① 表层土（150～300mm）和下层土，总厚度至少 1 m；

② 厚 0.5m 的排水层，渗透系数至少 1×10^{-4}m/s；

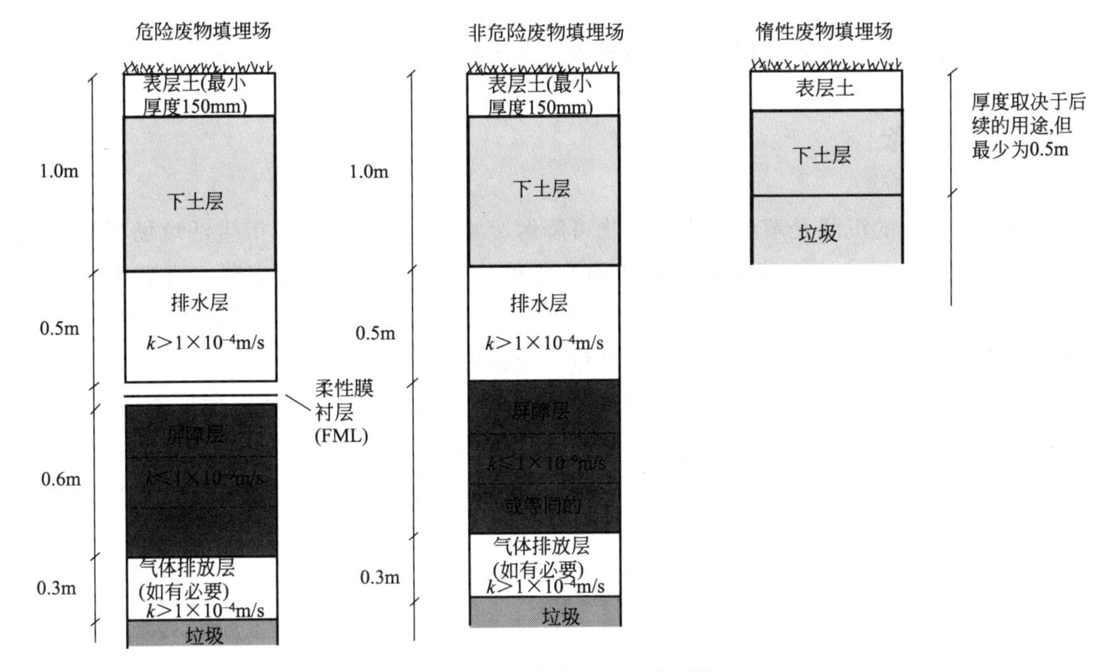

图 3-44 废物填埋场封盖系统

③ 厚度至少 0.6m 的压实矿物质层，该矿物质层的渗透系数$\leqslant1\times10^{-9}$m/s，或者使用土工合成材料（例如 GCL）及其他能提供同等保护的类似材料；

④ 天然材料气体收集层（至少 0.3m）或土工合成层。

应考虑在封盖系统中设置柔性膜衬层。对于已经放置衬层系统的废物填埋场，应考虑设置渗滤液循环系统（见 3.7.5）。

3.10.5.3 惰性废物的封盖系统

惰性废物的封盖系统包括表层土和下层土，其厚度取决于填埋场关闭后的用途，但最小厚度为 0.5m。

3.10.6 封盖稳定性

在以下情形特别需要分析封盖系统的稳定性：

① 陡峭的恢复坡（坡度大于 1∶6）；

② 组件间的界面摩擦力小（例如土工膜与潮湿的压实黏土之间的界面）。

稳定性取决于土壤、废物和用于封盖系统的土工合成材料的剪切强度特性。另外，水分作为不稳定因素，它的存在会降低强度并增加不稳定性。

稳定性通常用“安全系数”表示，安全系数可以定义为，维持有限平衡状态所需要的剪切强度与所探讨材料的有效剪切强度之比。如果安全系数小于 1，系统显然不稳定。

有许多分析斜坡稳定性的方法。应使用传统极限状态分析法分析斜坡稳定性，这些方法包括 Fellenius 法和 Bishops 法。计算机程序（例如斜坡程序）通常被用于分析数据。

为了提高斜坡稳定性，可以将土工格栅或土工织物加强层放入封盖系统。

3.10.7 沉降

完成填埋废物的沉降是填埋场内的生物可降解废物分解的结果。城市生活垃场沉降量预期值为10%～25%。主要沉降出现在最初的5年里。以后废物会继续沉降，直到废物达到稳定状态，但沉降量会随着时间推进逐渐减少。废物沉降的程度和速度难以估计。能够通过传统压实法估计沉降量。为了预计过度加载量，应该估计总沉降量。

为了补偿不均匀沉降，封盖系统的设计厚度可以更大，可以带斜坡。如果使用土工膜，土工膜应该能承受不均匀沉降导致的高拉伸应力，线性低密度聚乙烯是特别合适的材料。即使采取了防范措施，因为总沉降和不均匀沉降，填埋场关闭后的维护仍需要对最终封盖坡度进行重整。

为了避免损坏最终封盖系统，可能需要等待许多年，特别是在预计要发生大规模和不均匀沉降的时候。在完成填埋到安装最终封盖之间的间隔期，可能需要安装临时封盖。临时封盖厚度至少应为0.5m。临时封盖的组成应能够满足3.10.2中的目标。

3.11 质量保证和质量控制

3.11.1 概述

为了进行全面的质量管理，废物填埋场的设计有必要包括一个综合的施工质量保证（CQC）计划及其连带的施工质量控制（CQA）规程，从而确保材料和工艺能够满足设计规范。如果设计中使用了土工合成材料（工厂制造的聚合材料，例如土工膜、土工织物、土工网、土工格栅、土工合成黏土衬层等），制造厂应附有该产品的质量保证（MQA）文件和质量控制（MQC）文件。

应对新废物填埋场、现有设施的扩建、填埋场改造项目和最终覆盖系统的所有方面实施施工质量保证（CQA）和制造质量保证（MQA）。

3.11.2 定义

为了帮助澄清上述术语，它们的定义如下。

施工质量控制：用以监督和控制建设项目质量的有计划的检查制度，该制度有助于承包商遵守项目计划和规范。

施工质量保证：为设施按照合同和技术规范施工提供保证的有计划的行为制度。

制造质量控制：用以监督和控制来自工厂材料制造的有计划的检查制度。

制造质量保证：为材料按照合同文件规定制造提供保证的有计划的行为制度。

3.11.3 质量保证/质量控制计划

质量保证（QA）计划既包括施工质量保证计划也包括制造质量保证计划。它是在任何实施活动之前制定的质量保证计划。通过检查行为（包括目测观察、现场试验和测量、实验室试验和对试验数据的评估）执行施工质量保证/施工质量控制计划。

施工质量保证计划取决于技术规范和设计人员起草的合同中的条件。应包括对材料的最低（或最高）要求以及为了证明材料和/或施工达到规定标准而做的实验的最低（或最高）要求。

(1) 质量保证/质量控制计划的组织结构和人员配备

为了使质量保证计划顺利执行，必须确定组织结构，图 3-45 给出了典型范例。该流程图给出了从颁发许可证的权力部门（环境保护局）感到满意、申请人能够开始设计，到该设施能够接收废物的阶段的一系列过程。中间的步骤包括质量工程师承担质量保证计划中的任务，目的是证明承包商的施工质量控制达到规定的标准。

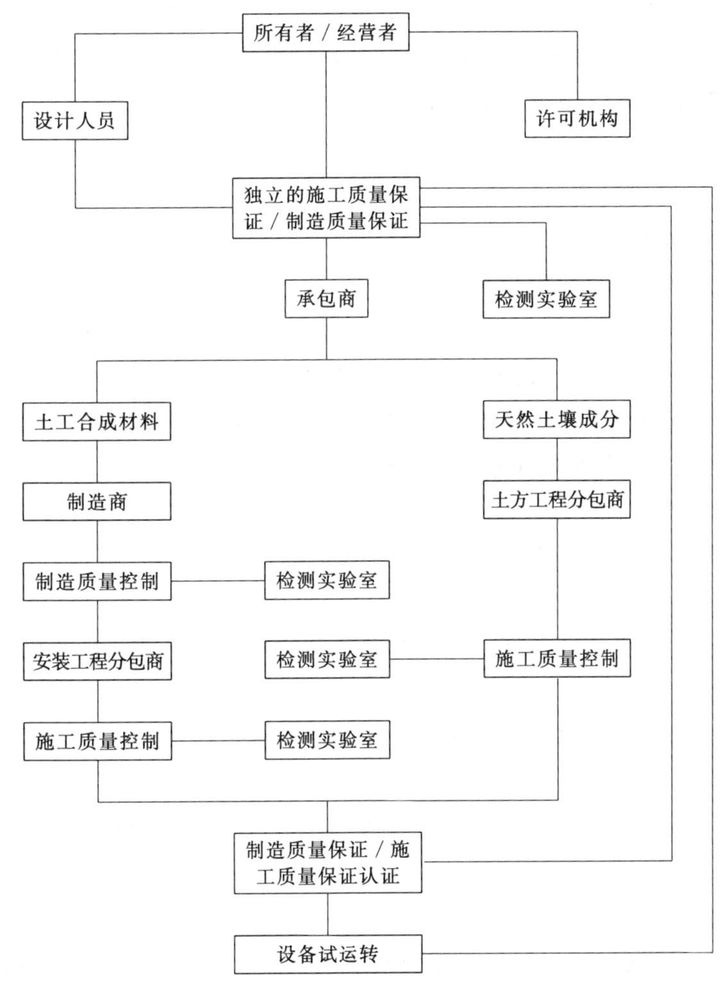

图 3-45 质量控制/保证

质量保证计划详细陈述质量工程师的工作和责任，并且应该给出包括责任在内的所有与废物填埋场施工有关人员的所有细节。表 3-22 给出了与废物填埋场设计、施工有关各方及其职责的典型细节信息。施工质量保证应由代表业主/经营者的独立第三方承担。

表 3-22 废物填埋场开发涉及人员的职责

人员	职责	注释
业主/运营方	支助设施的设计和施工	地方当局或私人组织
设计人员	根据周围环境的可接受标准来设计废物填埋场	自行设计或咨询工程师设计，不管哪种设计，设计团队都应具有足够的废物填埋场设计经验
承包商	根据规范进行工程施工。包括从制造到安装的衬层生产厂	承包商应该是具有类似工程经验的、声誉良好的公司
项目经理	工程监督和管理	由业主/运营方或顾问指定的常驻工程师或质量工程师（见下面）
质量工程师	独立颁发质量保证证书	由废物填埋场业主/运营方或顾问雇用，但应独立于承包商

(2) 颁发许可证的权力部门

在现场设施施工之前、期间和之后，颁发许可证的权力部门可以审查质量保证文件。在有必要的情况下，该权力部门还可以到生产厂和施工现场视察质量保证的实施。应把质量保证计划作为废物许可证申请材料的一部分，提交给颁发许可证的权力部门。

(3) 质量保证/质量控制计划的组成部分

质量保证计划应记录材料、试验方法和采用的标准以及试验的次数。

质量保证文件应至少包括以下内容。

① 检验和测试标准及拟用方法的细节。

② 由负责质量保证的工程师提交每日报告，该报告包括：日期、当日的工作地点、施工的分期和区间、有关人员、天气状况、使用的设备、从填埋场以外接收的材料的说明（包括质量控制文件）、关于批准工作或材料和采取的改正措施的决定。

③ 所有质量会议（包括为了保证各方面的人都熟悉施工质量保证和施工质量控制程序在施工前召开的会议）记录都应包括在质量保证计划中。

④ 检查和检测报告（包括现场和试验室检测）。检测报告包括：检验工作说明或获得样品的地点、检验观察结果和所用标准、记录的观察值或实验数据、检查工作结果和与规范要求的比较结果。

⑤ 问题标识和改正措施。包括：问题的位置和说明、产生问题的原因、建议的改正措施、采取的改正措施。

⑥ 竣工图。在废物填埋场交付使用前，质量工程师应保证有一套完整的竣工图。衬层系统图应包括所有区块、接缝、试样、缺陷和进行修补的位置。

⑦ 确认报告。施工质量保证体系的产物是证明衬层系统和附属配件符合规范的综合报告。

(4) 交付使用

当确认报告证明废物填埋场已经按照规范施工并且颁发许可证的权力部门已经批准该设施接收废物时，填埋场能开始运营。

3.12 健康和安全

3.12.1 概述

废物填埋场设计人员应知道并且保证遵守现行法律，废物填埋场整个开发期间需要遵守有关健康和安全的规定，这些将影响经营者和该填埋场的雇员、设计人员承包商及其现场工作人员。爱尔兰环保局的《废物填埋场运营实践手册》提供关于废物填埋场实践的一般性指导。

爱尔兰法律：

① 工作安全、健康和福利法，1989；

② 工作安全、健康和福利条例（SI 44 ，1993）；

③ 工作安全、健康和福利（施工现场）条例（SI 138 ，1995）。

欧盟法律：

① 框架指令 89/39/欧洲经济共同体——改善工人的健康与安全条件；

② 条例 92/57/欧洲经济共同体——建筑工地安全。

负责管理和加强 1989 年法律规定的组织是健康和安全管理局。必须遵循健康和安全管理局的建议，本手册中的任何内容都不应与健康和安全管理局的建议相悖。

3.12.2 工作安全、健康、福利法，1989

该法案主要包含 5 项内容：

① 雇主有保证雇员和其他受到影响的人的安全、健康和福利的义务；

② 雇主有编写安全声明的义务；

③ 雇主有咨询安全、健康和福利问题的权利；

④ 员工有维护自身安全的责任；

⑤ 建立安全和健康管理局。

3.12.3 工作安全、健康和福利（施工现场）条例，1995

与设计人员关系最密切的法律是工作安全、健康和福利（施工现场）条例（SI 138 ，1995）。这些条例在临时或移动施工现场执行安全和健康最低要求的爱尔兰法律“欧盟条例 92/57/欧洲经济共同体”中。条例的宗旨是改善现场安全。

条例包含两种责任。

① 第 1～3 项：委托人、项目监理、设计人员、承包商、自雇人员、雇员及其他人的义务；

② 第 4～18 项：建筑工地（特别涉及某些高风险活动）与安全和健康相关的具体

要求。

该条例的主要要求如下。

开工通知：通知健康和安全管理局并张贴现场通知；

健康和安全计划：要求所有的 项目都有健康和安全计划。正如条例的附件 2 要求的，健康和安全计划要求发布开工通知或涉及特殊风险性的事项。必须在现场工作开始前制订安全计划，并且需要随着工作的推进对其进行更新。

安全档案：这是业主的现场记录。安全档案随着现场工作推进直至结束，逐步完成。安全档案应转交给未来的业主。

表 3-23 概略提供了各方的主要职责。

表 3-23 工作健康、安全和福利（施工条例）、主要义务概览

活动	委托人	项目设计监理[PS(D)]	项目施工监理[PS(C)]	设计人员	承包商
指定人员	职责：指定胜任的人作为所有“项目”的项目设计监理和项目施工监理	向委托人就指定项目施工监理提供建议 检查承包商作为项目施工监理的能力 如果有必要，指定协调人 检查保险	如果有必要，指定协调人 检查分包商的保险		
设计		职责：如果存在安全文件，顾及安全文件 协调设计涉及的输入信息		职责：顾及安全文件和预防的一般原则	
开工通知		如果项目需要>500人·天或持续时间超过 30 天或者存在“特定风险”，则需要进行评估	职责：发布开工通知，在现场保留复印件		
健康和安全计划		职责：起草初步安全计划。向项目施工监理提供初步计划	职责：制订安全计划。随着工程推进，修改安全计划	职责：向项目设计监理和项目施工监理提供有关信息	职责：向项目设计监理和项目施工监理提供有关信息
施工阶段			职责：如果有一个以上的承包商，协调安全计划的实施。做记录。控制进入现场		职责：遵照规定（第 4～18 部分）。实施预防的一般性原则。执行项目施工监理的指示。向项目施工监理提供有关信息
安全文件	职责：保留安全文件，以备以后参考。如果出售或出租该建筑，把安全文件交给买方或承租方	职责：向项目施工监理提供任何有用的相关信息。要求其他设计人员做类似的工作	职责：编写安全文件。在工程结束时，将安全文件转交给委托人	职责：向项目施工监理提供有关信息	职责：向项目施工监理提供有关信息

资料来源：爱尔兰工程师协会，1996。

参 考 文 献

[1] Alther, G. R. (1983) 'The Methylene Blue Test for Bentonite Liner Quality Control' *Geotechnical Testing Journal*, Vol. 6, No. 3, pp. 133-143.

[2] American Society for Testing and Materials (1994) *ASTM Standards and Other Specifications and Test Methods on the Quality Assurance of Landfill Liner, Systems.* ASTM, Philadelphia, PA.

[3] Bell, A. L. (1993) *Grouting in the Ground*, Thomas Telford, London.

[4] British Standards Institution (1986) BS 8004: *Code of Practice for Foundations*, BSI.

[5] British Standards Institution (1987) BS8007: *Code of Practice for Design of Concrete Structures for Retaining Aqueous Liquids*, BSI.

[6] British Standards Institution (1990) BS1377: *British Standard Methods of Tests for Soils for Civil Engineering Purposes*, BSI.

[7] Christensen, T. H.; Cossu, R.; Stegmann, R. (Eds.) (1992) *Landfilling of Waste: Leachate*, Elsevier Applied Science.

[8] CIRIA (1988) *Control of Groundwater for Temporary Works.* CIRIA (R113), London.

[9] CIRIA (1993) *The Design and Construction of Sheet-Piled Cofferdams* Special Publication 95. CIRIA (SP95), London.

[10] CIRIA (1993) *The Measurement of Methane and Other Gases from the Ground.* CIRIA (R131), London.

[11] CIRIA (1996) *Barrier Liners and Cover Systems for Containment and Control of Land Contamination* Special Publication 124. CIRIA (SP124), London.

[12] Commission of the European Communities (1996) 'Communication from the Commission on the Review of the Community Strategy for Waste Management Draft Council Resolution on Waste Policy', COM (96) 399.

[13] Coomber, D. B. (1986) 'Groundwater Control by Jet Grouting', *Groundwater in Engineering Geology* (J. C. Cripps, F. G. Bell and M. G. Culshaw eds.), Geological Society Engineering Geology Special Publication No. 3, London pp. 445-454.

[14] Council Directive (1980) on the Protection of Groundwater against Pollution caused by certain Dangerous Substances (80/68/EEC) (OJL20 p43).

[15] Council Directive (1999) on the Landfill of Waste, (99/31/EC) (OJL182/4).

[16] Daniel, D. E. (1989) 'In Situ Hydraulic Conductivity Tests for Compacted Clay', *Journal of Geotechnical Engineering*, Vol. 115, No. 9, pp. 1205-1226.

[17] Department of the Environment (1994) *Protection of New Buildings and Occupants from Landfill Gas*, Government Publications, Dublin.

[18] Department of the Environment (1995) *Specifications for Roadworks*, Government Publications, Dublin.

[19] Department of the Environment (1996) *Traffic Signs Manual*, Government Publications, Dublin.

[20] Department of the Environment (1997) *Sustainable Development: A Stratgey for Ireland*, Government Publications, Dublin.

[21] Department of the Environment and Local Government (1998) *Waste Management-A Policy Statement-changing our ways.* Government Publications, Dublin.

[22] Department of the Environment and Local Government/Environmental Protection Agency/Geological Survey of Ireland (1999) *Groundwater Protection Schemes.* Government Publications, Dublin.

[23] Department of Trade and Industry (UK) (1995) *Technology status report 017.*

[24] Environment Agency (UK) (1998) *A Methodology for Cylinder Testing of Protectors for Geomembranes* Environment Agency, Regional Waste Team, Warrington, UK.

[25] Environmental Protection Agency (1995) *Landfill Manual: Investigations For Landfills*, EPA, Wexford.

[26] Environmental Protection Agency (1995) *Landfill Manual: Landfill Monitoring*, EPA, Wexford.

[27] Environmental Protection Agency (1995) *Water Treatment Manuals: Filtration*, EPA, Wexford.

[28] Environmental Protection Agency (1996) *National Waste Database Report 1995*, EPA, Wexford.

[29] Environmental Protection Agency (1997) *Landfill Manual: Landfill Operational Practices*, EPA, Wexford.

[30] Environmental Protection Agency (1998) *Draft Landfill Manual: Waste Acceptance*, EPA, Wexford.

[31] Environmental Protection Agency (1999) *Wastewater Treatment Manual Treatment Systems for Small Communities, Business, Leisure Centres and Hotels*, EPA, Wexford.

[32] Environmental Protection Agency Act (1992) Government Publications. Dublin.

[33] ETSU (1996) *Landfill Gas-Development Guidelines*, Oxfordshire, UK.

[34] ETSU (1993) *Guidelines for the Safe Control and Utilisation of Landfill Gas Part 1-Introduction* B/1296-P1, Oxfordshire, UK.

[35] ETSU (1993) *Guidelines for the Safe Control and Utilisation of Landfill Gas Part 2-Control and Instrumentation* B/1296-P2, Oxfordshire, UK.

[36] ETSU (1993) *Guidelines for the Safe Control and Utilisation of Landfill Gas Part 3-Environmental Impacts and Law* B/1296-P3, Oxfordshire, UK.

[37] ETSU (1993) *Guidelines for the Safe Control and Utilisation of Landfill Gas Part 4A-A Brief Guide to Utilising Landfill Gas* B/1296-P4A, Oxfordshire, UK.

[38] ETSU (1993) *Guidelines for the Safe Control and Utilisation of Landfill Gas Part 4B-Utilising Landfill Gas* B/1296-P4B, Oxfordshire, UK.

[39] ETSU (1993) *Guidelines for the Safe Control and Utilisation of Landfill Gas Part 5-Gas Wells* B/1296-P5, Oxfordshire, UK.

[40] ETSU (1993) *Guidelines for the Safe Control and Utilisation of Landfill Gas Part 6-Gas Handling and Associated Pipework* B/1296-P6, Oxfordshire, UK.

[41] ETSU (1996) *A Review of the Direct Use of Landfill Gas-Best Practice Guidelines for the Use of Landfill Gas as a Source of Heat* B/LF/00474/REP/1, Oxfordshire, UK.

[42] ETSU (1996) *A Technical Survey of Power Generation from Blogas* B/LG/00325/REP, Oxfordshire, UK.

[43] EU Council Directive on Waste (75/442/EEC) (OJ L194 p39) as amended by Directives 91/156 (OJ L78 p32) and 91/692.

[44] Fletcher, I. J. and Ashbee, E. (1994) 'Ammonia Stripping for Landfill Leachate Treatment-a Review', *Nutrient Removal from Wastewaters*. Horan, N. J. (Ed). Technomic, pp. 109-117.

[45] National Environment Research Council (1975) *Flood Studies Report 5* Volumes, Wallingford, UK.

[46] German Geotechnical Society for the International Society of Soil Mechanics and Foundation Engineering (1993) *Geotechnics of Landfill Design and Remedial Works Technical Recommendations*-GLR, Ernst, Berlin.

[47] Giroud, J. P. and Bonaparte, R. (1989a) 'Leakage through Liners Constructed with Geomembranes, Part Ⅰ: Geomembrane Liners', *Geotextiles and Geomembranes*, 8, 1: 27-67.

[48] Giroud, J. P., Badu-Tweneboah, K., and Soderman, K. L. (1994) 'Evaluation of Landfill Liners' Fifth *International Conference on Geotextiles, Geomembranes and Related Products*, Singapore, 5-9 September 1994.

[49] Giroud, J. P., Khatami, A. and Badu-Tweneboah, K (1989) Evaluation of the Rate of Leakage through Composite Liners, *Geotextiles and Geomembrances*, 8, 4: 337-340.

[50] Gregory, R. G., Manley, B. J. W. and Garner, N. (1991) *Evaluation of National Assessment of Landfill Gas Production*. ETSU Contractors Report. ETSU, Oxfordshire, UK.

[51] Grontmij (1997) Communication with EPA.

[52] Harris, J. M. 'Landfill Leachate Recirculation from an Owner/Operator's Perspective' *Seminar Publication-Landfill Bioreactor Design and Operation*. EPA/600/R/146. U. S. EPA; National Risk Management Research Laborato-

ry; Office of Research and Development; Cincinnati, Ohio, 45268. pp. 185-191.

[53] Harris, J. S. (1995) *Ground Freeze in Practice*, Thomas Telford, London.

[54] Head, K. H. (1981) 'Permeability, Shear Strength and Compressibility Tests' *Manual of Soil Laboratory Testing*, *Volume 2*. Pentech Press, London.

[55] Head, K. H. (1986) 'Effective Stress Tests' *Manual of Soil Laboratory Testing*, *Volume 3*. Pentech Press, London.

[56] Health Safety and Welfare at Work Act 1989. Government Publications, Dubin.

[57] Hjelmar, O., Johannessen, L. M., Knox, K., Ehrig, H. J., Flyvbjerg, J., Winther, P. and Christensen, T. H. (1994) *Management And Composition Of Leachate From Landfills*. Final Report to the Commission of the European Communities. DGXI A. 4, Waste '92, Contract No.: B4-3040/013665/92.

[58] Hjelmar, O., Johannessen, L. M., Knox, K., Ehrig, H. J., Flyvbjerg, J., Winther, P. And Christensen, T. H. (1995) 'Composition and Management of Leachate from Landfills within the EU' *Proceedings Sardinia 95*, *Fifth International Landfill Symposium*, S. Margherita di Pula, Cagliari, Italy. pp. 243-262.

[59] Institute of Engineers of Ireland (1996) *Health, Safety & Welfare at Work (Construction) Regulations 1995*, *Advice for Engineers acting as Project Supervisor for Design Stage*. IEI, Dublin.

[60] Jardine, F. M. and McCallum, R. I. (1994) *Engineering and Health in Compressed Air Work*, Spon, London.

[61] Jefferis, S. A. (1993) 'In Ground Barriers' in *Contaminated Land-Problems and Solutions*, (TCairney, ed.), Blackie, London, pp. 111-140.

[62] Jesionek, K. S., Dunn, R. J., and Daniel, D. E. (1995) 'Evaluation of Landfill Final Covers' *Proceedings Sardinia 95*, *Fifth International Landfill Symposium*, S. Margherita di Pula, Cagliari, Italy; 2-6 October 1995. CISA, Environmental Sanitary Engineering Centre, Cagliari, Italy.

[63] Jessberger, H. L. (1994) 'Geotechnical Aspects of Landfill Design and Construction'. *Proc. Instn Civ Engrs Geotech Engng*, Apr 107.

[64] Knox, -K. (1991) *A Review of Water Balance Methods and Their Application to Landfill in the U. K.* Department of the Environment U. K. Wastes Technical Division, Research Report, No. CWM-031-91.

[65] Koerner, R. and D. Daniel, (1997) *Final Covers for Solid Waste Landfills and Abandoned Dumps*. Thomas Telford, London.

[66] Leach, A. (1991) 'A Practical Study of the Performance of Various Gas Cell Designs and of Combined Gas and Leachate Abstraction Systems', *Proceedings Sardinia 91*, *Third International Landfill Symposium*, S. Margherita di Pula, Cagliari, Italy; 14-18 October 1991. CISA, Environmental Sanitary Engineering Centre, Cagliari, Italy.

[67] Logue J. J., (1975) *Extreme Rainfall in Ireland*, Technical Note No 40 Meteorological Service.

[68] MET ÉIREANN (1997) Communications between the EPA and The Irish Meteorological Service.

[69] Miller, W. L., Earle, J. F. K., and D. Reinharr. (1994) *Leachate Recycle and the Augmentation of Biological Decomposition at Municipal Solid Waste Landfills*. Annual report to Florida Center for solid and Hazardous Waste Management (June 1).

[70] Miller, D. E.; Ball, B. R. (1994) 'Leachate Recirculation System Design and Operation at a Western Landfill' *Proc. 17th International Madison Waste Conf.*, *Municipal and Industrial Waste*, Madison, WI, USA, 21-22 Sep. 1994. University of Wisconsin-Madison, pp. 530-547.

[71] Mitchell, J. K, Hooper, D. R., and Campanella, R. G. (1965) 'Permeability of Compacted Clay' *Journal of the Soil Mechanics and Foundations Division*, ASCE, Vol. 91, No. SM4, pp. 41-65.

[72] Murray, E. J. (1998) 'Properties and Testing of Clay Liners' in Geotechnical Engineering of Landfills (ed. Dixon, N., E. J. Murray and D. R. V. Jones *Proceedings of the Symposium held at The Nottingham Trent University*, pp. 37-60. Thomas Telford, London.

[73] National Association of Waste Disposal Contractors (NAWDC) (1992) *Guidelines for Landfill; Guideline for Leachate Treatment*. NAWDC Publications, London, UK.

[74] National Roads Authority (2000) *Manual of Contract Documents for Roadworks*, NRA, Dublin.

[75] North West Regulation Officers Technical Subgroup (1996) Earthworks on Landfill Sites: *A Technical Note on the Design, Construction and Quality Assurance of Compacted Clay Liners*. Cheshire Waste Regulation Authority, UK.

[76] North West Waste Disposal Officers (1991) *Leachate Management Report*, November, 1991, Cheshire Waste Regulation Authority, UK.

[77] NSF 54 (1993) *Flexible Membrane Liners*. NSF International, Ann Arbor, Michigan, USA.

[78] Puller, M. (1996) *Deep Excavations-a Practical Manual*, Thomas Telford, London.

[79] Qasim, S. R. and Chiang, W. (Eds.) (1994) *Sanitary Landfill Leachate: Generation, Control and Treatment*. Technomic Publishing Company Inc. Pennsylvania, 17604, USA.

[80] Robinson, H. D., Formby, B. W., Barr, M. J., and M. S. Carville (1991) 'The Treatment of Landfill Leachate to Standards Suitable for Surface Water Discharge' *Proceedings Sardinia 91, Third International Landfill Symposium*, S. Margherita di Pula, Cagliari, Italy, pp. 905-918.

[81] Site Investigation In Construction Part 4 (1993) *-Guidelines for safe investigation by drilling of landfills and contaminated land*, Thomas Telford, London.

[82] *The Monitoring of Landfill Gas* (1998) Institute of Waste Management, Northampton, UK.

[83] Townsend, T. G., Miller, W. L., Bishop, R. A., Carter, J. H. (1994) Combining Systems for Leachate Recirculation and Landfill Gas Collection. *Solid Waste Technol.*, Vol. 8, No. 4, (Jul.-Aug. 1994).

[84] Department of the Environment (UK) (1991) *Waste Management Paper No 27 Landfill Gas*, HMSO, London.

[85] Department of the Environment (UK) (1995) *Waste Management Paper 26B. Landfill Design, Construction and Operational Practice*, HMSO, London.

[86] Department of the Environment (UK) (1995b) *The Technical Aspects of Controlled Waste Management-A Review of the Composition of Leachates from Domestic Wastes in Landfill sites*, Waste Technical Division, Department of the Environment, London.

[87] US Environmental Protection Agency (1989) Seminar Publication-*Requirements for Hazardous Landfill Design, Construction and Closure*. EPA/625/4-89/022. U. S. EPA; Centre for Environmental Research Information; Office of Research and Development; Cincinnati, Ohio, 45268.

[88] US Environmental Protection Agency (1991) *Landfill Leachate Clogging of Geotextiles (and Soil) Filters*. EPA/600/2-91/025, August 1991, Risk Reduction Engineering Laboratory, Cincinnati, Ohio, 45268, NTIS PB-91-213660.

[89] US Environmental Protection Agency (1991) *Technical Resource Document, Design, Construction, and Operation of Hazardous and Non-Hazardous Waste Surface Impoundments* EPA/530/SW-91/054 Washington, DC, USA.

[90] US Environmental Protection Agency (1993) *Technical Guidance Document, Quality Assurance and Quality Control for Waste Containment Facilities*. EPA/600/R-93/182., Risk Reduction Engineering Laboratory, Office of Research and Development; U. S. EPA, Cincinnati, Ohio, 45268.

[91] US Environmental Protection Agency (1993) *Technical Manual, Solid Waste Disposal Facility Criterial*. EPA/530/R-93/017., Risk Reduction Engineering Laboratory, Office of Research and Development; U. S. EPA, Cincinnati, Ohio, 45268.

[92] US Environmental Protection Agency (1994) *Review of Liner and Cap Regulations for Landfills*. EPA/600/A-94/246., Risk Reduction Engineering Laboratory, Office of Research and Development, U. S. EPA, Cincinnati, Ohio, 45268.

[93] US Environmental Protection Agency (1995) *Groundwater and Leachate Treatment Systems*. EPA/625/R-94/005. U. S. EPA, Centre for Environmental Research Information, Office of Research and Development; Cincinnati, Ohio, 45268.

[94] Waste Management (Licensing) Regulations (1997) Government Publications, Dublin.

[95] Waste Management Act (1996) Government Publications, Dublin.

[96] Weber, B and Holz, F. (1991) 'Disposal of Leachate Treatment Residues' *Proceedings Sardinia 1991*, *Third International Landfill Symposium*; 14-18 October 1991.

[97] Weston-FTA Ltd., 1993, *Strategy Study on Options for the Treatment and Disposal of Sewage Sludge in Ireland*, Department of the Environment, Dublin.

附录 A：存储护堤

A.1 护堤检测

这部分给出了环境保护局与圆桶储放区有关要求的一般性指南。该指南分为两部分，一部分关于护堤施工，另一部分关于护堤检测。如果有疑问，建议企业与环境保护局联系。

(1) 护堤施工

① 护堤应由注册土木工程师或结构工程师设计；

② 护堤应按照英国标准 BS 8007：1987“保持水成液的混凝土结构的设计规范”：

③ 遵循健康和安全管理局的要求和有关标准；

④ 护堤的设计应考虑捕获从破裂的桶里流出的液体；

⑤ 散装化学物质存储护堤的设计容量应为护堤内最大存储容器容积的 110%；

⑥ 圆桶存储护堤的设计容量应为护堤内 10 个最大的存储容器容积的 110%和/或护堤内存储的材料体积的 25%；

⑦ 只应把相容的化学物质放在相同的护堤内；

⑧ 独立护堤优先于共用护堤；

⑨ 护堤壁不应用砖或砌块建造；

⑩ 如果因为和溢出液接触，护堤可能剥蚀，则应为护堤表面放置保护衬层；

⑪ 应避免从护堤阀门处排水；

⑫ 如果护堤没有覆盖物，应提供清除护堤表层水的方法。

(2) 现有护堤的检测

① 检测应由合适的、胜任的人员（例如注册土木工程师或结构工程师）监督并确认；

② 如果实际可行，应按照英国标准 BS 8007 检测护堤；

③ 应特别注意砖或砌块砌成的、高度超过 600 mm 的护堤壁，可能需要加强这种结构；

④ 应制定合适的计划，以保证所有的护堤至少每 3 年检测一次。

附录B：地下水/地表水管理

B.1 地下水控制方法

表B.1 排除地下水的物理隔断方法

方法	典型应用	注释
断层屏障		
钢板桩	多数土壤中的敞口坑，但障碍物（例如巨砾）可能妨碍安装	临时或长期。可以用合适的支撑物支撑坑的侧壁。在一些填埋场推进板桩产生的震动和噪声是不能接受的，但还有“安静”的方法。见建筑工业研究与情报协会“规范95(1993)”和英国标准BS 8004:1986的第五部分
震动梁墙	污泥和砂中的敞口坑 不支撑土壤	H形钢桩被震动推入地里然后被取出。一边将H形钢桩取出，一边将灌浆料通过喷嘴注入钢桩底部，以便在钢桩底部形成低渗透性的薄膜 。见建筑工业研究与情报协会“规范124(1996)”
挖掘屏障		
带膨润土或天然黏土的灰泥沟隔断	淤泥、沙和砂砾中的敞口坑 渗透性可达约5×10^{-3}m/s	灰泥沟在坑周围构成屏蔽墙。快速建成，相对廉价，但随着深度增加，成本迅速上升。见Jefferis (1993)
结构混凝土隔膜墙	多数土壤和软岩中坑和竖井的侧壁	支撑坑的侧壁并且通常构成最终建筑物的侧壁。震动和噪声最小。见Puller (1996)
相交（互锁）和相邻的钻孔桩	和隔膜墙一样	和隔膜墙一样，但对于临时建筑物可能更经济，相邻桩之间可能难以密封。见Puller (1996)
注入式屏障		
喷射灌浆	多数土壤和很软的岩石中的敞口坑	通常形成一系列土壤-灌浆料混合料建的搭接柱子。见Coomber (1986)
用水泥质灌浆料注入灌浆	砂砾、粗砂或有裂隙的岩石中的隧道或竖井	灌浆料填补空隙空间，以防止水流过土壤。设备简单并且可以在密闭空间使用。见Bell(1993)
用化学或溶液（丙烯酸）灌浆料注入灌浆	中等粒度砂（化学灌浆料）、细砂或淤泥（树脂灌浆料）中的隧道或竖井	材料（化学物质或树脂）可能贵，粉砂质土壤难以处理，处理可能不完全，特别是存在层状体或透镜状体的地方。见Bell(1993)
其他类型		
用盐水或液氮冷冻土地	隧道和竖井。如果地下水流速过大（大于1m/d或10^{-5}m/s），则行不通	临时措施。形成冰冻土“墙”（冰冻墙），冰冻墙既可以支撑竖井侧壁，又排除地下水。设备成本相对高。液氮快，但昂贵；盐水较慢，但更便宜。见Harris(1995)
压缩空气	在受限制的空间，例如隧道、竖井和沉井	临时措施。压力增高（最高至3.5bar）增加受限空间周围土壤的孔隙水压力，降低水力梯度并限制了地下水流入。高效率但提高成本。对工人健康构成潜在危险。见Jardine McCallum (1994)

B.2 主要泵井地下水控制方法

表B.2 主要泵井地下水控制方法概览

方法	应用场合	注释
排水管或沟（例如沟渠排水）	对地表水和浅层地下水的控制（包括溢流）	可能妨碍施工车辆通行，不能控制深层地下水，不太可能有效减小细粒土的孔隙水压力
污水泵	干净的粗粒土壤中的浅坑	廉价、简单。可能不能使水位有足够的下降，以防止斜坡的表面出现渗流，可能导致不稳定情况出现

方　法	应 用 场 合	注　释
降低地下水位的井点	一般用于砂质砂砾直至细砂和粉砂中的敞口浅坑。更深的坑(要求降低水位大于5～6m)要求建多级井点	相对廉价并具灵活性。快速并且易于建在砂中。难以建在含中砾石或巨砾的地下。砂质砂砾和细砂中的单级井点的最大水位降幅为－6m,但在粉砂中只能达到－4m
配有电动潜水泵的深井	砂质砂砾至细粉砂和带裂纹的承水岩石中的深坑	对于水位降低量没有限制,安装费高,但与其他大多数方法相比,需要的井的数量较少。对于井过滤管和过滤装置能实施严格控制
配有抽水泵的浅钻孔井	砂质砂砾至细粉砂和带裂纹的承水岩石中的浅坑	特别适用于粗糙的、渗透性高、流量可能大的材料。可以实施更严格的控制
被动降水减压井和砂井	降低坑底下面的承压含水层或砂透镜体中的孔隙水压力	廉价并且简单。为水进入坑创造纵向流动途径,然后必须把水引入水坑并用泵排走
喷射泵系统	要求控制孔隙水压力的细粉砂、淤泥或分层黏土中的坑	在实际中,水位下降通常限于30～50m。能效低,但如果流量低,这不是个问题。在密封井中,向土壤中施加真空,可以促进排水
配电动潜水泵并施加真空的深井	从土壤到井的排水可能慢的细粉砂中的深坑	对水位下降量没有限制。因为配有独立的真空系统,成本比普通深井高 井的数量可以由达到井之间的水位下降量的要求确定,而不是由流量确定。喷射泵系统可能更经济
电渗透	渗透性很低的土壤,例如黏土	作为土地冻结的替代方法,一般只用于控制孔隙水压力。安装和运行成本相对高

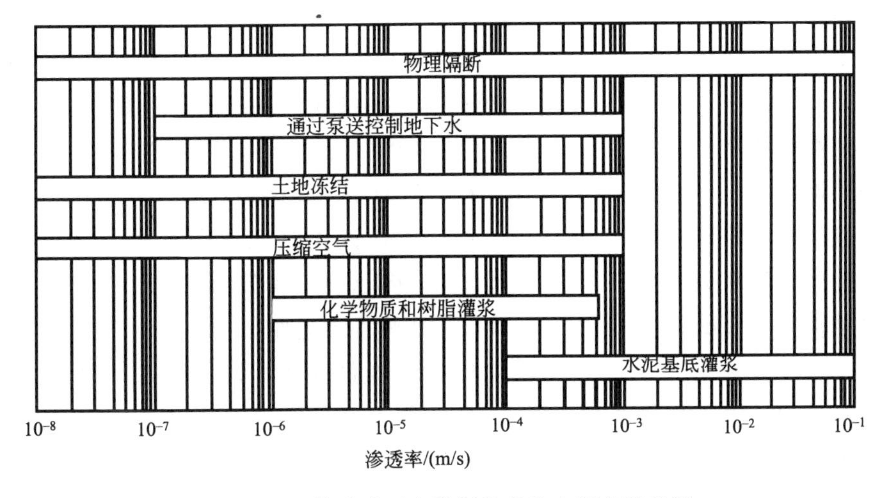

图 B.1　土壤中地下水控制技术的大概应用范围

附录C：衬层系统

C.1　黏土衬层检测

C.1.1　适用性试验

塑性极限　　英国标准（BS1377：1990 第2部分，方法5.3）

液限　　四点法，英国标准（BS1377：1990 第2部分，方法4.3）

单点法，英国标准（BS1377：1990 第 2 部分，方法 4.4）

塑性指数　英国标准（BS1377：1990 第 2 部分，方法 5.4）

粒度分布　湿筛法，英国标准（BS1377：1990 第 2 部分，方法 9.2）

干筛法，英国标准（BS1377：1990 第 2 部分，方法 9.3）

吸管法，英国标准（BS1377：1990 第 2 部分，方法 9.4）

比重计法，英国标准（BS1377：1990 第 2 部分，方法 9.5）

C.1.2　可接受性试验

C.1.2.1　实用设计试验

（1）施工控制试验

压实法系列　轻锤（2.5kg）夯槌法，英国标准（BS1377：1990 第 4 部分，方法 3.3）

重锤（4.5kg）夯槌法，英国标准（BS1377：1990 第 4 部分，方法 3.5）

MCV 压实法，英国标准（BS1377：1990 第 4 部分，方法 5.5）

颗粒密度　英国标准（BS1377：1990 第 2 部分，方法 8）

含水量　英国标准（BS1377：1990 第 2 部分，方法 3.2）

（2）评估渗透性和平流特性的试验

一般按以下方法（还有其他方法）检测水对实验室准备的试样的渗透性（* 表明这些试验用得更普遍）。

三轴恒定水头　英国标准，（BS1377：1990 第 6 部分，方法 6）*

液压固结传感器恒定水头　英国标准，（BS1377：1990 第 6 部分，方法 4）

三轴恒定水头和降水头　（水头 1986 水头 20.4.1 至 20.4.4）

降水头渗透仪　（水头 1981 试验 10.7.2）*

在样品管里进行的降水头试验　（水头 1981 试验 10.7.3）

固结仪传感器降水头试验　（水头 1981 试验 10.7.4）

罗氏固结仪降水头试验　（水平和竖直渗透性）

（水头 1986 试验 24.7.2 和 27.7.3）

（3）减轻物理性损坏的试验

剪切强度（在再次压实的样品上）：

手持剪　英国标准（BS1377：1990 第 7 部分方法 3）

无排水三轴强度　英国标准（BS1377：1990 第 7 部分方法 8）

剪切箱：　小，英国标准（BS1377：1990 第 7 部分方法 4）

大，英国标准（BS1377：1990 第 7 部分方法 5）

无排水压实有效三轴应力

排水压实有效三轴应力

分散性　针孔试验，英国标准（BS1377：1990 第 5 部分 方法 6.2）

碎块试验，英国标准（BS1377：1990 第 5 部分 方法 6.3）

分散试验，英国标准（BS1377：1990 第 5 部分 方法 6.4）

化学试验（水头 1981 试验 10.8.5）

线性收缩　　　　　　　　　　　英国标准（BS1377：1990 第 2 部分 方法 6.5）

固结仪压实试验（在再压实试样上） 英国标准（BS1377：1990 第 5 部分 方法 3）

C.1.2.2　化学设计试验

1. 评价扩散和稀释特性的试验

分批试验（美国材料实验协会 1979）

渗滤液液柱试验

阳离子交换能力

阴离子交换能力

有机碳含量（用 CO_2 红外光谱分析仪）

引燃的质量损失，英国标准（BS1377：1990 第 3 部分　方法 4）

引燃时高温引起的碳含量损失

用 X 射线衍射法做黏土矿物学试验

2. 评价渗滤液化学性质影响的试验

按照 ETC8（德国土工技术协会，1993）做试验，以描述渗滤液特性。并根据这里的其他试验评估影响。

C.1.2.3　施工质量保证试验

（1）检查材料适用性的试验

塑性极限	英国标准（BS1377：1990 第 2 部分，方法 5.3）
液限	四点法，英国标准（BS1377：1990 第 2 部分，方法 4.3）
	单点法，英国标准（BS1377：1990 第 2 部分，方法 4.4）
塑性指数	英国标准（BS1377：1990 第 2 部分，方法 5.4）
粒度分布	湿筛法，英国标准（BS1377：1990 第 2 部分，方法 9.2）
	干筛法，英国标准（BS1377：1990 第 2 部分，方法 9.3）
	吸管法，英国标准（BS1377：1990 第 2 部分，方法 9.4）
	比重计法，英国标准（BS1377：1990 第 2 部分，方法 9.5）

（2）检查材料的可接受性试验

MCV 压实法　　　　　　　　　英国标准（BS1377：1990 第 4 部分，方法 5.5）

剪切强度（原位或在原状土壤上做）：

手持剪	英国标准（BS1377：1990 第 7 部分方法 3）
无排水三轴强度	英国标准（BS1377：1990 第 7 部分方法 ）
剪切箱：	小，英国标准（BS1377：1990 第 7 部分方法 4）
	大，英国标准（BS1377：1990 第 7 部分方法 5）

用水对原样试样做渗透性试验（* 表明这些试验用得更普遍）

三轴恒定水头	英国标准（BS1377：1990 第 6 部分，方法 6）*
液压固结传感器恒定水头	英国标准（BS1377：1990 第 6 部分，方法 4）
三轴恒定水头和降水头	（水头 1986 水头 20.4.1 至 20.4.4）
降水头渗透仪	（水头 1981 试验 10.7.2）*
在样品管里进行的降水头试验	（水头 1981 试验 10.7.3）

固结仪传感器降水头试验　　(水头 1981 试验 10.7.4)
罗氏固结仪降水头试验　　(水平和竖直渗透性)
(水头 1986 试验 24.7.2 和 27.7.3)

渗透性(就地)

蓄水试验

环形渗透计(例如美国试验材料协会)

测渗计

在原位或原装试样上测密度(* 表明这些试验用得更普遍)

灌砂法　　英国标准(BS1377：1990 第 9 部分方法 2.1)*

样芯　　英国标准(BS1377：1990 第 9 部分方法 2.4)*

核子法密度测量　　英国标准(BS1377：1990 第 9 部分方法 2.5)*

橡胶气球法　　(美国试验材料协会试验 D2167，1990)

沉浸在水里　　英国标准(BS1377：1990 第 2 部分方法 7.3)

排水量法　　英国标准(BS1377：1990 第 2 部分方法 7.4)

C.2 土工膜

表 C.1 土工膜基础聚合物的优点和缺点

优　点	缺　点
热塑性聚氯乙烯(PVC)	
成本低	为具有柔韧性进行增塑
在没有加强的情况下坚韧	抗老化能力差，需要废物覆盖物
和单层一样轻	增塑剂随着时间溶解
易接合——可通过电介质、固定剂和加热进行	耐冷龟裂性差
厚度变化大	耐高温性能差
	可能阻塞
热塑性氯化聚乙烯(CPE)	
耐候性能好	中等成本
通过电介质和固定剂很容易进行接合	用 PVC 增塑
耐冷龟裂性能好	接缝可靠性
良好的耐化学性	可能分层
氯磺化聚乙烯(CSPE)热塑橡胶	
优秀的耐候性能	中等成本
耐冷龟裂性能好	温度高时性能一般
耐化学性好	可能阻塞
好接合——通过加热和黏结剂	
经过弹性处理的聚烯烃(3110)热塑性三元乙丙橡胶处理的橡胶	
耐候性能好	只是没有得到支持
像单层一样重量轻	高温性能差
耐冷龟裂性能好	现场修理困难
耐化学性好	

优　点	缺　点
三元乙丙橡胶(4060)热塑橡胶	
耐候性能好	中等成本
耐冷龟裂性能好	高温性能一般
好接合—热粘接	可能阻塞
不要求黏合剂	耐化学性一般
丁基硫化橡胶、丁基\乙烯-丙烯共聚物硫化橡胶、乙烯-丙烯-二烯烃三元共聚物硫化橡胶	
较好的耐候性能	成本中等至高
气体渗透性低	现场接缝差
耐高温性能好	每张面积小
不阻塞	耐化学性一般
氯丁二烯硫化橡胶(氯丁二烯橡胶)	
耐候性能好	成本高
耐高温性能好	现场接缝一般—溶剂和胶带
耐化学性一般	与异质表面的接缝一般
半晶质热塑高密度聚乙烯(HDPE)	
优秀的耐化学性	表面摩擦力低
好的接缝——热和挤压	容易出现应力裂纹
厚度变化大	对接缝工人的技巧挑剔
成本低	热膨胀/收缩大
半晶质热塑中密度、低密度、极低密度聚乙烯(MDPE、LDPE、VLDPE)	
耐化学性好	中等热膨胀/收缩
好接合——热和挤压	表面摩擦力低
厚度变化大	对接缝工人的技巧挑剔
成本低	
半晶质热塑线性低密度聚乙烯(LLDPE)	
耐化学性好	中等成本
好接合——热和挤压	
厚度变化大	
表面摩擦力大	
无应力裂纹	

C.3　通过衬层的渗漏

C.3.1　不同厚度矿物质衬层单位面积渗漏速度计算值

通过矿物质衬层的渗滤液渗漏量由衬层厚度、衬层上方的渗滤液水头和衬层材料的渗透系数决定。利用 Darcy 定律，($Q=kiA$) 并且假设渗滤液水头 (h) 和 A 一致，就能计算不同厚度的矿物质衬层单位面积的渗漏速度。如果地下水在衬层的下侧或低于衬层的下面，给出的数值分析则有效。结果列在表 C. 2 中，并在图 C. 1 中示意说明。

表 C. 2　衬层厚度与单位面积渗漏速度的关系

矿物质层厚度(L)/m	水力梯度[$i=(h+L)/L$]/(m/m)	单位密度渗漏速度($q=ki$)/(m/s)
0.5	3.00	3.00×10^{-9}
1.0	2.00	2.00×10^{-9}
2.0	1.50	1.50×10^{-9}
3.0	1.33	1.33×10^{-9}
4.0	1.25	1.25×10^{-9}
5.0	1.20	1.20×10^{-9}
6.0	1.17	1.17×10^{-9}

注：渗滤液水头 (h)=1m。渗透系数 (k)=1×10^{-9}m/s。

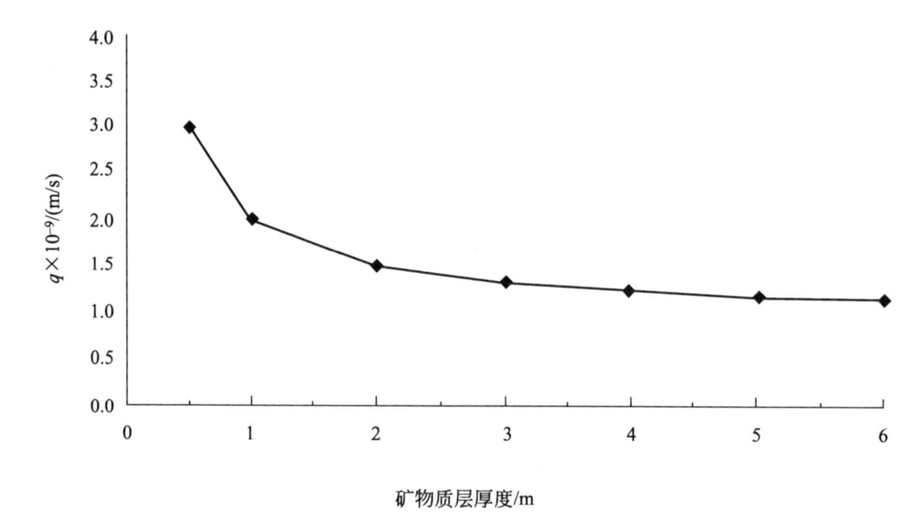

图 C. 1　各种厚度矿物质衬层单位面积渗漏速率计算值

C. 3. 2　厚度为 1m、渗透系数为 1×10^{-9}m/s 的矿物质衬层单位面积渗漏速率计算值

利用 Darcy 定律，($Q=kiA$) 并且假设矿物质衬层厚度和 A 一致，就能计算对于不同渗滤液水头单位面积的渗漏速率。如果地下水在衬层的下侧或低于衬层的下面，给出的数值分析则有效。结果列在表 C. 3 中，并在图 C. 2 中示意说明。

表 C. 3　渗滤液水头与单位面积渗漏速率的关系

渗滤液水头(h)/m	水力梯度[$i=(h+L)/L$]/(m/m)	单位面积渗漏速率($q=ki\times10^{-9}$)/(m/s)
0.50	1.50	1.50
1.00	2.00	2.00
1.50	2.50	2.50
2.00	3.00	3.00
2.50	3.50	3.50
3.00	4.00	4.00

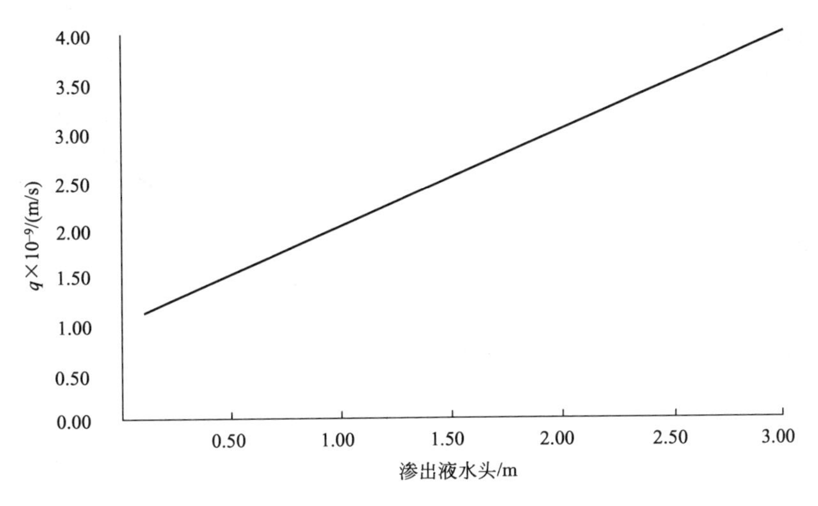

图 C.2　对于不同水头单位面积渗漏速率计算值

C.3.3　通过复合衬层的渗漏速率

根据 Giroud 等的研究（1989），可以用下面的方程计算通过复合衬层土工膜的缺陷的渗漏速率：

$$Q=0.21a^{0.1}h^{0.9}k^{0.74}\text{（接触良好）} \tag{1}$$

$$Q=1.15a^{0.1}h^{0.9}k^{0.74}\text{（接触不好）} \tag{2}$$

式中，Q 是渗漏速率，m^3/s；a 是土工膜缺陷面积，m^2；h 是土工膜上面的水头，m；k 是压实土壤的渗透系数，m/s。

如果土工膜上方的水头小于复合衬层的土壤层厚度（即 $h<D$）并且复合衬层的土壤层渗透系数 $k<10^{-6}$ m/s，上述方程有效。在接触良好的情况下，土工膜的褶皱尽可能少，土工膜放在充分压实、表面光滑的土壤层上。在接触不好的情况下，土工膜存在一些褶皱，土工膜放在压实情况不好、表面不光滑的土壤层上。

如果土工膜上方的渗滤液水头大于复合衬层的土壤层厚度（即 $h>D$），可以使用下面的方程（Giroud 等，1994）：

$$Q=0.21i_{avg}a^{0.1}h^{0.9}k^{0.74}\text{（接触良好）} \tag{3}$$

$$Q=1.15i_{avg}a^{0.1}h^{0.9}k^{0.74}\text{（接触不好）} \tag{4}$$

式中，i_{avg} 是图 C.3 给出的无量纲系数。

方程(3) 和方程(4) 可能不适用，因为在新废物填埋场施工阶段，设计的渗滤液水头绝不可能超过压实土壤层的厚度。方程（1）可能适用，因为如果有严格的施工质量保证和合适的施工方法，可以假定土工膜和压实的土壤层接触良好。

典型情况下，在经过严格的施工质量保证安装的土工膜衬层的缺陷频率为每 $4000m^2$ 出现 1～2 个直径 2mm 的缺陷（Giroud 和 Bonaparte，1989）。已经用方程（1）计算出对于不同水头和不同渗透系数的渗漏速率（在接触良好的情况下），并且列在表 C.4 中，并用图 C.4 示意说明。已经对每 $4000m^2$ 有 2 个缺陷的情况的 $0.1cm^2$ 和 $1cm^2$ 的渗漏速率做了计算，渗漏速率的单位为 $L/(hm^2 \cdot d)$。

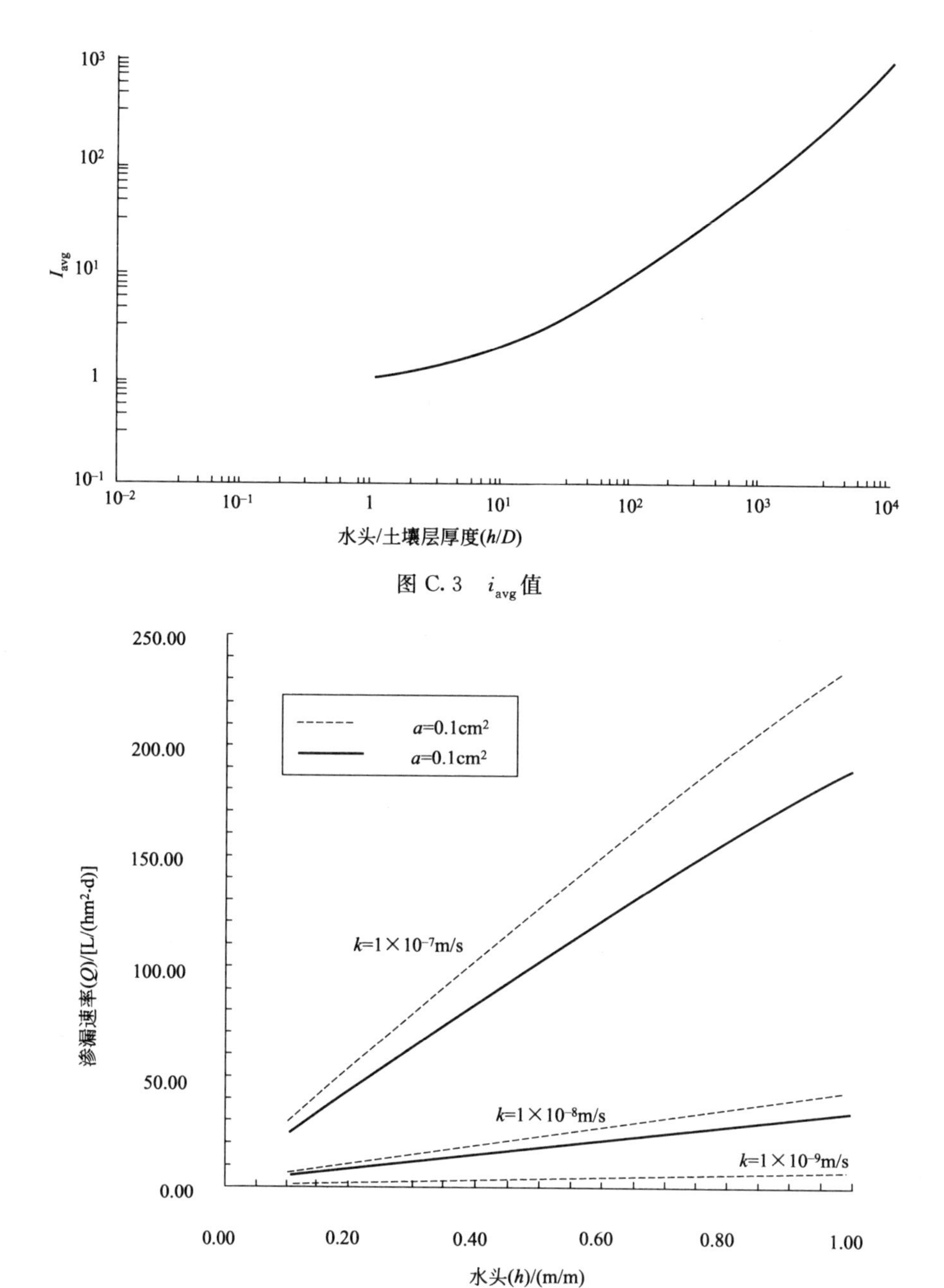

图 C.3　i_{avg}值

图 C.4　在土工膜与土壤层接触良好并且水头和渗透系数变化的情况下，复合衬层的渗漏速率

表 C.4　单位面积渗漏速率

缺陷面积 a/m²	渗透系数 k/(m/s)	水头(h)/m				
		0.10	0.30	0.50	0.75	1.00
渗漏速率 Q/[L/(hm²·d)]						
1.00E−05	1.00E−07	23.86	64.14	101.57	146.30	189.54
1.00E−05	1.00E−08	4.34	11.67	18.48	26.62	34.49
1.00E−05	1.00E−09	0.79	2.12	3.36	4.84	6.28

续表

缺陷面积 a/m^2	渗透系数 $k/(m/s)$	水头(h)/m				
		0.10	0.30	0.50	0.75	1.00
渗漏速率 $Q/[L/(hm^2 \cdot d)]$						
1.00E−04	1.00E−07	30.04	80.74	127.87	184.19	238.62
1.00E−04	1.00E−08	5.47	14.69	23.27	33.52	43.42
1.00E−04	1.00E−09	0.99	2.67	4.23	6.10	7.90

注：在每4000m²有2个缺陷的情况下，使用方程（1）的估计值。在接触不好的情况下，渗漏速率必须乘以5.5。

附录D：渗滤液管理/处理

D.1 惰性和危险渗滤液的组成成分

表D.1 惰性和危险渗滤液的组成成分

欲 测 物	惰性渗滤液		危险渗滤液	
	德国	英国	德国	德国
			旧填埋场	其他填埋场
pH值	7.5	8.1	6.3～7.6	5.9～11.6
传导率/(mS/m)	250	n. r.	n. r.	n. r.
化学需氧量/(mg/L)	130	236	2320～29300	50～35000
五日生化需氧量/(mg/L)	20	n. r.	850～15000	41～15000
总有机碳量/(mg/L)	40	93	n. r.	n. r.
可吸附有机卤化物/(mg/L)	n. r.	n. r.	4～292	0.04～36.5
苯酚/(mg/L)	n. r.	n. r.	5.4～35	＜0.01～350
氨态氮/(mgN/L)	13	28	28～3670	＜5～6036
硫酸盐(SO_4^{2-})/(mg/L)	450	212	30～7120	18～14968
氯化物/(mg/L)	100～600	373	300～126300	36～36146
钠/(mg/L)	270	104	n. r.	n. r.
钾/(mg/L)	50	50	n. r.	n. r.
镁/(mg/L)	30	47	n. r.	n. r.
钙/(mg/L)	200	335	n. r.	n. r.
铁/(mg/L)	3.5	70	1.4～2700	0.38～95.8
锌/(mg/L)	0.1～0.2	n. r.	0.14～3.5	0.02～27.24
镍/(μg/L)	7	n. r.	16～1000	14.2～30000
铜/(μg/L)	1～11	n. r.	37～300	1.3～8000
砷/(μg/L)	9～37	n. r.	2～71	＜2～240
汞/(μg/L)	n. d.	n. r.	0.56～7	0.17～50
铅/(μg/L)	3～6	n. d.	6～650	4.3～525
填埋场数量	3	6	7	28

注：1. Hjelmar等，1994；2. n.d. 意思是无法发现；3. n.r. 没有报告。

表 D.2　渗滤液不同处理工艺性能比较

处理工艺	有机物年轻（<5年）	有机物中等年限（<5年～10年）	有机物旧的（>12年）	金属	挥发性有机化合物	氮	首要污染物	固体	注释
物理-化学									
空气吹脱	NA	NA	NA	NA	好	好	一般	NA	需要进行废气处理
絮凝/沉淀	不好	一般	不好	好	NA	不好	NA	好	
生物									
需氧悬浮生长	好	一般	不好	好	好	一般	一般	一般	
需氧固定膜	好	一般	不好	好	好	一般	一般	一般	
厌氧(上流式厌氧污泥床)	好	一般	不好	好	好	不好	一般	一般	
先进的/第三代									
炭吸附	不好	一般	好	NA	好	NA	好	NA	需要预处理
膜处理	好	好	好	好	一般	好	好	好	需要预处理
化学氧化	不好	一般	一般	NA	一般	NA	好	NA	

处理工艺	需要的土地	处理流量变化的能力	处理流入液质量变化的能力	工艺可靠性	工艺的操作容易程度	工艺升级改造的容易程度	产生的废物
物理-化学							
空气吹脱(气提)	小	一般	一般	好	一般	不好	氨
絮凝/沉淀	中等	好	好	好	一般	好	污泥
生物							
需氧悬浮生长	大	好	一般	好	好	好	污泥
需氧固定膜	大	不好	好	好	好	不好	污泥
厌氧(上流式厌氧污泥床)	中等	好	一般	好	一般	一般	污泥
先进的/第三代							
炭吸附	小	不好	不好	好	一般	一般	用过的炭
膜处理	小	不好	好	好	一般	一般	盐水
化学氧化	小	一般	一般	一般	不好	一般	污泥

注：1. 根据 Qasim 和 Chian (1994) 修改。

2. NA＝不适用。

D.2　监测要求

下面是控制和监测等级示例。环境保护局颁发的废物处理许可证中关于在曝气池进行渗滤液处理可能要求的控制和监测。显然，废物处理许可证不同，监测和控制等级也不同。

排放点编号：E-1

处理说明：污水处理

监测项目①	监测频率①	监测设备/方法①
总有机碳量、生化需氧量、化学需氧量(不包括平衡罐)	连续/每天/每星期	总有机碳记录仪/标准方法
氨(不包括平衡罐)	连续/每天/每星期	氨离子选择性电极
流量(不包括平衡罐)	连续/每天/每星期	流量计/记录仪
pH值(不包括平衡罐)	连续/每天/每星期	pH值测定仪/记录仪
传导性(不包括平衡罐)	连续/每天/每星期	仪器/记录仪
溶解氧(曝气池)	连续/每天/每星期	溶解氧测定仪/记录仪
总有机碳量、生化需氧量、化学需氧量(最终排出物)	连续/每天/每星期	总有机碳记录仪/标准方法
氨(最终排出物)	连续/每天/每星期	氨离子选择性电极
流量(最终排出物)	连续/每天/每星期	流量计/记录仪
pH值(最终排出物)	连续/每天/每星期	pH值测定仪/记录仪
传导性(最终排出物)	连续/每天/每星期	仪器/记录仪
混合溶液固体悬浮物	每天/每星期	标准方法
污泥容量指数	每天/每星期	标准方法

① 在对实验结果分析后，可以对频率、方法、监测范围、取样和分析进行修正。

设备：

控制参数	设备	备用设备
污水转移	升液泵	放在现场的备用泵和备件
污水平衡	搅拌器 推进泵	放在现场的备件 放在现场的备件
溶解氧	三面通风设备 六台浸入式飞行搅拌器 固定式溶解氧测定仪	放在现场的备件 放在现场的备件 便携式溶解氧测定仪
悬浮固体	污泥输送泵(×2)	放在现场的备件

附录E：废物填埋场气体管理

表E.1 典型废物填埋场气体成分（来自英国能源部）

成分	典型值(体积)/%	观察到的最大值(体积)/%	成分	典型值(体积)/%	观察到的最大值(体积)/%
甲烷	63.8	88.0	丁烷	0.003	0.023
二氧化碳	33.6	89.3	氦	0.00005	—
氧	0.16	20.9	高级烷烃	<0.05	0.07
氮	2.4	87	不饱和烃	0.009	0.048
氢	0.05	21.1	卤化物	0.00002	0.032
一氧化碳	0.001	0.09	硫化氢	0.00002	35.0
乙烷	0.005	0.0139	有机硫黄化合物	0.00001	0.028
乙烯	0.018	—	乙醇	0.00001	0.127
乙醛	0.005	—	其他	0.00005	0.023
丙烷	0.002	0.0171			

表 E.2 用于废物填埋场气体的典型仪器

要测量的变量	选择测量工具	典型量程
温度	机械度盘式温度指示器	0～80℃
	热电偶	100～1250℃
	热敏电阻	－50～50℃
	铂膜电阻	－50～1250℃
压力	Bourdon 度盘式压力指示器	－150～500mb
	薄膜开关	
	传感器	
流量	孔板	0.1～1.0m^3/s
	皮托管	
	涡轮流量计	
	文丘里流量计	
	机械气体流量计	
甲烷含量	红外线传感器	0～100%(体积比)
	Pellistor	0～80%(体积比)
	火焰电离探测器	(0.1～10000)×10^{-6}
二氧化碳含量	Infra-red sensor	0～50%(体积比)
	红外线传感器	
氧含量	化学电池	0～25%(体积比)
	顺磁电池	
微量成分(卤化物、烃类化合物等)	Draeger 管	(1～1000)×10^{-6}
	气相色谱仪	
	光学电离探测仪	

缩 略 语

AOX 可吸附有机卤化物

ASTM 美国材料试验协会

BATNEEC 可得到的最好的且不需要承担额外费用的技术

BES 膨润土强化的土壤

BOD 生化需氧量

cc 立方厘米

BSI 英国标准学会

CCTV 闭路电视

CIRIA 建筑业研究和信息协会

COD 化学需氧量

CQA 施工质量保证

CQC　施工质量控制
CSPE　氯磺化聚乙烯
DGM　数字土地模型
dti　贸易及工业部（英国）
DTM　数字地形模型
EIS　环境影响报告书
EPA　环境保护局
ETSU　能源技术支持单位（英国）
FML　柔性膜衬层（亦称土工膜）
FSR　洪水研究报告
GCL　土工合成黏土衬层
GLLS　土工膜泄漏位置勘测
GRI　土工合成材料研究所
HDPE　高密度聚乙烯
HHW　家庭危险废物
IEI　爱尔兰工程师协会
LCRS　渗滤液收集和清除系统
LEL　爆炸下极限
LFG　填埋废物产生的气体
LLDPE　线性低密度聚乙烯
MCV　湿气条件值
MDPE　中密度聚乙烯
MQA　制造质量保证
MQC　制造质量控制
NRA　国家道路管理局
NSF　国家卫生基金
NTP　标化温度和压力
PE　聚乙烯
PS（C）　项目监理（施工）
PS（D）　项目监理（设计）
PVC　聚氯乙烯
QA　质量保证
QC　质量控制
TOC　总有机碳量
TRL　运输研究实验室
UEL　爆炸上极限
WMA　《废物管理法》(1996)
WWTP　废水处理厂

术 语 表

阿太堡极限：土壤的液性极限和塑性极限。

爆炸上限（UEL）：25℃和常压下，可燃气体与空气的混合物传播火焰的最高体积百分比浓度。

爆炸下限（LEL）：25℃和常压下，可燃气体与空气的混合物引起火焰蔓延的最低体积百分比浓度。

背景监测：在对建议设施进行任何开发前为了确定背景环境状况在建议的设施所在地或设施所在地周围进行的监测。

比渗透率（k）：流体通过介质速度的量度。只是介质（固体组件）的特性。

表Ⅰ/Ⅱ中的物质：“欧盟关于危险物质（76/464/EEC）和地下水（80/68/EC）的条例”中提及的物质。

不需要承担额外费用的最佳可行技术：“不需承担额外费用的最佳可用技术”定义于《废物管理法》的第5（2）部分。

测压管水位：代表承压含水层地下水总水头的水位。

产生甲烷阶段：细菌将脂肪酸分解成甲烷和二氧化碳的阶段。

超高：从构筑物水位到构筑物顶部的距离。如果是表面积水，超高则为最大工作高度与储存的液体的溢出液位间距离。

衬层系统：排水层和衬层的结合。

衬层：用于阻挡渗滤液、地下水和填埋场气体流动的低渗透性屏障。

承压含水层：水被封闭在无渗透性的地层上方或下方并且带压力的含水层。

城市生活垃圾设施：用于为家庭和商业经营者提供丢弃可回收废物和其他废物的便利中心设施。

触发水平：遇到该数值时需要采取某些行动。

导水性：水流穿过含水层的饱和层、既能大量储存水又能传输水的地层或地质构造的容易程度。

等高线：地形图上连接高度一样的点的线或者平面图上标识普通地下水高度或地下水中浓度相同的污染物（污染羽流）。

堤岸/护堤：堤或筑堤，一般用黏土或其他惰性材料修筑，用来限定区间、相位或道路的界限，或将运营的填埋场与临近的所有物屏蔽开来，或者用来降低噪声、遮挡视线、减少尘土和废物的影响。

地下水位：在非承压含水层中，孔隙水压力（即压强为大气压）为零的水位。

地下水：在地面以下的饱和带、与土地或下层土直接接触的水

堆肥：经过需氧分解并且被用作肥料或土壤改良剂的有机物。

对流：气体从压力高的区域向压力低的区域流动。

惰性废物填埋场：只接受满足爱尔兰环保局的《废物验收手册》规定的标准的惰性废物

的填埋场。

反硝化作用：在缺氧条件下硝酸盐被还原成氮气。在缺氧条件下，硝酸盐被异养菌当作氧的来源。必须加入碳源。

放空燃烧放散：用于燃烧废物填埋场气体、将甲烷转化成二氧化碳的装置。

非承压含水层：在饱和区域的上表面构成地下水位。

非危险废物填埋场：接受满足爱尔兰环保局的《废物验收》手册和《关于废物填埋场的委员会条例 1999/31/欧共体》第 6 条规定的标准的废物填埋场。

废物填埋场：用于在地面或地下处理废物的废物处理设施。

分期：废物填埋场的渐进使用，目的是能够在填埋场的不同部分同时进行施工、运营（填埋）和恢复。

封盖：废物上的覆盖物，通常使用低渗透性的材料（废物封盖）。

封盖系统：由放在废物上、主要为了把渗入废物的水降到最少的许多不同组件构成的系统。

复合衬层：包括 2 层或更多层互相直接接触的衬层。

高架火炬：以明火燃烧填埋场气体。

含水层：构成地层、一组地层或地层的一部分的含水土壤或岩石。

含水量：废物或土壤样品所含湿气（通常是水）的重量。通常的确定方法是，将样品在 105°C 的条件下干燥，直到重量恒定。

后期维护：某设施的有关活动停止后，出于防止环境污染的目的而必须采取的与该设施有关的任何措施。

后续用途：恢复工作以后废物填埋场的用途。

化学需氧量（COD）：在受控条件下，化学氧化剂消耗氧气量的量度。化学需氧量一般大于生化需氧量，因为化学药剂经常比生物条件氧化的化合物多。

恢复：为了能够在填埋场关闭后按规划使用而在废物填埋场做的工作。

活性污泥：污水连续曝气时产生的大量细菌、原生动物、其他微生物和相当比例的惰性碎片组成的微生物絮凝体。

间接排放：经过土壤或下层土过滤后，使表Ⅰ或表Ⅱ中的物质 进入地下水。

建筑或拆除废物：拆除或建设建筑物或其他民用工程结构产生的砌筑或碎石废物。

胶体：很小的、细粒固体（不溶解并且不能通过过滤来清除的颗粒）。因为粒径小并且带电，这些细小颗粒能长期的散布在液体中。当水中的大多数颗粒带负电时，它们倾向于互相排斥，这种排斥阻止它们变得更重和沉淀。

接受水体：排放的水或污水进入的流动的或不流动的水体，例如溪水、河、湖、河口或海。

井口装置：气井顶部控制填埋场气体抽取的装置。

可生物降解废物：能够进行厌氧或需氧分解的任何废物，例如食物和花园废物、纸和纸板等。

空隙空间：能够堆放废物的空间。

孔隙水压力：相对于大气压测得的土壤中的地下水压力。

扩散：从高浓度区域向低浓度区域流动。

冷凝液：填埋场气体中的水蒸气冷凝在气体管道中形成的液体。

离心压气体升压泵：利用特殊形状外壳内的旋转叶轮将气流动能转化成压力增量的气体升压设备。

流出液：从一个过程或系统流出的液体。

笼罩放空燃烧：燃烧过程在燃烧室内的放空燃烧。为了防止火焰降温，燃烧室隔热。通常提供一些燃烧控制手段。也被称为封闭放空燃烧或地面放空燃烧。

锚固沟：土工合成材料的末端被埋入地下并以合适的方式回填的沟。

密度：单位体积的物质的质量。

凝结剂：使胶体不稳定并使细小胶体颗粒结合（絮凝）成更大团块的化学物质。通过沉淀或浮选能够把结合成更大团块的胶体与水分离。

排放物：由环境保护局法（1992）指定的含义。

排气：指的是在废物填埋场提供的允许堆放的废物在生物降解期间产生的气体或蒸汽逃逸进入大气的机制。

膨润土：经过商业加工的主要由蒙脱石组成的黏土材料。

破坏性试验：对从现场装置上割下来的土工膜接缝试样或试片进行的试验，目的是验证其是否符合规范性能要求。

气井：废物填埋期间修筑的或过后在废物区域改建的、用于通过主动抽气或被动排气监测和/或清除填埋场气体的井。

气提：通过气体交换从液体中清除挥发物。

区间：分期的一部分。

取土坑：材料取自该区域但用于其他地方的区域。

日常覆盖：（约150mm，如果使用土壤覆盖）是用来描述每天工作结束时盖在废物上的覆盖物。

柔性膜衬层（FML）/**土工膜**：和地基、土壤、岩石、泥土或其他土工技术工程材料一起使用的基本无渗透性的膜，该膜是人工项目、结构和系统的组成部分。

深度处理：得到比一级处理和二级处理更进一步净化效果的处理过程。

渗滤液：《废物管理法》5（1）章定义的渗滤液为：通过堆放的废物渗透出来的、废物中释放出来的以及包含在废物中的任何液体。

渗滤液井：在废物区域建的用于监测和/或抽取渗滤液的井。与之相反的是钻孔，该术语 用于描述废物堆放区以外的“井”。

渗滤液收集和清除系统（LCRS）：为了清除渗滤液将渗滤液汲取到中心点的工程系统，同时也为了把衬层上的渗滤液的聚集量和深度降到最低。

渗滤液再循环：将渗滤液从被提取的地方送回废物填埋场。

渗透系数（K）：用以描述流体能够穿过渗透性介质速度的比例系数（也被称为渗透性系数）。它是介质（固体组件）和穿过固体的流体的函数。

生化需氧量（BOD）：在需氧条件下，在细菌分解有机物（食物）的过程中，微生物利用溶解氧速度的度量方法。BOD_5 试验表明污水的有机物强度，该强度是通过测量试样在

20℃的黑暗条件下培养5天后的溶解氧浓度和培养前的溶解氧浓度确定的。为了防止硝化作用的发生可以加入抑制剂。

生物污着：细菌生长导致的井、泵或管道的堵塞。

施工基面：坑（洞）的最终挖掘深度。

施工质量保证（CQA）：为设施按照合同和技术规范施工提供保证的有计划的行为制度。

施工质量控制（CQC）：用以监督和控制建设项目质量的有计划的检查制度，该制度有助于承包商遵守项目计划和规范。

水解：细菌将有机大分子分解成可溶小分子，例如低级脂肪酸、单糖和氨基酸。

水力负荷：与收集系统或处理设备的水流容量相关的流量。

水力梯度：两点间总水头之差与两点间流程之比。

水平衡：为估计产生的液体量做的计算。对于废物填埋场，水平衡通常指渗滤液的产生量。

水文地质学：研究土壤和岩石的地质状况与地下水之间的关系的学科。

探坑：挖掘的坑。

填埋场气体（LFG）：填埋的废物产生的所有气体。

土工复合物：使用土工织物 、土工格栅、土工网和/或土工膜叠层或以复合形式制造的材料。

土工格栅：用于加固的土工合成材料。

土工合成材料：用于土工工程用途的所有合成材料的通称。该术语包括土工膜、土工织物、土工网、土工格栅、土工合成黏土衬层和土工复合材料等。

土工合成黏土衬层（GCL's）：工厂制造的水力传导屏障。典型的土工合成黏土衬层由用土工织物和/或土工膜支撑并通过缝合、压合或化学黏结剂结合的膨润土或其他渗透性很低的材料（加黏结剂或不加黏结剂的粉末或颗粒状膨润土）构成。

土工网：用于排放液体和气体土工合成材料。

土工织物：与地基、土壤、岩石、泥土一起使用的任何渗透性织物或作为人工工程、结构或系统的组成部分的与土工工程有关的材料。

脱水作用：一种地下水控制手段。

危险废物填埋场：只接受满足爱尔兰环保局的《废物验收》手册和“关于废物填埋场的委员会条例1999/31/欧共体”第6条规定的标准的危险废物的填埋场。

温室效应：吸收地球表面再辐射的热量并导致全球温度上升的气体在大气上层的聚集。

污泥：在水或污水经过处理后，化学凝结、絮凝 和/或沉淀产生的固体聚集物，其干物质含量为2%～14%。

污水池：用来容纳液体（例如收集到的来自废物的渗滤液）的陆地。

无损检测：不要求取样、也不损坏安装的衬层系统、就地进行的检测。

吸收能力：在特定条件下，单位重量的固体吸入并保留的液体最大量。废物填埋场废物的吸收能力通常是指在渗滤液产生前单位重量废物保留的液体量。

稀释：由各种物质，单独作用或复合作用（包括稀释、吸附、沉淀、离子交换、生物降解、氧化、还原等反应）所引起的液体中化学物质浓度降低的过程。

向下斜面： 地下水或地表水的流动方向，也称为下斜坡。

硝化作用： 自养菌亚硝酸化菌和硝化杆菌导致的氨和铵的连续氧化，首先转化成亚硝酸盐，然后转化成硝酸盐。

需氧： 一种可以获得氧元素并且以自由形态被细菌利用的状态。

絮凝： 轻轻搅拌已经形成絮状物的水，促使颗粒聚合并长大并且更快沉淀。

旋转生物接触器： 使用旋转支撑介质的附着生长生物膜工艺。

厌氧： 氧不能以溶解氧或硝酸盐/亚硝酸盐的形式被加以利用的状况。

液体废物： 包含的干物质少于 2%的液体形式的任何废物（包括污水但不包括污泥）。

乙酸产生阶段： 填埋场废物厌氧分解的初期，此时 以有机聚合物（例如纤维素）转化成简单化合物（例如乙酸和其他短链脂肪酸）为主，很少或基本上没有产生甲烷的活动。

有机负荷量： 来自污水沟的有机污染物的质量，用 kg（有机物）/ m^3（流量）。

有效雨量： 总降水减去蒸发或蒸腾导致的损失。

直接排放： 没经过土壤或下层土过滤，直接使表Ⅰ或表Ⅱ中的物质 进入地下水。

制造质量保证（MQA）：为材料按照合同文件的规定制造提供保证的有计划的行为制度。

制造质量控制（MQC）：用以监督和控制来自工厂的材料的制造的有计划的检查制度。

中间覆盖： 是指在恢复或继续放置废物前覆盖一段时间的材料（至少 300mm，如果使用土壤）。

总水头： 水在测压管中相对于任意基准面的上升高度。含水层中给定点的总水头为高程水头（基准面以上该点的高度）与压强水头（在竖直测压管中记录的点之上的水的高度）之和。

总有机碳（TOC）：溶解在水中或悬浮在水中的有机物中的碳的质量浓度。

阻火器： 填埋场气体在管道内或加工设备内起火或火焰从烧嘴进入管道时，阻火器防止火焰沿着管道移动。

钻孔： 为了监测和抽取填埋场气体、地下水，在废物区域以外所建的井，通过把套管和油井筛管放入钻孔建成。如果建在废物区域内，则被称为井。

钻芯： 使用空心钻钻孔时得到的材料。

4

填埋场运营管理

4.1 引言

4.1.1 欧盟和国家政策

环境部门和地方政府正共同建立爱尔兰废物综合管理框架，该框架包括政策、立法、基础设施和其他管理措施。“环境服务经营计划（1994～1999）”的第9部分“废物管理”声明，将特别重视废物管理规划、废物处置和回收装置的安装及相关服务。

欧盟废物管理政策的目标可以用一些计划概括，这些计划的宗旨是：

① 预防废物产生；

② 减少不可回收废物的数量；

③ 最大限度地循环利用废物并将废物再次用于原料和能源；

④ 以安全方式处置任何不可回收的残余废物。

达到这些目标的方法写在欧盟第五个环境保护行动计划——“走向可持续性”中。根据该计划，将特别关注预防废物产生、使用清洁生产技术、鼓励重复利用和循环利用、提供循环利用的设施和开发安全处置废物的基础设施。近些年，欧盟已经通过了“废物战略”并修改了“废物条例”[“包装及废物包装条例（94/62/EEC)”]。贯彻这些条例中规定的标准和要求将对废物的预防、减少和最终安全处置所采取的方法产生直接的影响。

尽管欧洲议会否决了“废物填埋条例”早期的一个版本，但现在正对该条例的一个建议稿进行讨论。已经通过这个版本的“废物填埋条例”的许多草案，每个草案包括该条例对成员国的不同等级的详细要求。如果成员国同意并执行，该条例的主要目的是通过制订旨在减少废物填埋场对环境的负面影响和对人类健康的威胁，同时要求将欧盟的废物填埋场升级至令人满意的标准。

《废物管理法》(1996）指定爱尔兰环保局为享有向重要废物管理机构颁发许可证的权力的机构，这将包括所有接受大量生物可降解废物的填埋场。该法案规定了发放和持有废物许可证必须遵照的标准。总之，该法案的目的是希望这些要求能鼓励废物填埋场向大型化并且经过专业工程师设计的方向发展，这是一个已经能够看到的趋势。在爱尔兰，许多现有的废物填埋场将需要升级，以便达到更高的标准要求。

4.1.2 废物填埋场的作用

在爱尔兰，废物填埋是处置家庭、商业和工业废物的主要方法，每年至少接受200万吨废物。尽管为废物循环利用和最少化付出大量努力，今后废物填埋场仍可能被广泛采用。目前，爱尔兰大约92%的家庭和商业废物被运到废物填埋场处置。20%的家庭和商业废物可以循环利用，余下的80%家庭和商业废物很可能被运往废物填埋场。在这种情况下，运往地方政府废物填埋场的废物在逐年增加。

还有其他非填埋处置的方式，但它们不可能在下一个十年取代填埋而成为爱尔兰主要的废物处置途径。尽管焚烧是一种处理方式，但该技术有一定的局限。其他处理方式，例如堆制肥料、用废物生产燃料，可能起到把废物从填埋场分流的作用。但在中长期内，填埋场将继续为废物处置做出重要贡献。

过去，废物填埋场很少被专业设计成隔离（防泄漏）状态。在许多较老的填埋场缺少环境监测计划，这意味着不能在产生问题前评价这些废物填埋场对周围环境的影响。当管理不善时，废物填埋可能对环境造成重大影响。有关的问题经常可能产生长期的影响，这些影响包括对地下水和地表水的污染以及空气污染。较短时间内的影响包括产生气味、噪声和视觉污染。

在过去的十年中，废物填埋场的标准和实践处于缓慢但稳步提高的状态，其中的一个例子是衬层技术。现在，普遍认识到废物填埋场的建设和运营具有重要意义并且是土建工程的一个分支。在现有的许多填埋场，人们已经积极寻求把废物用作能源。

所以，对填埋场选址、设计、运营和监测以保证其不产生以下严重影响：

① 危害环境；

② 威胁人类健康；

③ 对水、土壤、大气、植物或动物造成严重威胁；

④ 对乡村或自然保护区产生负面影响。

在爱尔兰更现代的废物填埋场和欧洲其他地方的经验表明，管理良好、设备运行良好的废物填埋场能够长期满足这些标准。

4.1.3 运营实践手册

本手册的宗旨是帮助现有生物可降解废物填埋场改善管理并为如何经营新的填埋场提供指导。这样，本手册将为提高国家填埋场标准有所帮助。该手册规定了日常运营的基本要求，其中包括废物放置、覆盖、区间设计、现场管理、渗滤液和气体控制。但是，良好的现场管理不能只基于如何运营废物填埋场，认真考虑填埋场与其周边环境的关系也同样重要。改善填埋场的具体运营情况与对填埋场运营的理解具有同样重要的意义，特别是公众把废物填埋场作为废物处置的负面理解，这对于在填埋场附近生活或工作的人和填埋场使用方都至关重要。因此，本手册包括有关这些方面（例如填埋场外观、公害和与公众的联络）的内容。

正如上面所讲的，本手册是一系列手册中的一本，所以应该与已经出版的两本手册一起阅读，还要与以后出版的手册一起阅读。考虑到填埋场气体和渗滤液的产生，《废物填埋场监测手册》规定了这些物质的监测要求。与其相似，出版的《废物填埋场设计手册》描述新填埋场设计和进行大规模扩建的现有填埋场。

该手册的法律基础是《环境保护局法》（1992）第62条。该法律要求爱尔兰环保局规定并出版废物填埋场标准和规程。这些标准不仅与家庭废物有关，也适用于填埋场中其他废物的处置。《运营实践手册》针对的是接受生物可降解废物的填埋场的经营者，他们可能是地方政府部门或个人。《环境保护局法》（1992）第62(5)条要求地方政府尽快采取实际可行的步骤，以便确保地方政府管理或经营的废物填埋场达到爱尔兰环保局规定的标准或出版的规程。

从废物填埋场管理学角度考虑，废物填埋的科学与实践本质上是动态的。与此对应，爱尔兰环保局打算定期更新废物填埋系列手册，以便反映填埋场管理方面的进步。

4.2 现场记录保存和管理

4.2.1 概述

废物填埋场的日常运营涉及人力、设备和材料等方面内容。填埋场管理目的是对填埋场更好地了解和控制，特别是对生物可降解过程和有关影响有更好地理解和控制，这是用于填埋场运营的技术越来越综合而且填埋场接收的许多废物的生物可降解性高的结果。这些发展表明需要提前做综合规划，以便在剩余的使用期内有组织、有条理地管理填埋场。这种提前规划将与《废物管理法》（1996）规定的为满足废物许可证的要求并同步进行。

4.2.2 环境管理计划

所有废物填埋场应制订详细的“环境管理计划”。首先从填埋场的经营者开始，管理合格的填埋场需要该计划，此计划也将为申请《废物管理法》要求的废物许可证提供必要的参考信息。

“环境管理计划”分成许多章节，并附有相关图纸。表4-1给出了这种文件中需要的内容，以及废物许可证申请表格，给出更详细的指导。在某些情况下，经营者无法得到填埋场中早期的、已经填埋的部分的信息。但是，应尽可能多的提供信息，并对有些部分进行估算。

表 4-1　废物填埋场环境管理计划

经营者的详细信息

经营者和填埋场的名称和地址，包括对填埋场运营负责任人（包括现场经理和现场工程师）姓名，还应包括有关电话号码。

填埋场的描述

· 边界和地形；
· 该地区的地质和水文特性；
· 当地气象状态。

接受的废物的种类

应详细说明该废物填埋场的操作规程和能够接受的废物的类型。应明确说明是否接受家庭、商业和工业废物。危险废物和其他难处理的废物应单独列出。如果允许，应明确给出某种物质的最大允许浓度和负荷极限。应考虑给出其他难处理废物（例如轮胎、空桶、下水道淤泥、石棉等）的接受量。

接受废物的数量

应详细说明每年接受进入该填埋场的废物数量，说明接受的废物数量时应将废物分类（例如家庭废物、商业废物、工业废物——根据类型、来源等分类）。

填埋场容量

应提供填埋场原始容量和剩余容量的估算值，剩余容量的估算值来源于年度勘测。

工程细节

应包括填埋场所有重要工程设施的详细信息，包括以下几个方面：

· 场地准备工作和提供的服务；
· 详细的容量信息；
· 渗滤液排放、收集和处理；
· 减少填埋场气体的方法（被动排放沟、主动抽气）、收集和放空燃烧；
· 废物填埋场气体、渗滤液、地表水、地下水等的监测点；
· 围栏、大门和其他保安设施；
· 填埋场出入道路和二级道路；
· 办公室、燃料库；
· 目前的景观和树木种植；
· 车轮清洁基础设施、现场地秤等；
· 地表水控制措施、沟渠、道路排水沟、车轮清洗水等。

运营相关事项

· 运营说明；
· 填埋分期；
· 水、渗滤液和气体控制措施；
· 环境公害控制措施；
· 填埋场开放和工作时间；
· 出入控制和废物接受规程；
· 要使用的设备；
· 废物放置规程；
· 覆盖要求；
· 现场人员，包括资质、义务和责任方面的信息；
· 监测和维护规程；
· 操作和安全规程（包括安全声明）和应急程序；
· 减少乱丢废物的方法和规程；
· 减少噪声和灰尘；
· 车轮清洁规程；
· 应对害虫和其他有害物的措施；
· 已填埋区域沉降的评估；
· 压实废物密度的评估。

续表

关闭和后期维护规程
·最终容量和该设施期望的运营期； ·填埋场最终等高线和地形； ·恢复计划； ·填完区域的关闭和恢复分期； ·后期监测和其他控制措施； ·后期的维护计划。

每个废物填埋场都需要进行详细的地形勘测，这应基于位于该填埋场中的区域的标记的固定数据点，这些区域不可受到干扰，而且与军用数据点有关。这些将为以后的现场勘测提供基准，以便能够对照这些勘测并且测绘的图能够互相覆盖。

每年应重复场地勘测和计算相关的空闲空间，其目的是测定填埋速度。最新的勘测作为其他计划和填埋场开发的基础。应勘测所有渗滤液及填埋场气体监测点并准确记录。应精确勘测所有渗滤液液位监测点的基准，以便能够根据废物填埋场外周的固定监测参照点测定渗滤液液位。年度勘测期间，应检查这些基准的精度，以确保将填埋的废物的沉降和横向移动等因素考虑进来。

4.2.3 其他现场记录

所有废物填埋场应保存一系列记录。即保留填埋场和填埋场构筑物的全套图纸，包括所有衬层、渗滤液排放和收集系统及封盖等工程图纸。计划应附有承担的开发工程的书面说明、不同阶段填埋场的照片和具体投资方案的细节。保留所有进入填埋场的废物的现场记录，包括用于恢复和覆盖的惰性材料的入场记录。

现场记录包括关于环境监测结果的说明。妥善保管记录是废物填埋场有效管理的必不可少的一部分。为了评价和了解生物可降解过程，需要监测记录。

建立有组织的记录保管系统是很有必要的，而且应尽早将这样的系统引入到废物填埋设施的开发。尽管在以前的废物填埋场数据不足，但仍需要引进记录保管系统，经营者应把这项工作放在首要位置。

在设施的整个使用期内都应保存记录，在关闭期和后期维护也应保留记录。文件应组织有序、清晰易读、标有日期并由负责人签字。在该填埋场以外的地方，至少应保存一套完整记录的复印件。

现场记录应包括：

① 所有现场评价和勘测文件、钻孔日志等复印件；

② 有关填埋场设计以及填埋场其他建筑物设计的信息和计划；

③ 有关员工、来客和承包商的现场规章的复印件；

④ 废物接受规程；

⑤ 检查记录、培训和通知规程资料；

⑥ 恢复和后期维护的详细计划；

⑦ 现场勘测和空闲空间的计算；

⑧ 所有填埋场气体、地下水、地表水和渗滤液监测点的位置，附有取样记录；

⑨ 环境监测计划；

⑩ 环境监测结果及其解释；

⑪ 与填埋场设计、管理工程和环境监测有关的员工姓名、职务、资质；

⑫ 接受进入填埋场的废物的数量、性质和来源的记录；

⑬ 现场检查记录；如果接受危险或难处理的废物，现场记录应包括接受的废物的类型和数量的详细信息和表明这些废物位置的场地平面图；

⑭ 投诉的细节和矫正措施；

⑮ 涉及安全和健康、事故和火灾的规程和记录；

⑯ 填埋场规划许可（如果要求）、环境影响评价和部级证书（如果颁发）的复印件；

⑰ 废物许可证（如果要求）申请（包括提交的支持申请的信息）的复印件；

⑱ 废物许可证（已经颁发时）和任何附录的复印件；

⑲ 所有其他与填埋场有关的官方文件（包括同意书和其他证书）的复印件。

4.2.4 年度环境报告

所有经营者每年至少应对其废物填埋场审核一次。利用审核结果和其他现场记录撰写该填埋场的年度报告。爱尔兰环保局的《废物填埋场监测手册》规定了对年度报告的最低要求：该报告应说明上年度接收情况，指出区间位置和在此期间所用的分期制度等；清楚标识任何危险废物的堆放，包括对环境监测的全面说明和对环境监测结果的明确评价以及该填埋场对环境的影响；应对所有投诉予以总结并附有采取的改正措施；工作计划，该计划突出在未来几年需要放在首位的工作内容。在随后几年的年度报告中，应说明在这一年里如何对待这些放在首要地位的工作。

4.2.5 现场管理和人员配置

所有废物填埋场都应由合适的、合格人员管理，任命指定人为经理并对填埋场负责。填埋场经理不需要全时间留在填埋场，填埋场经理的大部分工作是监督填埋场的运营。

所有废物填埋场都应有指定的工程师在现场。该工程师具有一定学历学位，或获得同等资质并具有合适的经验。该工程师的职责包括对填埋场的日常视察、检查/证明和对填埋场开发的全面监督。

在特定条件下，填埋场经理和现场工程师可以是同一个人。但是，经营者应该能够证明这个人在这项工作的两个方面都具有足够的资质和经验。

土建工程（例如衬层系统）和关键环保装置（例如填埋场气体沟）的安装必须由该工程

师监督。如果需要，可以聘用第三方承担重要填埋场工程的质量保证工作，需要贯彻质量保证/质量控制（QA/QC）或施工质量保证（CQA）。

质量保证/质量控制（QA/QC）技术包括规划和核查的要求，规划和核查的目的是保证工程设计和施工过程中是否贯彻设计要求。通过独立工程师认证的制度，施工质量保证应被视为填埋场关键构筑物开发过程中必不可少的工具。独立工程师有义务评价设计、材料和技艺以及设计、材料和技艺是否达到规定的要求。通常情况，整个工程基于达成共识的施工质量保证方法声明，该声明详细规定工程得到认可的方式、记录保存规程、试验方法和频率、违约行为的处理机制。要采用的许多试验方法是根据得到认可的国际标准［例如英国标准（BS）或国际标准化组织（ISO）标准］，但其他方法需要开发并得到填埋场设计人员、经营者和爱尔兰环保局（如果需要）的同意。

其他需要由专业人士承担的工作，例如渗滤液处理设备、气体收集系统（特别是气体放空燃烧装置）、衬层系统等的设计和安装，应由在这些方面有丰富经验的人承担。这些工作不应由填埋场的经营者直接承担，除非这个人能够证明他具有必备的实践经验和技术能力。

所有废物填埋场都有能够承担关键工作的人员而且这些人员以负责任的方式代表经营者办事是至关重要的。有一点特别重要：负责废物接收的人是许可证持有者/经营者的全职雇用。既然事实上许多废物只能在放入的时候检查，换言之，只能在工作平面上检查，设备操作人员知道有关规程并且其所处职位能够有效贯彻这些规程。工作平面上的作业应由该填埋场的永久编制人员全时间监督。工作面的监督和检查要填埋的材料的责任绝不应该交给临时雇员。不能期望雇员有在工作面检查所需要的经验和个人责任心、兴趣。

应有足够的工作人员，以便在有人生病、节假日等时候能够管理和经营废物填埋场。

填埋场不能由同一个工作人员负责开放并且接收废物。主要是对填埋场不能全面检查，而且也是出于健康和安全原因。

应提供专业发展和培训，以便员工对运营标准、法律要求熟悉，特别是能够满足检查进入的废物的需要。应对所有操作工进行培训并使其达到国家健康和安全法规的要求，特别要在安全操作设备方面进行培训。他们应知道废物填埋场的“环境管理计划”的内容、废物许可证的条件和操作要求。处理的废物的特性和种类以及与保证连续监督有关的困难使得员工有必要接受高标准的培训。

4.2.6 现场检查

在运营阶段，废物填埋场应接受现场经理彻底的定期检查。每次检查都应做好书面记录。每周应至少进行一次这样的检查，检查应覆盖现在进入运营的区域和已经完成的区域。这种检查还应包括填埋场周界和填埋场保安装置。

表 4-2 为填埋场检查报告示例。

表 4-2　填埋场检查报告表

填埋场检查报告

填埋场名称 ………… 参考号 …………

检查日期 ………… 进入时间 ………… 检查员姓名 …………

检查原因 ………… 离开时间 ………… 天气 ………… 填埋场开放/关闭 …………

检查时的状态	满意	不满意	没检查	不适用	评论
环境管理计划符合情况					
废物种类					
废物分层/压实					
废物覆盖					
破碎大块物体					
乱堆废物屏障和控制					
衬层/保护层					
填埋场道路状况					
填埋场入口状况					
公路/车轮清洁					
现场是否整齐					
火灾					
昆虫/害虫/鸟					
地表水排水					
渗滤液控制(现场)					
填埋场气体					
气味					
噪声					
灰尘					
大门/围栏/保安					
办公室/填埋场通知栏					
人员配备和监督					
现场记录保存					
燃料和设备存放					
覆盖物库存 / 乱丢的废物					
填埋场环境 / 渗滤液					

观察到的其他情况/要求采取的措施

要求立即采取措施方面：

填埋场经营者的意见：

是否取样　是/否 是否拍照　是/否	检查员签字：	接受检查方签字

4.3 场地外观和基础设施

4.3.1 概述

公众对废物填埋场的负面印象在很大程度上是过去经验的结果，过去的废物填埋场不整齐，存在乱丢废物的问题，景观不好或没有景观美化，这些因素使得公众对填埋场的管理缺乏信心。因此，使社区居民对填埋场有一定程度的认可的前提条件是重视填埋场的外观。给一般公众、周围居民、填埋场使用者留下良好印象具有重要意义。

为了树立良好形象，经营者需要处理好某些关键因素：

① 填埋场管理符合“环境管理计划”、指导方针和废物许可证的条件；

② 有合乎民意的设计和景观美化，填埋场开发与周围环境和地形有机结合起来；

③ 有效贯彻环境保护政策和实践方法。

开发工作必须行之有效而且给人以良好外观，从而向公众证明废物填埋场被有效地管理。设计必须考虑地形特点和周围景观的详细情况。根据规定，废物填埋活动产生的新地形应与边界处的现有景观能够融为一体。尽管现有填埋场在这方面受到局限，还应注意改善填埋场外观。例如通过在恢复阶段形成的地形，填埋场的外观可以大大改善。如果先前的恢复质量不好，可以需要改变外观和改变恢复方式。

填埋场周界区域产生的视觉影响具有重要意义。该区域的主要功能是在填埋场周围提供屏蔽，以便把可能产生的视觉影响、噪声影响和气味影响降到最低。因为周界区域的植被提供直接的视觉屏障，应尽量减少对这些植被的干扰。如果适用，景观美化工程应对现有植被起到补充作用。现有填埋场的外观在这些方面可以得到很大改善。

对于新的填埋场，需要采取通盘考虑的方法，即在设计阶段就考虑填埋场的开发、填埋和后期维护阶段。现有填埋场达到这些目的的难度显然比新填埋场大得多，但是可能需要根据该原则进行改进和提高，特别应随着填埋场内的区域被填埋，逐步安排填埋场的恢复，这些应与填埋工作开始前建的初始屏障工程有机结合。设计阶段需要考虑最终地形和场地的后期维护。对于现有填埋场，应首先考虑填埋场最终地形和填埋场的恢复。只要可行，还应进行适当的改善。

考虑到新、旧填埋场都需要减少它们对当地环境的影响，下面的章节规定了许多必须评价的事项。图 4-1 所示为需要评价的主要方面。

4.3.2 遮蔽和环境美化

可以用土堤形式的硬性景观美化为周界区域提供遮蔽和为不同分期之间提供分隔。土堤提供视觉屏障并能限制人员出入填埋场，它们还能大大降低噪声的影响。永久性土堤和临时土堤都能够发挥作用。临时土堤能够提供屏障并且大量存储能够用于以后恢复工作的土。可能需要永久土坝提供成熟的长期屏障。无论哪种屏障，有一点具有重要意义：如果可能，修

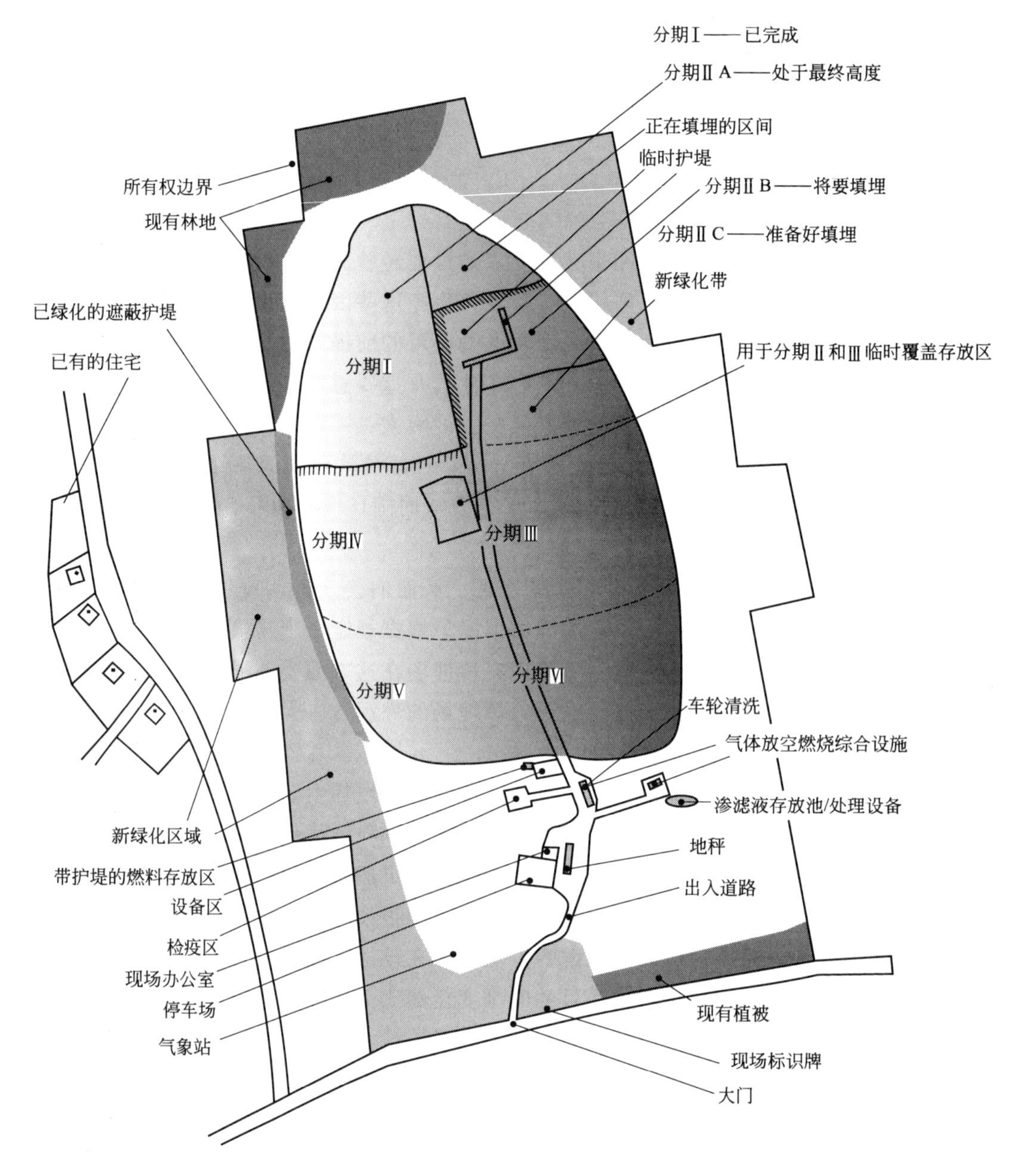

图 4-1　典型废物填埋场

建的土坝对现有地形起到补足的作用。应避免坡度的突然变化和明显的人造坡。不论是与土堤结合的绿化，还是与土堤分开的绿化，都应限制乱丢废物、尘土和噪声，一般还能“软化”硬性景观美化。所有植物都需要养护，特别是在生长初期，需要除杂草，因为杂草大大减少植物根获得的水和养分。除杂草促进植物及其附属根系健壮发育。理想情况下，绿化应选用当地品种，其设计应与填埋场周围环境成为一体。应注意，在填埋场周围种植快速生长的针叶树不是减少视觉干扰而是增加视觉干扰。所以，除非已经在填埋场周围存在，应避免采用这种屏障。

首先应注意对各种影响最大的区域，这一点特别适用于填埋场入口、临近公路的边界和靠近居民住宅的地方。布局良好的填埋场入口和出入道路给填埋场使用者和路过的人留下积极印象。在出入口，与笔直的出入道路相比，弯路更可取，这既出于视觉效果，又可通过弯路降低车速。可以综合考虑安排出入道路的位置以及绿化带和景观，目的是遮蔽现场办公室和废物填埋操作区域，而不向公路暴露。布局良好的现场办公室和废物接收区也给人良好印象。

正如前面提出的，应在早期就考虑已填埋的填埋场的最终地形，这有助于早期建立遮蔽计划并且在废物填埋场接近用完时种植的植物处于成熟状态。在考虑沉降和封盖需要的情况下，填埋场最终表面的景色设计对促进环境景观具有重要意义。总之，建设平坦的水平表面是很不受欢迎的。由于沉降，水平表面快速变成凹面。这不会将水排出填埋场，而是进入填埋场，对渗滤液管理产生消极影响。另外，平坦表面在视觉上经常没有吸引力，对提升填埋场形象也没什么作用。

4.3.3 场地基础设施

4.3.3.1 出入

公路与填埋场之间的出入道路应坚固，表面最好是混凝土或柏油碎石路面，应避免采用未硬化的道路。未硬化的道路状况很容易迅速恶化，在夏天产生灰尘，而且不能用机械清扫。相反，沥青碎石路或混凝土路能够定期清扫，防止将泥从填埋场带到公路。养护工作是任何方案的前提条件，崎岖不平、到处修补的路面可能导致交通车辆过度磨损，噪声增大，从而增加了负面影响。

限制车辆超速是重要的，道路设计最好能保证减速。例如，弯路会降低速度，而笔直道路将促使快速行驶。可以采用斜坡控制速度，但在有其他选择时，斜坡控制速度是不可取的。斜坡控制速度可能大大增加离开填埋场的空车噪声。在许多情况下，标识明确的路标和强有力的填埋场规则的实施应该能防止填埋场的出入车辆超速。

二级道路是临时性道路并且随着填埋的推进它们将被替换，二级道路可以参照较低的规范施工。所以，石块、建筑废物或类似的材料可以用于这些地方建设。如果这种道路计划使用长久一些，应该铺更结实的路面，考虑到道路清扫和更好地进行一般性养护。

图 4-2 是出入道路和填埋场临时道路的剖面图。

填埋场的所有建设道路，具有良好的排水系统。道路应合理布局，以便车辆能够容易地通行，在适用的地方，使用超车点。在更大的填埋场，有可能引进单向车道，结合车轮清洗设施，设计出填埋场道路的位置。

不好的入口会导致夜间或周末乱倒（废物），需认真布置入口。在许多情况下，重新梳理现有填埋场入口可能是解决这个问题的一种方法。例如，入口处具有良好的视线范围，能够从公路上看见乱倒行为。大尺寸的大门（停止向公路疾驰的行为）可以作为这些措施的补充，大门可以装门枢或在滚轮上横向移动，如有可能需要在入口处使用摄像头。

如果废物填埋场与城市生活福利设施共用入口和填埋场道路，重要的是将私家车与载重车辆隔离开。

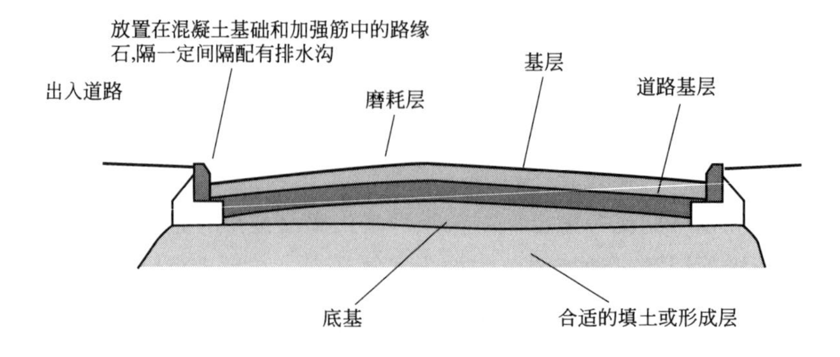

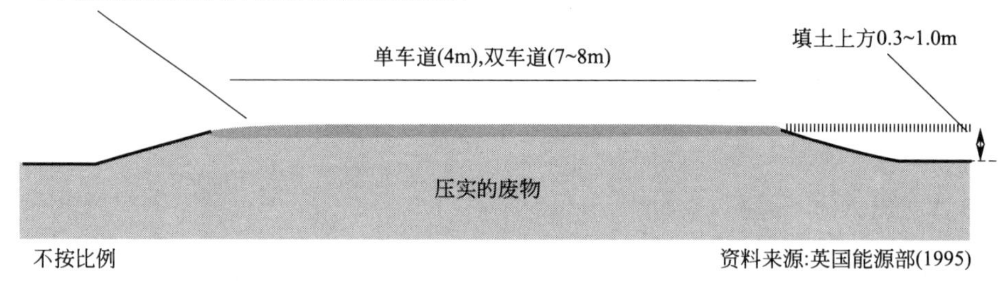

图 4-2　填埋场道路剖面图

4.3.3.2　填埋场标识和信息牌

填埋场标识牌采用结实耐用的材料制作并喷漆，放在填埋场入口处，标识牌提供以下信息：

① 填埋场名称；

② 经营者姓名、地址和电话号码；

③ 许可证编号；

④ 填埋场开放时间；

⑤ 联系电话和紧急情况电话号码。

填埋场告示牌必须予以维护并按要求更新。

4.3.3.3　安全

填埋场必须保证安全，不允许闲杂人等随便进出。

根据风险评估考虑地点（特别是到公路的距离）和人员出入情况提供安保措施。在认为可能有人未经授权出入的区域，填埋场应设置无法攀爬的栅栏、锁链或能起到同样作用的围栏。在其他非敏感区域，一般防护性围栏就可满足需要。

出于成本和未经许可进入可能性的原因，需要一种以上的围栏。例如，在入口处设置地秤、雇员生活福利设施建筑、车库、仓库、汽车间和燃料补给的区域可能使用高规格的围栏。

限制人员在填埋场工作时间，在其他时间大门应锁上。

4.3.3.4 设备和建筑

用于填埋场管理和检查入场负荷的建筑和构筑物应位于靠近入口的便利位置。所有的填埋场至少应有供水和相关的清洗设施、厕所、电话，如有可能应提供淋浴设施。

所有填埋场建筑物都应维护好。整齐、干净、良好的现场办公室给公众和填埋场使用者以良好的印象。

4.3.3.5 废物检查区域

所有废物填埋场都应设有能够进行废物堆放前检查的区域。这个区域应位于现场办公室附近，目的是在废物运输车司机登记入场时工作人员能够检查废物。在有称重设施的填埋场，当车辆停在地秤上时，能够进行检查。

为了帮助检查，检查区在夜间需要照明设施，方便接收废物。

所有废物最好都在检查区检查，有的时候可能做不到。废物经常在密闭容器中运到填埋场，这种方式运来的废物和到达时需要把废物放在填埋工作面上检查。

4.3.3.6 车轮清洁装置

所有填埋场必须有一些清洁车辆的设施，特别是为了防止将泥带到公路上。图 4-3 所示为 3 种车轮清洁装置。所有这些车轮清洁装置都可以辅以内置喷水装置，该喷水装置是通过车轮与压板接触工作的。其他结构的车轮清洗装置是车轮清洗器/振动杆组合系统。在这种组合系统中，车轮清洗器将 2 套振动杆分开。

一般情况下，车轮清洗器比基于振动杆的车轮清洁装置更可取，后者的清理效果很快变差，经常难以清理干净，工作时可能有噪声。车轮旋转装置需要经常维护，因为它们是用水系统。车轮旋转装置有个缺点：它们只能清洁车辆的主动轮。为了运转这种旋转装置，许多情况需要司机拆下轮子，所以，希望填埋场使用者避免使用这种清洗设施。

必须明确说明，要求所有载重车辆使用车轮清洁装置，进场和离场车辆只能采用单向系统。

任何车轮清洗设备或者是装置工作时，或者清洗该装置产生的污水，不应该允许直接排入河道或当地沟渠。应设置捕集悬浮固体的沉淀池和集油器，并定期检查沉淀池，必要时清理沉淀池，同时监测机油和柴油等污染物。

4.3.3.7 地秤

登记入场废物是填埋场的首要工作，从而确定填埋速度。改进现有填埋场的地秤以缩小误差。

为了给地方政府和爱尔兰环保局的废物规划工作提供信息，国家要求提供的统计数据的范围也更宽。所以，所有较大的现有填埋场都应装备地秤。所有每年废物输入量大于 10000t 的填埋场都应配备地秤，预期使用寿命超过 5 年的其他填埋场也应考虑安装地秤。

安装地秤的位置，不应使填埋场大门到公路的交通阻塞。与轴式地秤相比，台式地秤更

旋转车轮清洁装置

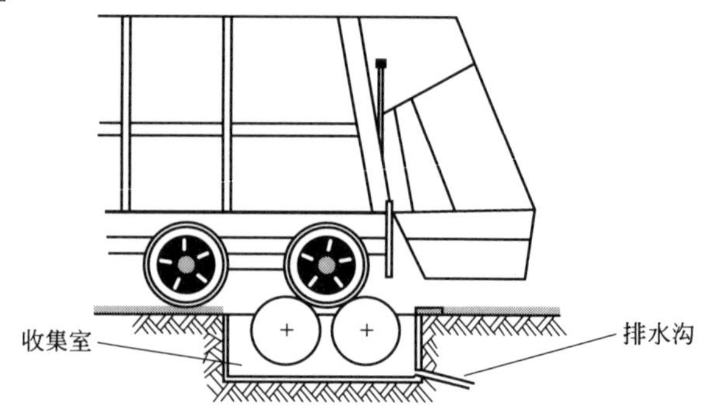

振动杆车轮清洁装置

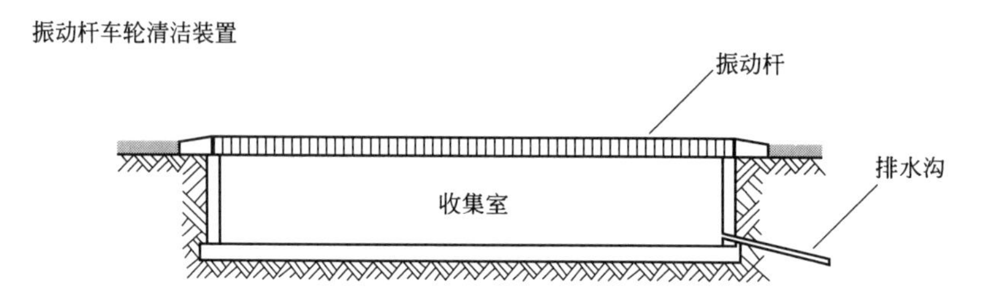

车轮清洗装置

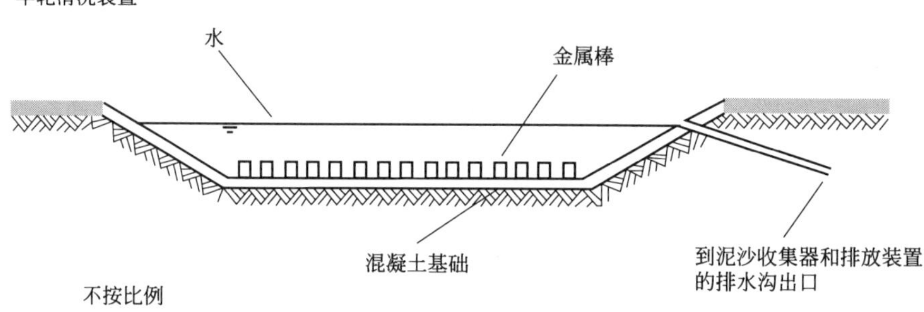

不按比例

图 4-3 车轮清洁装置

可取。因为相对容易移到另一个地方（例如废物填埋场使用完后需要移动），升起台式地秤可能是首选。不论选择哪种形式的地秤，都应注意保证填埋场气体不能在称重装置下面的空间聚集。所有地秤都应按照生产厂的安装手册定期校准。

4.3.3.8 隔离区

应提供一个区域用于临时存放被拒绝的或其他被认为不合适的材料。该存放区应该安全，带护堤，表面经过处理以应对溢出的液体（例如从损坏的桶中溢出的液体）。应选择该区域的位置，目的是现场办公室中的人能够监督该区域，但显然不应紧挨办公室。

4.3.3.9 燃料仓库

除了放在工厂或设备罐体中的燃料，所有燃料只应存在带护堤区域的罐内。所建护堤的容量应为护堤内罐容量的110%（如果护堤内的罐超过1个，则为容积和的110%），而且龙头和仪表等不应伸到超过护堤内侧的地方。所有护堤都应防水。护堤内不允许有排水龙头，残留水应用泵抽出后处置。当有排水龙头时，经常忘关排水龙头是不可避免的，这完全抵消了护堤的用途。因为修建的合适的护堤防止雨水，可能需要在护堤区域安装屋顶。

为了防止故意破坏，应通过加锁使所有罐的出口足够安全。

移动燃料补给设备，例如燃油加油车，夜间一般不应留在填埋场。相反，它们应锁好，放在表面经过处理并带护堤的区域。该区域或者在填埋场建筑内，或者在储放设施内。

在填埋场环境中，罐的护堤和加油车储放区容易被损坏，所以填埋场经理应定期检查，必要时进行修理。

4.4 放置废物

4.4.1 概述

本章描述废物放置过程并规定填埋场区域按照区间和分期进行，本节还介绍了覆盖材料和封盖的安装。

填埋场“环境管理计划”应结合废物许可证要求的条件决定日常和年度运营，以便有效利用填埋量，创造安全的工作环境并使环境公害降到最低。对于新的填埋场，该计划应在设计填埋场时制订。对于现有填埋场，“环境管理计划”的一个重要部分是，描述填埋过程、填埋完成、封盖和现有填埋区域的恢复等内容。

4.4.2 填埋方法

在填埋场未倾卸废物的区域的填埋活动开始前，应把这里的地表水、植被和其他材料从该区域清理干净。在填埋场新区域的填埋活动开始前，在通过环境监测保证停留的地表水没被污染，所有停留的地表水应用泵抽走，不应直接把生物可降解废物放入水中。

不建议使用人工衬层系统修建新的分期填埋场，该填埋场应经过专业工程师设计以保证一个或多个经过选择的渗滤液泵送点或重力排放点的有效排放，还应包括基础排放系统。爱尔兰环保局的《填埋场设计手册》分别谈到填埋场衬层系统和排放系统。

堆放的废物一般应压实成薄层，每层最厚 2m。为了保证压实设备的压实效果，工作平面应保持不大于 1∶3 的斜坡。

在每天填埋活动开始前，除非有渗透性覆盖材料，应考虑把土基日常覆盖材料刮掉。难以保证有效清除所有覆盖材料，而部分清除也会方便废物堆内的渗滤液和填埋场气体的流动。清除覆盖材料考虑到了以后封盖材料的再利用和防止覆盖材料大量占用空间。但是，某些情况下，刮走覆盖材料可能导致令人不愉快气味散发。出现这种情况时，可能需要将覆盖材料留在原处。

人们把填埋技术分成许多种，但在实践中，操作条件可能使它们的界限模糊不清。图 4-4 介绍了两种主要的技术。

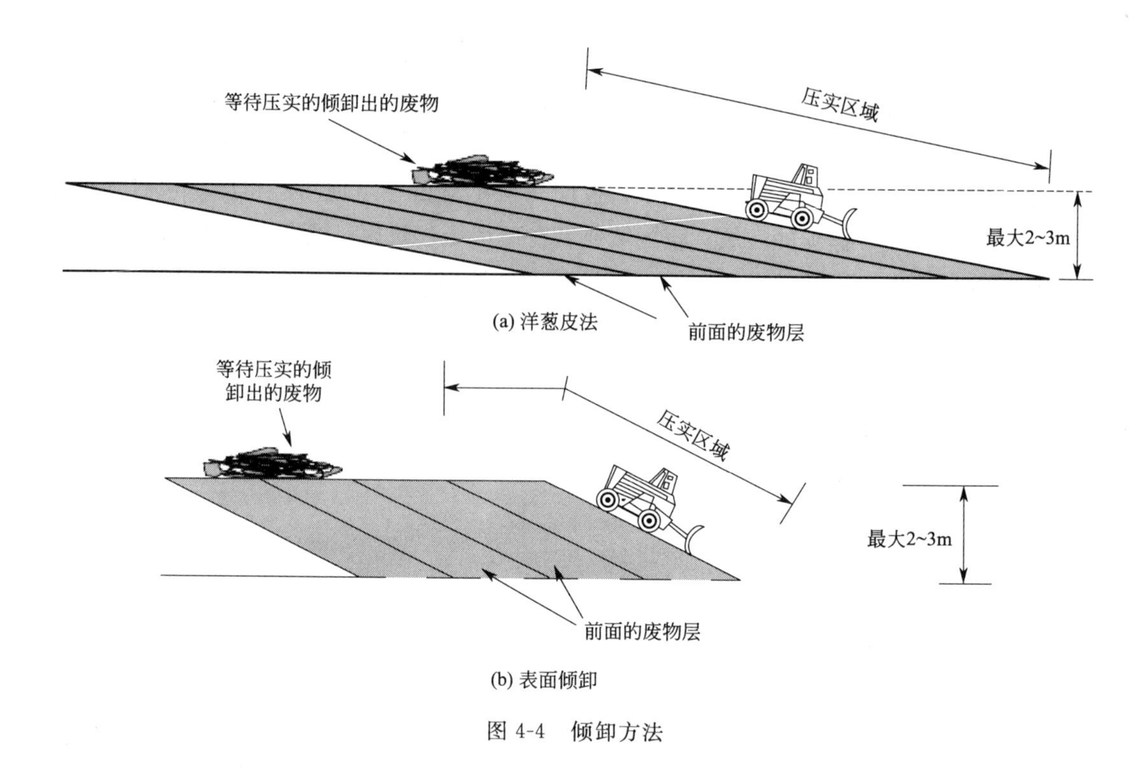

图 4-4　倾卸方法

4.4.2.1　表面倾卸

采用这种方法，废物被倾卸，然后压成平台。该平台在区间或分期中在一个高度延续数日或数周，直到到达另一侧。在压实机械压低表面并且沿着平台表面工作的情况下，平台一般高约 2m。压实机械司机倾向于喜欢这种方法，但需要监工保证司机沿着平台表面开压实机械。否则，在平台平面以外的其他地方的压实情况可能不好。可以将难以掩埋的大块物体放在平面的底部，然后从上面掩埋。这种方法的缺点是：从平台边缘倾卸废物时，废物可能被风吹走；车辆经过废物表面时，废物表面被压得坚实，这可能导致该区域聚集渗滤液。

4.4.2.2　洋葱皮法

这种方法与表面倾卸有相似之处，但工作面底部的延伸斜坡比表面倾卸法的斜坡低得多。压实机械只在比表面倾卸法低的斜坡上工作，将废物推成薄层并将它们压实。尽管这种方法更难掩埋大块物体或其他难处理的废物，但这种方法的优点是风吹散废物的可能性更小。由于缺少压实平面，能减少停留的渗滤液。

将表面倾卸和洋葱皮法结合，压实机械将需要沿斜坡工作。这种情况下，废物将被堆在较低的表面上并沿着向上的方向压实。

4.4.3　废物压实设备

不允许覆盖材料以外的其他废物松散堆放在填埋场。在许多更大的废物填埋场，已经有使用钢轮压实机械的趋势。虽然这些机械的成本高，但它们使放在有限空间的废物最多，特别在是按预定尺寸建的区间。通过有效利用压实机械，能够获得的废物最大密度为 1.0t/m³。压实也使堆放的废物受到限制，废物被风吹散的可能也变小，对害虫的吸引力也变小。

除了只接受捆包废物的填埋场，在所有接受大量家庭废物和其他类似废物的填埋场都应使用移动轮压实机械。

影响压实的主要参数有：

① 废物的特性；

② 压实机械的重量；

③ 压实机械的压实次数；

④ 要压实的废物层的深度。

操作压实机械是一项应该有效监督的熟练工作。如果方式不正确，就会出现压实不良的情况。所以，当压实机械向着工作面底部的方向向下压实时，不能一次压实高度超过 0.5m 的蓬松废物。分层越薄，压实密度越大。除了压实效果差，低效率地操作机械可能导致燃料浪费，而且没以最佳方式使用高成本机械。

有一系列不同样式的压实机械轮，压实轮将决定获得要求的废物密度需要在废物上压实的次数。在小型填埋场，有可能用压实机械将材料（例如覆盖材料）分布开。但是，因为压实机械不是专门为这种用途设计的，所以需要通常备有专门的机械。

如果使用履带式机械压实废物，多数情况下，操作工应确定未压实废物（特别是涉及覆盖材料、乱丢的废物、防止害虫等）的措施。许多履带式挖掘机的设计几乎反映填埋场压实机械的情况，因为许多种类的履带经过特殊设计以使对地压强最小。但是，用履带式机械压实可能达不到想达到的效果。如果选用这种机械，机械应沿工作面斜坡向上压实，因为这种方式使得对地压强最大。还可购买帮助切碎废物的履带板。但是由于废物是对车辆履带有腐蚀性的物质，履带寿命可能大大减少。

在所有情况下，必须考虑劳动者的健康和安全。用于填埋场的机械的驾驶室装有空调并用灰尘过滤器保护。这些机械必须配有翻车保护功能的驾驶室，该驾驶室还有防坠落物体的功能，还需要倒车声音信号。工作人员必须经过足够的培训和有足够的监督。

4.4.4 难处理废物的处置

某些废物可能不符合《废物管理法》(1996) 规定的危险废物标准，但由于其特性要求放入填埋场时需要特殊安排，它们可能归入“难处理废物”。通常情况，这些废物不能和其他废物一起放在工作面上并与其他废物一起压实。全部或主要由来自动物或鱼废弃物、非法食品、污水淤泥和其他令人讨厌的材料组成的废物都属于这类废物。其他难处理废物的例子包括轻质废物，例如聚苯乙烯和粉末废物。如果数量少并且危险性低，液体废物可以在填埋场处置。如果需要，能够用水平衡计算确定额外液体输入对渗滤液产生的影响。危险性低的液体包括来自混凝土生产设备的含水泥的液体和诸如果汁的不合格食品。

填埋场是否接受难处理废物主要由经营者决定，但需要考虑废物和填埋场是否适合接受这种废物以及符合废物许可证要求的条件。尽管有些填埋场适合处置难处理废物，但这不意味着使用填埋场都能处置这种物质。

难处理废物通常不应该直接和其他废物一起放在工作区处置，相反，它们应放在工作面的前面并立即用其他废物覆盖。任何令人讨厌的废物都不应放在距离表面 1m 以内的地方或距离侧面或正面 2m 以内的地方。另一种需要考虑的方式是在已经填有废物的区域处置难处理废物。在选用这种方式的情况下，在已经堆放的废物内挖处置沟，并把处置好的难处理废物覆盖。但是，必须注意保证其侧面稳定而且沟被清楚标记并用警戒线隔离。敞口沟最适合处置本身没有气味的废物。图 4-5 为两种用于难处理废物的处置沟。

如果处置有臭味、可用泵输送的液体废物，可以将管沟开沟在旧的填埋废物里并用粗碎石填埋，然后盖上覆盖材料（见图 4-5）。

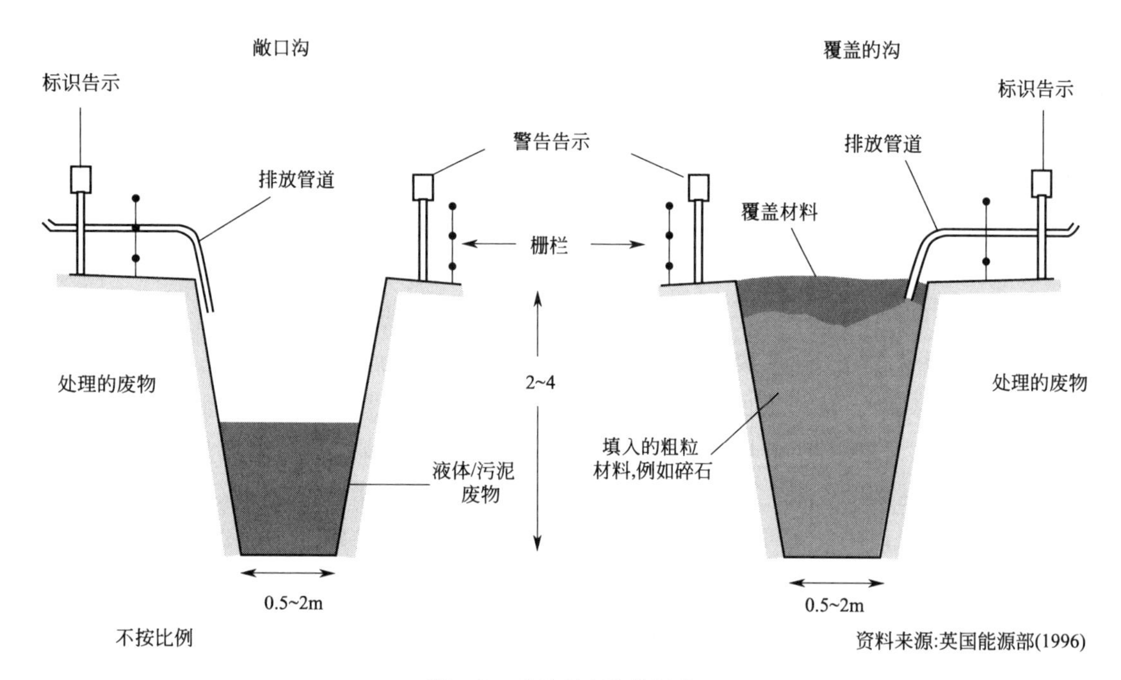

图 4-5 难处理废物处置沟

应掩埋管道一端的一段管，管的另一端与罐车接头相连，这种结构保证任何废物的排放都是在填埋厂表面下进行。

尽管根据内装物可以接受处置空桶，但人们越来越想回收利用这种材料。如果要填埋处置桶，应将它们彻底压扁并压实。处置前应对其彻底检查，以确保它们不含有任何危险残留物。可能需要取样、分析桶内残余物或气体。可能需要将粉末废物装入袋内输送。另一种可用方法是将水喷在这种废物上。

4.4.5 水平衡和废物放置

与新填埋场设计有关的一个需要考虑的主要事项是渗滤液管理的综合手段，这一点将在爱尔兰环保局的《废物填埋场设计手册》中扩充。为了设计有效的渗滤液管理系统，首先有必要了解并预测一个设施的液体输入量和输出量，这是为了评估水平衡计算。对于新的设施，水平衡计算相对直接。但在现有填埋场，这种计算是近似值，而且如果现有填埋场的某些变量经常无法准确估计，必须假设更大的误差余量。但是，因为仍然可以获得一些有用的信息，必须考虑现有填埋场的水平衡计算，该信息能够用于大大改善现有运营实践。

渗滤液管理的主要参数：

① 控制水（降雨、径流、地下水等）进入填埋场并与已处置的废物接触；

② 清除填埋场产生的渗滤液的方式。

通过大面积的未衬层、未覆盖或未封盖的废物渗入的大量地下水和降雨大大增加了渗滤液（经常是被稀释的）产生量，这种渗滤液需要处理。例如，一年 1m 的降雨将使已处置的开放废物迅速饱和，一旦饱和将流出渗滤液。为了举例说明，如果忽略表面蒸发，渗入 1m 降雨的占地 $1hm^2$ 的开放饱和废物填埋场每年可能产生 $10000m^3$ 渗滤液。这种液体需要处置和/或处理。

上面的例子是对降雨的影响和考虑填埋场“水平衡”的必要性的很简单的说明，将在《废物填埋场设计手册》中找到更详细的探讨。但是，这个例子解释了降雨渗透的重要影响并解释了把废物的开放表面减少到最小（只要可能）的必要性。在早期的、渗滤液可能进入地下水的填埋场，还将产生额外益处。任何通过控制渗透来减少渗滤液产生量的努力都将对当地地下水水质产生有益影响。

通过临时封盖、使整个区域的表面等高、尽量减少运营区域面积能够控制降雨渗透。下面一章探讨渗滤液管理技术（包括渗滤液抽取和排放）和将未受污染的径流从填埋场转移、拦截浅层地下水流入。

4.4.5.1 分期计划

填埋场应分期一个接一个填到最终高度，所以整个填埋场应渐进循环填埋：一个分期正在恢复，另一个分期已填埋，第三个分期准备好填埋。图 4-6 所示为这种过程，图 4-7 所示为图 4-6 中Ⅰ～Ⅲ分期的剖面。

填埋场的“环境管理计划”应规定分期的性质。分期的好处是：

① 分期可以严密组织填埋场的废物处置活动；

② 减少渗滤液的产生；

③ 可以减少噪声和乱丢废物；

④ 提供积极的视觉印象并因此促使公众树立填埋场管理良好，可以充分恢复的观念。

图 3-6 所示分期计划在某些条件下是受到限制的。该分期计划最好用于废物厚度小的填埋场，因为在填埋场已经填埋的区域和未填埋区域之间避免形成一个又高又陡的坡。这样的坡可能会产生稳定性问题，能对填埋场使用者造成很大的危险，并且在接近最终高度时产生很小的区间。所以，对于废物深度较大的填埋场，通常采用分期覆盖，图 4-8 是这种分期的示意。废物表面需要进一步填埋的部分应立即覆盖或加临时封盖。在把覆盖材料尽可能多地铲除后，在较早分期上面开始新的分期。

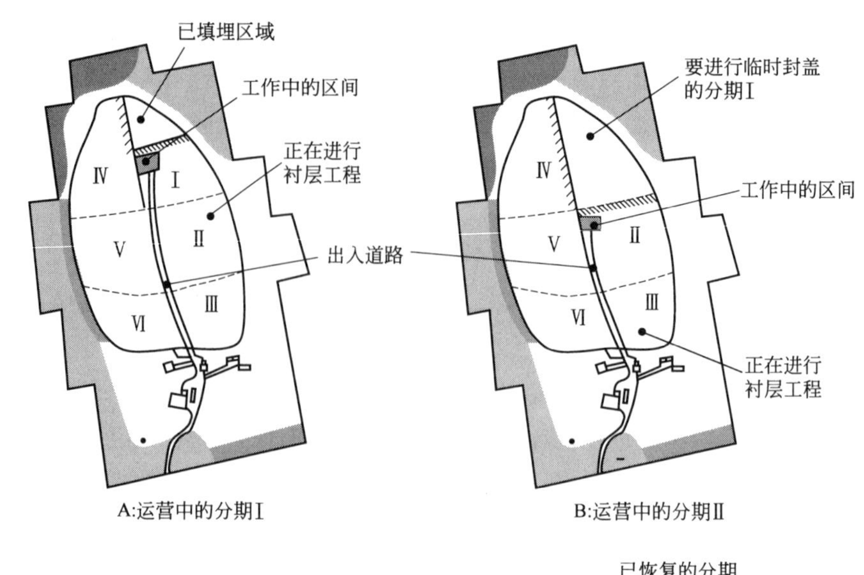

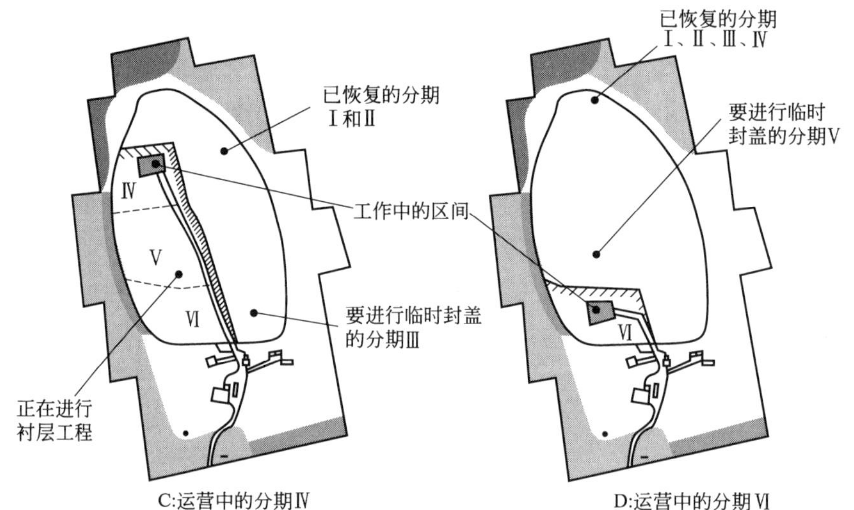

图 4-6　分期计划

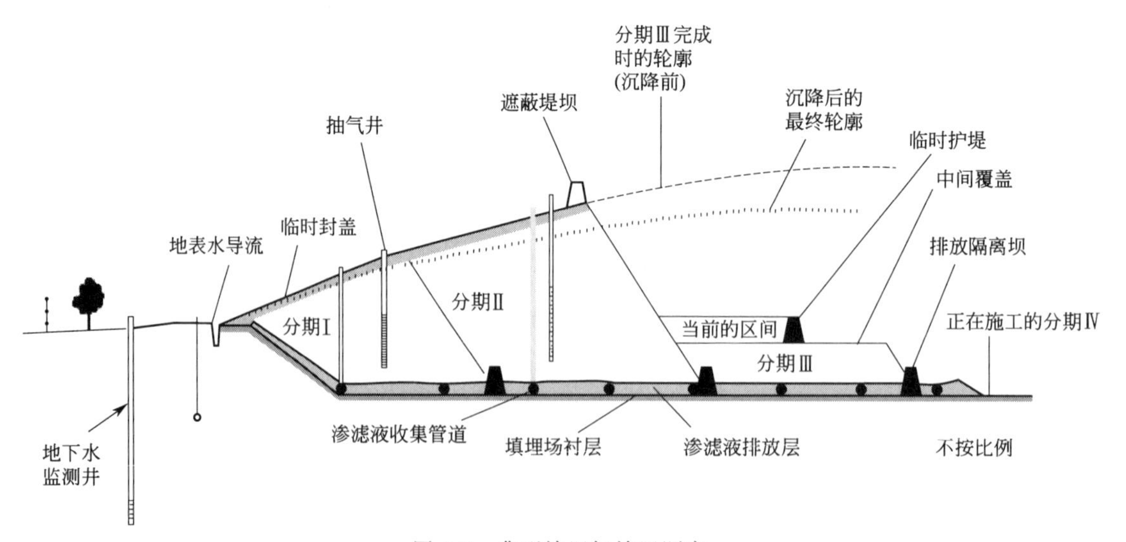

图 4-7　典型填埋场填埋顺序

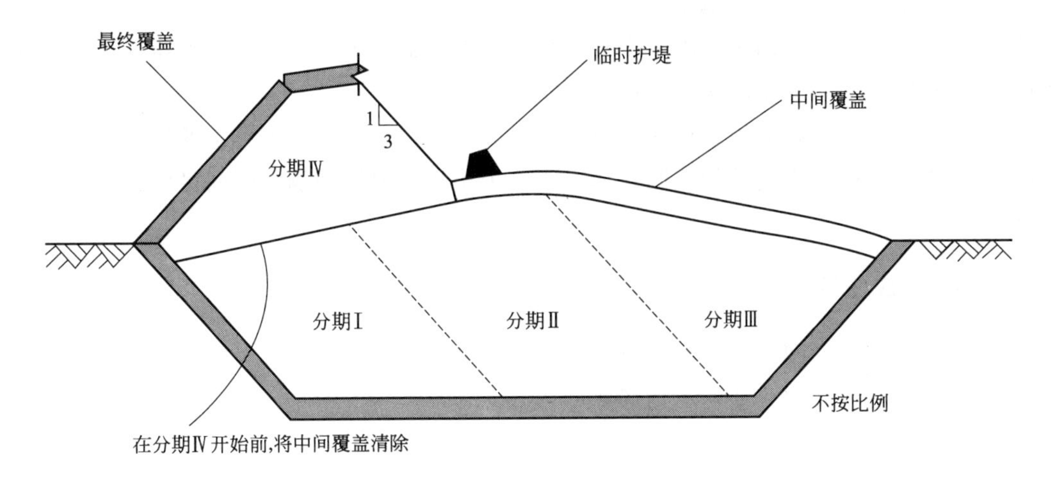

图 4-8 覆盖分期

沉降是填埋场需要通过分期覆盖填埋的另一个原因。在废物深度大的填埋场，沉降最多可使填入废物高度降低 30%。在废物深度较小的填埋场，沉降量可达 20%。所以，最好让已经完成的分期沉降，并且在最终恢复和封盖前在沉降了的废物顶上立即再放置废物。沉降将使废物降到想要的地形高度。但是，既不容易预测沉降量，也不容易预测填充高度。在某些条件下，大量过度倾卸可能增大填埋场的高度。所有这些现象显示，随着时间推移，最终高度或多或少需要进行一些调整。

4.4.5.2 区间和工作区域

最好将废物放入用预先建的护堤分开的区间内。采用分区填埋法，能够以整齐的方式处置废物。护堤既起到隐蔽倾卸作业，同时又起到挡风的作用。

区间法的一个潜在缺点：特别是在空间有限的填埋场，因为建区间墙可以导致空间损失。另外，用这种方法划分区间可能造成渗滤液和气体循环障碍。通过后续挖墙和将回收的材料尽可能用于覆盖等用途，可以克服这些缺点。

如果不去除区间墙，当填埋活动进入邻近区间时，通常在几处挖开区间墙。这种做法为渗滤液和气体在整个废物内移动提供方便。如果怀疑渗滤液不能在区间之间自由流动，随着填埋推进，可能需要额外安装渗滤液排放底层设施。

对于较大的填埋场，在用覆盖材料覆盖外表面的情况下，一定能用处置的废物构成区间墙的主要部分。应避免使用大量惰性废物，因为这种方法以更经济的方式利用空间。另外，这种方法允许渗滤液更容易在填埋场的区域间流动并且以此防止渗滤液停滞。

4.4.5.3 区间的大小

将区间的大小保持在最小实际可用尺寸是至关重要的。区间面积变小可以：

① 使废物暴露表面积最小；

② 帮助控制风吹散的废物；

③ 减少对覆盖材料的需求；

④ 避免雨淋，从而降低渗滤液量产生。

但是，限制区间大小的主要因素来自安全和操作方面的考虑。入场车辆需要调动和卸废物的空间，它们必须远离未压实的废物和压实设备。

总之，填埋场经营者必须平衡这些对抗的目标。所以，一个业务繁忙的填埋场将更重视为车辆卸废物和转向提供足够的空间。相反，一个小型乡村填埋场的区间可以比前者的区间小得多。

4.4.5.4 应急区间

最好保留一部分区间，用于刮大风时处置含纸量大的废物，经常可以放在填埋场受保护的地方，例如靠近已填埋分期的填埋场底部。

4.4.6 覆盖材料

4.4.6.1 “传统”覆盖

典型情况下，这些材料由下层土、气体、土方工程废物或建筑废物（例如砖和压碎的混凝土）组成。

选择用于覆盖的理想材料应能自由穿流并且最好是黏土含量低的材料。高度不渗透覆盖材料可能促使渗滤液淤积。另外，在潮湿天气，覆盖材料的残余物会对车辆的牵引产生不利影响，产生的泥浆将被带到填埋场出入道路。

过去，下层土和其他建筑废物已经被用作覆盖材料，工作日将要结束时覆盖的目标深度达到 150mm。但是，人们已经认识到使用土基覆盖材料导致在已填埋废物的上面产生低渗透性平面，结果将导致渗滤液淤积。这种覆盖材料占用空间，例如，如果把护堤计算在内，据估计，“传统”形式的日常覆盖可以占用总空间的 7%。这些材料的循环利用越来越多，这意味着不是每天总能获得这种覆盖材料。所以，需要考虑使用替代性覆盖系统。但是，土基覆盖材料应存放起来，因为作为中间覆盖它是必不可少的。

如果要使用土基覆盖材料，应考虑从填埋场自身获得，这样意味着放置覆盖材料不影响未用空间运输成本和相关影响。但是，人们越来越倾向于将填埋场放在黏土型地层，这意味着最终取出的材料可能存在渗透性问题。所有这一切说明，应认真考虑在替代性覆盖系统中的新进展。

如果需要从外面获得覆盖材料，在确实需要这种材料之前，应计算覆盖材料量并选好合适的来源地。为了保证满足日常覆盖要求的材料供应，应在现场储存覆盖材料，以备使用。一般建议储存 1～3 个月的供应量。

4.4.6.2 “传统”覆盖的替代材料

既然获得“传统”覆盖材料比较困难，而且“传统”覆盖材料可能对填埋场造成问题，应该考虑使用其他类型的覆盖。许多替代材料仍处在试验阶段，并且需要经验来确定各种可获得的材料的使用效果，所以经营者需要自己证明这些材料的使用效果。只有获得对特定废物的实际效果的足够证据，才能放弃土基覆盖材料。所以，当替代覆盖材料具有防止害虫、气味、废物被风吹散和其他类似问题的综合能力时，才应使用替代覆盖材料。如果能达到这些标准，应认真考虑使用这种形式的覆盖材料。

这种材料大多用于日常覆盖。这种材料用于完成、搁置几周或几个月、等待继续填埋的区域，这种做法令人怀疑。许多种材料不能起到阻挡雨水渗透的作用，而且容易被风损坏，对于中、长期用途，应采用更“传统”的覆盖方法。

非传统覆盖材料包括：不能再利用的塑料膜；土工织物；纤维编织品；泡沫；碎木/绿色废物；混合废物。

4.4.6.3 日常和中间覆盖材料

在所有接受城市废物和其他生物可降解废物的填埋场，日常覆盖发挥着重要的作用，特别是日常覆盖改善工作区域的外观并降低风吹散碎片材料（例如纸和塑料）的可能性。它还大大减少鸟、昆虫和害虫进入废物并降低气味和火灾危险。

当已填埋废物的区域可能搁置数周或数月然后再放另一层废物时，应使用中间覆盖，这种覆盖大大减少雨水渗透，中间覆盖为下层土或类似的废物。上文所述大多数传统日常覆盖材料的替代材料都不能长期保护废物表面。

散布的中间覆盖的厚度通常大于日常覆盖标准要求的厚度，所以合理目标深度约为300mm。填埋场工作人员应定期检查该区域，并且应补充被降雨冲蚀的覆盖材料。

当中间覆盖材料覆盖的区域即将用于继续倾卸废物时，应该大面积清理覆盖材料。尽管实际清理所有覆盖材料的程度受到局限，但清理过程应保证中间覆盖不阻止填埋场气体和渗滤液的流动。

4.4.7 封盖

4.4.7.1 临时封盖

在最初几年的生物降解中，沉降速度很快。沉降是堆放废物的重量和生物降解过程的函数。随着一部分填埋的废物分解进入填埋场产生气体和渗滤液，后者将产生最重要的长期影响。这种快速沉降可能影响任何封盖的结构完整性，因此应延期安装永久封盖。

最好在已填埋区域上放置低渗透性材料的临时封盖，而不应早早安装永久封盖。一旦初始沉降速度变缓，通常在完成填埋的最初 5 年内，就能够拆除临时封盖。应调整沉降引起的低洼处，然后可以安装永久封盖系统。考虑到冲蚀和为其他废物提供深度一致的封盖，建议临时封盖的敷设深度至少约为 0.5m。

除非搁置等待许多年才安装最终封盖的区域，临时封盖不需要经专业工程师设计，其主要功能是防止渗透和降雨流失。

沉降影响的结果是，在大量沉降停止后再安装永久封盖系统。所以，很多情况下的过渡期可能需要分期恢复，这是因为留有大面积的已经填埋并且已经上封盖的区域敞开并且不播种是令人不快的。可能出现雨水侵入的情况，这种情况增加管理渗滤液负担。另外，未播种区域将迅速退化为难看的大量杂草和高低不平的灌木。同时，无植被区域可能受到侵蚀并使填埋场其他地方和填埋场周围的地表水被固体悬浮物污染。所以为了稳定裸露表面并提供视觉可接受的绿地，已填埋的区域应安装中间封盖并播种。

填埋场所有达到最终高度的分期或已经部分填埋但填埋活动在许多年后不会重新应用的填埋场区域应安装临时封盖。使用临时封盖能减少暴露的废物面积，这样就会减少负面视觉影响并减少渗滤液的产生。在可许多年后再加上最终封盖的任何区域都应覆盖薄层表层土或土壤改良剂。与合适的播种相结合，这样做稳定该区域并减少负面视觉影响。播种可以让水通过蒸腾减少并减少降雨渗透。

4.4.7.2 最终封盖

应该对填入废物过程形成的最终地形进行设计。不应该有足以引起大量、快速径流的坡。尽管能够通过台阶造型和提供纵向明渠减轻这些条件下的径流，但仍然可能导致侵蚀，从而影响封盖的长期完整性。尽管应避免陡坡，但也不应该有斜坡坡度很小以至导致水滞留和积水的情况。所以，最小坡度应为 1∶20，最大坡度应不超过 1∶3。

应对已恢复的填埋场的区域修建的排水沟的下沉情况进行监测，排水沟的下沉是不可避免的。它们还应能够应对暴雨降水并且其施工方式不会导致向已填埋废物逐渐泄漏水。

这种类型的封盖和恢复材料及其放置深度与该封盖的设计要求和该填埋场关闭后的目标用途有关。封盖上面的恢复层应该是厚度至少 1m 的土/下层土。否则，封盖不会得到充分保护，以防止填埋场关闭后使用该场地对封盖造成损坏。更多细节将在爱尔兰环保局的《恢复和恢复后维护手册》中规定。

封盖安装应被视为工程作业并按工程作业对待，同时测试封盖材料的来源。封盖的施工后测试也应进行，以确认是否到达设计目标。现场试验和实验室试验都应进行。这些评价将保证该材料适合用途并且放置方式保证达到需要的渗透性标准，如衬层的安装（见《废物填埋场设计手册》）应遵守质量保证/质量控制规范；可能需要进行封盖质量独立鉴定。

4.5 渗滤液

4.5.1 渗滤液特性

渗滤液是通过堆放的废物渗透并从废物中流出或含在废物中的任何液体。渗滤液的成分和特性取决于以下因素：堆放废物的类型；降雨和其他气候因素；地表水和地下水的入侵程度；堆放废物的年限；压实程度；覆盖、封盖和恢复。

废物填埋场产生的渗滤液对地表水和地下水都会构成潜在威胁。通常情况，填埋场渗滤液不加控制，排入地表水可能对鱼类和水生生态系统造成重大影响。表 4-3 列出了对渗滤液做的一系列典型分析，图 4-9 为家庭废物分解不同阶段简化流程图。图 4-10 是这些变化如何影响产生的渗滤液成分。

表 4-3　来自主要接受家庭废物的英国/爱尔兰废物填埋场的 30 个样品的典型渗滤液成分（1992 年）

欲　测　项	全部数值		全部范围	
	中间值	平均值	最小值	最大值
pH 值	7.1	7.2	6.4	8.0
电导率/(μS/cm)	7180	7789	503	19200
碱度（以 $CaCO_3$ 计）	3580	3438	176	8840
COD	954	3078	<10	33700
BOD_{20}	360	>834	4.5	>4800
BOD_5	270	>798	<0.5	>4800
总有机碳	306	717	2.8	<5690
脂肪酸(以 C 计)	5	248	<5	3025
凯氏测氮法测定氮含量	510	518	1.0	1820
氨态氮	453	491	<0.2	1700
NO_3^--N	0.7	2.4	<0.2	32.8
NO_2^--N	<0.1	0.2	<0.1	1.4
氰化物	<0.05	<0.05	<0.05	0.16
硫酸盐	70	136	<5	739
磷酸盐	1.1	3.0	<0.1	15.8
氯化物	1140	1256	27	3410
硼	2.80	7.0	<0.02	116
钠	688	904	12	3000
镁	125	151	18	470
钾	492	491	2.7	1480
钙	155	250	43	1440
钒	0.5	0.73	<0.1	2.9
铬	0.05	0.07	<0.04	0.56
锰	0.5	1.99	0.10	23.2
铁	12.1	54.5	0.4	664
镍	0.07	0.10	<0.03	0.33
铜	0.04	0.04	<0.02	0.16
锌	0.16	0.58	<0.01	6.7
砷	0.007	0.008	<0.001	0.049
镉	<0.01	<0.01	<0.01	0.03
锡	1.8	5.4	0.4	46.9
汞/(μg/L)	<0.1	0.1	<0.1	1.0
铅	0.09	0.10	<0.04	0.28
铝	<0.1	<0.1	<0.1	<0.1
硅	11.53	11.90	3.42	22.85

资料来源：环境部（1995b）。

注：除了 pH 值、电导率（μS/cm）和汞（μg/L），其他结果的单位是 mg/L。

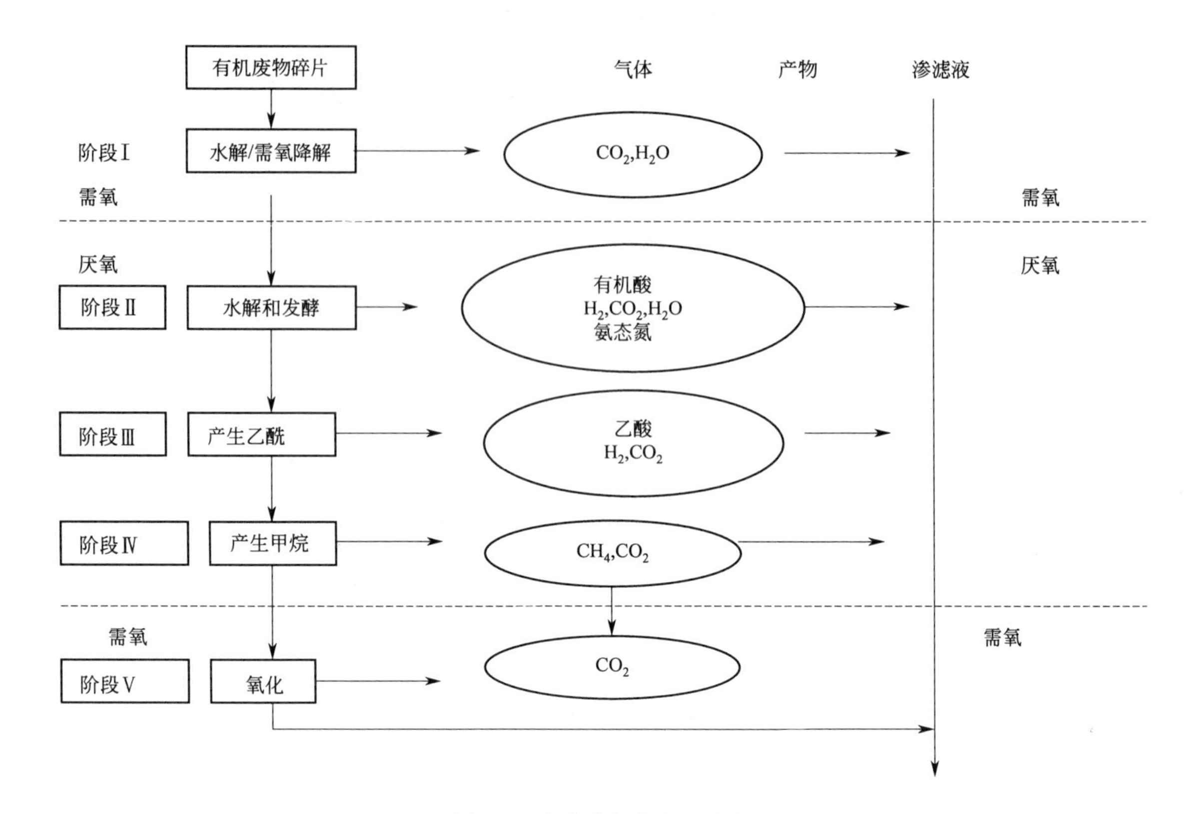

图 4-9 废物降解的主要阶段

（资料来源：英国能源部，1995）

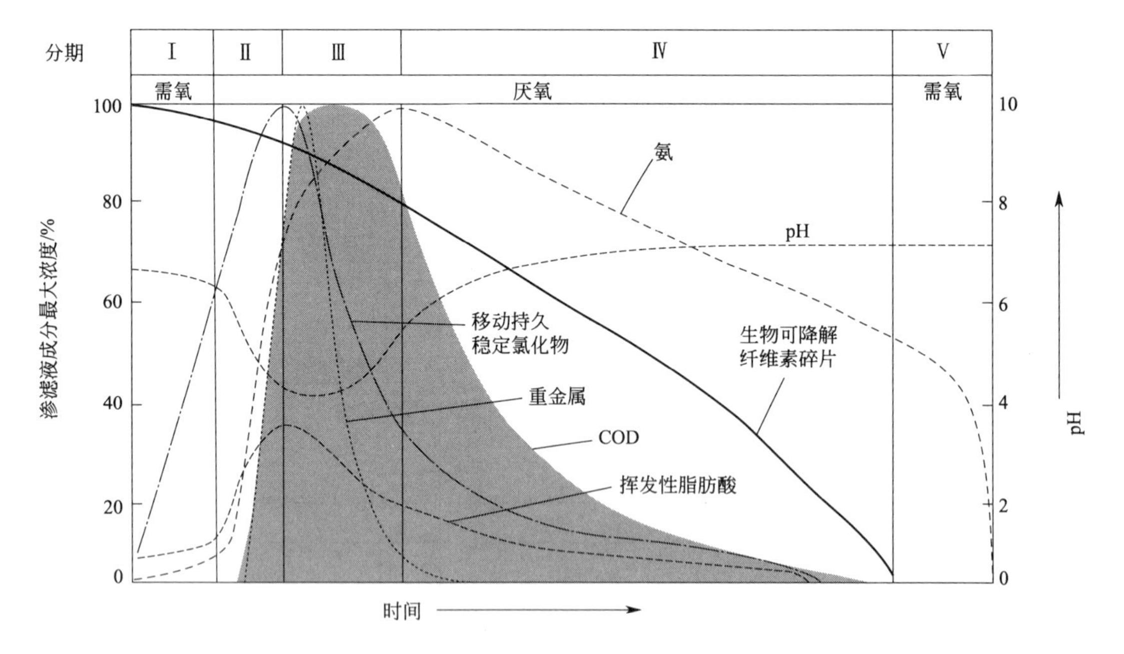

图 4-10 渗滤液成分的变化

（资料来源：英国能源部，1995）

在填埋场的整个使用期限内，对于填埋场运营过程中必须重视渗滤液管理。主要因素有渗滤液的产生、成分、控制、处理处置和监测，它们与填埋场日常运营、场地最初选择、填埋场设计及开发或填埋场后期维护阶段的关注程度一样。对这些因素及其影响的理解的关键在于对废物生物降解过程的综合监测和对结果的解释。

《填埋场监测手册》提出了对填埋场进行一些基本的监测要求。所以，对于填埋场需要增加监测频率和监测范围：

① 在需要关于生物降解过程的进一步信息的情况下；

② 现场具体因素表明需要进行额外监测的情况下。

4.5.2 渗滤液的产生

渗滤液的数量取决于进入堆放场地内废物的液体含量。液体来源包括：废物内的液体；降雨；地表水流入；地下水侵入。

所有这些因素都会影响填埋场渗滤液的产生。渗滤液排入下水道或装罐运往污水处理厂进行处理，则会减少渗滤液的产生，还有可能获得经济回报。

4.5.2.1 堆放废物中的液体

经营者可能不容易控制堆放的废物中含有的液体量。例如，生活垃圾的含水量高，但能够通过废物接受规程控制其他废物源。下水道污泥和某些工业废物可能是液体的主要来源。应根据填埋场的具体情况评价是否愿意增加液体负荷，特别要结合对生物降解过程和渗滤液产生的影响。如果可能，应对工业废物进行大量压缩。但即使这样，许多滤饼含水量超过50%（重量）。下水道污泥的含水量通常要大得多，典型的经过压滤的污泥的固体含量为10%～20%（重量）。应谨慎对待在没有封存控制和对渗滤液对地下水的影响没有很好弄清的现有填埋场不断处置液体的行为。

4.5.2.2 降雨

填埋场降雨是渗滤液产生的一个最重要来源。这个来源的变化很大：从爱尔兰东海岸的年降雨量900mm到西部的年降雨量2000mm。众所周知，经过蒸发后剩余的液体量为有效降雨量。爱尔兰年平均有效降雨量约为700mm，平均降雨量约为1150mm，其中700mm为典型废物填埋场渗滤液。整个爱尔兰的年降雨量随着地理位置和其他因素（例如海拔高度）的变化而变化。

降雨对渗滤液产生量有重要影响，那么把渗入堆放废物的未受控制的降雨量降到最少具有重要意义。最容易的控制方法是在填埋场已经完成的区域加封盖和在废物处置停止许多个月的区域加中间覆盖。除了封盖工程，选择尺寸最小且尺寸合适的区间对渗滤液的产生也有主要影响。

4.5.2.3 地表水流入

来自填埋场周围陆地的地表水流入能大大增加渗滤液的产生，来自地表水沟或填埋场目前没填埋区域的进入废物的排水进一步增加了流入水量。应防止所有来自这些方面的水源，并且填埋场的经营者应把解决这些问题放在首要地位。

在许多情况下，通过在现有未填埋区域简单挖沟和排水分流能够拦截来自邻近陆地的径流，同时，分流沟能减少直接排放。如果知道在未填埋区域汇聚成池塘的地表水没受污染，可以用泵将其抽走排放。但是，这种泵送排放作业的前提是进行污染物监测。

对静止的清洁水区域也应采取保护措施，目的是使它们不受渗滤液污染，能够通过修建临时护堤和其他构筑物达到这种目的。

4.5.2.4 地下水侵入

地下水可能增加渗滤液负荷，特别是在没有防止地下水侵入的地下工程或天然衬层的旧填埋场。除非地下水侵入来自近地表水源，否则对旧填埋场的这个问题难以采取补救办法。在后一种情况下，也许可能将其拦截并在填埋场周围排放。新填埋场应经过专门设计以防止地下水侵入。

但是，如果分流重要的水源应注意保证其他用户不受影响。

4.5.3 渗滤液控制的必要性

现代填埋场设计要求收集并处理渗滤液。现有填埋场位于未填埋下层的新的分期应根据这一要求设计。旧填埋场的已填埋区域可能有更多的特殊装置，这些特殊装置需要被实用化以降低渗滤液污染的可能性。这些在很大程度上取决于对接受的废物位置的评价和废物许可证的要求。

应根据填埋场的特点和气象条件采取适当措施，其目的在于：

① 抑制降水进入废物；

② 防止地表和地下水进入已填埋废物；

③ 收集被污染的水和渗滤液；

④ 根据排放标准处理收集的来自废物的污水和渗滤液。

渗滤液通过未加衬层的填埋场底部自由排放会对地下水造成影响。地下水受《欧盟地下水条例》(80/68/EEC)、《地方政府(水污染)法(1977)》以及根据该法制定的条例的保护。

该条例包括两个物质目录，表 4-4 对这些目录中的物质提出了一系列环境保护要求。对于直接地下水排放和间接地下水排放，该条例也加以区别。一般来说，为了防止污染地下水，该条例要求成员国防止Ⅰ中的物质进入地下水并限制Ⅱ中的物质排放。不论地下水目前是否正在使用，都需要采取控制措施，从而保证将来抽取、使用地下水。但是，其中规定了浓度很低、不影响地下水水质的排放和水永久不可用的例外情况。

对于该条例的要求，有两个原则具有基础性意义：一是与新填埋场封存控制和现有填埋场新分期的衬层或封盖工程有关的设计；二是如爱尔兰环保局《填埋场监测手册》所规定的地下水进行监测。

表 4-4　地下水条例（80/68/EEC）：Ⅰ和Ⅱ中的物质

Ⅰ	Ⅱ
1. 有机卤化物和可能在水环境中形成这种化合物的物质 2. 有机磷化物 3. 有机金属化合物 4. 在水生环境或通过水生环境具有致癌、致突变或致畸形特性的物质① 5. 汞及其化合物 6. 镉及其化合物 7. 矿物油及烃类化合物 8. 氰化物	1. 下列非金属、金属及其化合物： 锌、铜、镍、铬、铅、硒、砷、锑、钼、钛、锡、钡、铍、硼、铀、钒、钴、铊、碲、银 2. 生物杀虫剂及其衍生物没出现在Ⅰ中 3. 对地下水的味道和气味产生有害影响的物质以及导致地下水中形成这种物质并使地下水不适合人类使用的化合物 4. 有毒或稳定的含硅有机化合物以及可能导致水中形成这种化合物的物质，除了对生物无害或迅速转化成无害物质的物质 5. 含磷或磷元素的无机化合物 6. 氯化物 7. 氨和亚硝酸盐

① Ⅱ中的某些致癌、致突变或致畸形的物质包括在Ⅰ的第4类。

4.5.4　渗滤液收集

渗滤液收集和清除系统是新填埋场的前提条件。对于现有填埋场，应考虑根据环境监测获得的数据安装经过改进的收集和清除系统。渗滤液移动和已填埋区域内渗滤液液位高度的数据特别重要。除非采取控制措施，已经处于高位的渗滤液可能随着水的渗入继续升高，最终从薄弱处的最低点溢出。渗滤液不加控制地外流可能对当地环境造成重大影响，特别是对水系统。

典型情况下，渗滤液收集涉及两个阶段：安装将渗滤液引导到少量收集点的系统和从收集点抽取渗滤液。图 4-11 举例说明了典型渗滤液收集系统。

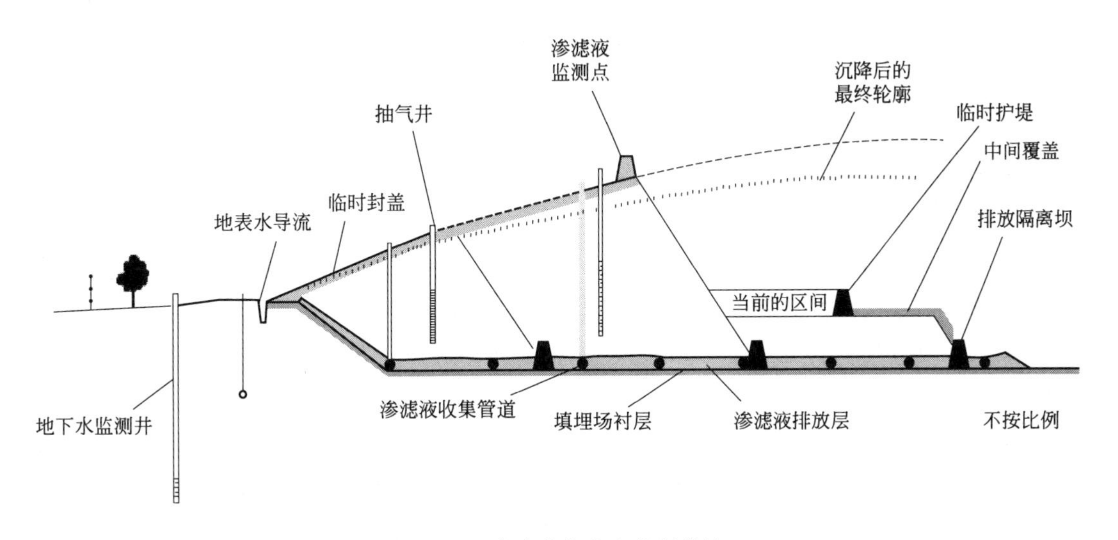

图 4-11　渗滤液收集和控制措施

既然对已填埋区域的抽取和泵送系统只能进行改进，对于在未填埋区域建设的新的分期或区间，收集系统应和渗滤液综合基础排放层一起安装。在新的封存控制填埋场，这些也是必不可少的。基础渗滤液排放层由一系列穿越填埋场基础的管道组成，这些管道在一个或多个渗滤液收集点汇合。这些收集管网由深度至少 0.5m 的颗粒状、粉末含量低的集料包围。该颗粒层有助于渗滤液向收集系统移动。这种布局意味着，收集管道中的局部堵塞引起排放系统运行问题的可能性更低，建议车辆轮胎不作为排放系统介质。建设填埋场基础，应在沿渗滤液收集点的方向至少获得 1∶50 的坡度。

所选的排放系统介质应该：结构能够承受一定负荷；足够粗糙而不堵塞；最低渗透率为 1×10^{-3}m/s；不应该易受渗滤液化学腐蚀。

如果填埋场的侧面为缓坡，排水层可以延伸到侧面，这样就可以在地表安装管道疏通点，以便将管道内的堵塞物清除并方便闭路电视装置出入检查。

选择管道时，应评价其在来自上面填充材料的负荷下的压缩率。

随着填埋的推进，渗滤液收集管应向上延伸穿过堆放的废物，通过沿竖直方向延伸穿越填埋场到达地表的渗滤液排放材料"墙"能实现这种穿越。另一种可选方法是可以在不同高度横向安装渗滤液排放管，这些排放管与竖直的渗滤液收集点交叉。这些可选方法中的任何一种都将帮助渗滤液移动到收集管道并意味着在较低高度的堵塞不会导致整个系统功能不良。

在要求用泵输送渗滤液、深度大的填埋场，传统上已经用人孔加强圈建渗滤液收集室收集渗滤液。加强圈通常用耐硫酸盐混凝土浇筑而成并且应在侧面钻孔（或者包含孔）以帮助渗透，里面通常没有出入用的梯子，防止未经授权的人进入。应注意收集室建有合适的基础，以确保加强圈一个一个地摞起来时基础不下沉并且加强圈的重量不会损坏衬层系统，这种要求可能导致用人造材料（例如塑料）代替混凝土加强圈。

立式渗滤液收集室的周围应放置渗透性的排水系统介质，该介质既不堆积废物又能帮助渗滤液从竖直方向渗透到收集室中，图 4-12 为渗滤液泵送室布局示意。

渗滤液收集点的方式可能有多种。应考虑使用与填埋场侧面平行铺设的小角度渗滤液上升管，这些上升管是之前说明的传统渗滤液室的替代方案。尽管该系统不适用于具有陡峭侧坡的填埋场，但该系统施加到衬层系统的压力比以前的系统低得多。它的第二个优点是立式通风管经常由于沉降而侧移。小角度上升管系统被填埋过程损坏的可能性更小，因为它们位于周界处。可以通过机座系统引入泵。如果填埋场适合，应考虑采用重力排水系统。

除了用潜水泵抽取渗滤液外，已经开发了多种渗滤液降水技术，其中包括一些使用排泄泥水泵的技术，这些技术具有适合用于小口径钻孔（150mm）中的装置的优点。另外，排泄泥水泵没有可动零件，唯一需要的维护是把黏液从喷头上清除。图 4-13 为排泄泥水泵（水力喷射泵）渗滤液清除系统。

渗滤液清除的主要目的是不应允许任何填埋场的重要渗滤液水头不受控制地蓄积。除非周围陆地达到同样的饱和状态，渗滤液可能通过基础或侧面从填埋场流走。渗滤液可能导致临时构筑物内出现大的压力。用于将填埋场已填埋和未填埋的分期分开的护堤特别容易受到渗滤液损坏。所以，渗滤液水头最好不超过 1m，采用重力排放的填埋场能使渗滤液液位比这低得多。

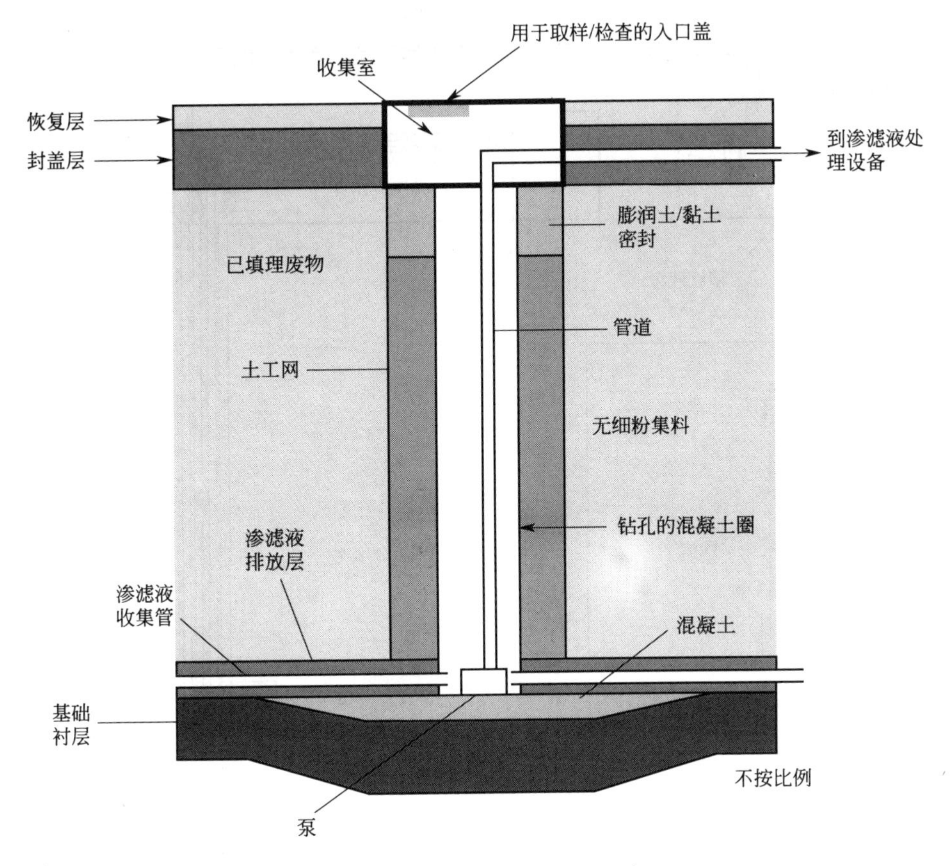

图 4-12　渗滤液泵送室布局示意

应至少按照爱尔兰环保局《填埋场监测手册》规定的频率监测所有填埋场，以便了解渗滤液液位。这种监测点应位于独立于任何渗滤液泵送室之外的地方，而且监测点的位置和数量也经过选择，以便使提供的已填埋废物中的渗滤液液位情况具有代表性。

出于健康和安全原因，不要在填埋场地表建敞口式收集室。所以所有渗滤液收集室都应配有可锁的盖。只有维护泵送系统时才打开收集室。

正如 4.6 部分详细叙述的，必须监测泵送室和收集管内的甲烷水平，如果需要应进行排放。所有泵自身应是安全的，任何监测设备也不能在有限的空间内产生火花。例如，不要用钢制汲水斗在渗滤液通风管内取样。

4.5.5　渗滤液处理/处置

从堆放的废物中产生的渗滤液，则需要存放和处置渗滤液。许多情况下，渗滤液的处理要求就是降低渗滤液浓度。

所选各种渗滤液处理方法技术都是要考虑成本和采用处置方法的。这些方法包括：

① 通过废物再循环渗滤液；

② 在污水处理厂处理；

③ 在填埋场处理。

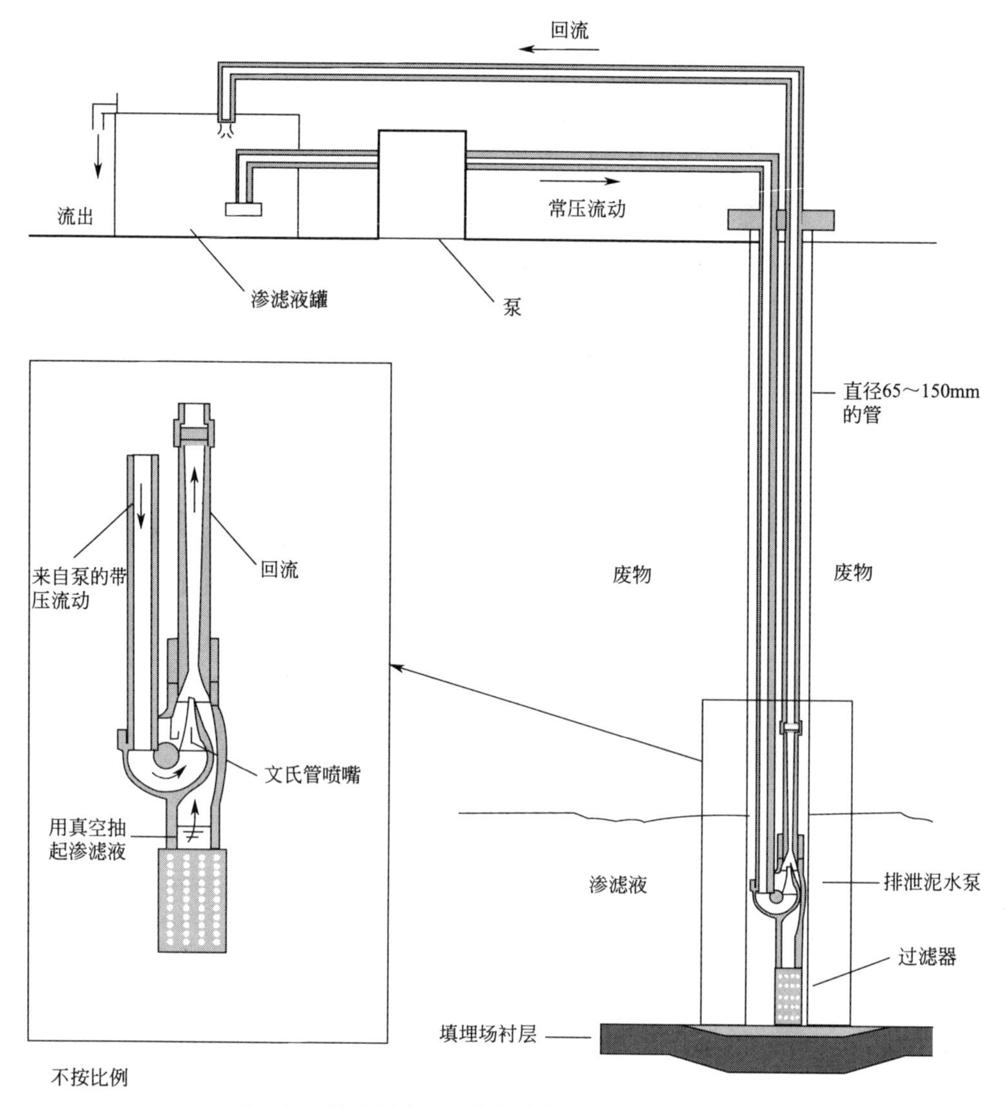

图 4-13　排泄泥水泵（水力喷射泵）渗滤液清除系统

4.5.5.1　再循环

通过填埋的废物再循环渗滤液，利用废物内的厌氧处理使渗滤液浓度降低一些。再循环过程能减少渗滤液中的有机碎片，但其他成分（特别是氨、氯化物和金属）没被有效清除。渗滤液再循环可能有助于生物降解过程，从而在短中期内缩短废物稳定需要的时间。但是，渗滤液的化学成分将受到影响，对废物内的细菌没有反应的物质浓度会增加。结果，这些物质与渗滤液内其他更易处理的成分之间失去平衡。这可能使生物降解变缓，从而延长填埋场气体和渗滤液的产生时间。

在没有设计基础衬层和渗滤液排放系统的现有填埋场，建议渗滤液不再循环。在没有监测填埋场中渗滤液液位的情况下，不要且不应该进行渗滤液再循环。

如果进行再循环，在整个废物体中循环的渗滤液应尽量均匀分布。通过在已经完成的分期封盖下方放置灌溉循环系统，能够做得这一点。渗滤液再循环的最佳运行条件根据填埋场具体情况确定。采用渗滤液再循环的速度由可获得的渗滤液量决定。进行再循环时，不应引起水力、地表水或地下水问题。应注意保证渗滤液不要滞留在填埋场并且循环的渗滤液到达渗滤液收集系统。

再循环是一种渗滤液管理方法而不是处置方法。再循环的优势在于它使渗滤液处置问题在填埋场使用寿命期内的最初几年变得不那么急迫。但是，除非防止雨水渗透，封存控制的填埋场的渗滤液液位将随着废物越来越饱和而最高。这种现象证明监测的必要性并证实还需要渗滤液处置的长期解决方案。

4.5.5.2 装入罐内和下水道排放

在渗滤液产生量低的情况下，也许可能将渗滤液运至污水处理厂。这取决于成本和污水处理厂经营者是否愿意接受。

下水道排放是一种选择，但这取决于污水处理厂处理渗滤液的能力。在某些地方，污水网络接受额外流量的能力可能也是一个问题。

只要进行下水道排放，就应检测渗滤液中的溶解甲烷。甲烷是爆炸性气体，它可以通过诸如通风等过程从溶液中释放出来。甲烷聚集可能对下水道用户造成危险。所以，必须定期取样检测排到下水道中的渗滤液的甲烷水平。如果有必要，渗滤液必须预处理和脱气。去除甲烷一般作为渗滤液处理的一个部分，它涉及渗滤液通风。

所有涉及渗滤液离场处置的填埋场需要某种形式的渗滤液存放。这样做是为了保证堆放的废物中的液位不超过最大可接受液位。如果运输或最终处置出口出现问题，存放还提供了必要的备用手段。在大多数将渗滤液直接泵送到下水道的填埋场，存放能力至少需要是 7 天的渗滤液产生量。但在依赖罐装或重力排放的填埋场，可能需要更大的存放能力。

4.5.5.3 现场处理

在大型填埋场或不可能进行下水道处置而且装罐运往污水处理厂，现场处理也许是一种经济的办法。更普通的处理技术包括：空气清洗、通风；芦苇床；转动生物接触器；反渗透；氧化和其他化学处理。

应该意识到上述方法可以解决实际问题。实际上，为了获得预期效果，某些方法需要组合使用。总之，所选方法是与处理的渗滤液的特性相关，而渗滤液的特性取决于渗滤液成分、渗滤液量、所选排放介质及其位置。

渗滤液处理的一个更老的方法是渗滤液喷洒灌溉，这种方法在废物填埋场已填埋区域或填埋场附近的陆地上使用。如果采用离场陆地处理的方法，当出现蒸散和一些生物降解时，这种方法取决于渗滤液的蒸发和通风。在现代填埋场运营中，喷洒灌溉有一些缺点。离场渗滤液灌溉可能污染当地地下水或违反关于地下水保护的规定，特别是《地方政府（水污染）条例（1992）》和《欧盟地下水条例》。重金属含量高的渗滤液引发一些问题。第二个缺点是这种方法的有效性取决于接受土壤结构容纳额外液体负荷的能力。通常土壤结构开始破坏，或者渗滤液中的铁引起板结。另外，喷洒可能导致严重的气味公害。所有这些因素大大降低了人们继续采用这种方法的愿望，结果，这种方法只能在个别条件下使用。

4.6 填埋场气体控制

4.6.1 填埋场气体的特性

填埋场生物降解过程既产生渗滤液也产生填埋场气体。后者主要由甲烷、二氧化碳和水蒸气组成，并随着填埋废物开始厌氧分解改变成分，微量成分使填埋场气体带有酸味。在某些条件下，如果已大量接受处置了某种工业废物，可能大量存在其他气体化合物，例如，填埋场的大量塑料板可能产生硫化氢。甲烷和二氧化碳通常是填埋场气体中对环境有重要意义的主要成分。甲烷可燃，并且在空气中体积浓度为5%～15%（体积比）时具有爆炸性。这种气体通常含有水蒸气并具腐蚀性。如果不用合适的方法监测和控制，填埋场气体能增加可燃性、毒性、窒息危险和其他危险以及植被顶枯病。除了其爆炸特性外，如果在封闭空间内含量过高，填埋场气体还引起窒息。

填埋场产生大量填埋场气体，每吨堆放废物的气体典型年排放量约为10m^3。气体产生速率是许多因素的函数，这些因素包括：填埋场的物理尺寸；堆放废物的类型和相关速度；废物的年龄；含水量、pH值、温度和堆放废物的密度；采用覆盖、压实、封盖的情况。

渗滤液中可能含有溶解的甲烷。因为甲烷能从溶液中散发出来，应注意保证既不要从离场渗滤液表面下的羽流中散发也不要从排放到污水网络中的渗滤液散发。

应该意识到一些土壤和工业活动自然排放甲烷，例如燃气主管道附近、煤矿巷道等也可能产生甲烷。尽管非填埋场气体排放超出本文件的范围，但当发现来自上述其他来源的对公众健康的威胁时，应对这些威胁具有重要意义。

4.6.2 气体的产生和迁移

废物填埋场运营的性质使得难以预测填埋场气体产生的开始和停止。这些既取决于生物降解速率又取决于生物降解过程的副产品，它们与诸如含水量和堆放的废物类型等因素有关。有氧分解通常在废物放入的几天内停止，随后是导致气体产生的厌氧过程。图4-9（见4.5）和图4-14示意说明填埋场气体成分如何随废物分解的不同阶段变化。来自有氧分解的二氧化碳水平的增高是厌氧阶段产生含甲烷的填埋场气体的先兆。所以，二氧化碳水平的稳步提高是甲烷气体开始产生的良好指示。一旦厌氧生物降解已经开始，在随后的12个月内，填埋场气体量将稳定增加。然后，气体生产将持续几十年，最终因为填埋场的微生物活动而下降。在某些条件下，如果填埋场受到干扰（特别以影响填埋废物的含水量的方式），气体排放可能再次稳步增加。所以，地下水水位或封盖功效的改变可能对气体产生造成重大影响。因此，当气体产生速率变缓或已经停止，在决定停止或大大减少填埋场气体监测时，应极其小心。

填埋场气体的密度与空气密度大致相同，但由于气体中甲烷和二氧化碳的比例变化其密度将有些变化。填埋的废物内温度升高产生的自然对流使气体移动到表面。大气压的变化可

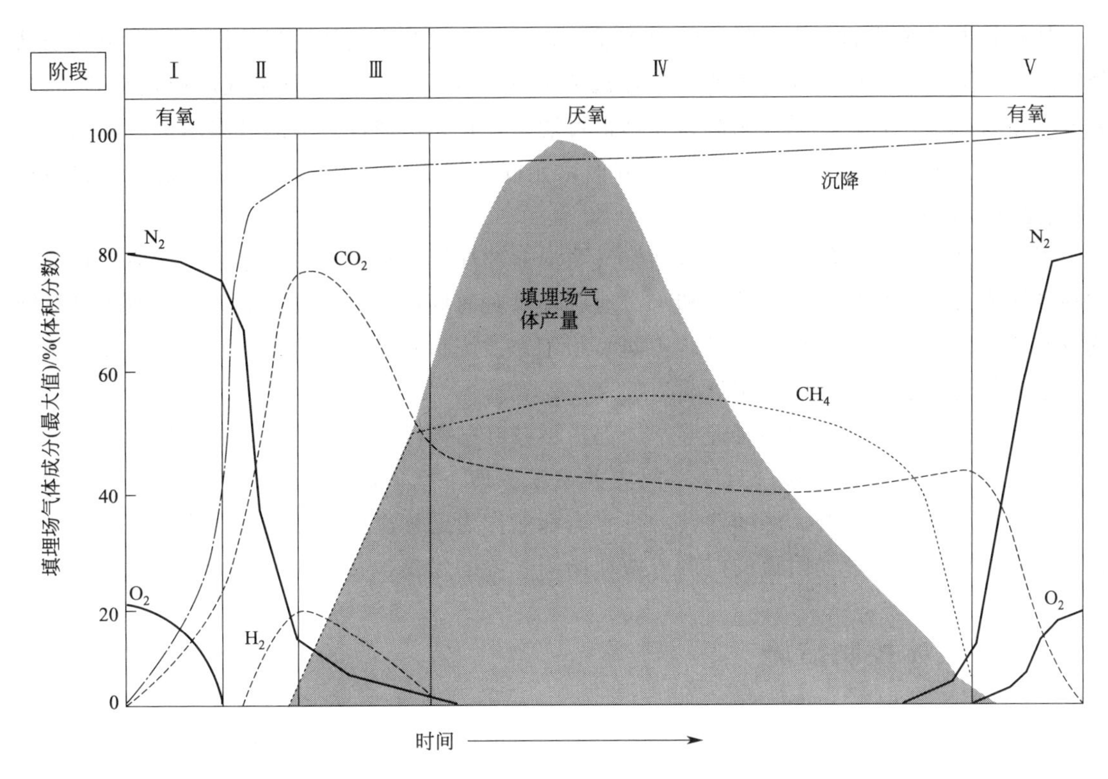

图 4-14 填埋场气体成分变化

（资料来源：英国能源部，1995）

能使气体的迁移模式和气体从填埋场释放的速度大大改变。特别是，压力突然下降可能使填埋的废物与上面的大气间形成压差梯度，这促使气体被从地下抽出来。

当填埋场气体上升时，填埋场气体将沿着阻力最小的途径上升。所以，当向上运动被全部或部分阻碍（例如被低渗透性材料层）时，气体可能从侧面散发出来。除了对流，废物堆内的气体压力增加也可能引起气体在填埋场迁移。图 4-15 显示了填埋场封场后的气体各种可能迁移途径。

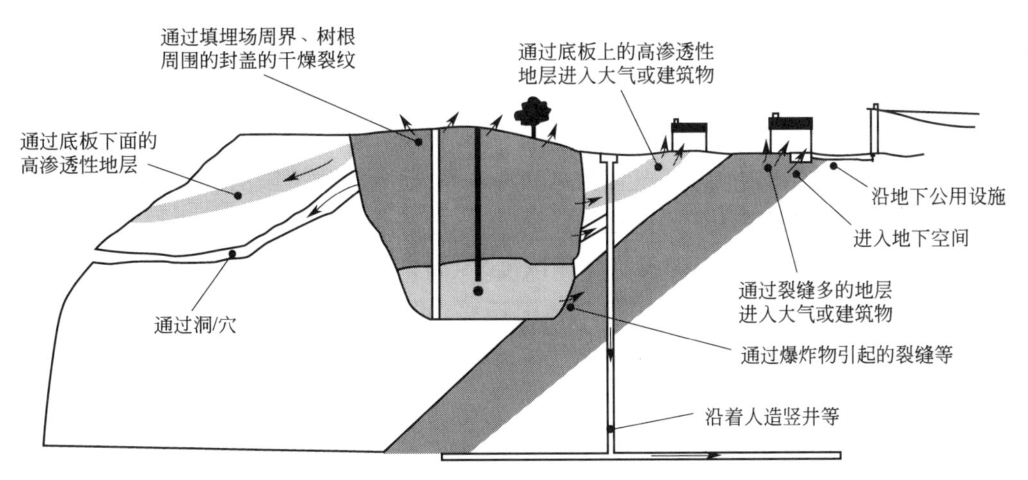

图 4-15 来自已完成/已恢复填埋场气体可能迁移途径

（资料来源：根据英国能源部，1991）

从长期看，填埋的废物沉降可能影响迁移途径，从而改变气体的释放模式。在填埋场已经完成的区域安装无渗透性封盖能对气体迁移方式产生重大影响。满足气体通过封盖 的需要具有重要意义。否则，无控制侧向迁移很可能是存在无渗透性封盖的必然结果。封盖的设计和安装一方面防止大量水进入，另一方面，允许气体散发又是一个需要专业技术的挑战(特别是在设计阶段)。

可能改变迁移模式的其他因素包括排气明沟被冲蚀掉的材料或雪、冰暂时封堵。除了上述现场因素外，填埋场的直接地质和水文地质环境对离场迁移有重要影响。邻近地质材料结构及其潜在的渗透性具有重要意义。正如必须考虑横坑和其他地下构筑物的存在一样，还必须考虑更接近地表的排水沟和维修通道的存在。

不应该出现不受控制的离场迁移。局部植被枝叶枯萎可能是环境压力的最初迹象。更需要重视填埋场气体可能迁移进封闭空间内并蓄积。地下室、地窖、维修通道、地板下的空间、餐具柜、墙里的孔洞、照明灯柱、排水沟都能作为迁移途径。必须采取防范措施，以保证填埋场气体不对填埋场附近的财产或填埋场周界内的建筑、其他封闭空间构成威胁。

4.6.3 气体控制措施

所有接受生物可降解废物的填埋场都应进行填埋场气体监测。《填埋场监测手册》规定了监测的性质。该文件规定的监测频率是最低要求，在其他已建项目附近的填埋场执行的监测频率大大超过该要求是常见情况。

除了环境监测，所有填埋场经营者应采取适当措施，评估填埋场气体产量并控制其聚集和迁移。通常情况下，所有重要填埋场都应有气体收集系统。不应允许这些填埋场产生的填埋场气体以不加控制、随意的方式排入大气。

当收集的数量足以维持燃烧时，应放空燃烧填埋场气体，而不是被动地排入大气。在大气上层，甲烷是很活跃的气体，是增强温室效应的重要成分。理想情况下，填埋场气体应用于产生能量或室内采暖。

在所有存在大量填埋场气体的废物填埋场，应该以造成的环境破坏或退化最小、对人类健康威胁最小的方式收集和处理填埋场气体。正如已经指出的，甲烷浓度在5%（LEL，爆炸下限）到15%（爆炸上限）之间时具有爆炸性。虽然不可能建立适合于所有情况的规则，通常情况，填埋场经营者应保证填埋设施产生的甲烷浓度不超过：爆炸下限（1%）的20%，在填埋场的构筑物内（除了气体控制和回收系统）；爆炸下限的20%，在填埋场周围未填埋陆地或受气体控制系统影响的区域。

适用于二氧化碳的阈值为1.5%（体积浓度），如果超过甲烷或二氧化碳的这些触发浓度，经营者应立即采取措施减少填埋场气体的迁移。图4-16为典型填埋场布局，其中已经安装了气体收集和监测装置并且正在抽取气体。

4.6.4 气体控制系统

用于控制填埋场气体的基础设施的确切种类由填埋场的具体情况决定。最重要的目的是

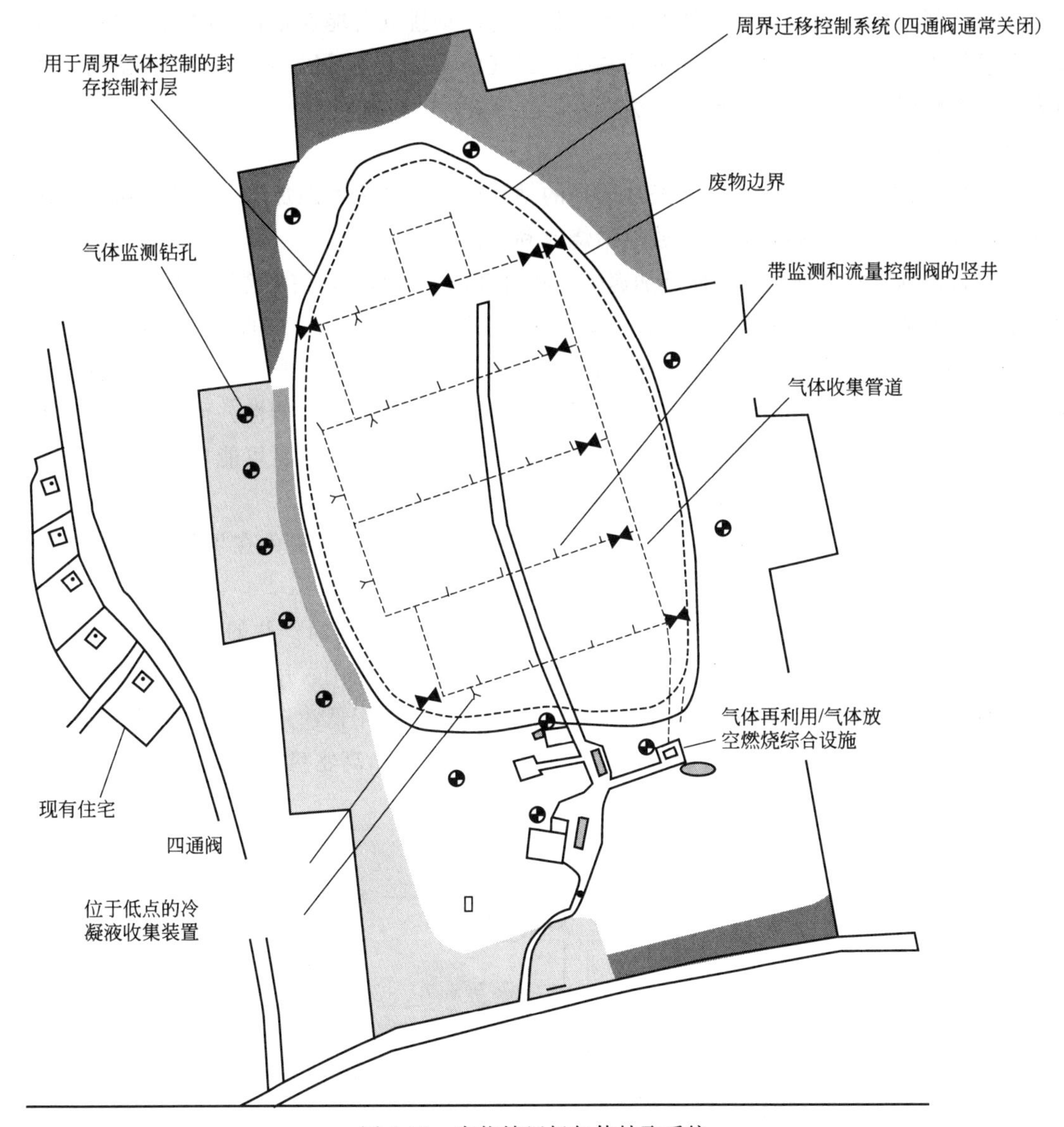

图 4-16 废物填埋场气体抽取系统

防止填埋场气体越过周界同时保护填埋场的工作人员和使用者。一般情况，有效控制填埋场气体需要专业技术，特别是在填埋场经营者对气体管理经验有限的情况下。

气体控制系统分为两种：主动系统和被动系统，一般将这两种系统结合使用。不论哪种情况，所选系统经过专业设计并且带有防故障和损坏保护功能。填埋场的环境要求设备结实、耐用。主要是因为现场工作或者在沉降过程中，这种设备有时也可能被损坏。该设备还必须每天 24h 工作。设计阶段应该应对可能出现的故障，比如提供备用报警系统。现场人员需要进行定期检查。否则，被动系统可能在不注意时堵塞，或者泵送系统可能出现故障并可能造成严重后果。

没有一种单一控制机制能提供应对填埋场气体泄漏的万能解决方案。通常情况，需要配合使用许多系统。只有当填埋场位于郊外，远离任何居民区或其他开发项目，单一控制措施才够用。在这方面，应注意对于气体管理基础设施的要求在填埋场使用期内将会变化。例如，在生物降解的初期，由于气体产量低，只进行被动排气可能就是合适的气体管理。随着气体产量增加，可能需要更复杂的主动系统。当气体质量达到足以维持燃烧的标准时，可能需要放空燃烧或采用其他能量回收方法。

(1) 主动系统

主动气体控制系统通常通过从经过选择的钻孔或气井向废物施加负压的方式抽取填埋场气体。用泵抽气并将气体收集用于放空燃烧或利用。

应该认识到，安装抽取系统能够加速生物降解过程，从而经常使沉降速度加快。在设计和抽气系统维护阶段，应考虑这个因素。在安装抽气系统的当年，该系统的运行效果特别明显。

必须注意平衡填埋场各种气井中的用泵抽气的过程。否则，有些区域可能过度抽气，结果导致空气通过废物被抽进抽气系统，这还可能增加出现火灾的可能性，可能影响气体在放空燃烧阶段的燃烧并缩短生物降解过程。相反，其他地方的抽气不足可能导致只有部分气体被抽走，气体可能迁移。因此，每个井应有自己的取样点和控制阀。

监测填埋场气体通过井向抽气系统输送时的浓度，特别应避免在甲烷的爆炸极限内(5%～15%，体积分数)输送。

抽气井直径在0.25～1.0m变化。图4-17为气井的典型剖面。井的大部分由钻孔或切槽管构成。井口必须密封，以便抽气过程不把空气抽进来。否则，用于能源和放空燃烧的气体产量将减少，而且有氧条件可能增加火灾危险。通常应使用低渗透性黏土或同等材料密封排气管或抽气管上端。该管应由成分合适的塑料构成，例如高密度聚乙烯（HDPE)。因为

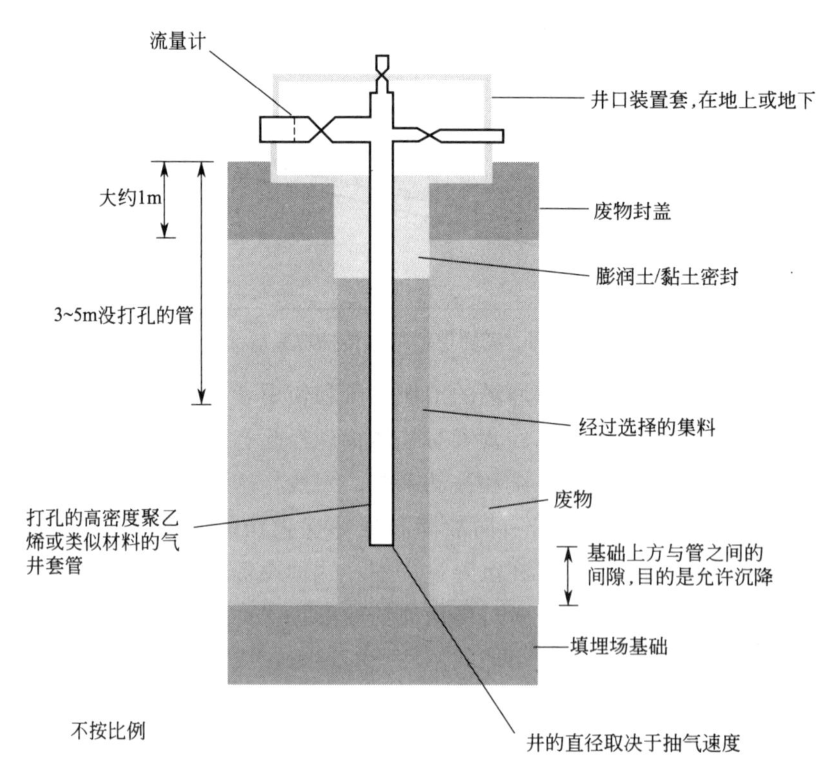

图4-17　典型废物填埋场抽气井

(资料来源：根据英国能源部，1991)

填埋场气体的微量成分具有腐蚀性，所以不适合使用金属管。

通常情况，气井不应该延伸至填埋场的基础，特别是现有填埋场在填埋区域已经安装了气井。对于后面这种的情况，井底与填埋场基础之间应留有井总深度25%的余量。否则，钻井过程中难以预测的变化和沉降可能导致井与衬层接触。

作为钻井的可选替代方式，可以在堆放废物后用液压挖掘机挖气井。与钻井相比，该技术可能有个优点：压实井周围的废物的可能性更小，从而帮助气体流向气井。该技术不适合在废物深度大的填埋场建气井。

井的位置和间隔由填埋场的具体情况决定并取决于是否打算将填埋场气体用于产生能量。这种评价工作只应由合适的、有经验的组织完成。

如果在填埋场周围的周界监测点发现填埋场气体，可能需要增加监测点密度以便查明迁移程度。如果产生的气体浓度很高，也可能需要增加监测点数量。可能需要与填埋场侧面平行的方向安装抽气井。

每口气井应与管网连接。管径取决于气体流速，但一般应采用的直径为100～200mm。应使用塑料管，应选用抗霜冻和阳光的塑料管。最好将管掩埋，但在还没达到最终高度或封盖阶段的填埋场可能是困难的。

连接管自身的连接和连接管与井口之间的连接需要认真设计和监测。它们可能承受相当大的压力和来自填埋废物运动、沉降的横向应力。按照设计落差铺设管道并在低点安装冷凝液收集装置具有重要意义，这样做防止管道堵塞。如果在填埋场气体抽取过程中冷凝液不可避免，定期监测沉降对管道的影响具有重要意义。否则，可能形成低点并把冷凝液吸引到那里。

主动气体管理系统的心脏是一个或多个抽气泵，加装除湿装置用来保护这些泵。如果安装了放空燃烧装置，应用阻火器保护这些泵。这些泵适合于抽取填埋场气体，并定期进行维护。应由在填埋场气体监测和控制方面富有专门经验的人选择这种泵。但是，它们必须足够结实、耐用并且能在腐蚀性环境中长期可靠运行。

放空燃烧烟囱的选择和设计应咨询专家的建议。它们应位于高处并配备安保措施。应注意放空燃烧装置的接地线不会在刮风时对现场工作人员造成威胁。当燃烧停止时，必须有报警系统。所有电气设备必须安全，能防电火花并且适合在可能爆炸的环境中使用。总之，气体抽取与管理是高度专业的领域，一般需要征求专家的意见。凑合使用的设备用于气体收集和放空燃烧是被禁止的。

(2) 被动系统

被动系统一般由排气系统或气体屏障组成，但这些装置可以组合使用。这样的控制系统依赖于将填埋场气体排入大气的自然压力和对流机理。它们的效率不如主动系统，但价格更低并且对维护的要求也更低。

选择被动系统还是主动系统取决于许多因素，做决定的关键标准是环境监测的结果和气体迁移是否可能产生问题。虽然存在这些因素，但被动系统的气味公害可能使人们更愿意建立主动气体管理系统和相关的放空燃烧装置。

《填埋场监测手册》规定了对填埋场气体监测的最低要求。为了保护敏感目标，在使用被动填埋场气体屏障的填埋场，应进行更详细的监测。特别应在所有被动气体屏障的两侧都进行监测。这样做有两个目的：一是为了表明气体到达屏障；二是为了检测屏障的有效性

（或无效）。应该强调，如果没进行必要的环境监测，依赖气体屏障是不够的。

作为最低要求，在所有接受生物可降解废物的填埋场应安装某种类型、控制填埋场气体排放的被动系统。图 4-18 安装在已填埋废物中的典型被动排气井，图 4-19 所示为建在填埋场边缘的排放沟。可以看到，一系列的竖直管构成排放系统的心脏，它们周围是没有细粉的颗粒材料。管道和颗粒材料帮助填埋场气体迁移到表面。

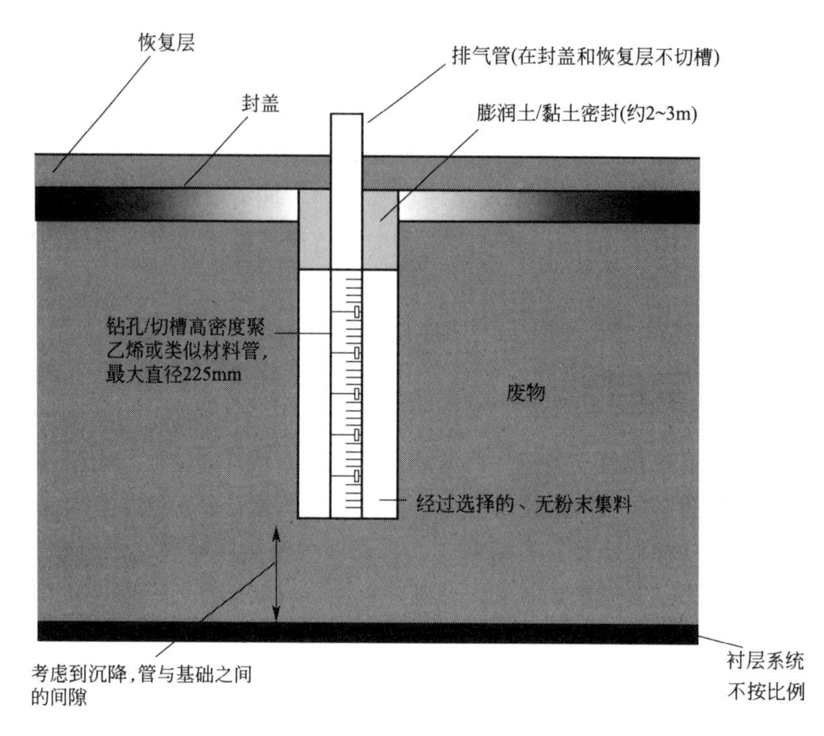

图 4-18　被动排气井

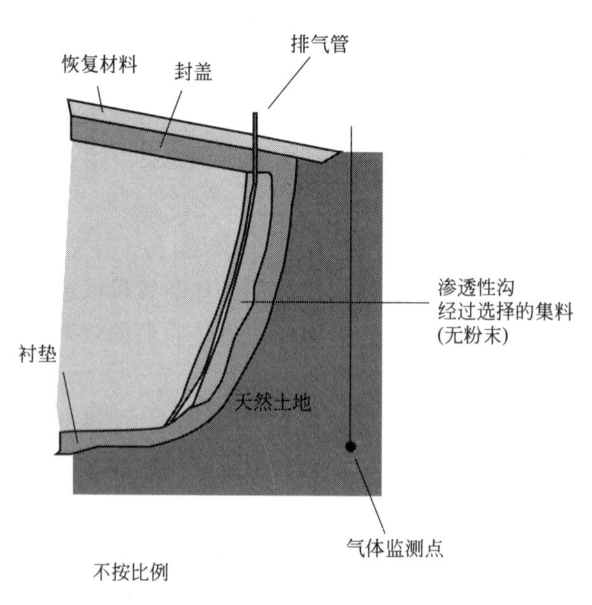

图 4-19　位于封存控制系统边缘的气体排放沟（剖面图）

4.6.4.1 气体屏障

人工衬层系统，例如黏土、膨润土或高密度聚乙烯，在一定程度上防止填埋场气体迁移。但是，因为还没彻底评估这些材料对气体的不渗透程度，所以必须注意保证不要对这些材料有不恰当的信任。

在许多情况下，使用中的填埋场要求将气体屏障安装在堆放的废物中。在废物浅的填埋场，可以用合适的设备挖沟。在废物深或地难挖的填埋场，可以将屏障置于废物周围的下层结构中。只有富有经验的承包商才应该注入灌浆料和其他种类的屏障。

4.6.4.1.1 屏障和沟

可以将气体屏障安装在宽度最小为 0.5m 的沟内，沟应建在填埋的废物以外的坚实土地上。一般情况，气体屏障应建在堆放的废物下方至少 2m 的地方，除非嵌入渗透性很低的土壤底土层。

图 4-20 所示为典型排气沟。离废物最远的一侧用渗透性低的人造衬层、介质衬层。应使用打孔或切槽排气管。随着沟的延伸，应再引入切槽连接管。竖直排气管的间隔取决于对填埋场气体可能迁移的评价，并且考虑填埋场以后的封盖活动产生的影响。沟的表面应用土工织物衬层，然后用无渗透性处理封盖，以防止水和粉末侵入。竖直排气管应超出这个表面，并且在穿越封盖材料的地方不应切槽。

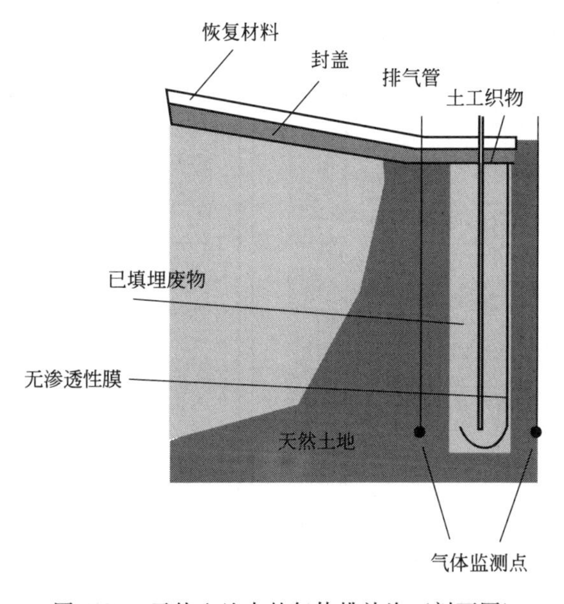

图 4-20 天然土地中的气体排放沟（剖面图）

过去，建议将一系列的水平管与前面所述竖直管相连。尽管在自然陆地上修建的沟（见图 4-20）里可以接受这种做法，但对于夹在废物与自然陆地之间的气体屏障（见图4-19），这种做法就不受欢迎。沉降将使管网受到相当大的压力。水平管与竖直管的十字连接以及水平管之间的连接是薄弱区域，在承载负荷时，可能使管网断开。

不能只依赖通过集料的对流排气，任何情况下都必须使用排气管。应该以不破坏集料渗透性的方式为沟加封盖。没有管道和封盖的沟还可能为雨水创造渗透途径。

应监督排气沟的施工以保证没有偷工减料的行为。应注意运行使用中的排气沟不被粉末堵塞，还应注意排气管道的运行不受坏天气（特别是下雪天）的负面影响。

4.6.4.1.2 竖直排气通道

随着填埋的推进，可以在填埋场正在工作的区域安装一系列的气体通道。这些通道帮助气体向抽气系统扩散或远离外围的排气沟。

这些通道应该用由干净的、粉末含量少的集料包围的切槽管建成。管/集料构筑物的总直径大约应为 1m。可以在最近堆放的废物中修建排气通道，也可以把排气通道修建得超过已堆放的废物和放在排气通道周围的废物。作为可选方式，还可以在已经就位的废物内通过钻孔或挖掘修建气体通道。后一种方式更可取，因为与废物处置行为同步进行气体通道施工能干扰填埋作业。另外，设施本身有可能被填埋场上运行的机械损坏。

气体通道可以与渗滤液收集点结合使用，典型渗滤液和废物填埋物气体收集组合井如图 4-21 所示。

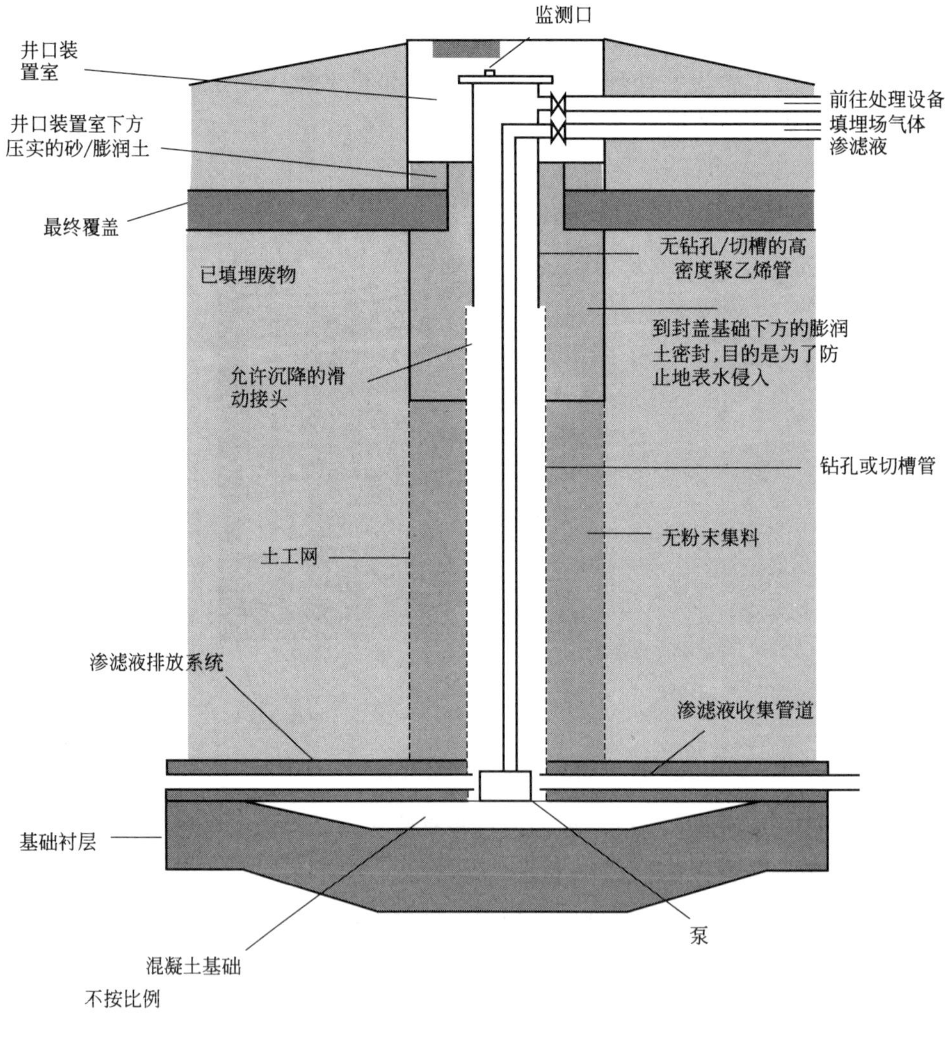

图 4-21 典型渗滤液和废物填埋场气体收集组合井

（资料来源：根据英国能源部，1995）

4.7 公害

4.7.1 公害控制

在填埋场运营中，公害控制是有效管理和控制的一个主要方面。除非经营者在日常经营中已经有效解决与公害有关的问题，填埋场不会对当地的生活福利设施造成危害。乱丢废物和各种难闻气味等因素对填埋场影响较大。

在规划阶段应考虑填埋场运营对当地生活福利设施可能会造成一定影响。在运营阶段，对所有投诉进行记录和调查。与投诉者联系沟通可以确定问题的性质和来源，以便在填埋场采取改正措施。

公害控制涉及：车辆；乱丢废物；气味；噪声；鸟；寄生虫、昆虫和其他害虫；火灾；灰尘和泥。

下面的内容介绍了一系列能够采取的措施，从而减轻上述公害。

4.7.1.1 对交通产生的影响

在所有填埋场交通运输是必需的。在通往填埋场的次要道路，交通运输就会成为一个主要问题。最好在填埋场选址阶段就应考虑这个问题。在现有填埋场，尽可能进行小的改进来减轻这种影响。但在某些条件下，即使小的改进也将大大减轻这种影响。

经常可能有不同的可选路线通往填埋场。如果是这种情况，可能将交通从更敏感的区域分流到其他路线。这种做法可以是永久性的，或者是临时的（例如上学和放学时间）。能够做到这一点的主要方法是经营者向填埋场运送废物的人发布严格的指令。

当车辆等待进入填埋场时，车辆在公路上排队是不受欢迎的。如果出现这种问题，应在填埋场内提供排队车道。

4.7.1.2 对乱丢废物的控制

填埋场对乱丢废物控制不够产生的负面视觉冲击是造成投诉的主要原因。所以，应把对乱丢废物的控制放在优先考虑的位置。有一系列的消除公害方法，这些方法的使用取决于现场具体条件，例如正在工作的倾卸区的掩蔽程度、与其他土地使用者的接近程度和正处置的废物的类型。

4.7.1.2.1 现场管理

刮风时，应根据保证避开主风向的需要决定倾卸和压实方向。在大型填埋场，应在有保护措施的位置提供紧急倾卸区。如果条件特别差，应关闭填埋场，直到风力减弱。

应每天巡视填埋场周界、出入道路和邻近公路。典型填埋场可能需要捡拾乱丢的废物的全职工人。如果乱丢的废物已经到了填埋场外面，首先应清理所有的场所、饲养家畜的农场和公路。

要求所有车辆用合适的方式封闭或遮盖，严格执行这个要求将防止废物掉在出入道路上。应向车辆的司机发布关于遮盖不足的警告通知。如果忽视遮盖，应阻止其进入填埋场。

4.7.1.2.2 填埋场基础设施

为了避免风刮走废物，应将移动筛或网放在工作面附近。围绕填埋场周界的遮蔽护堤、栅栏和缓冲区将为附近的财产提供保护。

网状遮蔽篷或与围栏框架相连的移动网已经被用于围住工作区域，以防止风将废物刮走。在一些地方，已经成功使用围网系统，但在其他地方出现一些运营问题，围网系统阻隔了工作区域。

应定期从各种类型的废物遮蔽物或网上清理废物。否则，效果可能减弱或支撑结构可能被损坏。

正如前面指出的，覆盖材料对减少乱丢废物。所以，最好在现场储备覆盖材料。可以在工作面或紧急倾卸区修护堤的方式储备覆盖材料，护堤本身也挡风。

使用钢轮压实机能够减少乱丢废物的可能来源。但是，通常要求使用其他方法（例如网）。

4.7.2 气味控制

填埋场难闻的气味来自：

① 被挖起以前堆放的废物；

② 有恶臭味的废物，例如工业废物、农业废物和污水淤泥；

③ 渗滤液处理系统，特别是通过喷洒处理的系统；

④ 停留在曝气塘或其他容器中的渗滤液；

⑤ 填埋场气体。

良好的现场管理能够减少填埋场的气味。填埋场的气味减少的主要方法包括：

① 有效压实；

② 提供足够的覆盖材料；

③ 迅速处置带恶臭味的废物，如果有必要使用带覆盖材料的沟；

④ 有效收集填埋场气体并随后高效燃烧；

⑤ 迅速掩埋挖起的废物并把坑填满；

⑥ 防止存放的渗滤液开始无氧分解。

4.7.3 噪声控制

填埋场工作人员应认识到有必要将噪声降到最低以及过大的噪声对健康的危害。进入填埋场或在填埋场工作的车辆或设备应符合欧盟有关噪声性能的标准。应特别注意为使用动力的工具、机器和固定设备安装降噪设备。在发动机和泵（特别是24h使用的发动机和泵）附近，如有可能需要安装声障板。

限制速度可以降低出入填埋场车辆的噪声，高质量的路面有类似的效果。

气体放空燃烧有时能够产生噪声。如果放在不合适的位置或在填埋场工作时间之外运行，声音驱鸟器可能使居民反感。所以，天黑后或夏天晚上不应使用声音驱鸟器。

在某些情况下，护堤、植物屏障或其他噪声障碍能抑制噪声传播。应提供这些手段，以便保证将附近的设施与正在开发的填埋场区域隔离。但是，为了使它们适合填埋场地形和周围地形，应认真选择它们的位置并认真设计。

4.7.4 害虫控制

如果管理得当，现代填埋过程将避免许多对环境潜在的不利影响。严格施用覆盖材料、以适当的方式压实废物和一般性“好的家务管理”是控制害虫最有效的途径。

如果建议使用替代性覆盖材料（例如泡沫塑料），应更注意保证采取的措施足以控制害虫。如果害虫是一个持续的问题，可能唯一的选择是退回来使用传统覆盖，例如下层土。在使用非传统覆盖材料的填埋场，如果在夏季似乎要出现害虫问题，可能暂时（一直到繁殖季节结束）换成土基覆盖材料是恰当的办法。另外，立即掩埋含有肉、食物的难处理废物将减少昆虫虫害。

定期检查填埋场将发现害虫泛滥的程度。发现大量害虫时，应雇用有经验的害虫控制专家处理这个问题。

4.7.5 鸟的控制

与使用中的填埋场有关的最普通的鸟类是食腐鸟类，例如八哥、乌鸦、乌鸫和鸥。它们能成为公害，向附近区域传播病原体、乱丢的废物和碎屑，而且威胁飞机的安全。

所有填埋场的运营工作都应力争减少堆放的废物对鸟的吸引。

减少食物来源的方法：

① 经常覆盖废物；

② 包装或将含有食物的装入袋内；

③ 取消接受作为鸟类食物来源的废物。

因为在鸟类找到食物的环境中，它们将适应这个环境，所以这些方法中的许多方法只具有短期效应。改变控制方法可能防止鸟类适应一种单一的方法，例如：

① 用燃气炮使鸟不敢来吃食物；

② 视觉威慑，包括鸟天敌的逼真模型；

③ 食腐鸟类的遇险信号和其天敌的声音；

④ 在工作面周围使用物理屏障，例如网；

⑤ 使用猛禽，例如猎鹰；

⑥ 在填埋场上空放风筝。

射杀鸟应该是最后的手段并且一般不受欢迎。必须有效监督雇用来射杀鸟的人员的行为。有些居住在填埋场的鸟类是受保护的物种，任何时候都必须遵守这种保护的规定。

始终都最有效的方法是用合适的方法尽快覆盖暴露的废物。

4.7.6 火灾

任何材料都不应该在填埋场的边界或边界附近焚烧。拾荒者也决不能在填埋场焚烧捡来的废物。应把填埋场着火视为紧急情况，并且应立即予以处理。如果观察到填埋的废物冒烟，填埋场应通知合适的机构和其他应急联系人。

火灾预防和控制措施包括：

① 火灾预防与控制训练雇员；

② 醒目张贴应急响应联系号码（消防队、警察、救护车和其他机构）；

③ 在所有移动设备上放置灭火器和双向无线电装置；

④ 提供现场供水，如果有必要，提供储水罐便携式水罐；

⑤ 在现场办公室提供灭火设备。

填埋场的火不容易扑灭。合适的废物控制方法和运营实践提供了最好的预防火灾的保护措施。最有效的防火措施是“良好管理”和提高警惕。火灾预防必须从识别存在潜在危险的区域和问题点开始。小心搬运燃料和清理设备经过的轨迹是从开始预防火灾的例子。填埋场工作人员必须提防有着火迹象的入场货物。应拒绝可疑货物入内，或者立即隔离并置于指定的隔离区。

应隔离任何含有热灰的废物并冷却或立即将覆盖材料投入其中。

如果发现或怀疑有深层火，通过测量着火区域的温度核实着火范围。将温度传感器放在插入倾卸的废料中的管里测量温度。应从未受影响的区域开始读数并渐渐向着火区域移动。应该用指示器板划分出受影响的区域。

试图用不透气材料闷熄火一般无效，并且可能使火变成深层火。所以，建议采用的方法是挖开堆放的废物并用水熄灭。可能需要挖沟将着火区域隔离。之后，应该用惰性材料（例如下层土）将沟回填。在渗滤液室或抽气井附近的火灾可能导致严重后果。这些可能提供氧气进入点，所以可能需要将其密封。

因为深层火可能使受影响区域的表面变得不稳定，深层火能威胁人员和机器。这种情况下，人员或机器不应该在受影响区域上方移动。

4.7.7 泥和尘土控制

填埋场产生的泥和灰尘可能是当地关切的一个主要问题，特别是当泥和灰尘到达填埋场以外的地方时。大量的泥沉积在公路上是令人无法接受的，应立即引起注意并纠正。如果泥被车辆带到公路上，应立即派出道路清扫设备。泥的控制应该是日常现场检查计划的一部分。通过有效的设计和填埋场运营，能够解决堆放的立即被车辆带到填埋场外的问题。通往工作面的优质临时出入道路、设计良好的填埋场出入道路、车轮清洁设备、泥浆收集和道路清扫（如果必要）工作都有助于有效减少泥浆。一般情况，车轮清洗装置应位于与公路距离合适的地方。否则，将有一层泥浆从车轮清洗装置延伸，在冬季还可能冻结。另外，把车轮清洗装置作为可能受其他因素（例如填埋场道路施工质量不好）影响的问题的完整的解决方案是不够的。

如果车辆已经将泥污溅在公路、人行道、墙等物体的上面，在某些情况下应安排人员清扫。尽管这个问题经常是由非填埋车辆造成的，但出于公共关系方面的原因，最好清扫道路和人行道。

夏天，尘土可能是个问题。另外，处置粉末废物可能造成局部问题。本手册前面的内容已经介绍难处理废物的控制。通过喷水将灰尘降在填埋场出入道路，这样可能减少灰尘的排放。混凝土和柏油碎石等路面可以用机械清扫，在路面干燥后清扫残生灰尘之前，先把沉积的废料清除。

4.8 安全

4.8.1 概述

本节关于保证填埋场健康和安全的基本要求。制定了一般性指南，所有填埋场经营者都应认真执行。

但是，阅读本手册的人应注意两个重要方面：一是填埋场健康和安全声明中应包括与填埋场经营者自身安全要求有关的具体指南；二是填埋场经营者肩负保证遵照《工作安全、健康和福利法》(1989) 经营每个废物填埋场的责任。

所以，下面的内容应被视为一般性指南。应认识到，基本要求是必须遵照上述文件，特别要遵照《工作安全、健康和福利法》(1989) 和相关条例。填埋场设施的所有操作人员应已经阅读、理解并遵守（如果适用）上述规定。

4.8.2 废物填埋场的危险

如同所有的工业活动，填埋场运营自身存在危险。历史上，填埋场事故主要由于填埋场设施（填埋场道路、急转弯、陡坡）的暂时特性和车辆、机械，因为车辆和机械经常在有限空间工作并且彼此距离接近。向后倒车的车辆是个重要问题，特别是要求工作人员徒步走过工作区域或指挥填埋作业面的车辆的时候。

通过执行安全和培训计划及有效的现场管理能使事故数量降到最低。这些计划应包括：

① 识别危险的可能来源；

② 评价来自这些可能来源的危险等级；

③ 确定应对风险的程序；

④ 制定在事故/危险出现时将其最小化的程序；

⑤ 坚持检查以确保以合适的方式贯彻安全工作规程。

4.8.3 工作安全、健康和福利

《工作安全、健康和福利法》(1989) 主要由五个部分组成。首先，该法包括雇主“只要在合理范围内实际可行”就要保证雇员和其他受到影响的人员的安全、健康和福利的高于一切的责任。通过遵守相关法律和有效的实践准则以及特定工业领域的“好的做法”达到“在合理范围内实际可行”的标准。其次，所有雇主有责任编写“安全声明”，该声明基于对危险和相关风险评价的综合书面认识。第三，雇员就有关安全、健康和福利方面的问题咨询的权利。第四，所有雇员有责任以合理的方式注意保证自身安全。最后，将建立健康和安全局以促进和加强安全工作。

有关条例对该法起到补充作用，有关条例对该法的一般性规定进行补充。“工作（施工）安全、健康和福利条例”(1995)（国际标准体系 第 138 号，1995）能具体应用到废物填埋场。根据这些条例，必须为所有施工工程的设计和开发阶段指定工程监理。需要有安全和健康计划。该计划的目的是协调可能影响所有现场人员的健康和安全的必要条件。因为填埋场施工是随时间推进的过程，在填埋场的整个使用寿命期内需要遵守这些条例的要求。

根据这些要求，经营者应保证填埋场所有雇员工作期间的安全、健康和福利。此责任应包括以下应考虑以下几方面：

① 应在安全条件下修建和维护填埋场；

② 应为员工和车辆提供安全出入填埋场的方式；

③ 应在安全条件下维护设备和机械；

④ 应评价风险并制定、组织和实施安全工作制度；

⑤ 应提供适当的安全信息、说明、培训和监督；

⑥ 提供并维护合适的防护服和设备；

⑦ 应制订并在必要时修改应急计划；

⑧ 填埋场的任何物品或物质一定不能对健康构成不可接受的威胁；

⑨ 必须为员工提供足够的福利设施并加以维护。

1989 年法案的关键要求是要求所有雇主编写安全声明。该声明是保证工作地点的雇员在工作期间安全、健康和福利的基础。该安全声明应基于对危险的识别和对这些危险构成的风险的评价。

根据填埋场条件的变化、新的法律要求和该行业的更先进做法更新安全声明是一项法律要求。应定期重新评价雇员和其他人面临的风险。所以，应把该声明视为变化的文件，而不是静态的文件。健康和安全局于 1993 年出版了修订版《安全声明指导方针》。所有雇员应阅读该声明，管理者和监督人员完全理解该声明的含义。

4.8.3.1 人员

在安全声明中，必须正式指定一个组织中的一人或多人负责安全并实施《工作安全、健康和福利法》(1989) 及相关条例，具体指定谁由组织决定。被指定负责此项工作的个人应理解该法律要求，能够贯彻该法律并保证工作安全制度不断延续。后面的任务应包括与培训和监督有关的工作。他们应负责识别危险，指定的管理人员应口头或以书面形式向劳动者、承包商、填埋场使用者和填埋场来访者传递这种信息。指定人员还应负责保证实施安全声明并遵守所有法律要求。如果事故使雇员超过 3 个连续工作日（不算事故当天）不能工作，指定人员的一项重要职责是保证向健康和安全局报告所有事故。指定的安全官员应根据安全声明定期进行现场安全检查。书面检查报告应留在现场或经营者的总部。

4.8.4 填埋场健康和安全

4.8.4.1 培训

经营者应向填埋场雇员（专职和兼职）提供合适的培训和说明。经营者还应保证在填埋场工作的承包商被告知危险和必要的防范措施。雇用承包商的人还有责任保证承包商有能力按照与其工作有关的设计和施工要素行使工程监理的职责。

所有填埋场人员应熟悉出现故障、伤害、火灾等的时候的应急程序。员工日常培训时应确定应急设备的位置，并在显著位置书写当地警察、消防队和救护车服务电话号码，以备紧急情况使用。表 4-5 为紧急情况联系单示例。需要根据《工作（施工）安全、健康和福利条例》(1995) 在填埋场展示其他信息。

4.8.4.2 人员配置级别

应有效监督所有员工和填埋场使用者。在只有一个员工在填埋场独自工作时，不应该开放填埋场接受废物。与此相似，在没有填埋场工作人员在场或离开其视野范围时，不应该卸车。

4.8.4.3 医疗

对于在填埋场工人，良好的个人卫生是必不可少的，所以必须提供热水和冷水清洗设施。废物填埋场的所有工人（包括经营者临时雇佣或在填埋场工作的承包商临时雇佣的工人）应得到足够的抗破伤风保护。这种保护必须及时更新，每隔 10 年进行一次强化注射。雇主应负责保证雇员接受这些注射并要求在填埋场工作的承包商购买合适的保险。

4.8.4.4 急救

急救箱应放在现场一个清楚标记的地方。应监督使用急救箱内的物品，以便负责保管急救箱的指定人员定期检查急救箱。应提供洗眼设施，应该使用自来水或一次性洗眼瓶。任何密封损坏的瓶都必须立即处置并更换。经营者应安排被普遍接受的职业急救培训。培训时通常至少有一名具有急救资质的人员在场。所有员工都应熟悉现场的急救设施。健康和安全局已经出版了急救指导方针。

4.8.4.5 人身保护设备

应提供高度引人注意的服装，并且使填埋场员工和来访者都要穿着。应向所有填埋场个人发放安全靴或长筒靴。靴子应带有钢鞋头并且靴底里有钢垫片以防止堆放的废物里突出的玻璃、金属或其他物品伤脚。应按要求发放手套。手套应能防刺破并适合于有关工作，例如收集乱丢的废物、给车辆加燃料和寒冷天气的工作。如果需要，应通过安全帽和护目器具。

应向驾驶填埋场机械或在强噪声区域工作的人员提供护耳器。应向在填埋场工作的全天候技术工人提供合适的、防风、适合在潮湿天气穿着的服装。

4.8.4.6 填埋场气体

应使所有填埋场员工认识到来自填埋场气体的可能危险。应禁止在填埋场吸烟，除非在现场工作间的指定区域。位于填埋场的建筑物和其他封闭结构的设计应能够防止可燃气体在其中聚集。一般要求设施内（特别是地板下面）允许新鲜空气自由流通。应定期监测所有工作间、其他储藏室和空间（例如地秤下面）以发现是否存在可燃气体。所有进入建筑物的维修通道入口都应被视为气体的可能通道，所以应用合适的方法监测。

如果已经确认填埋场气体浓度超过爆炸下限（LEL）的20%，应将人员从有关建筑物撤离。如果在填埋场建筑内观察到气体达到这种浓度，必须安装填埋场气体连续监测装置和声音报警器。重新进入之前曾经撤离的建筑物时应极其小心。经营者安全声明中应包括发现大量填埋场气体时撤离建筑物和重新进入建筑物的规程。

在填埋场应避免产生不必要的封闭空间，例如为维护将料斗倒置。照明灯柱可能使得填埋场气体聚集，所以它们的底部应该密封并且内部应安装保证安全的电气设备。

如果填埋场工作涉及搅动已填埋场区域，应把健康和安全放在首要地位，特别是在堆放的废物中钻孔可能导致散发出有毒或可燃气体增多，所以随着钻孔推进应定期检查气体聚集情况。与此相似，为气体收集管建的沟的结构需要稳定并且监测填埋场气体浓度。在没有气体监测、救援和其他适当的安全措施的情况下，任何人决不应该进入沟或其他有限空间。所有承包商都应认识到在废物填埋场工作的危险性并且应具有合适的经验应对危险。

应向所有雇员下达这样的指令：除非被合适授权的人确认进入地下的有限空间是安全的，任何人不应该进入地下有限空间（例如涵洞和人孔）。

对气体可能聚集的区域的安全防范要求：

① 进入有限空间的工作只应涉及具有合适经验并经过适当培训的人员，或者在地表提供备用人员；

② 不应允许冒烟；

③ 进入人孔的人必须配备独立的供氧设备；

④ 进入人孔的人必须佩戴安全带和至少由其他两个雇员操控的合适的绳索；

⑤ 地表的雇员应备有供氧设备并经过使用该设备的必要的培训；

⑥ 在人孔内使用的灯和工具自身应该安全。

如果对一个封闭空间的安全性有所怀疑，就不应该进入。

健康和安全信息如表4-5所列。

4.8.4.7 填埋场基础设施、标志和栅栏

填埋场出入道路应避免陡坡和转弯。如果无法避免，必须提供警示标志和防撞护栏。填埋场经营者应写明速度限制并加以实施。车辆不应该在废物表面不稳定区域行驶，车身抬高或压低时不应该行驶。

表 4-5 健康和安全信息

填埋场名称：____

位置：____________________方格坐标________________

经营者：__________________电话______________传真________________

安全官员：_________________电话______________传真________________

许可机关：_________________电话______________传真________________

医生：____________________电话______________传真________________

救护车：__________________电话______________

医院：____________________电话______________

警察：____________________电话______________

消防部门：_________________电话______________

地图

（标明填埋场位置和上述部门）

其他信息

在冬季，为了让倾卸区在黎明和黄昏安全、高效地工作，填埋场应提供足够的照明。

应用栅栏围住存放液体和污泥的沟渠和污水池，或用柱子和彩色布条清楚标明。每条沟渠都应贴标签，标明允许处置的废物类型。填满废物后，应立即覆盖沟渠。填完沟后，可能最好继续清楚标明沟的位置。沟的不坚实特性，特别是已经放入淤泥的沟，可能使沟对现场劳动者、使用者和未经许可进入的人构成威胁。在与深水、渗滤液曝气池或陡坡有关的现场应张贴危险告示。

为了防止未经授权的人进入涵洞或其他有限空间，应放置物理障碍物。废物填埋场的涵洞可能吸引儿童，必须采取足够的保安措施以防止其入内。

4.8.4.8 填埋场的其他作业

必须强调，因为车辆经常在紧凑的空间里调动，废物填埋场的工作区域是危险的，不应允许填埋场技术工人做整理和清扫工作。应要求所有指挥工作面的车辆的监工远离倒车车辆和其他机械。

应命令填埋场人员防止显然不安全的车辆出入。但是，合适的做法可能是将这些车辆上的货物卸下来，然后防止它们返回。

4.8.4.9 危险物质

经营者应保证将在填埋场的人员暴露在危险物质中的情况降到最低。如果无法避免暴露在危险物质中，应予以足够的控制。雇员应在以下方面得到培训：潜在的危险；有关预防措施和预防方法；存在的职业暴露极限；应采取的行动；卫生要求；人身保护设备。

《工作（化学药剂）安全、健康和福利实践法》（1994）给出了暴露在化学药剂中的职业暴露极限指南。该法的附录给出了所列物质的暴露极限，应参照该附录的要求。

在填埋场工作环境中，雇员可能暴露在不同的物质中。经营者应判定填埋场可能接受的废物类型并确定其风险。如果处置众所周知的危险物质（例如石棉），应该执行填埋场安全声明中规程并进行监督。

4.8.4.10 与电有关的危险

配电系统应每年由有资质的电工检查。所有电源出口应安装剩余电流断路器。承担填埋场工程的外部承包商必须满足《电气装置国家标准》的要求并且最好是爱尔兰注册电气承包商（RECI）。

位于可燃气体可能聚集的区域的电气设备的选择、安装、维护必须按照英国标准 BS 5345，第一部分进行。可能在该区域使用的便携设备，例如电话、监测设备、无线电装置等，应用类似的方法对待。

架空电力线可能穿过填埋场。或者改变电力线的方向，或者采取措施使废物的高度不超过供电主管部门限制的高度。任何时候，车辆或设备都不能进入任何电缆的放电距离。所有电力线都应设有护栏，护栏用于标识电力线并配有横向构件以防止车身高的车辆接近电力线。应立即处理护栏的任何破损处。挖掘设备决不应该在靠近电力线的地方工作。在架空电缆附近的废物填埋场，应与健康和安全局或供电局联系，征求建议。

4.8.4.11 清除

清除是将物品（例如废金属）分离和拆除以便回收和再次利用。

倒车时，由于司机的视线被部分遮挡，这种做法存在危险并且干扰填埋场的高效运行。清除可能是废物填埋场事故和意外死亡的最大原因。所以，所有填埋场应禁止人回收利用废物中的材料。

4.9 公众参与

填埋场经营者的一个重要责任就是与公众进行沟通和联络。大多数情况是与填埋场周边居民或填埋场使用者进行沟通和联系，也可能扩展到当地或全国的范围。

如果经营者就填埋场运营性质进行解释，只会就某些方面与填埋场周边居民联系。经营者会主动把负责人的姓名、高层管理者的姓名和电话告诉填埋场的周边居民。在适当条件下，还应把非工作时间的紧急联系电话告诉填埋场周边居民。

所有填埋场应有效配备资源并进行管理，以便避免常见的乱丢的废物。如果填埋场栅栏内外长期出现乱丢的废物，这说明填埋场在以不合格的方式运营。这也不能使公众对填埋场进行有效管理充满信心。

4.9.1 沟通和处理投诉

提供向填埋场现场管理人员投诉的途径具有重要意义，目的是为了使直接负责填埋场的人解决问题。如果投诉人被一个组织里的一个人推诿到另一个人，没有一个投诉人会感觉到被重视。当地填埋场管理层应能够以礼貌的方式有效处理投诉，不论是通过电话还是有人到填埋场提出问题。当有人提出这样的要求时，工作人员应清楚地知道需要使用的程序。如果已经接到投诉，应记录投诉，迅速响应并将为减轻问题采取的行动传达给投诉人。这样，填埋场的周围的居民就会知道他们的投诉正被处理，并记录所有关于投诉的改正措施。

如果要着手进行靠近邻居的重大工程（例如影响到遮蔽物的工程），事先就这些工程的性质与受影响各方进行沟通。这可能减轻对于工程作业的范围的担心，并可以对要做的事的目的和影响进行富有说服力的解释。

4.9.2 地方联络小组

应考虑建立负责填埋场经营者与填埋场周边居民联系的地方联络小组的可能性。建立地方联络小组的好处是：在没有第三方影响的情况下，双方能够迅速、有效率、直接交流信息。建立联络小组后，重要的一点是确定例会的日期。当有具体议题时，应为召集会议进行准备。应事先传阅会议议程并通过会议纪要记录讨论要点。

参 考 文 献

[1] British Standards Institution (1997) BS 4142: *Rating industrial noise affecting mixed residential and industrial areas*. British Standards Institution.

[2] British Standards Instintution (1997) BS 5228 Part 1: '*Noise and Vibration Control on Construction and Open Sites*'. British Standards Institution.

[3] British Standards Institution (1999) BS 5930: *Code of practice for site investigations*. British Standards Institution.

[4] CEN (1998) EN12341 *Determination of the PM_{10} fraction of suspended particulate matter. Reference Method and field test procedure to demonstrate reference equivalence to measurement methods*. Comíté Europén de Normalization.

[5] CEN (1999) EN50073 *Guide for the selection, installation, use and maintenance of apparatus for the detection and measurement of combustible gases of oxygen*. Comité Europén de Normaliaztion.

[6] CEN (2003) EN13725 Odour concentration measurement by dynamic olfactometry. Comité Europér de Normalization.

[7] Council Directive (1976) on pollution caused by certain dangerous substances discharged into the aquatic environment of the Community. (76/464/EEC). OJ L129/23.

[8] Council Directive (1980) on the protection of groundwater against pollution caused by certain dangerous substances. (80/68/EEC). OJ L20/43.

[9] Council Directive (1996) concerning integrated pollution prevention and control. (96/61/EC). OJ L257.

[10] Council Directive (1999) on the landfill of waste. (99/31/EC). OJ L182/4.

[11] Council Directive (2000) on establishing a framework for Community action in the field of water policy (2000/60/EC). OJ L327/70.

[12] Department of the Environment (1994) *Protection of New Buildings and Occupants from Landfill Gas*. Governme nt Publications, Dublin.

[13] Eaton, A. D., Clesceri, L. S: and Greenberg, A. E. (eds) (1998) *Standard Methods for the Examination of Water and Wastewater*. 20th Edition. APHA/AWWA/WEF.

[14] Environment Agency: National Groundwater and Contaminated Land Centre (1998) *Decommissioning redundant boreholes and wells*. Environment Agency, Bristol.

[15] Environment Agency (2002a) Guidance for Monitoring Landfill Gas Surface Emissions. Drafe for Consulation, March 2003. Environment Agency.

[16] Environment Agency (2002b) *Guidance for Monitoring Landfill Gas Engine Emissions*. Drafe for Consultation, December 2002. Environment Agency.

[17] Environment Agency (2002d) *Odour Guidance-Internal Guidance for the Regulation of Odour at Waste Management Facilities*. Version 3. 0, July 2002. Environment Agency.

[18] Environment Agency (2002e) IPPC Technical Guidance Note H4: *Draft Horizontal Guidance for Odour: Part 1-Regulation and Permitting and Part 2-Assessment and Control*. October 2002. Environment Agency.

[19] Environment Agency (2002f) GasSim-landfill gas risk assessment tool. R & D Project P1295. Environment Agency.

[20] Environment Agency (2002) *Guidance on Landfill Gas Flaring*, Version 2. 1. Environment Agency.

[21] Environment Agency (2003) *Guidance on Monitoring of Landfill Leachate, Groundwater and Surface Water*. Environment Agency.

[22] Environmental Protection Agency (1995) *Landfill Manual: Investigations for Landfills*. EPA, Wexford.

[23] Environmental Protection Agency (1995) *Guidance Note for Noise in Relation to Scheduled Activities*. EPA, Wexford.

[24] Environmental Protection Agency (1997) *Landfill Manual: Landfill Operational Practices*. EPA, Wexford.

[25] Environmental Protection Agency (1998a) *Wastewater Treatment Manual: Characterisation of Industrial Wastewaters*. EPA, Wexford.

[26] Environmental Protection Agency (1998) *Draft Landfill Manual: Waste Acceptance*. EPA, Wexford.

[27] Environmental Protection Agency (2000) *Landfill Manual: Landfill Site Design*. EPA, Wexford.

[28] Environmental Protection Agency (2001) *Environmental Research R & D Report Series No. 14 'Odour Impacts and Odour Emission Control Measures for Intensive Agriculture-Final Report'*. EPA, Wexford.

[29] Environmental Protection Agency (2003a) *Towards Setting Guideline Values for the Protection of Groundwater in Ireland-Interim Report*. EPA, Wexford.

[30] Environmental Protection Agency (2003b) *Guidance Document: Environmental Noise Survey*. EPA, Wexford.

[31] Environmental Protection Agency Act (1992) Government Publications, Dublin.

[32] ENV/ISO (1997) International Standard 13530: *Water Quality-Guide to Analytical Quality Control for Water Analysis* International Standards Organisation.

[33] European Commission (2003) Reference Document on the General Principles of Monitoring. European IPPC Bureau. http://eippcb.jrc.es.

[34] ISO (1985) International Standard 7828: *Water Quality-Methods of Biological Sampling-Guidance on Handnet Sampling of Aquatic Benthic Macro-invertebrates*. International Standards Organisation.

[35] ISO (1986) International Standard 8363: *Liquid flow measurement in open channels: General gridelines for the selection of methods*. International Standards Organisation.

[36] ISO (1987) International Standard 5667-4: *Water quqlity-sampling-Part 4: Guidance on Sampling from lakes, natural and man-made*. International Standards Organisation.

[37] ISO (1990) International Standare 5667-6: *Water quality-sampling-Part 6: Guidance on sampling of rivers and streams*. International Standards Organisation.

[38] ISO (1991a) International Standard 8258: *Shewhart Control Charts*. International Standards Organisation.

[39] ISO (1991) International Standard 5667-2: *Water quqlity-sampling-Part 2: Guidance on sampling techniques*. International Standards Organisation.

[40] ISO (1993) International Standard 5667-11: *Water quality-sampling-Part 11: Guidance on sampling groundwa-*

ters. International Standards Organisation.

[41] ISO (1994) International Standard 5667-3: *Water quality-sampling-Part 3: Guidance on the Preservation and Handling of samples*. International Standards Organisation.

[42] ISO (1995) International Standard 5667-12: *Water quality-sampling Part 12: Guidance on sampling of bottom sediments*. International Standards Organisation.

[43] ISO (1996) *Acoustics-Description and Measurement of Environmental Noise*, *Parts 1, 2 & 3*. International Standards Organisation.

[44] ISO (1998) International Standard 11348-3: *Water Quality-Determination of the inhibitory effect of water samples on the light emission of Vibrio fischeri (luminescent bacteria test)-Part 3: Method using freeze dried bacteria*. International Standards Organisation.

[45] ISO/IEC (1999) International Standard 17025: *General Requirements for the competence of testing and calibration laboratories*. International Standards Organisation.

[46] ISO (2001) International Standard 5667-18: *Water quality-sampling Part-18: Guidance on sampling of groundwater at contaminated sites*. International Standards Organisation.

[47] IWM (Institute of Wastes Management) (1998) *The Monitoring of Landfill Gas*. 2nd Ed. Produced by the IWM Landfill Gas Monitoring Group for the Institute of Wastes Management.

[48] Lucey, J. & Doris, Y. (2001) *Biodiversity in Ireland-A Review of Habitats and Species*. EPA. Wexford.

[49] Mason, C. F. (1996) *Biology of Freshwater Pollution*. 3rd Ed. Longman, Harlow.

[50] McGarrigle, M. L. & Lucey, J. (1983) Biological monitoring in freshwaters. *Irish Journal of Environmental Science* 2 (2) 1-18.

[51] McGarrigle, M. L., Bowman, J. J., Clabby, K. J., Lucey, J., Cunningham, P., MacCarthaigh, M., Keegan, M., Cantrell, B., Lehane, M., Clenaghan, C. & Toner, P. F. (2002) *Water Quality in Ireland 1998-2000*. EPA, Wexford.

[52] Neilsen, D. M. (Ed.) (1991) *Practical Handbook of Ground-Water Monitoring*. Lewis Publishers, Florida.

[53] Protection of the Environment Act (2003) Government Publications, Dublin.

[54] Source Testing Association (2001) *Hazards, Risk and Risk Control in Stack Testing Operations*, Source Testing Association, Version 5, October 2001.

[55] UK Standing Committee of Analysts Methods of the Examination of Waters and Associated Materials. HMSO Publications, UK.

[56] US Environmental Protection Agency (1993) *Groundwater modelling: An overview*. EPA/600/2-89/028, Washington DC, USA.

[57] VDI 2119 '*Measurement of Dustfall, Determination of Dustfall using Bergerhoff Instrument (Standard Method)*', German Engineering Institute.

[58] WRc (1989a) *Handbook on the Design and Interpretation of Monitoring Programmes*. Technical Report NS29. Ed. J. C. Ellis. Water Research Centre, UK.

[59] WRc (1989b) *A Manual on Analytical Quality Control for the Water Industry*. Technical Report NS30. Ed. R. V. Cheesman, J. C. Ellis. Revised M. J. Gardner. Water Research Centre, UK.

[60] Waste Management (Licensing) Regulations (1997-2002) Government Publications, Dublin.

[61] Waste Management Act (1996) Government Publications, Dublin.

[62] Water Quality (Dangerous Substances) Regulations (2001) Government Publications, Dublin.

[63] Byrne R (1995) *A Guide to Safety, Health and Welfare at Work Regulations*, NIFAST Ltd, Dublin.

[64] Department of the Environment (1986) *Waste Management Paper No. 26, Landfilling Wastes*.

[65] HMSO, London.

[66] Department of the Environment (1991) *Waste Management Paper No. 27 Landfill Gas*, HMSO, London.

[67] Department of the Environment (1995) *Waste Management Paper No. 26B, Landfill Design*.

[68] *Construction and Operational Practice*, HMS O, London.

[69] Department of the Environment (1995b) *The Technical Aspects of Controlled Waste Management-A Review of the Composition of Leachates from Domestic Wastes in Landfill Sites*, Waste Technical Division, Department of the Environment, London.

[70] Environmental Protection Agency (1995) *Landfill Manual: Landfill Monitoring*, EPA, Wexford.

[71] Environmental Protection Agency (1995) *Landfill Manual: Investigations for Landfill*, EPA, Wexford.

[72] Environmental Protection Agecy (1996) *National Waste Database Report 1995*, EPA, Wexford.

[73] EPA (1996) *Waste Catalogue and Hazardous Waste List*, EPA, Wexford.

[74] *Health and Satety Authority Guidance on First Aid Health and Satety Authority Guidance on Working in Confined Spaces.*

[75] Health and Satety Authority Code of Practice for the Satety, Health and Welfare at Work (Chemical Agents) Regulations 1994.

[76] Environmental Protection Agency Act 1992.

[77] Waste Management Act 1996.

[78] EU Council Directive on Waste (75/442/EEC) (OJ L 194 p39), as amended by Directives 91/156.

[79] (OJ L78 p 32) and 91/692.

[80] Council Directive on the Protection of Groundwater against Pollution Caused by Certain Dangerous Substances (80/68/EEC) (OJ L20 p43).

[81] Council Directive on Hazardous Waste (91/689/EEC) (OJL 377 p20).

[82] Commission Decision on a List of Wastes (94/3/EEc) (OJ L 5 p15).

[83] European Parliament and Council Directive on Packaging and Packaging Waste (94/62/EEC) (OJ L 365 p10).

[84] Council Decision on a List of Hazardous Waste (94/904/EEC) (OJ L 356 p14).

[85] Health Satety and Welfare at Work Act 1989.

5

废物填埋场监测

5.1 引言

5.1.1 概述

根据1992年环境保护相关法律规定，环境保护局应当制定并颁布有关废物填埋场选址、运营管理、操作与最终利用的标准和程序。本文件取代原来的《废物填埋场监测手册》，是近期出版的废物填埋场手册系列之一，目的是协助达到环境保护局的立法要求。

本手册和其他手册的出版旨在协助废物填埋场运营商达到相关标准的要求，如最佳可行技术（BAT）原则，并通过有效的监测和控制，确保将废物填埋场（包括封闭的填埋场）造成的长期环境风险降到最小。

废物填埋可能造成许多潜在的环境问题，如污染地下水系和地表水系，废物填埋气体无组织排放，并有可能产生异味、噪声、尘埃和其他滋扰等。

过去，爱尔兰的很多废物填埋场建造并不是通过工程设计完成的，同时也缺乏相应的环境监测方案，这就意味着无法评估填埋场对周围环境的影响。在过去的十年里，废物填埋场的相关标准和实际运营有了很大的改善，而且还采用了许多新技术或者特别设计地控制和监测技术。今后，预计可通过最佳可行技术完成废物填埋场的选址、设计、管理和监测，确保与1996年《废物管理法》、废物填埋场理事会指令（99/31/EC）以及关于综合污染预防与控制的理事会指令（96/61/EC）保持一致。

5.1.2 立法

在爱尔兰，废物管理条例主要有：1992年的《环境保护法》，1996年的《废物管理法》以及2003年的《环境保护法》。

1996年的《废物管理法》中明确提出：

① 防止与减少废物产生，以及回收废物的相关改善措施；

② 与较高的环境标准相对应的监管框架，尤其是在废物处理方面。

这些措施包括：根据1996年的《废物管理法》第22条与1997年的“废物管理（规划）条例”，地方当局负责制订废物管理计划；其中，需特别考虑预防废物产生以及废物回收的相关措施。1996年《废物管理法》第26条要求环境保护局制定一个国家危险废物管理计划，其中也必须特别考虑制定最大限度地减少危险废物产生的措施，以及危险废物回收的相关措施。

1996年的《废物管理法》指出，环境保护局将作为废物填埋场的发证机构。“废物管理（发证）条例”（1997～2002）指出了环境保护局为废物回收及处理操作发放许可证的相关规定。

5.1.2.1 废物填埋场指令

2001年7月16日，关于废物堆填场的理事会指令（99/31/EC）正式生效。该指令对废物填埋场的运营和技术要求做出了严格规定，并给出了相关措施、程序及指导原则，以防止或减少填埋场对环境和人类健康的负面影响。

该指令将废物填埋场分为三种类型：惰性废物填埋场、非危险废物填埋场和危险废物填埋场，根据废物对周围环境的潜在破坏程度，不同类型的填埋场设计与操作将采用不同的控制措施。例如，从监测要求方面来讲，接收惰性废物与接收非危险性废物的填埋场是完全不同的，同理，接收危险废物的填埋场所应用的设备与前两者相比，也是完全不同的。

该指令要求，对于运行阶段与封场后维护阶段的废物填埋场，应当采用最低的监测频率。

符合一定条件时，某些类别的废物填埋场可以免于采用该指令的监测要求，如采用独立沉降区的非危险废物填埋场或惰性废物填埋场，而且这些填埋场只处理独立沉降区的废物。

5.1.2.2 其他立法

在制订和执行监测方案的过程中，应当考虑与某一特定环境方向相关的所有立法的要求。监测的主要目的是满足相关立法的要求，并符合废物许可证的相关要求。

立法是开放性的，允许对其进行修改，因此本文件没有试图涉及所有不同环境方面的立法。需要指出的是，本文着重提及了有关于地下水和地表水的一些立法要求。

针对于地下水的主要立法是防止某些危险物质污染地下水的保护指令（80/68/EEC）。该指令由地方政府（水污染）条例（1977～1999年）转变为国家立法。该指令的目标是确保实现对地下水的有效保护，通过授权或者发放许可证，防止Ⅰ类污染物并限制Ⅱ类污染物进入地下水。地下水保护指令希望通过制止或者限制Ⅰ类污染物与Ⅱ类污染物进入含水层，控制地下水的污染情况；但是，该指令事实上并没有明确地规定含水层的水质标准。

2000年12月，水框架指令（2000/60/EC）正式生效，该指令为欧盟水环境管理建立了一个战略框架，并规定了所有地下水和地表水的通用保护方法及环境目标。该指令可以代替目前许多的水质立法，形成了一套环境保护的综合体系以保护地下水和地表水。

5.1.3 废物填埋场监测

废物填埋会对环境造成一个潜在的、长期的威胁。因此，在填埋场选址、设计、运行与监测的过程中，应当确保不会对以下几方面造成显著影响：

① 环境；

② 人类健康；

③ 对水、土壤、大气、植物或动物造成不可接受的风险；

④ 产生滋扰，如噪声或气味等；

⑤ 对周边村庄或者特定利益团体造成负面影响。

《填埋场监测手册》旨在为监测方案的设计和实施提供指导原则，确保监测方案的有效性和高效率性，并能够准确地评估填埋场对周围环境的影响。一个精心设计的监测方案，可以尽早识别对环境所造成的不良影响，并促进尽快采取补救措施。

5.2 监测方案

5.2.1 目标

监测方案是废物填埋场管理计划中的一个重要组成部分。它可以为废物填埋场运营商提供相关信息，用以评估废物填埋场对周围环境的影响，同时确保填埋场在相应的标准下进行运营和监管。一个废物填埋场中有三个关键的监测阶段，见表 5-1。

表 5-1 废物填埋场监测的关键阶段

阶 段	监测类型	目 的
填埋操作之前	本底监测	实地勘测，环境影响评价，为申请废物处理许可证做准备
填埋操作过程中	符合性/评估监测	与废物处理许可证保持一致
填埋场修复及后期维护	符合性/评估监测	与废物处理许可证保持一致，为许可证申请审核与许可证收回做准备

监测方案的目标：

① 掌握本底环境条件；

② 监测废物填埋对环境造成的不良影响；

③ 为废物处理许可证申请、许可证审核与收回提供相关的评估信息；

④ 证实所采取的环境控制措施与设计时的保持一致；

⑤ 协助评估填埋体内部的处理过程；

⑥ 证明与许可证条件保持一致；

⑦ 提供排放清单数据；

⑧ 提供告知公众的相关数据；

⑨ 为改善和更新监测方案提供相应的数据；

⑩ 在超过触发水平或排放限值情况下，作为协助调查的资料。

废物填埋场的监测是一个互动过程，其中涉及现场勘察结果、环境影响评价、环境监测结果、风险评估与调查结论。

监测方案中经常会使用到的术语如下所述。

(1) 排放限值

根据许可证许可规定，排放限值包括浓度限值和沉积水平。任何设施的排放量均不得超过指定的排放限值。此外，任何设施的排放物不得对周边环境造成影响或者干扰。

(2) 触发水平

触发水平要求填埋场运营商的某些操作应当达到或者超过一定的数值。任何违反触发水平的操作都有可能显著增加环境介质中的污染物浓度。通常情况下，这些数值是由环境保护局规定在许可证中，或者数值也可以由运营商制定的。应当根据废物填埋场具体情况与本底监测结果，制订上述数值。

(3) 本底监测

本底监测指的是对拟建设施及其周围环境进行监测，目的是在引进拟建设施之前，掌握相关的环境背景条件。对于现有设施而言，本底监测可以作为参考，以与后续监测结果进行对比。所收集的信息可以用来评估后续监测数据的一致性，并确定填埋场对环境的潜在影响。

(4) 合格性监测

合格性监测是由持证人或环境保护局根据指定的频率所进行的一种定期监测，其目的是确定是否有污染物排放到周围环境中，同时证实填埋操作是否与发放许可证条件保持一致。合格性监测包括废物处理条件测量、废物处理排放物测量，以及环境接收水平测量，同时需要根据上述测量结果准备一份报告，以证明与许可证或者相关立法中的规定限值保持一致。

对于其他环境和管理行为（例如，优化处理工艺、敏感性生态系统保护、向公众告知环保措施的成效性）来讲，合格性监测中所提供的信息也是非常有价值的。

(5) 评估监测

评估监测是一种调查监测，当向环境排放污染物之后或者达到触发水平时，需要进行评估监测。评估监测的目的包括：

① 确定排放源；

② 确定排放物性质、排放程度和排放率；

③ 评估对环境和人类健康的风险；

④ 评估处理措施，以防止或最大限度地减少进一步的排放；

⑤ 为设计和实施纠正性措施提供相关信息。

5.2.2 范围

整个使用期限内都需要对废物填埋场进行监测，包括前操作阶段（本底监测）、操作阶段与封场后维护阶段（合格性与评估监测）。应当首先根据填埋场调查结果、环境影响评价和堆填废物的性质，确定监测方案所涵盖的范围。同时，确保监测范围包含可能受到填埋场运营显著影响的所有环境介质。对于非危险废物填埋场来讲，需要进行监测的项目至少包括：地表水、地下水、渗滤液、废物填埋气及废物填埋气燃烧产物、气味、噪声、气象条件、粉尘/颗粒物、地形和稳定性、生态环境、考古。

附录C中的表C.1给出了非危险废物填埋场的最低监测要求。

5.2.3 监测方案设计

监测方案的设计步骤如图5-1所示。监测方案的设计在很大程度上取决于选址和调查过程中所确定的现场条件。这些条件可能包括：

① 现场的隔离程度；

② 现场地质、水文地质和水文条件；

③ 拟采取的防范措施；

④ 堆填废物的特性；

⑤ 对环境各个方面所产生的不利影响。

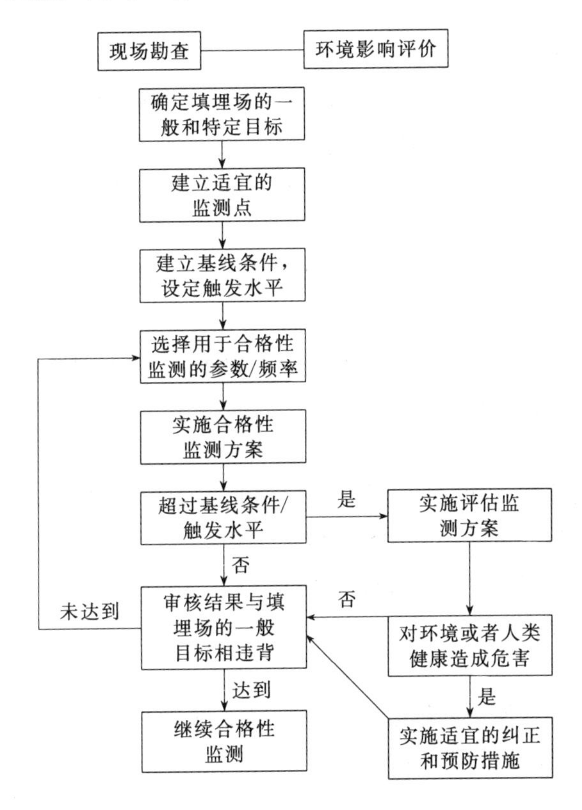

图5-1 填埋场监测程序设计

采用综合的方法制订监测方案是非常必要的。这种方法需要对不同环境介质之间的相互关系和相互作用有一个了解。例如，排放至水生环境的排放物是如何对一条河流中生物质量造成影响的。综合方法将有助于确定监测点的位置，同时还可以更好地理解填埋场对周边环境的整体影响。

监测方案中应当涉及以下几个主题。

5.2.3.1 填埋场的一般和具体目标

在监测方案的早期设计阶段，应当明确填埋场的一般和具体目标，包括：

① 根据本底监测结果，建立参考数据库；

② 确定易受污染的地区和受体；

③ 许可证许可条件；

④ 环境保护局制定的指导原则。

5.2.3.2 选择适宜的监测点

选择合适的、具有代表性的监测点，对于收集有效数据是必不可少的。填埋场监测点的数量与位置具体是由以下几方面因素决定的：

① 填埋场区域内的地质、水文地质和水文条件；

② 填埋场地形；

③ 与居民区或住宅区之间的距离；

④ 敏感性生态环境区域的位置。

选择适宜监测点的过程中，还需要考虑采样人员工作的便利性和安全问题。一般情况下，非设备边界区域内监测点的监测内容包括地表水、地下水、噪声和气味等。

此外，还应考虑监测点可能的重复利用情况。例如，可以使用地下水钻孔监测场外填埋气体的迁移情况。

采用的监测地点按照来源位置、途径位置和受体位置可以分为以下几种类型。

(1) 来源位置

来源位置位于某一处理设施内部或者其出口。例如：①污染处理设备的前、后位置；②废气道内部；③废水排放管出口位置。

(2) 途径位置

途径位置位于接收环境（如空气或水）中，此时需要对途径位置的径流或者扩散进行监测，以确定排放物是否与环境限制条件相一致。例如：

① 在河流中，监测河水中的排放物径流情况；

② 在空气中，监测大气扩散情况。

(3) 受体位置

受体位置指的是接收环境中的敏感位置，可以是排放的污染物，或者干扰源（如噪声、气味），也可以是沿着途径的扩散。例如：

① 地面浓度或沉积的最高点；

② 人们通过频率最高的位置；

③ 穿过一个局部生态系统，例如流域、森林或农田区域。

5.2.3.3 监测点确定

应当在图纸或者地图上标明所有的监测点，以便于在后续的现场考察中对其进行快速地识别。设施管理办公室应当始终保有一份标记有全部监测点的最新图纸。

监测方案要求能够明确地指出各个位置（如参考坐标格网“XXX YYY”中的河流 A）、监测位置的局部描述、采样位置与测量位置及其到达方式。可以以 GPS 为基础，引用已使用过的数据（如 WGS 84），将有很大的帮助。

建议采用标准化的监测点名称，例如地表水-SW、地下水-GW 等。应当对所有的永久采样位置进行标记，详细列出位置的名称和样品的类型。应当确保从远处便可以容易地看见定位标记。采用不同颜色的编码对不同类型的样品进行标记，如地表水、地下水、渗滤液等，以提高监测点的定位效率。应当尽可能地保持到达监测点的便利性，保持路径通畅。春/夏季节内，各种植物、杂草繁生，监测点定位会相对困难一些。

5.2.3.4 监测内容

本文件中的监测内容包括地表水、地下水的本底监测和渗滤液的特性监测。根据本底监测数据、废物堆放的类型以及填埋场的防护水平，有必要对监测内容进行审查，以便于准确地反映可能出现的污染物及这些污染物对环境所造成的不利影响。

5.2.3.5 监测频率

根据填埋场的具体情况，如使用时间、填埋废物类型及所在位置，采用不同的监测频率。采用高于最低要求的监测频率，确保对敏感性环境介质进行足够多的监测。

需要增加监测频率的因素包括：

① 与本底值或者以前的监测结果相比较，证实出现负面影响或者发生环境质量恶化；

② 与许可证条件不一致，例如超过排放限值或触发水平；

③ 现场操作条件发生变动；

④ 填埋场附近地表水或地下水的使用量增加；

⑤ 相邻土地的利用方式发生变更；

⑥ 在填埋场附近开发新的建筑物。

5.2.3.6 监测设备

市场上有各种各样用于填埋场监测与取样的仪器设备。不同类型的监测设备的使用会受到一些限制，为了得到可靠的监测数据，要慎重考虑设备的使用条件。因此，应当仔细挑选采样和监测设备，以确保实现监测方案的目标。

评估设备时需要考虑一些因素：

① 设备应适合测量所需的参数；

② 设备是否符合公认的标准；

③ 灵敏度/检测水平；

④ 校准要求；

⑤ 维护要求；

⑥ 接触污染物和毒性物质后的净化能力；

⑦ 操作的易用性和安全性；

⑧ 设备的可移动性；

⑨ 所需的电源类型；

⑩ 耐用性；

⑪ 成本；

⑫ 设备本身的安全性。

5.2.3.7 取样和分析方法

监测方案中应当详细说明采样和分析的技术规范，以确保测量数据的有效性和可靠性。附录 A 中对采样技术的设计规范作了进一步的说明。地表水、地下水与渗滤液的分析程序应当满足附录 D 中表 D.1 和表 D.2 的要求。

5.2.3.8 质量保证和质量控制程序

质量保证是任何监测方案中都不可缺少的一个组成部分。填埋场运营商应当负责制订质量保证计划，并将其作为监测方案的组成部分，以确保监测数据的准确性、精确性与代表性。质量保证的详细内容请见 5.3 部分。

5.2.4 方案审核

运营商应当对监测方案进行定期审核，以确定是否与初定目标一致，并进行必要的更新。为了确保监测方案的质量、有效性和持续适用性，执行上述审核是非常有必要的。在编写年度环境报告期间，或者在许可证申请审核期间，都可以对监测方案进行审核。

5.2.5 现场记录

根据许可证所规定的频率，对所有的监测结果进行注释，并将其上交至环境保护局，同时在现场考察或者审计期间，按照环境保护局工作人员的要求，应当保证审查上述监测结果的便利性。在填埋场设施的年度环境报告中，应当包括排放物和结果的总结报告及一个环境监测的注释。作为废物处理许可证的部分要求，必须向公众公布有关设施对周围环境影响的相关信息。

建议建立一个数据管理系统，用于整理、归档、评估并以图形方式给出所收集的环境数据。

5.2.6 现场实验室

如果填埋场配有较大型的废物处理设施，建议同时建立现场实验室，并对其进行维护。现场实验室必须配备废物处理控制测试所需要的基本实验室设备和必要的仪器，如天平、烤箱、蒸馏水和专用的检测试剂盒，以及监测设备的指定存放区域，如 pH 计和电导仪以及采样装置等。

出现可疑情况下，便可以对地表水的质量或现场渗滤液处理厂的效率进行检查。加强设备维修和质量控制也是非常必要的。

5.2.7 安全注意事项

实施监测之前，必须仔细检查所有的安全隐患，并采取相应的预防措施。建议在监测方案中，根据安全审计情况纳入风险评估等相关内容，制订一份安全工作计划。该安全工作计划应涵盖以下几点要求：

① 确认所使用设备和设施的安全性和充足性（如电气和取样设备、走道、梯子）；

② 进行监测前，对如何安全到达监测点进行指导或简单介绍；

③ 确保有适当数量的专业人才；

④ 提醒有关于物理、化学和生物危险方面的风险和预防措施；

⑤ 确保个人防护装备（PPE）的完好；

⑥ 对工作人员进行安全培训，包括在紧急情况下的疏散程序培训（如现场引导和安全通道）。FÁS 制定了一份安全通行与健康安全意识培训计划，旨在确保所有施工现场和地方机构工作人员掌握健康和安全方面的基本知识。

5.3 质量保证/质量控制

5.3.1 目的

制订一份废物填埋场监测方案需要花费大量的时间和金钱，同时也会在填埋场的整个使用期间得到大量的数据。鉴于此，应当确保通过监测方案所获得的数据具有代表性、必要性和有效性，以便于能够准确地评估废物填埋场对周围环境的影响。

采样或分析过程中出现的失误可能会影响分析结果，并造成相关注释和结论的无效性。应遵从质量保证和质量控制的原则，并通过采用以下方式，减少潜在的错误源并对其进行控制：

① 详细记录整个废物处理过程，包括现场和实验室操作；

② 对所有的现场和实验室工作人员进行培训；

③ 采样、运输与存储过程中，保证样品的完整性；

④ 采用适当的分析技术。

5.3.2 定义

质量保证（QA）系统是一套操作原则，指的是在样品收集、运输和分析过程中，应严格遵守质量系统的规定，以便获得可靠的数据。

质量控制（QC）是质量保证系统中一个组成部分，其重点在于确保所获得数据本身的准确性和精确性。质量控制程序应当指出用于测量和评估数据质量的技术、样本的复制要求，并在未实现质量目标情况下，指出应采取的补救措施。

5.3.3 质量保证计划

质量保证（QA）计划中应当对监测方案执行过程中所采用的质量保证原则进行准确描述。应当在做好监测方案之前，制订出质量保证计划，指出整体的质量管理策略，以确保监测方案实施的质量。质量保证计划中应包括决策制定、采样和分析技术规范、样品处理、运输与保存程序等相关内容。

质量保证计划可大致分为三个部分：一般质量保证、现场操作中的质量保证以及实验室操作中的质量保证。

5.3.3.1 一般质量管理

① 监测方案的总体目标；

② 实验室和现场操作的标准化操作规程；

③ 每个工作人员的职责及职业技能要求；

④ 指派质量保证主管（享有制订纠正措施的权力）；

⑤ 培训（现场及实验室）；

⑥ 培训记录的维护；

⑦ 质量保证报告；

⑧ 报告审批机制；

⑨ 文件控制程序；

⑩ 审核程序。

5.3.3.2 现场操作

① 采样方案设计；

② 采样技术规范（附录 A 中给出了相关的详细资料）；

③ 文件表格形式，如现场数据表格和产销监管链表格（附录 B 中给出了相关的详细资料）；

④ 仪器校准；

⑤ 采样设备（适宜性、清洗、维修记录）；

⑥ 样品采集及保存程序；

⑦ 样品的运输与储存程序（方法、标签）。

5.3.3.3 实验室操作

① 实验室相关文件；

② 标准分析方法，如国家/国际标准（NSAI/ISO/CEN 方法）、《水和废水检验标准方法》（Eaton 等，1998 年）、英国分析师常务委员会的“蓝皮书”系列或类似的标准；

③ 验证所使用方法的性能，包括检测/报告的限制、恢复、测量的不确定性；

④ 实验室仪器校准和维护；

⑤ 利用内部 QC 样品和/或认证的标准品（CRMs），进行性能评估；

⑥ 根据监测数据的精密度和准确度，绘制控制图（或表）；

⑦ 审查 QC 样品结果（永久记录、复制、验证）；

⑧ 数据评估程序（与以前的结果、统计方法相比较），通知客户有关排放限值的超标情况；

⑨ 向环境保护局提交监测报告的框架，汇编，认证和核查情况；

⑩ 保存样本，直至结果报告给委托人。

5.3.4 质量体系

5.3.4.1 实验室认证

实验室通过 ISO/IEC 17025（1999 年）认证是非常可取的，应当充分考虑实验室的认证范围，确保不会遗漏任何所需进行的测试。

未通过认证的实验室需要由填埋场运营商进行核实，以确保准确记录质量。

5.3.4.2 实验室间的测试计划

根据 1992 年《环境保护局法》第 66 条的规定，环境保护局实施相互校对方案以进行评估分析性能，同时确保通过实验室得到的环境数据的有效性和可比性，这些环境数据最终需提交至环境保护局。同时，《环境保护局法》第 66 条还指出，应当建立一个质量合格的实验室登记表，用以向环境保护局提交数据。登记表应当以参数为依据，列出上一年中在 EPA 互相校准方案中表现突出的实验室。每年度更新一次登记表，更新结果可以通过环境保护局网站（www. epa. ie.）查询。目前，登记表仅涉及水和废水两项内容。

渗滤液和综合废水实验室，应当评定加入实验室间能力体系的必要性，作为对内部质量控制方案的补充，使之能够更适于实验室认可。

在可行的情况下，实验室中还应当对适于加入质量体系的其他内容进行监测，如废物填埋气、噪声、粉尘和气味。源测试协会（STA）为烟道采样的最佳可行技术提供了指导原则，这些原则适用于火炬与填埋气体利用设备。查看更多信息，请登录www. S-T-A. org。

更多关于欧盟能力计划的详细信息，可以通过欧洲能力验证计划信息系统（EPTIS）的官方网站进行查询，网址为www. eptis. bam. de。

5.3.4.3 关于数据质量的其他信息来源

①《监测方案设计与释义手册》技术报告 NS29（WRc，1989a）。

②《水工业分析质量控制手册》技术报告（WRc，1989b）。

③ ISO/IEC（1999）17025《实验室测试和校准能力的一般要求》。该出版物列出了确保实验室满足目前资质认证要求所需的条件。

④ ENV/ISO（1997）13530《水质——水分析的分析质量控制指南》，由 NSAI 提供。

⑤ ISO（1991a）8258《休哈特（Shewhart）控制图》。

⑥ 可以从商业信息来源中获得大量的认证参考材料和其他参考标准，其中还包括许多技术信息。

⑦ 有效的分析测量（VAM）方案。该方案是由英国政府检测标准集团（Laboratory of the Government Chemist）负责组织编写的，其目的在于提高分析数据的质量。

5.3.5 分包分析

废物填埋场运营商通常会将采样和废物处理设施的分析工作分包给提供顾问业务或实验室服务的第三方。从事此类工作的商业部门，数量正在不断增加，而且目前已经出现了一些具备此类工作经验的公司。

在这种情况下，有必要确保质量计划及任何后续合同文件能充分地考虑到监测过程中各方面的全部细节信息，如钻孔净化技术、样品过滤/保存、储存、运输和周转分析。这一点对微生物、金属和有机物等参数特别重要。

虽然许多企业采用了上文所讲述的原则，在此仍需要指出，运营商应当在制定分析数据报告之前，确保第三方的技术和分析能力满足自己的要求。在对合同的细节进行比较时，应当确保所提供服务的可比性，尤其是分析性能的可比性。关于这方面，各个服务提供商的参数覆盖范围及其实际报告限制之间的差别是非常明显的。在有机分析中，情况更是如此，因为在有机分析中，较低的报告浓度通常与样品前处理和浓缩过程的复杂性密切相关。

所有程序的执行一定要到位，这样，实验室才可以及时向许可证持有人反馈任何超出排放限值或触发水平的情况，以便采取进一步的措施。

5.4 地表水

5.4.1 概述

废物填埋场指令要求，应当在具有代表性的监测点监测地表水（如果存在的话）。废物填埋场内外的地表水包括：①溪流、河流、水道和沟渠；②湖泊、水库与池塘；③湿地；④河口；⑤沿海水域。

地表水监测方案的目的是为了验证一定时期内地表水水量和质量的变化情况，同时发现由于填埋场的运营行为或者建设行为对环境造成的显著不良影响。

废物填埋场所造成的地表水系污染，可能是由以下原因引起的：

① 故意排放（如处理过的渗滤液的排放）；

② 无意排放（如渗滤液泄漏、被污染的地表水径流、意外溢漏等）。

地表水的监测方案的设计应根据废物填埋场的具体情况而定，同时还应考虑排水系统的性能、水位、流量特性以及地下水/地表水之间的相互关系等因素。

5.4.2 监测位置

地表水的监测位置是由废物填埋场周围排水系统的特性决定的，具体应视废物填埋场实际情况而定。附录C中的表C.1列出了非危险废物填埋场地表水的最低本底监测要求。监测点应当确保能够方便地收集到堆填区上下游水体的水量和水质信息，同时监测点也应当能够代表填埋场的某些特定条件。在填埋场调查过程中，应当确定出哪些位置的地表水易于受到污染，并且应当在调查结果中注明监测点的位置。

评估适宜的监测点位置时，应遵守下列原则：

① 对于流动的水体（如河流和溪流）来说，应当至少设置两个监测点，分别位于废物填埋场的上游和下游。下游监测点应位于下游的混合区。但如果需要收集环境影响或者回收情况的相关信息，则应当至少在下游的排放区设置两个监测点。

② 对于静态淡水水体（如湖泊），应当在废物填埋场辐射区域内至少设置两个监测点，而且监测点位置应当能够代表水体的整体情况。

③ 对于废物填埋场所排放的地表水，应当在其进入受纳地表水体之前进行监测。

④ 监测所有废物填埋场储水池与沉降池的入水口与出水口，一方面是为了确定储水池和沉降池的效率，另一方面也是为了监测出潜在的污染源。

⑤ 可行情况下，应当确定出废物填埋场的所有污水排放点，并在污水进入受纳地表水体之前，对其进行监测。

⑥ 应当考虑到达监测位置的便利性，以及工作人员在监测位置收集样品的安全性。

⑦ 确定每个监测位置所需的测量方法和取样方法。

⑧ 应当避免与其他潜在的污染源和污染途径混淆，如牛的饮水点或交会点，农院排水径流、支流等。

5.4.3 监测频率和分析参数

废物填埋场未正式进入填埋操作之前，应当至少于每个季度对监测点进行一次本底监测。

在填埋场运营阶段及后期维护阶段，应当根据废物处理许可证的规定、填埋场的实际情况以及地表水系的特性及其易受污染的程度，确定合格性监测的监测频率。

对于本底监测来说，附录C中的表C.2列出了测定地表水的水量和水质参数。而附录D中的表D.1和表D.2则列出了这些需要分析的参数的最低报告值。

对于可能受到污染的地表水，其地表水径流应当具有较强的抗污染能力。这时地表水流可能具有以下特征：

① 流动速度较高，可以在几分钟或几小时之内（而非几天或者更久）将污染物传播至受体；

② 容量较大，可以在较大程度上稀释污染物；

③ 季节性变化，短时间内很可能出现较大的波动，可以在较大程度上稀释污染物。

鉴于此，进行风险评估时应当谨慎，并充分考虑地表水道的最低流量。在最低流量时期，地表水道的取样频率应当至少1年1次。

5.4.4 地表水质量生物评估

必须对地表水进行化学分析，确定污染物并对污染物的浓度进行测量。然而，化学分析仅仅能够提供瞬间的水质数据。由于污染物通常存在于成分复杂的混合物之中，并且污染物之间可能会发生相互作用，因此，单纯的化学分析只能提供片面的潜在生物影响信息。作为填埋场监测的一部分，运营商应当对填埋场周围的地表水水质进行定期的生物评估。理想情况下，生物评估应当涉及所有的水生生物（微型、大型动物和植物），但实际上，我们发现仅有大型无脊椎动物群落的常规生物水质监测分析结果是令人满意的。

经常用来评估地表水质量的方法之一，是监测生活在底层的大型无脊椎动物，观察其多样性和密度所发生的变化。随着污染程度的增加，动物群落的多样性会不断减少，同时抗污染能力较强的生物数量却有所提高。不同的物种，对污染物的敏感性和抵抗力是有很大差别的，而且不同的污染程度，能够存活的动物群组也不尽相同。

可以用生物指数来表示通过这种方法所收集的生物信息。生物指数是一个系统，涉及底栖生物群落的组成和水的质量等级。自20世纪70年代起，爱尔兰人开始使用五点度量表数值来表示生物指数，而中间指数Q1-2，Q2-3，Q3-4和Q4-5则用来表示过渡条件。与水质有关的Q体系如表5-2所列。

表5-2 *Q*值与水质等级

生物指数(*Q*值)	质量状况	质量等级	生物指数(*Q*值)	质量状况	质量等级
Q5,Q4-5,Q4	未污染	A级	Q3,Q2-3	中等污染	C级
Q3-4	轻度污染	B级	Q2,Q1-2,Q1	严重污染	D级

注：关于Q体系中所使用分类系统的详细资料，可参考环境保护局的《1998～2000年爱尔兰水质情况》报告(McGarrigle等，2002年)。

在某些情况下，可能需要对一条河流的渔业状况进行评估。例如，废物处理渗滤液直接排入河流的情况下，可能需要提供拟建废物填埋场附近某条河流状态的基础数据。应当与相关的区域渔业局取得联系，以确定目前河流中鱼的种类和数量等信息，或者是否进行过电鱼活动。此外，通过渔业局还可以获得该河流是否专门用于饲养鲑鱼等相关信息。

5.4.5 沉积物取样

有时需要在底层沉积物中收集样品，例如在一个靠近河口的废物填埋场中收集样品。对于易于被吸附到沉积物中的污染物来说，采用沉积物取样确定污染物对地表水的污染程度，是一种非常有效的方法，如微量金属污染物。同时，沉积物取样也可以为水道中长期积累的污染物提供相关的指标信息。应当注意在进行沉积物取样时，取样位置必须是自然形成的，通常的做法是将上游与下游的样品相对比，此外也要注意取样深度，以便于准确地反映近期沉积物的情况。进行沉积物取样时，应当避免交叉污染。

5.4.6 触发水平（排放限值）

对进入地表水管理功能区的水源，如沉淀池或储水池，持许可证人需要确定与相关参数相对应的正常水平与触发水平，如 TOC 和电导率。如果超过触发水平，则有必要关闭水池到受纳水体的出水口，调查污染源，并采取措施对受到污染的地表水进行处理。

5.4.7 取样指南

5.4.7.1 引言

地表水监测过程中，需要采集样品，以用于物理、化学或生物分析。采样设备的种类很多，可用于完成不同的采样目的，但其适用性取决于调查的性质以及样品的预期用途。有时候，还需要进行沉积物采样。

制定采样方案的主要目的是采集样品，准确地反映所调查介质的质量。从这些样品所得到的分析数据，可以说明废物填埋场对周围环境的影响情况，因此在分析前，需要保证样品的组成成分保持不变。所有的采样和监测设备都有其固有的局限性，这就意味着我们很难得到全面的结果。

5.4.7.2 一般取样准则

如图 5-2 所示，给出了采集渗滤液、地下水或地表水代表性样本的一般程序。一般取样准则如下。

① 所有参与采集样本的工作人员应接受培训，熟悉所使用的取样程序和设备。

② 取样时，应穿戴相应的防护服，其中包括使用高能见度背心、安全帽、眼睛防护罩、手套和防护鞋。

③ 取样工作人员应当接受适当的疫苗接种。

④ 取样前，应对用于分析样品的相关实验室做相应的安排。

⑤ 采用样品容器或推荐的实验室样品储放用具。更多信息，请参考 ISO 5667-3（1994 年）。

⑥ 取样人员应熟悉适于分析参数的防腐剂和存储温度。

⑦ 一般情况下，容器应当采用密封边缘，以避免样品中渗入空气，除非样品容器带有‘fill-to’的标志，例如预先保存瓶。

⑧ 所有设备应进行检查，以确保能够正常工作，必要时，需要对设备进行校准。

⑨ 所有样品应放入适当的、贴有标签的容器内，并在标签上注明详细信息（如填埋场、时间、日期、样品代码、人员、天气等）。

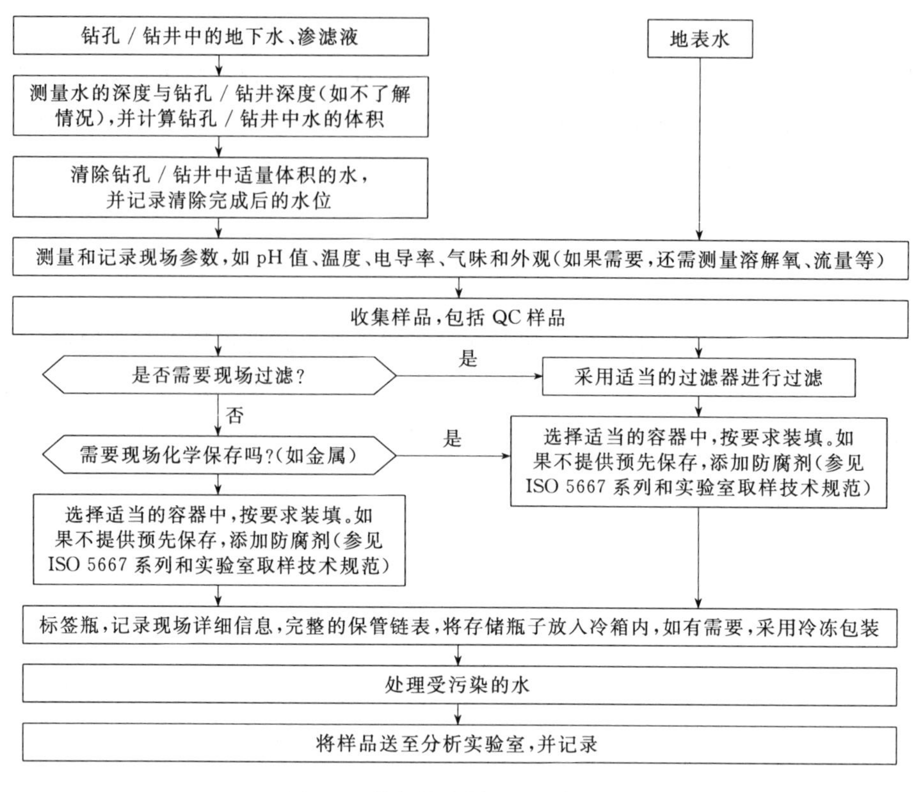

图 5-2 代表性水样品的采集程序

⑩ 对所有样品做好保管联记录（附录 B.2 给出了一个保管联的表格样例）。

⑪ 样品应存放在冷却箱或相似的环境中，避免阳光直射，应当尽早将样品带回实验室，最好是在采样同一天，即取样 24h 之内将样品带回实验室。

5.4.7.3 取样设备

(1) 流量/体积

水的运动状态对于污染物稀释和分散有着重要影响。可以采用多种方式对地表水的流速和流量进行测量，包括：

① 浮标法，在指定的时间内测量浮标通过的距离；

② 速度管；

③ 测流计；

④ 量水堰。

根据水道的规模、流量以及其他因素（例如形状、梯度），选择适当的测量方法。

ISO 8363（1986 年）提供了地表水流量的测量准则。

测量排放点的流量则需要通过定时读取流量计的读数来确定，即可以在排放点安装一个一体化流量计，测量排放点（或者排水口）的体积。按照制造商的产品说明，安装并校准流量计。在选择和安装流量计的过程中，应当充分考虑管道直径、坡度、污水的化学特性与流量体积。

有时，也可以使用一个填充容器测量某个管道的流量（如 10s 内所收集的流量体积）。然而，出于健康和安全方面的考虑，特别是污染物排放，应当避免采用这种方法。定时测量排放量时，还应考虑流量中可能出现的变量，如循环（如每天）或降雨等。

(2) 化学参数

市场上有多种仪器和试剂，用来测定各种参数，如 pH 值、温度、溶解氧和电导率，这些仪器操作简单，但使用前应进行校准。

收集现场地表水样品的最简单的方法是将一个桶或广口瓶下垂到水体中，装满后再将其提出水面。当然，也可以使用伸缩杆式桶收集样品。相对于河边取样，使用伸缩杆式桶可以收集中间水流的样品。当对收集样品的深度有要求时，可以使用不连续深度采样器。

有时，也会用到自动采样设备。自动采样设备是可以移动的，操作方式高度自动化。自动采样器一般有两种类型：时间相关采样器和体积相关采样器。前者可用于收集离散，复合或连续的样品，但却无法表现出流量的变化；而后者在收集样品时，可以体现出流量中的变化。位置固定以后，需要将复合样品在冷藏条件下储存，或者将取样器置于冷藏条件下。

地表水取样时，应遵循以下原则。

① 要特别小心避免样品的交叉污染。每次收集样品时，都应当采用新的或者经过净化处理的采样装置。重复使用前，应当将采样装置清洗干净。

② 应当在污染较轻的区域，开始收集地表水样品，最后再在污染严重的区域内收集样品。

③ 当在流动的水道内收集样品时，应当避免干扰采样点的上游水体。可行情况下，应当在下游位置收集样品，然后在水流中收集样品。

④ 应当谨慎选择采样位置。应考虑到达采样位置的便利性及安全性。每次选择采样位置时，注意考虑这些常识。

⑤ 在可能的情况下，应当在中间溪流或者水流中间深度的位置收集具有代表性的样品。应当在流速较大的一侧收集样品，在可能的情况下，应当避免在静流区域收集样品。同样，也应当避免在沉积物中收集样品。

⑥ 应当同时说明水质的其他观察结果，如乱抛废物、污水真菌、表面浮渣、油、杂草、藻类、水生生物、气味、河流情况或潮汐等，如洪灾中或者退潮中的河流。

ISO 5667 中的第四部分（1987 年）与第六部分（1990 年）提供了地表水取样的指导。

(3) 大型无脊椎动物的生物采样

对于大型无脊椎动物的生物评估，应至少选择两个采样点，分别位于废物填埋场排放点的上游（背景区域采样点）与下游（影响区域采样点）。监测频率至少为每年度一次，通常应安排在夏秋季节（6～9 月）进行，此时河流流速相对较低，而且水温最高。因此，在此期间所进行的调查，有可能获得与预期最高污染程度相一致的调查结果。

从生物分析角度来说，最简单和最常用的采样方法是“踢出”样本。采用这种技术时，需要用力地搅乱水体底层，同时用捞网收集被搅起的大型无脊椎动物。也可以用手翻动浅水区的石头，同时把捞网放在石头前方，用以收集样本。

除了大型无脊椎动物群落的相关信息之外，还需测量溶解氧饱和度、水温，观察大型植物和藻类的丰度，记录基质类型、水文以及其他生物和物理特征。附录 B.4 中给出了一份河流生态评估表格的样例，记录上述数据时建议使用该样例。

生物采样技术非常简单，而且成本也不高。只是在比较不同的流态，基质类型等现场的监测结果时，以及多个运营商在执行多种调查方案时，生物采样技术可能会出现一些潜在的问题（梅森，1996 年）。

其他类型的无脊椎动物采样设备包括：

① Surber 型河流底部采样器——该类型的采样器在网中加入了嵌块，可用来定量的收集无脊椎动物；

② 气缸采样器——该类型的采样器适用于在浅水区或者静水区收集样本，如池塘、浅滩及海岸泻湖；

③ 抓斗采样器及核心采样器——该类采样器适用于在较深的水域收集样本，如湖泊和河流。

McGarrigle 和 Lucey（1983 年）提出了关于采样方法指导准则。

(4) 底部沉积物采样 通过自身重量或者杠杆作用原理，可以采用抓斗取样器或者挖泥取样器深入水体底层收集沉积物样品。这些设备中装有弹簧加载或重力驱动的钳口，能够把指定的表面区域包围起来以收集松散沉积物中的样品。选择挖泥取样器的型号时，应当考虑生态环境、水流状态、采样区域与可用的船只设备等因素。

当需要收集沉积物相关的垂直剖面信息时，需要采用核心采样器收集样品。

ISO 5667 第十二部分（1995 年）给出了沉积物采样的指导原则。

5.5 地下水

5.5.1 概述

地下水是次表层水的一部分，主要分布于饱和层。饱和层指的是孔隙全部被水充填的次表层带。饱和层的顶部称为地下水位，通过延伸至饱和层的钻孔可以测量水位。地下水作为重要的自然资源，具有非常高的生态和经济价值。保护地下水是一项至关紧要的工作。

废物填埋场地下水监测方案的基本目标是评估地下水的质量和水量，并确定环境控制系统的有效性，以确保地下水质量及水量的持续完整性。要求通过收集与分析有代表性的地下水样品，完成上述目标。

对废物填埋场水文地质条件的了解程度，以及监测钻孔位置与施工的适当性，是影响监测方案效率的主要因素。

5.5.2 监测位置

监测钻孔应安装在适当的位置和深度：

① 提供废物填埋场反梯度地下水水质的代表性样品；

② 提供废物填埋场顺梯度地下水水质的代表性样品；

③ 能够准确地测量地下水水位或压力（量压），并记录超出英国国家高程基准面的高度

(海拔高度用米表示)；

④ 提供能够显示地下水流方向的数据（至少需要 3 个监测钻孔）。

在废物填埋场的地下水监测中，废物填埋场指令规定应当至少获取一个反梯度钻孔和两个顺梯度钻孔。附录 C 中的表 C.1 列出了非危险废物填埋场地下水监测的最低基线要求。

实际上，钻孔的位置和数量也是由废物填埋场的下列因素决定的：

① 废物填埋场的面积；

② 含水层的异质性；

③ 含水层的渗透性；

④ 地下水的开采情况；

⑤ 地下水的流速；

⑥ 渗滤液的预估组成成分（根据预期的废物类型）；

⑦ 基线水质；

⑧ 临近区域的潜在外部影响，如受污染土地；

⑨ 拟建的防范系统；

⑩ 许可证许可要求；

⑪ 采样人员接近钻孔的便利性；

⑫ 安全问题。

根据废物填埋场的实际调查结果，确定地下水钻孔的位置。监测位置可以是：

① 现有的地下水排放口和抽水口，例如泉眼、供水钻孔或者供水井；

② 现有的监测点，例如临近区域业主所安装的用于其他目的的监测点，或者用于废物填埋场勘测的监测点；

③ 开凿新的钻孔，根据监测目的，选择适当的位置和设计，安装监测点。

在满足废物填埋场监测目标的情况下，可以使用现有的监测结构。在评估现有监测点的有效性时，钻孔日志和设计细节是必不可少的备用材料。这是因为可以使用不同的间隔距离分隔钻孔，或者还可以根据不同的监测目的，将监测孔分隔入不同的含水层。一般情况下，地下水监测不会使用浅探井。

废物填埋场的地下水监测方案应当包含以下信息：

① 钻孔的数量和位置——应当采用参考网格坐标，在图纸或者地图上标出钻孔的准确位置，并记录在钻孔日志中；

② 钻孔深度；

③ 隔板面积/高度；

④ 泵试验、泵水量信息等；

⑤ 土壤的相关信息；

⑥ 钻孔施工材料；

⑦ 钻孔嵌套配置；

⑧ 地下水流方向；

⑨ 地下水的补给和排泄区；

⑩ 在填埋场附近的地下水抽水点。

5.5.3 钻孔设计与施工

需提供各个监测点的施工详图或钻孔日志。当建造新的钻孔时，应当仔细考虑钻凿方式、内衬材料、隔板设计和密封方式等相关因素，以确保满足既定的监测目标。在后续的操作过程中，应当将各个监测钻孔清理干净，去除衬层、砾石充填层和周围地层中的淤泥与其他细小杂质。

关于钻凿新钻孔的详细资料，可以向爱尔兰地质调查局（GSI）咨询。同时，应当将详细的钻孔日志，包括准确的钻孔位置，提交至 GSI，以便于完善国家地下水数据库。

自爱尔兰制定出相关的指导方针之后，要求采用英国标准研究所公布的 BS 5930—1999 标准中所述的标准程序记录底土的相关信息。同时，GSI 还应根据上述标准制定一份决策表格，适当情况下应当使用该表格。

下文中给出了一些地下水取样与钻孔保护的相关建议。

① 每个钻孔应配备一个高出地面半米左右的立管，立管外有金属套管保护，放置于混凝土中，周围配有保护性立柱。这些措施将有助于避免意外塌方时将钻孔掩埋，同时，也防止设备和机器受到意外损坏。

② 钻孔采用封顶处理，以避免损坏或堵塞立管；套管应上锁，确保除授权人员外，其他人无权使用。

③ 钻孔直径至少为 50mm，以便于可以获得具有代表性的样本。然而，当直径大于 50mm 时，需花费较多的时间清理钻孔，从而可能减少一天内采集样本的数量。

④ 应当对钻孔进行标记，详细注明钻孔的位置、样本的类型等，并应当确保标记具有良好的视觉效果，远处清晰可见。建议所有的地下水监测点采用统一颜色的编码。

大多数地下水监测钻孔需要定期维护。应尽快修理或更换已损坏的任何钻孔。对于不再使用的钻孔和水井，要确保其安全性和结构稳定性，可以采用回填或密封（如膨润土）措施，防止地下水受到污染，防止含水层之间的水体径流，同时也要防止出现混淆使用监测点的情况。

5.5.4 监测频率和分析参数

本底数据指的是在废物填埋场操作产生任何影响之前的环境基本特征。为了确定水质本底数据，在填埋操作之前，要求对每个监测点的监测频率至少为一年四次，即每个季度进行一次监测。监测完毕后，应当提供一份地下水等高线平面图，同时标示出水流方向及相关的本底数据。

在填埋操作阶段及后期维护阶段，应当根据废物处理许可证的规定及填埋场的具体情况，包括水文地质及设计情况，确定合格性监测的监测频率。

附录 C 中的表 C.2 列出了在地下水水质本底监测中所使用的参数。附录 D 中的表 D.1 和表 D.2 给出了这些需要被分析参数的最低报告值。本底监测参数中应包括具体的指标，确保能够尽早地识别水质所发生的变化（5.5.5 部分提供了相关的详细信息）。在整个废物填埋场使用年限内，应当于一段时间间隔对所选择的本底监测参数进行重新分析，一般不得超过 12 个月。

地下水位监测应当采用较高的监测频率。废物填埋场指令要求在填埋操作阶段及后期维护阶段地下水位监测的监测频率至少为半年一次。

5.5.5 触发水平

废物填埋场指令指出，如果地下水样品分析结果显示出水质发生显著变化，则可能意味着地下水环境受到了较大的负面影响。确定触发水平时，应当考虑废物填埋场的特定水文地质构造及地下水水质等因素，可行情况下，废物处理许可证中应当列明触发水平的相关规定。

确定触发水平时，还应对本底监测结果进行审核，包括某些具体指标的数据统计信息。可以采用控制图与相关的控制原则及顺梯度井水位对触发水平进行评估。

确定触发水平时，应当重点考虑以下几方面的因素：

① 确定与触发水平相对应的物质——这可能取决于废物填埋场所接收的废物类型及后续可能产生的渗滤液类型。

② 确定触发水平的等级——评估区域内的典型地下水水质。

③ 确定相应的监测地点——确定废物填埋场的水文地质构造，对于地下水监测方案中所涉及的所有顺梯度监测点，确定与之相对应的触发水平。

对于某些参数的触发水平，如 pH 值、TOC、酚类、重金属和氟化物，可以参照废物填埋场指令的相关建议。

对于一个接收可生物降解废物的典型非危险废物填埋场来讲，应至少设定如氨、TOC 和氯等物质的触发水平。在非危险废物填埋场中，适宜设定触发水平的其他物质包括一些挥发性/半挥发性的有机化合物。

环境保护局的中期报告《关于保护爱尔兰地下水的指导原则——数值设定（Towards Setting Guideline Values for the Protection of Groundwater in Ireland)》(2003 年)，给出了制定地下水环境质量目标与标准的相关指导原则。

如果检测出地下水中含有污染物，或者达到触发水平，则应当对监测方案进行评估。当超过触发水平的时候，应当采用反复取样的方式进行验证。如果验证结果显示超过了触发水平，则应当立即制订并执行相应的应急计划，包括可能采取的补救措施。对监测方案进行评估时，要求增加监测频率、设置额外的监测钻孔或采用其他方式对污染物运动方式进行分析。

目前，可供选择的污染物迁移模型有很多种，这些模型都是以计算机为基础的。需要用到的数据包括：污染源的位置和浓度、有效孔隙度的分布形式、流体的密度变化以及整个地下水体系溶质的自然分布浓度。通过这些模型，可以估算污染物的运移方式，并计算出流体运动的方向和速度。然后，通过溶质输运方程及流量模型预测，便可以估算出地下水系中的污染物负荷。

评估监测方案完成以后，应当采取适当的补救措施，以减少排放物对环境的影响，同时最大程度上降低废物填埋场的污染物排放量。

5.5.6 取样指南

地下水和渗滤液的采样设备，种类繁多，从简单的提捞设备到复杂的多级采样设备，都会有所涉及。选择采样设备时，应当考虑多方面的因素，如既定监测内容、钻孔的清除速率与涌水量（地下水）之间的兼容性、地下水钻孔或者渗滤液井的直径以及采样深度等。

抽泥筒是最常用的取样装置，因为没有应用到任何吸取或压力原理，所以从理论上讲，不会引起样品的结构或者组分发生变化。抽泥筒可以用来收集特定深度的离散样本，或者水流中的平均样本。泵不仅可以用来清理钻孔，而且还可以用来收集特定深度的样品，此外，泵还可以调节流速，减少对样品的搅动或曝气。附录E中的表E.1列出了一些常用的地下水和渗滤液取样设备，同时也给出了各个设备的优缺点。

可用于测量钻孔或水井液位的设备种类也很多，其中装有绝缘胶带并配有液体传感器的设备最为常见。

在上文的5.4.7.2部分中，已经对采样的一般准则进行了简单的描述。除此之外，地下水采样还应遵循下列准则。

① 建议从反梯度钻孔开始收集样品。

② 为了能够获得具有代表性的地下水样本，应当首先清除钻孔中的积水。清理期间，应进行一个清除试验，连续地或间断地对将要测量项目（如电导率、pH值、温度）的状况进行查验。检验过程中，应当泵出足够量的水（至少为3个钻孔的体积），以证实所抽水的化学稳定性。然后，可以根据试验结果确定钻孔的标准清除体积。通常情况下，清除体积为钻孔体积的3倍时，便可以获得具有代表性的样本。

③ 如果钻孔内的水量不足，在还未清理出3个钻孔体积的水之前已处于脱水状态，那么应当在水量足够时，尽快开展样本收集。如果钻孔的补水时间过长，可以先进行其他监测，随后再回到此钻孔收集样本。

④ 从钻孔中清理出来的水应当远离钻孔处理，防止产生回流。

⑤ 现场记录应当注明任何从钻孔发出的气味。

⑥ 应当特别注意，避免样品发生交叉污染。用于渗滤液井的采样设备不允许同时用于地下水钻孔，因为这样有可能导致发生交叉污染。对于每个地下水钻孔，都必须使用新的或净化的油管、阀门、抽泥筒或水位测量装置。

⑦ 对于可重复使用的设备，每次使用完毕后应当首先使用非磷酸盐实验室洗涤剂进行清洁，然后用蒸馏水充分冲洗。

⑧ 有时，地下水钻孔中可能已经安装了特定的钻孔管，使用之前，必须确定其是干净的。采样时，钻孔管可以放置于地下水钻孔中。在钻孔管移开后，应当用干净的自来水或者蒸馏水，将上述钻孔管的使用部分冲洗干净，并做好标记，注明其使用位置和钻孔名称。应当特别注意，确保钻孔管在储存过程中不会接触到土壤或其他受到污染的材料。在重新使用前，应按照上述原则，将钻孔管冲洗干净后再插入钻孔中使用。

⑨ 必须将用于化学和细菌检验的样品分离开来。

⑩ 必须采用无菌技术对用于细菌检验的样品进行处理。采用未经过清洁处理的钻孔管或者不合格的采样技术，都有可能会造成污染。收集微生物样本时，如果去除原位管有可能导致钻孔管被污染。必须使用消毒剂彻底清洗钻孔管出口端，并且在清理或者采样之前，应再次进行清洗。最好在采样后6h之内将用于细菌检验的样品送到实验室，这些样品在运输途中应保存在冷藏箱或者类似的冷藏环境中。

⑪ 用于化学分析的样品应转移到适当标记的样品容器内，操作过程中应避免振荡、扰动、产生任何间隙或气泡，以免造成挥发性有机化合物的损失或样品的过度氧化。对于低流量采样或扩散采样，更适于采用VOC分析。

⑫ 用于金属分析的样品，应通过0.45μm的薄膜滤器进行过滤，然后将其放到酸液中保存。建议尽快过滤用于金属分析的样品，最好在取样后24h内，以尽量减少其成分发生变化。建议样品采用现场过滤并保存，因为在运输过程中，样品有可能发生沉淀。然而，对于大多数的样品，还需尽快送到实验室之后再进行过滤。

⑬ 收集居民区的饮用地下水样品时，需特别注意并加以小心。

对废物填埋场附近的居民区饮用地下水进行监测时，应当注意：

① 收集自来水样本时，应当注意除去所有的设备的影响，以确保样品直接来自自来水本身。可行情况下，应避免使用混合式水龙头。

② 确保水直接来自钻孔，而非通过储水箱。

③ 确保收集样本之前，清除系统中的任何积水。采集样本前，应当首先打开水龙头（对经常使用的水龙头，应先提前开启2～3min，如果水龙头不经常使用，则需要提前开启10min）。

④ 收集细菌样本时，应当首先按照上述方式清理水龙头。然后将水龙头关闭，采用火焰灭菌，或者采用1%（体积比）的次氯酸钠溶液轻轻擦拭，还可以使用含季铵盐或类似物质的抗菌湿巾进行表面消毒。注意制造商所推荐的接触时间。消毒后，应当开启水龙头，适中的流速保持几分钟后，再收集样本。在低的流速下，装满样本瓶，避免接触瓶盖。

⑤ 应当在水龙头消毒前，收集用于化学分析的样本，以减少潜在的交叉污染。

5.6 渗滤液

5.6.1 概述

渗滤液可以定义为由堆填的废物渗透出来的所有液体。废物填埋场处理渗滤液有两种方式：排放和保存。渗滤液来自或者产生于废物的降解，其主要成分是悬浮性和可溶性物质。如果渗滤液被运出废物填埋场，则可能会对周围环境造成严重的威胁，特别是对地下水和地表水。

只有了解渗滤液的组成成分和产生量，采取适当的控制措施，才能有效地保护环境。由于各个废物填埋场所处理的废物类型不同，其所产生的渗滤液也不尽相同。影响渗滤液产生的主要因素包括：废物填埋场的气象条件；废物的组成成分；废物密度；废物的年限；填埋区的深度；含水量；水的运动速率；衬层系统（若有的话）。

关于渗滤液管理系统的详细信息，请参考环境保护局的《废物填埋场设计手册》(2000年)。

渗滤液监测方案的目的：

① 确认渗滤液管理系统的运行与设计保持一致；

② 提供关于废物分解进程的相关信息；

③ 为修改地下水与地表水的监测项目提供相关的信息。

5.6.2 监测位置

废物填埋指令要求在废物填埋场中选择不同的渗滤液排放点，分别进行渗滤液的采样和测量（产生量和组成成分）。应将废物填埋场的每个处理单元视为一个独立单元，确定渗滤液监测点的数量和位置。

附录C中的表C.3列出了典型非危险废物填埋场对渗滤液监测的要求。根据废物填埋场的实际情况，确定监测点的准确位置，同时还需考虑每个处理单元内渗滤液的可能流动路径，以收集到具有代表性的样品。

同时，还需对渗滤液处理设备或其他渗滤液管理系统的现场处理工艺进行监测，如废物填埋场与渗滤液储存池所排放的、已处理过的渗滤液。

5.6.3 监测频率与分析项目

应根据废物填埋场的实际情况和废物处理许可证的相关要求，确定渗滤液的监测频率。要求定期核查以下几方面的变化情况：堆填废物的数量和类型、操作实践、操作单元的规模、渗滤液排放和收集系统的有效性。

废物填埋场指令规定了填埋操作阶段及后期维护阶段中，对渗滤液产生量与组成成分监测的最低监测频率。监测废物体内部的渗滤液水平，也是一项非常重要的工作，其目的是确保实现对渗滤液源头的有效控制。应当持续记录废物填埋场中渗滤液的排出量及运输量。

在各个监测位置，收集具有代表性的样本，以进行下一步的分析。附录C中的表C.2列出了相关的定性分析项目。附录D中的表D.1和表D.2则给出了这些项目的最低报告值。

渗滤液的组成成分是会发生改变的，这取决于多项因素，包括废物填埋场的年限、废物的组成；废物填埋场的内部分解率、雨水渗透量、温度。

鉴于此，分析项目应当能够反映出这些影响，并能够提供预测渗滤液特性的相关信息。

5.6.4 毒性测试

若将处理过的渗滤液排入地表水，废物处理许可证会给出毒性限制的相关规定或者需要对物质进行毒性测试。这些毒性限值就是化学和物理参数的排放限值。测试的目的并不是要取代排放物对自然环境影响的评估。需要测试的物种包括细菌、藻类和无脊椎动物及鱼类。使用基于发光测量的系统，可有助于评估毒性模式（ISO，1998年）。

设定排放毒性限值时，应主要考虑受纳水体内部的污染物混合条件或其他毒性限制条件，以便于能够对下游的水生生物进行保护。因此，需要收集关于受纳水体（例如，河流的最小流量）与排放物的稀释率等相关信息。

关于水生生物毒性测试的详细信息，请参考环境保护局的废水处理手册：《（1998a）工业废水的特征》。

5.6.5 取样指南

如前面所述，很多种设备可以用于地下水和渗滤液取样，而且应用于渗滤液井的取样技术与地下水钻孔是非常类似的（5.5.6 部分提供了相关的详细信息）。前文中的 5.4.7.2 部分对一般采样准则进行了详细介绍。此外，在收集渗滤液样品时，应遵循以下指导原则：

① 最好从废物填埋场的渗滤液收集点收集样品。

②-从渗滤液储存池或沙井收集样品时，应当格外小心。对安全问题，要时刻保持警惕。

③ 相对于洁净的地下水来讲，渗滤液及受到渗滤液污染的地下水的化学性质是不稳定的。后两者的组成成分比较复杂，与空气接触易于发生改变。如果收集样品与样本分析之间的间隔时间较长，应当注意规避这个问题。

④ 应当清除小直径渗滤液井内的任何积水，以便于获得具有代表性的渗滤液样本。同时进行一个清除试验，在清除期间连续的或者间断的观察现场影响因素（如电导率、pH 值、温度）的状况。试验过程中，应当泵出足够量的水（通常至少 3 个井的体积），以保证所抽取水的化学性质稳定。

⑤ 渗滤液或污染的地下水的处理方式，应最大限度地降低监测及相关人员的健康风险，最大限度地降低环境和样品交叉污染的风险。处理方式包括将渗滤液排放至渗滤液收集系统中，或者直接在废物的开放场地进行处理。

⑥ 如果清除试验显示，经清除处理的样品与未经清除处理的样品之间无较大差别，或者没有可用的安全方式对清除水进行处理，则可以选择不经清除处理的采样方式。

⑦ 如果渗滤液井中的废物压实度较高或者比较干燥，则可能无法恢复至足够的样本量来进行采样。在这种情况下，可以将其记录为“无可用样本”，因为从一个几乎干燥的渗滤井中所抽取的样品，可能会导致样本中的固体物含量较高，并致使许多化学参数不准确或者浓度较高。

⑧ 如果需要从大直径渗滤液井、污水坑或综合收集系统中收集样品，通常不需要进行清除处理。在这种情况下，抓取或抽取的离散样品应借助于地下采样来实现。抓取样本时，应保证于污水坑内的不同位置和深度收集单个的子样本。现场记录和实验室测验报告应参考适用的取样程序。

⑨ 现场记录中应当标明从井中散发出的任何气体。

⑩ 用于化学分析的样品应转移到适当标记的样品容器内，并确保容器不受震荡、扰动或任何气体间隙及气泡的影响，以免造成挥发性有机化合物的损失或样品的过度氧化。

⑪ 采用无菌挖泥筒收集用于微生物检验的样品。

⑫ 用于金属分析的样品，应通过 0.45μm 的薄膜滤器进行过滤，然后将其放到酸液中保存。建议尽快过滤用于金属分析的样品，最好在取样后 24h 内，以尽量减少其成分变化。建议对样品进行现场过滤并保存，因为在运输过程中，金属有可能发生沉淀。然而，对于大

多数的样品，还需尽快送到实验室之后再进行过滤。注：酸化可能会导致硫化氢（H_2S）或其他有害气体的释放。

⑬ 用于收集渗滤液井样本的设备不得用于地下水钻孔采样，以免发生交叉污染。

⑭ 所有可重复使用的设备，应首先使用非磷酸盐实验室洗涤剂彻底清洗干净，然后再用蒸馏水充分冲洗。

5.7 废物填埋气体

5.7.1 概述

废物填埋气体是由填埋废物中的有机材料分解产生的。通常情况下，废物填埋气体是一种混合气体，由甲烷（约占65%）和二氧化碳（约占35%）组成，除此之外，还包括很多低浓度的次要成分（通常在剩余不到1%的体积中约含120～150种微量成分）。

在废物填埋场的整个有效使用寿命期间，填埋气体产生率都会不断地变化，这取决于多种因素，如废物的类型、填埋深度、含水量、压实度、废物填埋场的pH值、温度以及废物的填埋时间等。

废物填埋场指令关于填埋气体的规定：

① 应采取适当措施，以控制废物填埋气体的累积和迁移。

② 收集并处理可生物降解的废物所产生的全部填埋气体，并加以利用。如果无法利用所收集的填埋气体产生能量，则应当采用燃烧的方式对其进行处理。

③ 废物填埋气体的收集、处理及利用方式，应确保能够最大限度地减少环境的恶化或对其造成的破坏，最大限度地减少对人体健康造成的危害。

(1) 废物填埋气体危害 废物填埋气体可能造成的危害：

① 易燃、易爆的危险；

② 导致窒息的危险；

③ 所含的多种低浓度次要成分，可能会对人类健康造成危害；

④ 其微量成分所散发的气味滋扰，如硫化氢和硫醇；

⑤ 所含甲烷和二氧化碳，可导致全球环境变暖；

⑥ 致使植被枯萎。

因此，应采用适当的方式对废物填埋气体进行监测和控制。

(2) 监测废物填埋气体的目的 对废物填埋气体进行监测的原因，可归纳如下：

① 确保填埋场设施与废物处理许可证规定相一致；

② 确保填埋场设施不会造成环境污染；

③ 确保填埋场设施不会对人类的健康构成威胁；

④ 实际的填埋操作行为是否与预期/模拟行为一致；

⑤ 评估废物填埋场中气体控制措施的有效性；

⑥ 建立一个可靠的数据库，显示废物填埋场在整个使用年限内的相关信息。

环境保护局的《废物填埋场设计手册》（2000 年）中给出了废物填埋气体管理系统的详细信息，包括设计细节。

5.7.2 废物填埋气体的安全问题

根据废物填埋气体的易燃性、毒性及可能导致窒息的特点，要求对参与填埋气体系统监测、操作、建造或其他任何方面的相关人员进行培训。在进行废物填埋气体监测之前，建设一个工作安全系统，包括预先演练过的应急措施。

对于废物填埋气体监测设备，应制定一份严格的安全措施，并且所有的电气设备应符合适用的相关标准。

5.7.3 废物堆体内部与外部的填埋气体

5.7.3.1 引言

对废物填埋气体的监测，包括废物堆体内部监测与外部监测两部分。废物堆体内部监测的目的，是确定堆填气体的性质和产生量；而废物堆体外部监测是为了评估填埋气体是否是以不受控制的方式进行释放。废物填埋气体中的甲烷是易燃的，在一定条件下能够形成潜在的爆炸性混合物，应对其不受控制的迁移和释放进行关注。

甲烷的爆炸下限（LEL）和甲烷爆炸上限（UEL）分别约为 5%与 15%。

废物填埋气体可以在废物堆体内向各个方向任意流动，甚至可能迁移出废物填埋场。可能导致填埋气体发生迁移的因素，包括填埋气体的性质和体积，填埋场的工程建筑，周围地层的地质特征以及人造通道，如下水道、排水沟、矿井或服务管道等。

监测应在废物处理操作之前开始，直至生物降解过程结束。对于新建的废物填埋场，获得其自然条件下甲烷和二氧化碳的背景值是相当重要的。但是甲烷和二氧化碳的产生量，主要是由当地的地质概况决定的。这些背景值应在废物填埋之前进行确定。

5.7.3.2 监测点位

(1) 废物堆体内部

废物填埋指令要求，应对废物填埋场的各个组成部分进行有代表性的气体监测。对于废物堆体内部的气体监测位置，建议在每个处理单元内（带衬层系统的）至少安装一个监测点，在每公顷堆填区域内（不带衬层系统）至少安装一个监测点。

应在废物堆体内建造监测井，以便于监测废物填埋气体的浓度与数量。这些监测井应当独立于气体收集与抽取系统，并作为一个特定的监测点，以便于确定废物堆体内部的降解状态和其所受环境条件的影响情况。

应对收集井及相关阀组进行监测，以确定气体收集与抽取系统的有效性，同时还能够促进收集与抽取系统的平衡。收集井监测对于气体抽取系统的有效管理，是非常必要的。

(2) 废物堆体外部

对废物堆体外部的钻孔进行监测是非常必要的，不但可以检测出是否存在填埋气体泄漏的现象，而且还可以验证填埋场内部气体管理的有效性。废物堆体外部的监测钻孔，既可以位于废物填埋场内部，也可以安装在废物填埋场外部。

应当根据废物填埋场的具体情况，确定废物堆体外部气体监测点的位置和间距。确定出潜在的路径与受体之后，应当对其进行一个详细的暴露和风险评估。

选择监测点时，需要考虑的一些因素：

① 填埋气体的性质和产生量；

② 废物填埋场的地质概况；

③ 废物的类型；

④ 所采用的防范措施，例如废物填埋场衬层系统或封顶系统；

⑤ 废物填埋场邻近的建筑物和开发情况；

⑥ 废物的渗透性。

废物填埋场周边各个监测点之间的间隔不一定相同。应该在废物填埋场附近的建筑开发区域、地质概况可能发生变化的区域以及没有防范措施的区域内，设置较多的监测点。

建议监测钻孔与废物堆体之间的距离至少为20m，其安装深度应至少为废物堆体内的最大填埋深度。适当的情况下，地下水监测钻孔也可以用来进行气体监测。

对于废物填埋场内部的所有建筑物，都应当进行填埋气体监测（例如，废物填埋场办公室）。但是对于某些废物填埋场来说，也可以通过永久性监测系统进行气体监测。

(3) 压力监测

应定期测量大气压力，以便于了解废物堆体内部的气体压力数据。大气压力的迅速下降会导致填埋气体压力的显著上升，甚至超过周围大气压力，从而可能造成填埋气体的迁移。废物堆体内部的压力监测，可以显示出填埋气体迁移的相关迹象。

相反的，经历长期的低压之后，如果大气压力突然上升，则有可能导致所监测的甲烷浓度下降。鉴于此，对于一些废物填埋场来说，应当经常监测大气压力的变化趋势（例如每间隔一小时，向最近的气象观测站索取相关的大气压信息），因为甲烷浓度的变化与大气压力条件密切相关。

5.7.3.3 监测频率与分析参数

应当根据废物填埋场的实际情况以及调查结果，确定填埋气体监测的频率。确定监测频率时，应考虑以下因素：

① 废物填埋场的年限；

② 废物的类型和混合情况；

③ 废物填埋场气体泄漏可能会导致的危险或滋扰；

④ 以前的监测结果；

⑤ 已采取的控制措施；

⑥ 废物填埋场周边的开发情况；

⑦ 废物填埋场及其周围的地质概况。

附录C中的表C.4列出了对典型非危险废物填埋场填埋气体的监测要求。对持有许可证的废物填埋场，其监测频率与分析参数应当与废物处理许可证的规定保持一致。

下面所述情况，应当提高监测的频率：

① 监测过程中，观测到填埋气体的产生量增加或者填埋气体的性质发生变化；

② 对填埋操作中的控制系统进行了更改；

③ 废物填埋场的全部或者部分封顶系统；

④ 渗滤液泵停止工作，或者废物堆体内部渗滤液水位上升；

⑤ 废物堆填区周边250m范围内有建筑物或服务设施。

下述情况发生时，可停止监测：

① 连续24个月内，废物堆体内部所有的监测点均显示填埋气体中按体积计算的最高甲烷浓度始终低于1%（20% LEL），同时二氧化碳的浓度始终低于1.5%。要求采用至少四种不同的监测条件，其中两种监测条件为大气压力下降到1000mbar（1bar=10^5Pa，下同）以下。

② 采用适当的取样方法对废物进行检验时，发现至少95%的生物降解过程已经结束。

5.7.3.4 触发水平

表5-3中列出了废物堆体外部钻孔内的甲烷和二氧化碳排放相对应的触发水平。但是该表中的数据，并不适用于根据其他基线监测结果所确定的触发水平。此外，填埋气体排放的触发水平也可以应用于废物填埋场内部或者临近区域内任何管道或者沙井的测量。

表5-3 废物堆体外部钻孔的废物填埋气体触发水平

参　数	触发水平
甲烷	≥1%
二氧化碳	≥1.5%

如果建筑物内的气体达到任一触发水平，则应当在受影响区域内立即采取疏散措施，并发布紧急通知。同时，还应当对该区域进行监测，以确定气体泄漏点，并采取适当的控制措施，防止气体进一步的泄漏。

甲烷具有易燃、易爆的危险，而二氧化碳是一种窒息气体。

5.7.3.5 地面排放监测

对于废物填埋场封顶系统或者其他部分所产生的废物填埋气体，对其进行不定时的地面甲烷排放监测。通过甲烷排放监测，不仅可以测量泄漏到大气中的甲烷，而且还可以检查气体管理系统与封顶系统的完整性。

踏勘时，可采用便携式火焰离子化检测器（FID），以最大限度地接近废物填埋场地面。同时，对于废物填埋场表面特定的小范围区域，可以采用通量箱对甲烷浓度的变化进行更为详细地测量。通量箱最适合用于已经封闭的废物填埋场区域。如果使用通量箱测量未封顶或者未覆盖中间层（土壤或者其他材料）的废物，则会产生较高的通量测量值。

对于已封顶并采用填埋气体抽取系统的填埋区，规定其甲烷地面排放量的限值为$1\times 10^{-3}mg/(m^2\cdot s)$或者更低（环境保护局，2002）。如果需要的话，也应对其他排放物进行地面监测，如硫化氢或非甲烷挥发性有机化合物（NMVOCs）等。

5.7.4 废物填埋气燃烧装置（封闭式火炬或气体利用设备）

5.7.4.1 引言

相对于二氧化碳所引起的温室效应，甲烷对环境气候的破坏程度估计为二氧化碳的20～30倍（每分子）。因此，在可行的情况下，应当收集废物填埋场可生物降解的废物所产生的全部填埋气体，将其转化为能源，或者进行燃烧处理。

甲烷具有较高的热值，因此可被用于发电和加热。通常情况下，600～700m^3的废物填埋气体（甲烷含量约为50%）便可产生1MW的电力。如果无法利用废物填埋气体生产能源，则应对其进行燃烧处理。对填埋气体中的可燃成分进行燃烧处理时，应采取相应的安全措施，并对其可能产生的异味、健康风险以及其他不利的环境风险，采取相应的控制措施。

通过燃烧废物填埋气体，虽然能够降低填埋气体不受控制的释放和爆炸的风险，但同时也应当考虑到火炬与气体利用设备所产生的排放物对人类健康及环境的潜在影响。鉴于此，对上述排放物进行监测，也是非常有必要的。

应该指出，本文中所涉及的指导原则只适用于监测封闭式火炬。通常不允许使用开放式火炬，因为开放式火炬未包含在最佳可行技术（BAT）之内，而且无法对其施行准确、安全地测试。

5.7.4.2 监测点位

对于火炬或气体利用设备来说，不但需要确定其在废物填埋场中的适当放置位置，还需对周边环境将受到的影响进行必要的了解。使用筛选模型确定预期的排放量，并与相关的空气质量标准进行比较。对于可能出现的问题，应充分利用模型进行筛选，以确定火炬或气体利用设备的适当位置。

确定燃烧设备的放置位置时，必须考虑的其他因素包括：爆炸和火灾风险、导致人体窒息的风险、对人类健康危害，以及异味、噪声、发热、视觉影响、接地类型与操作要求。

应定期监测火炬或气体利用设备的输气口和排气口。填埋气体的特性不同，其燃烧过程中所产生的排放物的速率和成分也会发生相应的变化。这些变化可能是由于废物的年限、自身的组成成分以及气象条件的不同所引起的。

从燃烧设备中收集排放物样品时，应时刻保持警惕，以确保不会对身体健康和安全产生任何危害。选择燃烧设备的采样点/监测点时，应至少考虑三方面的因素，即可获得性、安全性和功能性。采样平台的尺寸以及采样点的位置应当与源测试协会（STA）颁布的烟道测试指导原则保持一致。同时，源测试协会也提供了源测试危害和风险的相关指导原则(2001)。

5.7.4.3 监测频率与分析参数

附录C中的表C.5列出了关于废物填埋场火炬与气体利用设备的主要监测制度。具体的参数与排放限值取决于设备规格，同时，废物处理许可证也对此做了相关规定。

废物填埋气体燃烧的排放物种类及组成成分，是由多项因素决定的。这些因素包括：

① 气体燃料中包含的化合物类型；

② 所用设备的类型和设计方式；

③ 设备的操作情况；

④ 燃烧条件，如温度、过剩空气等。

火炬和气体利用设备（如发动机）的燃烧机理不同。发动机内的反应是在压力下产生的一个瞬间爆炸反应，而火炬内的反应则是燃烧的过程，要经过一个相对较长时间。

一氧化碳是碳在不完全燃烧时的产物，因此，可以将一氧化碳作为评估燃烧效率的一个良好指标。火炬内装有的连续燃烧温度和一氧化碳显示器，以及气体利用设备内装有的连续一氧化碳显示器，这些显示器均与一个带有地面可视显示屏的数据记录器相连接。

对于封闭式火炬，推荐采用最低燃烧温度 1000℃，保留时间 0.3s 作为一个指示标准。此时，能够达到排放标准的相关要求。

在低的紊流、温度和氧含量的共同作用下，可能会出现不完全燃烧的卤代有机化合物。通常，这种情况会出现在开放式火炬的边缘，或者封闭式火炬外墙的低温区域。这就是为什么所有的火炬都需采用封闭式，以及需要维持最低燃烧温度与保留时间的重要原因之一。

5.7.4.4 火炬设计认证

目前，德国已经采用了封闭式火炬的设计认证，制造商在工厂所完成的设计、生产和测试都应当符合空气卫生技术指导手册（TA Luft）中的排放标准。该系统的优点包括安全，易于实现自动化，能够提供准确的数据，价格相对低廉，并允许对现场进行随机核查。环境保护局可以考虑采用上述设计认证替代排放测试。

5.7.5 取样指南

5.7.5.1 引言

可对废物填埋气体进行检测和定量的设备，种类繁多。附录 E 中的表 E.2 给出了选择仪器时应考虑的实际监测情况。与此同时，应将仪器固定在需要进行连续监测的位置（如监测建筑物或燃烧设备），或者也可以采用可移动的方式，将仪器放置在需要进行定期监测的位置（如废物堆体外部的钻孔）。

仪器中最重要的部分是传感器。附录 E 中的表 E.3 列出了常见类型的传感器的特点。在选择设备的过程选中，应特别注意仪器的安全特性以及使用目的。

此外，还应严格注意监测的性质，不同的咨询公司，所使用的标准可能会出现千差万别。源测试协会（STA）为烟道取样提供了最佳操作方式的指导原则。查看更多信息，可登陆源测试协会官方网站www.S-T-A.org。对通过仪器所获得的监测结果进行解释时，需全面了解所使用的检测方法及监测环境。应注意废物填埋场及其周边产生的填埋气体混合物可能会发生的变化，以避免出现对数据的误解。

5.7.5.2 废物堆体内部与外部的废物填埋气体

对监测钻孔或者监测井中的废物填埋气体进行监测时，应遵循以下指导原则：

① 对健康和安全注意事项时刻保持警惕。收集废物填埋场气体样品的过程中，不允许吸烟。避免直接吸入废物填埋气体或者进入密闭空间。取样时，应佩戴防化学腐蚀手套，以避免与废物填埋气体冷凝物直接接触。

② 根据制造商提供的使用说明，对设备进行操作、校准和维修。

③ 所有的监测钻孔或监测井都应装有密封的气体取样阀，以隔离钻孔/井与大气的接触，防止空气渗入并确保监测区域的平衡。为了防止大气稀释样品，除填埋气体取样设备与监测结构连接时以外，气体取样阀应随时保持关闭状态。取样后，监测钻孔或监测井应重新密封。监测钻孔内应配有安全罩，以防止阀门被损坏。

④ 大多数便携式气体监测仪器很容易受到水蒸气或水浸入设备内部的干扰。检查钻孔水浸时，有必要取下密封装置，解除钻孔与大气的隔离状态。监测期间，应注意确保液体不会浸入气体采样设备中。

⑤ 地下水钻孔也可以用来监测废物填埋场外部的气体迁移情况，但此时需要在钻孔内部安装安全罩和控制阀。废物填埋气体监测应当先于地下水监测进行。应该指出的是，地下水监测钻孔的特殊结构，有时可能会导致无法有效用于填埋气体监测。因此，应当对钻孔的结构进行详细的评估，以判断其是否适用于气体监测。

⑥ 在每个采样周期内应当对大气压进行测量，并将测量结果记录在现场日志中，如：1001～1003mbar（气压上升）。对废物堆体内部的监测井进行的气压监测，也应把测量结果记录下来，以显示发生填埋气体迁移的可能性。

⑦ 应当记录下设施监测过程中出现的任何特殊的观测结果，如植被枯萎，任何嗞嗞声或发生冒泡现象，散发的气味以及地面变暖现象。

⑧ 渗滤液监测井或者收集井不适宜用作废物堆体内部的填埋气体监测。如果使用上述监测点，则其监测结果不能代替通过专门设计的监测点所获得监测结果，或者与之进行比较。

⑨ 应对一般气体、填埋气体收集井内的流速以及排气管内的流速进行监测，以便于对气体收集与处理系统进行有效的控制。但上述钻井不适于用作监测废物堆体内部填埋气体的浓度与流量。

附录 B. 1 中给出了填埋气体监测表格的样例。

关于废物填埋气常规监测的详细信息，请参考《废物填埋气体监测》，IWM（1998 年）。

5.7.5.3 火炬与气体利用设备

有许多仪器可以用来监测填埋气体火炬和利用设备。通常会采用原位技术监测或抽取监测。无论是原位技术还是烟道内技术，都是将传感装置放置于烟道内，并以电子信号的形式传输监测结果。抽取监测还会涉及燃烧气体样本的收集，再将收集的样本传输至分析仪中。

一般情况下，火炬的烟道测试不会采用工业烟道测试所需的标准监测程序。通过认证的、经验丰富的专家，可以最大限度地保证与监测标准保持一致。对取样结果进行分析时，应当全面了解可能会涉及的变量。

对废物填埋气体火炬/利用设备的排放物进行监测时，应注意以下几点。

① 开始监测之前，应进行一项全面的健康与安全风险评估。同时，还应当确定任何可能出现的危险，并制订相应的控制措施。

② 无论是烟道测试人员还是顾问，都应当获得关于填埋气体火炬的专业能力体系认证，可行情况下，也可以用公司颁布的火炬排放物测试经验认证代替。

③ 高温及腐蚀性气体的存在，增加了监测条件的危险性。火炬顶部可能会有火焰，可能会对附近的工作人员产生极大的危害。因此，应确保时刻穿戴好个人防护设备。

④ 构建良好的采样平台，以便于能够安全地收集样品。不允许使用梯子和小型移动平台（如车载式吊车）接近监测点。

⑤ 所有设备的监测点/取样点，都应当具有可获得性、安全性和功能性的特点。在设计和施工阶段，应当尽可能制订相关的工作准则。火炬或者气体利用设备可以在这些采样点进行更加安全和频繁的现场测试。

⑥ 应当在完全燃烧后，再收集排放物样本。

⑦ 需要采用耐高温（>1100℃）的监测设备和专门用于火炬排放物监测的监测设备。

⑧ 对于填埋气体流通的管道，应当选择具有代表性的取样点。为了获得具有代表性的样本，有必要进行多点采样。

⑨ 需要进行连续性监测时，应当安装原位探头（如监测一氧化碳排放物）。

⑩ 采用通过认证的标准方法（如 ISO、CEN）。

⑪ 所有相关的现场采样和实验室分析方法都应当可信。

⑫ 填埋气体的不完全混合与流速的变化，都会使烟道排放的气体成分发生变化。燃烧过程是极其不稳定的。因此，“单次”测量的结果极有可能产生误导，应采用时间平均值数据。在实践中，如果测量间隔时间小于 30min，那么所得的测量结果可能毫无价值。

⑬ 一些火炬设计的运行条件，需要极高的空气进量值。测量和修正数据时，应当考虑到这一点。

附录 E 中的表 E.4 给出了火炬与气体利用设备所用的监测技术。最近，英国环境局(2002b，2002c）制定了火炬与气体利用设备的监测技术规范。

5.8 气味

5.8.1 概述

气味可以定义为嗅觉觉察到的物质的特征属性。气味作为一种滋扰物，对它的感知受到多种因素的影响，例如这种物质在大气中的浓度、释放的频率、释放的形式（间歇或连续）以及个人的敏感性等。每一种物质都有与之相对应的浓度极值，当其在空气中的浓度低于该值时，我们便无法察觉到它的存在。这就是我们通常所说的该物质的气味阈值。

目前已经鉴定出，废物填埋气体和渗滤液中含有超过百种的微量成分。通常含硫的化合物，如硫醇和硫化物，会散发出难闻的气味。这些化合物同样具有与之相对应的最低气味浓度阈值，是填埋气体异味的主要来源。除此之外，有机酸和醛类也可能是废物填埋场气体异味的重要来源。

废物填埋场的气味，可能是由以下原因引起的：

① 到达废物填埋场的和正在排队等候的废物运输车辆；

② 堆放有异味的废物（如生活废物或者下水道污物的分解）；

③ 工作面；

④ 临时覆盖区域释放的填埋气体；

⑤ 从已经封顶的处理单元缝隙和排空阀中散发出来的填埋气体；

⑥ 填埋期较长废物的挖掘；

⑦ 未经燃烧处理而排放的废物填埋气；

⑧ 填埋气体收集井的施工；

⑨ 泄漏的填埋气体收集井和收集管道；

⑩ 出现故障的火炬与气体利用设备；

⑪ 渗滤液收集和处理系统（如未封顶的储存池或收集井）；

⑫ 相关的废物填埋场操作行为（如废物堆填）；

⑬ 恶臭掩蔽剂。

对于接收城市废物的填埋场，其填埋气体的特有气味是由内含的微量化学成分造成的。废物堆填至处理单元后不久，便会产生废物填埋气体。如果没有及时在堆填区域覆盖封顶系统，或者没有采用适当的填埋气体控制系统，便会产生填埋气体排放物。

一般来说，良好的废物填埋场操作，如日常覆盖，最大限度地减少覆盖区域的活动面积，及时覆盖有异味的废物，以及采用适当的废物填埋气和渗滤液控制系统，可以在根本上有效地减少异味的产生量，从而降低监测的必要性。

关于废物填埋场管理的详细信息，请参考环境保护局的《废物填埋场操作实践手册》(1997 年)。

5.8.2 气味评估

(1) 拟建废物填埋场 为拟建废物填埋场制订气味评估研究时，应考虑的因素包括：潜在的气味来源、可能减少或消除气味的控制措施、可能的受体位置、方向及敏感性。同时，还应考虑主导风、天气条件，以及任何其他可能存在的相关因素。虽然通常情况下气味是有局限性的，但在某些气象条件下，它们也可以进行远距离的迁移。

(2) 现有废物填埋场 对于现有的废物填埋场，气味评估研究应包括以下内容：

① 对所有显著的气味释放，进行嗅觉或化学测量，及适当的空气离散模型测量；

② 废物填埋场内部与外部的气味监测；

③ 投诉分析，例如投诉位置、投诉所涉及的时间和天气条件等；

④ 气味投诉的公众调查问卷；

⑤ 渗滤液和废物填埋气体的控制和处理系统效率的细节问题。

许多大气条件，如高压、静风、雾或逆温现象，可能会加剧、延长或扩大现有废物填埋气体异味的影响范围。

5.8.3 监测频率

废物处理许可证中规定，应当采取相应的措施，确保填埋气体异味不得对废物填埋场边界之外的设施和环境造成显著的影响，或者产生损害。同时，废物处理许可证还要求，应对填埋气体异味所产生的滋扰进行检查，包括周边环境与设施，并保存相关的检察记录。

应当根据废物填埋场潜在的风险情况，确定周边设施的监测水平。例如，相对于接收惰性废物的填埋场，应对接收较大比例的易于腐烂废物的废物填埋场进行较多的气味监测。同时，确定气味监测频率时，也应当考虑接收到的投诉情况。表 5-4 列出了废物填埋场周边的常见气味描述及其可能的化学原因。

表 5-4 废物填埋场周边的常见气味描述及其可能的化学原因

气味描述	化学原因
臭鸡蛋味	硫化氢
烂菜味	甲硫醇——废物填埋气
刺鼻的瓦斯味	硫的化合物——废物填埋气
粪臭味	吲哚、粪臭素——渗滤液
刺鼻的酸味，如醋酸、变质的牛奶、乳酪，臭脚味。	挥发性有机酸——废物填埋气体/渗滤液

资料来源：《气味指导原则——产生于废物管理设施的气味内部指导意见》，版本 3.0；环境保护局，2002d。

5.8.4 分析技术

常用于对气味及其影响进行监测的技术，包括以下几项内容。

5.8.4.1 现场观察

现场观察涉及废物填埋场工作人员的监测和周边居民的监测。可以全天候对气味进行监测，并可对特定的填埋场操作进行观察，如接收任何有异味的废物、工作面、填埋气体收集井、渗滤液收集和处理系统。也可以在预先确定的地点进行观察，如处理设备周边、敏感受体附近。需要记录的观察结果包括日期、时间、主导风向、温度等。所有这些信息可以帮助查明气味投诉的可能原因。

废物填埋场的现有工作人员更易于遭受气味疲劳，即他们无法察觉出经常接触到的气味。在这种情况下可以由先前在废物填埋场工作的人员进行监测。

5.8.4.2 嗅觉方法

这种技术最适于对潜在的异味来源进行点源采样，如填埋气体通风口或渗滤液处理设备。

在嗅觉方法中，需要一组选定的人员在控制条件下对气味进行评估。气味采样与分析应当参照EN 13725（CEN，2003年）标准——《用动态气味测定法测定气味浓度》。本标准严格规定了确定气态样品气味强度的相关程序，并分别对空气样本的现场采样和实验室分析进行了详细介绍。测量气味强度时，采用每立方米的欧洲气味单位（ouE/m^3）。如果50%的小组成员察觉到了某种气味，则此时气味浓度为$1ouE/m^3$。必须指出的是，感知强度和气味浓度之间是对数关系，而不是线性关系。如果采用本标准，便意味着可以量化废物填埋场所排放的气味强度，同时还可以将气味感知作为一种滋扰指标，进行评估。

考虑到环境空气中的背景气味浓度是时刻变化的，因此，很难（如果可能的话）准确地解释环境空气的嗅觉监测结果。在气味评估中，不应当采用常规的方法对环境空气的嗅觉测量进行表述，但在验证滋扰程度时，可以例外。推荐使用基于模型的源测量气味评估法，预测场地外的气味影响。

5.8.4.3 化学分析

如果废物填埋气体的气味水平是由其所含的化学元素造成的，除了直接的嗅觉测量外，对这些化学元素进行取样和分析，便可以用于确定气味水平。在实际测量中，可以采用先进的分析技术，如GC-MS或“电子嗅觉器”装置，以测量气体混合物中的多种气味。可行情况下，可以将上述测量结果与世界卫生组织（WHO）提供的指导值——气味阈值和职业接触限值（OELs）——进行比较，从而对废物填埋场的气味问题进行评估。可以分析的物质包括：硫醇、有机酸和硫化氢。

分析方法的灵敏度不及人类的嗅觉（如：所采用的硫化氢的气味阈值低达$0.1\mu g/m^3$），人们很难根据少量的测量参数对实际气味感知能力进行预测或建立模型。

可以使用通量箱测量地面的排放物。由于废物填埋场表面具有地表裂缝和覆盖材料厚度不均匀等异质性，从而造成各处的废物填埋气体排放量出现较大的不同。5.7.3.5部分提供了有关上述测量的详细信息。

5.8.4.4 离散模型

如果通过测量或者估算可以知道气味源的气味排放率，那么便可以利用离散模型来预测周围的气味浓度。离散模型描述大气湍流对排放物的影响，因为周围环境会稀释和分散排放物。在某些离散模型中，还应考虑到建筑物、地形和海岸线的影响。此外，在建立离散模型时还应考虑到废物填埋场具体特征的影响，如废物填埋场操作阶段、堤岸、围墙等。

空气离散模型也可用于填埋场选址与设计（如：处理单元/阶段计划），以及确定某些废物填埋场设备的最佳放置位置，如填埋气体火炬、燃气发动机、渗滤液存储池和堆填区。

建模过程的输出数据可与气味暴露标准（气味单位），或避免滋扰值（ppb或$\mu g/m^3$）进行比较。预测气味的影响时，应当首选具有以下特征的模型和输入数据：

① 高斯烟羽模型和换代模型，如 ISCST3、AERMOD 和 ADMS；

② 应当采用“每年平均”，每小时的气象数据（至少 3 年）为典型数据；

③ 计算气象数据集内所有时间段的 1h 平均浓度；

④ 根据第 98 百分位数小时值分布，将暴露度表述为浓度；

⑤ 将关键受体作为离散受体；

⑥ 有能力证明建筑物与地形对点源烟羽的影响。

详细信息，可参考环境保护局研发系列报告第 14 章《集约型农业的气味影响与气味排放控制措施》（2001 年）与《国际植物保护公约技术指导说明 H4：气味水平的指导草案》第 1 部分-规例与允许条件及第 2 部分-评估和控制（环境保护局，2002e）。

5.9 噪声

5.9.1 概述

噪声可定义为令人不悦或者危害人类健康的声音。废物填埋场上各种操作行为，必然会产生各种各样的噪声。如果不对噪声源采取适当地监测与控制措施，就会产生过量的噪声，从而影响周边环境。废物填埋场噪声对周边环境的影响程度，是由废物填埋场的实际情况决定的，包括废物填埋场的操作行为及具体位置。废物填埋场噪声的主要来源包括：

① 废物接收前，施工建设中使用的移动设备；

② 处理单元施工与恢复过程中使用的移动设备；

③ 日常操作中使用的移动设备（如压实机）；

④ 载重量较大的车辆，如废物收集车和其他重型货车（如装载/卸载废物的车辆）；

⑤ 固定设备，如填埋气体火炬、车轮清洗机、发电机、废物渗滤液处理设备；

⑥ 发声的驱鸟设备。

5.9.2 监测位置

5.9.2.1 拟建废物填埋场

在建设新的废物填埋场之前，应首先进行本底噪声调查。本底噪声调查可以为拟建废物填埋场及其周边的现有噪声水平提供有用的信息。废物填埋场建设前后，噪声水平可能会变化较大。举例来说，相对于偏远区域，废物填埋场附近的主要道路及建成区域的噪声水平会比较高。

开发商应当进行噪声影响评估，以预测拟建废物填埋场对现有噪声环境的可能影响。根据评估结果，开发商应在设计中纳入适当的缓解措施，并将其作为对废物处理许可证申请中的一部分。

评估拟建废物填埋场的潜在噪声影响时，申请人应参考 BS 4142：1997 年《工业噪声对住宅和工业混合地区影响的评定》以及 BS 5228：1997 年第 1 部分——《建筑工地和露天场地的噪声和振动控制规程》。

5.9.2.2 监测位置的选择

选择评估噪声水平的监测位置时，应考虑以下因素：

① 废物填埋场周边的噪声敏感位置；

② 现有的背景噪声水平；

③ 废物填埋场周边区域的地形情况；

④ 主导风及其风向。

5.9.2.3 噪声敏感点

噪声敏感点可以定义为任何住宅区、酒店或旅馆、医疗机构、教育机构、宗教信仰或娱乐场所，以及其他对避免噪声滋扰要求较高的机构或者区域。

确定其他对噪声污染比较敏感的土地利用类型或者行为，并测量这些位置的噪声水平。以便于在废物填埋场建设之前，提供这些敏感位置的本底噪声水平信息，并将上述测量结果与未来填埋操作阶段的噪声水平测量数据进行比较。此外，还需测量拟建废物填埋场周边区域的噪声水平。

5.9.3 监测频率与分析参数

在本底噪声调查期间，应分别在白天、晚上以及周末对各个监测位置进行监测。对持证废物填埋场的噪声监测频率应遵照废物处理许可证中的相应规定。

通常情况下，测量噪声时采用分贝（dB）标度，分贝是用于描述声音强度的一个对数标度。最常用于测量环境噪声的标度是分贝（A）标度。该标度采用了频率加权（A-加权），不同频率的声音（音调），其频率加权是不同的，人耳无法辨别出这些声音的差别。基本上，采用分贝（A）标度测量声音与人们的响度评估在很大程度上是一致的。噪声水平增加 10dB 相当于感知响度增加 2 倍。因此，测量值为 50dB(A) 的噪声的响度为 40dB(A) 噪声的 2 倍。

关于噪声的一些常见的描述方式为：

① L_{AeqT}——是指在给定的时间 T 内，等效连续稳态噪声的声级，其与实际波动声级含有相同的声能，单位用 db(A) 表示。当用来描述单一事件时，T 可以为 1s，而用来描述制定位置的噪声环境时，T 可以为 24h。可以用积分声级计直接测量 L_{AeqT}。L_{AeqT} 称为环境噪声，指的是整个噪声环境，包括现场指定的噪声。

② L_{A10T}——指的是 10%的测量期间内，分贝（A）水平超过量。用于表征测量的更高噪声水平（或峰值水平）。

③ L_{A90T}——指的是 90%的测量时间内，分贝（A）水平超过量。通常是用来估算背景噪声水平。

④ 频率分析（1/3 倍频程带分析）——这是一种声音频率分析技术，该技术是将频谱划分为若干频带，每个频带为 1/3 倍频程。1/3 倍频程带分析技术可以客观地评估主要的音调成分。

⑤ 窄带分析——窄带分析用于确定 1/3 倍频程带分析无法识别的录制声音中的音调成分。当音调的声能未达到最低要求时（例如，相对于环境噪声的响度不高），或者音调频率恰巧位于 1/3 倍频程带之间的边缘位置，1/3 倍频程带分析是无法对其进行识别的。

⑥ L_{ArT}——是指规定时间内，所测量的连续 A 加权声压级。用于调整音调或者脉冲特性。

⑦ 脉冲噪声——指的是持续时间非常短的噪声（通常不到 1s），脉冲噪声的声压级通常高于背景噪声的声压级（如倒车报警器）。

⑧ 音调噪声——指的是包含清晰音调的噪声，如可以辨别的、断断续续的或者连续的声音，如呜呜声、嗞嗞声、尖叫声或嗡嗡声。例如火炬、水泵或者电扇发出的噪声，都属于音调噪声。

由于其间歇性，脉冲噪声很可能会对噪声敏感位置造成特殊的滋扰，运营商应确保，噪声调查能够充分地反映所有噪声的特性。在对脉冲噪声所产生的影响进行评估时，应当考虑噪声的峰值水平及重复率等因素。

废物填埋气体火炬所产生的噪声具有明显的音调特性，为一个或两个 1/3 倍频程频率（通常在 25Hz 和 800Hz 之间），因此应选择适当的位置放置废物填埋气体火炬，以防止噪声干扰，尤其是在夜间。

对于不同类型的环境噪声，应记录与其相对应的统计参数（如 L_{A90}，L_{A10}，L_{A1}），这对于其他方面的工作也是非常有利的。将所记录的统计参数，绘制于报告中，并做相应的注释。对与废物填埋场和监测点比较接近的主要道路进行噪声监测时，难度比较大，此时应当尽量缩短测量间隔时间，并且应当在无车辆通过时进行监测。

应当对测量噪声的方法进行适当的介绍，包括所用的设备、校准程序、监测时间和持续时间。我们在此建议，应指派获得适当认证机构证书的人员进行噪声监测。

所有噪声的监测应参考 ISO，1996 年——《声学：环境噪声的描述和测量》中的第 1～3 部分，或环境保护局所批准的其他方法。

5.9.4 排放限制

噪声排放限制的适用范围包括：废物填埋场内及废物填埋场边界的个别噪声来源，或者需要免受干扰的、最近的噪声敏感位置。相对于噪声敏感位置，废物填埋场边界的噪声排放限值要高一些，以反映其与噪声源之间的相对接近性。

针对于特定的噪声源，制定相应的噪声排放限制，可以帮助控制废物填埋场产生噪声的主要设备。

边界限制具有诸多优点，如确保可以访问监测位置，观察废物填埋场操作，更易于隔离外来噪声。同时，边界限制也有一定的缺点，包括需要对通过距离和障碍的降噪方式，进行计算和假设。噪声敏感位置限制的优点是可直接测量，无需计算；而缺点是可能无法确定监测位置，不易于观察废物填埋场操作，很难隔离外来噪声，并且由于外来噪声的存在，很难测量废物填埋场的实际情况。

制定废物填埋场的噪声排放限制时，应当考虑的因素有废物填埋场的位置（城市、农村，住宅、工业），环境噪声水平（L_{Aeq}），背景噪声水平（L_{A90}），与噪声敏感位置之间距离以及其他相关因素。夜间的噪声敏感度通常大于白天，一般为 10dB(A)。

对于噪音敏感位置来说，其噪声排放监测的一般准则，如下所示：

① 不应包含任何音调成分或者脉冲噪声成分；

② 白天的 $L_{\mathrm{Aeq}T}$不应超过 55dB(A)；夜间的 $L_{\mathrm{Aeq}T}$值不允许超过 45dB(A)。

5.9.5 噪声监测设备

一般采用声级计测量环境噪声。声级计具有多项功能，包括便携式设备和固定式室外设备两种类型。目前，市面上有许多不同类型的噪声测量设备，可用来测量不同的精密等级。有的设备可以测量随时间变化的声压级，还有一些设备能够计算统计噪声指数。积分或积分平均声级计可以测量‘A’—加权等效声压级（L_{Aeq}）。统计声级计可以计算统计噪声测量参数，如 L_{A90}、L_{A10}以及 L_{Aeq}。

许多仪器还包含用于 1/3 倍频程频率分析的积分频率过滤器。

在某些情况下，可以采用录音机记录噪声或者噪声事件，以便于后期分析，尤其是对于罕见、历时短的噪声，或者需要重复测量的噪声。目前，数字音频磁带（DAT）录音机已经取代了传统的磁带录音机。

在每次一系列测量前后，都应使用特定的声校准器进行现场校准声级。应记录所有的校准水平。如果测量前后校准水平相差悬殊，测量结果可能无效或者应当谨慎使用。除了现场校准之外，还应当根据制造商提供的使用说明，在通过认证的实验室定期校准麦克风和校准器。

关于噪声的详细信息，请参考环境保护局的指导性文件《环境噪声调查》(2003b)。

环境保护局的《有关特定操作噪声的指导说明》修订版，目前正在制定过程中，包括《国际植物保护公约》（IPPC）以及《保护环境法》中所列出的废物处理和回收行为(2003)。

5.10 其他

5.10.1 气象数据

废物填埋场气象条件的测量是整个监测方案中的一个重要组成部分。降水、温度、蒸发、大气压力和湿度对渗滤液和废物填埋气的产生都有重要的影响。在设计废物填埋场处理单元的最佳规模时，经常采用水平衡计算，以最大限度地减少废物堆体内部的渗滤液产生量。只有获得真实的、有效的、具有代表性的废物填埋场气象条件测量数据，才能有效地进行水平衡计算。

风速和风向是引起扬尘杂物或异味的重要因素。

收集气象数据的来源包括：废物填埋场内的原位气象站；废物填埋场附近的气象站；两者结合。

附录 C 中的表 C.6 列出了废物填埋场的典型气象监测要求。

5.10.2 粉尘、颗粒物

5.10.2.1 引言

废物填埋场空气中的粉尘，主要与现场的施工工程以及废物的运输和填埋有关。粉尘的运动情况是由一系列参数决定的，包括主导风风向、风速、汽车行驶情况及废物堆放的类型。

粉尘的排放可产生污染物使能见度降低，还有可能危害人体健康，具体情况与粉尘粒子的大小及其化学成分有关。

在可能产生粉尘的情况下，在设计阶段确定出粉尘敏感受体是非常重要的。任何现有的粉尘源，如附近的工厂或采石场、废物填埋场的拟建区域（如填埋场道路）及操作行为（如特定类型废物的接受），这些都可能产生粉尘。

废物处理许可证对持证废物填埋场的粉尘监测要求给出了相关规定。要求现场检查频率至少为 1 天 1 次或者 1 周 1 次。同时，要求制订一份更全面的监测方案，以证实控制系统的有效性，或者回应公众的投诉。

在粉尘排放监测中，常用到的参数包括粉尘沉积物和 PM_{10}。

5.10.2.2 粉尘沉积物

粉尘沉积物指的是重力作用下沉降微粒中的粗粒部分，粉尘沉积物会产生粉尘干扰。一般情况下，微粒的直径大于 50μm 时，粉尘的沉积速度较快。

监测粉尘沉积物的标准方法为 VDI 2119《降尘的测量，采用 Bergerhoff 仪器测定降尘（标准方法）》，德国工程研究所。

废物处理许可证规定，采用 Bergerhoff 仪器进行测量时，粉尘沉积物的一般排放极值为 $350mg/(m^2 \cdot d)$。

采用上述方法时，使用收集瓶收集样品，此时需要将收集瓶安装在 2m 高柱子上，同时在柱子上安装吓鸟装置。样本蒸发至干燥后再进行分析，便可以得到粉尘沉积物总量（包括溶解和不溶解的粉尘）。

一般监测期应为 (30±2)d，但在生物生长速度较快的情况下，应当缩短监测期，或者增加监测频率。可以通过采用灭菌采样容器（如稀释的次氯酸钠），或者还可以使用外壁为黑色的样品容器来减少光的照入，以抑制藻类的生长。因消除藻类生长对仪表产生的干扰而做的任何修改措施，均应记录在报告中。典型的监测体系要求，每年至少安排 3 个监测期，同时将两个取样期安排在每年的5～9月。此外，应当在废物填埋场边界、敏感受体和潜在来源附近选择监测位置。

理论上，在废物填埋场相关区域内应至少选择4个位置安装测量仪表。本地主导风向的逆风地与顺风地，应作为安装仪表的首选位置。此外，仪表的安装位置应当尽量远离可能产生干扰的物体，如树木，以减少鸟类、落叶等的干扰。

如果对粉尘源的具体位置存在质疑，可以同时使用定向粉尘沉积测量计与Bergerhoff测量计。使用风向频率图，可以为每个采样周期提供相关的风向信息。

5.10.2.3 PM_{10}

PM_{10}指的是直径小于10μm的可吸入到喉部以内的颗粒物。这些细微颗粒物很有可能对人类的健康产生危害。应根据废物填埋场的具体情况，确定相关的PM_{10}监测要求。同时，PM_{10}监测频率是由废物填埋场的面积、所接收的废物类型以及有关废物填埋场的历史粉尘问题决定的。需在废物填埋场边界、可能发生源的逆风地与顺风地及敏感受体附近选择监测位置。

测量PM_{10}的标准测量方法，请参考EN 12341（CEN，1998年）《悬浮颗粒物的PM_{10}系数测定：验证测量方法等效值的参考方法和现场试验过程》。

废物处理许可证中规定，对于任何位于废物填埋场边界的监测位置，每日所测样本的典型触发水平为$PM_{10}>50\mu g/m^3$。触发水平应为24h内的平均水平，因此监测间隔必须设定在24h以内。

一般情况下，PM_{10}采样设备中含有一个通过精细过滤器抽取空气的自动泵采样器。将采样器安装在各个监测位置，24h内进行监测和采样，注意采样器的安装位置应当远离道路交通及其他非废物填埋场特定PM_{10}源。通过内部过滤器收集环境空气中的微粒，取样后在实验室进行过滤器重量分析。

5.10.3 地形及稳定性

5.10.3.1 引言

废物填埋场指令规定，需监测废物填埋场的地形，并提供堆体的相关数据。同时，还要求监测废物填埋场的沉降，并调查废物填埋场堆体的结构和组成部分。

稳定性监测可以确保废物堆填方式及结构的稳定性，以避免出现滑移现象。

5.10.3.2 地形调查

通过地形监测，可获得的信息资料包括：

① 一份明晰的图纸，标示出给定日期内废物填埋操作的范围；

② 关于现场施工的详细记录，包括主要环境控制设施的安放位置；

③ 用于计算废物填埋场剩余空隙空间的相关信息；

④ 用于确定是否满足压实要求的相关信息。

进行地形测量时，应注意以下几点。

① 应根据一个或者多个废物填埋场的临时基准制备调查图纸，同时，还应考虑英国地形测量局制定的本地永久性相关基准。需要注意的是，所选择的临时基准应易于获得，并不得影响日后废物填埋场的开发工程项目与废物沉降，而且还应确保这些临时基准可以为后续调查提供有效的参考点。

② 所有的图纸都应当采用统一的比例，包括等值线图图纸与修复图纸，具体应参考废物处理许可证相关规定。

③ 所有图纸都应当采用统一的标示方式，包括早期的图纸（即等值线的绘制方式等）。

④ 应当对所有的图纸进行编号，注明日期、相关的注释及修订信息。

在分解过程中，废物的压实度和体积会产生变化会导致废物填埋场沉降，同时通过废物填埋，又可以减少空隙空间。沉降量受一系列的废物填埋场具体因素的影响，如含水量、废物类型及废物密度，因此很难对其进行预测。

根据过去五年的统计数据，对于接收城市生活废物的填埋场来说，其沉降量最高可达25%。废物填埋场可能造成的损害包括：破坏废物堆体内部的渗滤液收集系统及其组成部件，破坏封顶系统及填埋气体收集与排放系统。

在整个废物填埋场运营期间，应对沉淀情况进行定期监测，必要时，还应采取相应的纠正措施。应当由适当的、具有资质的人员（如特定土木工程师）对废物填埋场沉淀进行评估，间隔时间不超过 12 个月。

5.10.3.3 稳定性

稳定性监测是评估废物填埋场结构完整性的重要组成部分。边坡失稳，可能对环境和人类健康造成潜在的危险，因此，有必要对填埋废物的斜坡进行定期监测，以确保其稳定性保持在可接受的范围内。应当由适当的、符合资质的人员（如特定土木工程师），对废物填埋场的稳定性进行年度评估。

使用传统的极限状态分析方法对边坡稳定进行分析，如费伦纽斯（Fellenius）法和毕肖普（Bishops）法。通常使用计算机程序（如斜坡）进行数据分析。

关于稳定性与废物填埋场沉降的详细信息，请参考环境保护局的《废物填埋场设计》手册，2000 年。

5.10.4 生态环境

应当确保废物填埋场操作不会对周边生态系统产生任何不利影响。应对废物填埋场的周边环境进行基线评估，确定其重要的物种或者生态区，作为废物许可证申请的部分内容。同时，还应标出特别保护区（SPAS）或特别保育区（SACS），遵从相关机构的指导建议。应仔细说明废物填埋场开发对生物多样性和生态可能产生的影响。

废物处理许可证也对特定物种与生态区的生态监测做出了相关要求。应当由符合资质的专业生态学家对相关事宜进行研究，可行情况下，应采用标准调查技术。

关于生态环境监测的详细信息，请参考环境保护局的《废物填埋场调查》手册，1995年。《爱尔兰的生物多样性——生态区和生物物种的考查》（Lucey & Doris，2001 年）提供了爱尔兰地区生物多样性的相关信息。

5.10.5 考古

应确保废物填埋场操作不会对考古重要区域产生任何不利影响。应避免废物填埋场可能对考古遗迹所产生的任何影响，并应采取适当的保护措施。

任何不受干扰的区域在开发之前，应当寻求相关机构的指导建议。同时，还需进行案头研究，确定与考古重要区域的相对距离。有必要时进行踏勘，以检查废物填埋场的现场情况，并指出任何潜在的具有考古意义的项目。

关于考古监测的更详细信息，请参考环境保护局的《废物填埋场调查手册》（1995）。

5.11 监测报告

5.11.1 例行报告

应向环境保护局提交常规监测报告，报告中包括将用于评估的数据。所有的监测报告应包含以下信息：

① 一份详细的说明书，包括废物处理许可证编号、持证人姓名、时间和日期。

② 所有监测数据的相关注释。

③ 重点说明任何超过排放限值或触发水平的相关情况，以及所采取的纠正措施。

④ 监测点的参考编号和相关详细信息。

⑤ 一份标示所有监测点的图纸。

⑥ 采样日期、分析日期、分析方法以及检出值。

⑦ 废物许可证规定的参数、计量单位以及排放限值。以结果的形式评估和报告测量的不确定度。

⑧ 在连续监测中，应计算每个参数的平均值、最大值、最小值以及合格率。可行情况下，结果应以图解的形式表示出来。

5.11.2 年度环境报告

根据废物处理许可证规定，废物填埋场运营商需向环境保护局提交年度环境报告（AER）。编写 AER 的目的，一是对废物填埋场操作过程做简要概述，二是报告本年度中相关设备的操作和监测性能情况。应根据要求每年编写 AER，但不适用于许可证另有规定的情况。报告中所提供的数据，不仅可以用于更新国家废物数据库，而且还可以为 EPER（欧洲污染物排放登记）报告提供有用的信息。

AER 中应包括以下信息。

（1）排放物总结报告

持证人须提供关于本年度排放物监测的简要概述，并需根据监测结果给出预测趋势，同时还应提供一份标示现有所有监测点的图纸。

（2）环境监测结果及注释概要

用主要参数的一系列图表来表示环境监测的结果，并给出上一年度的趋势说明和未来趋势预测的讨论。例如，地下水的主要参数：pH 值、TOC、氨和电导率。图 5-3 为地下水年度监测结果的示例。

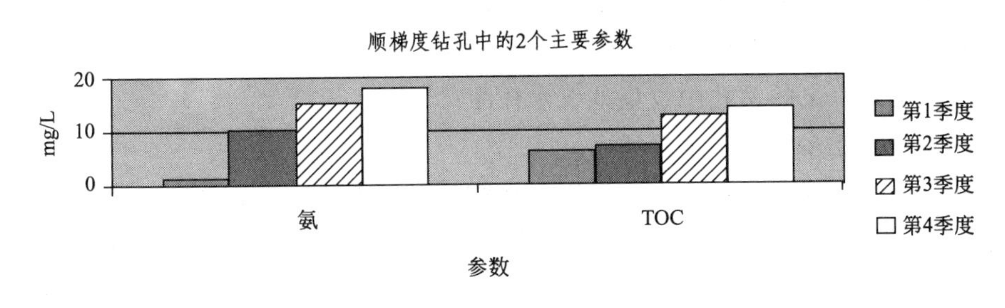

图 5-3 地下钻孔图示结果

（3）地表水

应对顺梯度与反梯度监测位置的主要参数（如 pH 值、生化需氧量、化学需氧量、悬浮固体、氨）的趋势进行比较。同时，应重点说明地表水中 Q 值的变化情况。

（4）地下水

应计算每年流向地下水的间接累计排放量。环境保护局的《废物填埋场设计手册》（2000 年）给出了相关指导说明。

（5）渗滤液

应计算渗滤液的产生量和厂区外的渗滤液输送、排放量，包括年度水平衡计算及相关注释。报告中还应对报告期间的渗滤液预测产生量与实际产生量进行对比。

（6）废物填埋气

应通过美国环境保护局的 LandGEM 或 GasSim（环境署，2002）提供的模型，计算废物填埋场填埋气体的年度累计排放量与预测排放量，还应包括抽水试验与气体火炬应用的相关信息。环境保护局的《废物填埋场设计手册》（2000）给出了相关指导说明。同时，报告中还应给出火炬的填埋气体处理量，所产生的电能量或者热能量（如适用），以及火炬或者发动机的累计停机时间。

（7）地形

废物填埋场的调查报告中应当说明现有的设施水平，并提供下一年堆填的计划范围。对往年的监测结果及其预测水平进行比较。此外，报告中还应给出废物填埋场的剩余填埋能力，并计算达到预期的最终填埋能力所需要的时间。

附录A：采样技术规范

采样技术规范中包含了一系列的指导说明，可用于执行特定的采样任务。采样技术规范为数据提供可信性，确保每次执行采样任务时遵从相同的程序。在实践中，分析技术规范通常具有较高的可行性，但是采样技术规范却差强人意。制定采样技术规范时，应考虑采样任务的实际情况，如采样介质的类型、采样方法、采样设备、样品的预定用途以及数据记录程序等。例如，地下水的采样技术规范可包括：

① 使用深水采样器，从钻孔中收集地下水样品；

② 通过泵抽水，从钻孔中收集地下水样品；

③ 通过泵抽水，从嵌套钻孔中收集地下水样品；

④ 从装有固定水泵的钻孔中收集地下水样品；

⑤ 从钻孔中收集多级地下水样品；

⑥ 使用深水采样器，从钻孔中收集地下水样品用于挥发性有机物分析。

分析结果的有效性和可靠性，将在很大程度上取决于样品的质量与采样的程序，并且应在分析之前确保样本的完整性。因此，建议运营商在监测方案中制定并采用相关的采样技术规范，以确保采样方法的统一性和逻辑性。表A.1中列出了典型的采样技术规范中所应包含的信息。

表A.1 采样技术规范设计

采样技术规范：(地下水、地表水、渗滤液、填埋气体)	
编制人：	授权人：
技术规范编号：	版本编号：
颁布日期：	替代版本：
修订原因：	

背景
应对以下几方面进行简要概述： ·废物填埋场的位置； ·采样的目的(例如，检查是否与许可证规定相一致)； ·样品类型(如：用于水质评估的地表水样品)。

责任
应当列出与采样技术规范有关的特定的质量保证人员的责任。这些责任可能包括如下： ·监督采样过程中的所有技术操作； ·进行定期检查和核实，以确保采样程序按照采样技术规范的要求进行； ·确定实际操作与采样技术规范之间的偏差。

材料
仪器和设备： 要求列出所有涉及的设备，以便于从所调查介质中获得有效的、有代表性的样本，包括用于特定参数现场分析的设备。例如，地下水采样所需的设备可能包括：抽泥筒或离散深度采样器，清洗设备，测斜仪和用于测定电导率、溶解氧、pH值和温度的化学分析仪器。

辅助材料：
所需的辅助设备和材料，一般包括：
- 样品容器(应适用于样品类型，必要情况下，应包含防腐剂)；
- 样品袋、标签和标记；
- 现场记录表格；
- 保管链文件；
- 抗磨损的标记；
- 废物填埋场地图，标示所有的监测点；
- 健康防护及安全配件(急救包，防护服装)。

方法

本部分应当列出采样操作中需遵循的程序。在适当情况下，应当在本部分中对参考文件作相关的介绍，如通过机构内部审核或者公认的标准方法。例如，地下水采样技术规范的其中一个步骤是，需在取样前清除钻孔。如此，只需引用公认的标准程序，而不必在各个技术规范中对清除所须遵守操作说明做详细介绍。

方法部分还应对现场化学分析、标签、标记、样品运输和设备清洗程序做相应的描述。

采样方案

采样方案应列出：
- 监测点的数量和位置(包括参考坐标网格)；
- 各监测点的采样频率；
- 采样深度；
- 样品的数量和类型(例如，用于化学或生物分析的样品)；
- QA / QC 样品要求。

记录

现场记录应当能够证明实践操作与采样技术规范之间的一致性。本部分应当列出采样过程中需要记录的数据与相关信息，包括：
- 采样日期及采样时间；
- 抽样人员的姓名；
- 天气条件；
- 样本数量；
- 标签编号与样品说明；
- 监测点的确切位置；
- 防腐剂的相关信息；
- 从现场测定获得的分析结果；
- 与相应标准形式之间的一致性；
- 与采样技术规范之间的偏离情况；
- 采样过程中遇到的困难。

附录 B：标准表格

本附录给出了相关的表格样例，建议废物填埋场运营商在监测过程中使用，以统一监测表格和报告的格式。实际的报告格式可能会有所不同，但至少应包括表格样例中所列出的主要项目。这些报告文件包括：

- 填埋气体监测表格样例；
- 保管链表格样例；
- 样品分析报告表格样例；
- 河流生态评估报告样例。

B.1 填埋气体监测表格样例

填埋气体监测表格						
废物填埋场名称： 废物处理许可证编号：			废物填埋场地址：			
被许可人：						
许可证颁布日期：			采样日期：		采样时间：	
所使用的仪器：			下次完整校准日期： 上次现场校准：(包括日期和填埋气体)			
监测人员：			天气条件：		大气压力：(如：大气压上升 1001～1003mbar) 平均温度：	
监测结果[1]						
采样站点编号	CH_4(体积分数)/%	CO_2(体积分数)/%	O_2(体积分数)/%	CO /$\times10^{-6}$	H_2S /$\times10^{-6}$	注　　释
例如 GS1	0.0	0.5	20.7			周边钻孔
例如 GS2	59.6	34.8	0.0			废物堆体内部的钻孔

简评：

[1] 可能还需要监测其他的气体，如氢气（H_2）。

B.2　保管表格样例

保管表格				
废物填埋场名称			废物处理许可证编号	
废物填埋场地址			参考坐标格网	
运营商/现场管理人员				
电话		传真		
样品参考编号	样品类型	样品描述	采样人员	日期
样品可能产生的潜在危害：				
运输 样品运输人员： 签字：　　　日期/时间：			接收实验室 实验室名称/地址	
接收人员： 签字：　　　日期/时间：			样品接收人员： 签字：　　　日期/时间：	
接收人员： 签字：　　　日期/时间：			样品的情况：	

B.3　样品分析报告表格样例

样品分析报告表格						
废物填埋场名称：					废物处理许可证编号：	
报告接收人：					报告日期：	
采样位置 & 参考坐标格网： 采样日期： 采样人员：					样品类型：(如：地下水/地表水/渗滤液) 天气条件： 其他说明：	
接收(实验室)： 接收(人员)(签字)：		日期： 时间：				
样品参考编号：					分析日期：	
参数	单位	结果	ELV (如相关)	检出限	分析技术/方法	认证情况
如：氨(NH_3)	mg/L	0.058		<0.001	比色法或参考方法	是

注释：
如：采样方法，如用于地表水的抓斗，用于地下水的抽泥筒/泵。
如：此处应列出样品预处理的详细信息，如过滤，酸液保存等。

报告编制人员：

签名： 日期：

职位：

报告审批人员：

签名： 日期：

职位：

B.4 河流生态评估报告样例

<table>
<tr><td colspan="3">废物填埋场名称：</td><td>废物处理许可证编号：</td><td>采样日期 & 时间：</td><td>天气情况：</td></tr>
<tr><td colspan="3">河流名称：</td><td>采样站点编号：
参考坐标格网：</td><td>采样人员：</td><td></td></tr>
<tr><td colspan="2">DO/%</td><td></td><td colspan="2" rowspan="9">修正：开凿——加宽——河岸侵蚀——排水干渠
主要类型：
基质条件：
基岩　石灰质—压实—松散
巨砾（>128mm）
淤积程度：
鹅卵石（32～128mm）　洁净—轻微—中度—严重
细砂砾（2～8mm），砂砾（832mm），砂粒（0.25～2mm）
家畜通道：上游—下游
淤泥（<0.25mm）　杂物：
无—P—M—A①</td><td rowspan="10">采样位置：
级联

浅滩
水流
水池
水深
边界
植被</td></tr>
<tr><td colspan="2">DO/(mg/L)</td><td></td></tr>
<tr><td colspan="2">温度</td><td></td></tr>
<tr><td colspan="2">电导率</td><td></td></tr>
<tr><td colspan="2">pH 值</td><td></td></tr>
<tr><td colspan="2">堤岸宽度</td><td></td></tr>
<tr><td colspan="2">河流宽度</td><td></td></tr>
<tr><td colspan="2">平均深度</td><td></td></tr>
<tr><td colspan="2">水位标尺</td><td></td></tr>
<tr><td rowspan="6">流速：
湍急较快
一般较慢
非常慢</td><td colspan="2">颜色：</td><td colspan="2">图片：　视频：</td></tr>
<tr><td colspan="2">无色</td><td colspan="2" rowspan="10">大型植物（A—M—P—NO）
浸没　浮出水面　岸边

丝状藻类：A—M—P—NO
凝胶状复合物：A—M—P—NO
其他：
污水真菌：A—M—P—NO</td><td rowspan="2">遮蔽
H -M -L-N②</td></tr>
<tr><td colspan="2">轻微</td></tr>
<tr><td colspan="2">严重</td><td rowspan="3">树木种类：</td></tr>
<tr><td colspan="2"></td></tr>
<tr><td colspan="2"></td></tr>
<tr><td colspan="3">清晰度：</td><td rowspan="5">主要土地利用类型：
上游
牧场
沼泽
林业
市区
耕作
其他</td></tr>
<tr><td colspan="3">非常清晰
清晰
浑浊
非常浑浊</td></tr>
<tr><td colspan="3">排放：</td></tr>
<tr><td colspan="2">洪水</td><td></td></tr>
<tr><td colspan="2">一般</td><td>非常低</td></tr>
</table>

<table>
<tr><td colspan="2">废物填埋场名称：</td><td colspan="2">废物处理许可证编号：</td><td colspan="2">采样日期&时间：</td><td>天气情况：</td></tr>
<tr><td colspan="2">河流名称：</td><td colspan="2">采样站点编号：
参考坐标格网：</td><td colspan="2">采样人员：</td><td></td></tr>
<tr><td>低</td><td>干涸</td><td colspan="4">所有大型无脊椎动物的丰度和多样性</td><td rowspan="3">样品记录：
池塘网 x
洗石 x
杂草清除 x
样品留存
是——否</td></tr>
<tr><td>近期洪水情况</td><td></td><td rowspan="2">密度：
高
一般
低</td><td colspan="2" rowspan="2">多样性：
高
一般
低</td><td rowspan="2">分类单元</td></tr>
<tr><td colspan="2">鱼的种类：
（列出所知的鱼的种类）</td></tr>
<tr><td colspan="2"></td><td colspan="5">大型无脊椎动物的组成——分类</td></tr>
<tr><td colspan="2">保护物种：
（列出所知的鱼的种类）</td><td colspan="2">过度（>75%）</td><td colspan="2">极多（51～75）</td><td>较多（21～50）</td></tr>
<tr><td colspan="4">一般（6～20）</td><td colspan="3">较少（1～5）</td></tr>
<tr><td colspan="7">说明：</td></tr>
<tr><td colspan="4">Q值：</td><td colspan="3">先前Q值：</td></tr>
<tr><td colspan="4">接入点：</td><td colspan="3"></td></tr>
</table>

① NO—P—M—A 表示：没有观察到—存在—中等—丰富。

② H—M—L—N 表示：高—中—低—无。

附录 C：最低监测要求

表 C.1　非危险废物填埋场最低基线监测要求

监测介质	参　数	监测位置	监测频率
地表水	流速/水位，以及组成成分。更多详细信息，请参考表 C.2	应当在水道至少选择两个监测位置，分别位于拟建填埋场的上游和下游	每年度至少监测 4 次，即每季度 1 次。（废物填埋场开始运行前）
	生物评估	应当在靠近废物填埋场的主要水道中至少选择两个监测位置，分别位于拟建填埋场的上游和下游	7～9 月间，至少监测 1 次
	根据废物填埋场具体情况而定	沉积物评估	根据废物填埋场具体情况而定
地下水	水位，以及组成成分。更多详细信息，请参考表 C.2	至少设置三个钻孔，其中一个位于拟建废物填埋场的逆梯度区域，两个位于顺梯度区域	每年度至少监测 4 次，即每季度 1 次（废物填埋场开始运行前）
填埋气体	气体成分（甲烷、二氧化碳、氧气）	安装三个外围钻孔。	应在堆填废物之前进行两次监测，以确定背景气体浓度
气象数据	见表 C.6	于附近气象站获得历史气象数据	应获得能够预测渗滤液产生量以及建立空气离散模型的足够数据，如火炬/气体利用设备的排放气体或者气味
其他	噪声、粉尘、PM_{10}和异味	敏感受体 潜在来源 周边区域	根据废物填埋场具体情况而定
	地形、生态、考古	需对废物填埋场及周边区域进行评估	根据废物填埋场具体情况而定

表 C.2 地下水、地表水及渗滤液的监测参数

监测参数①	地表水 基线（运行前期）	地下水 基线②（运行前期）	渗滤液 特性（运行中）
液体水位	●	●	●
流速③	●		
温度	●	●	●
溶解氧	●		
pH 值	●	●	●
电导率④	●	●	●
总悬浮固体量	●		
溶解固体总量		●	
氨(以 N 计)	●	●	●
氧化氮总量（以 N 计）	●	●	●
总有机碳		●	
生化需氧量	●		●
化学需氧量	●		●
金属⑤	●	●	●
总碱度(以 $CaCO_3$ 计)	●	●	
硫酸盐	●	●	●
氯化物	●	●	●
钼酸盐活性磷⑥	●	●	●
氰化物(总)	●	●	●
氟化物	●	●	●
痕量有机物质⑦	●	●	●
粪便大肠菌群总量⑧		●	
生物评估⑨	●		

① 表 D.1 和表 D.2 给出了这些参数最低报告值的指导原则。

② 对于接收可生物降解废物的填埋场，建议至少制定氨、TOC 和氯化物的触发水平。第 5.5 节中对此进行了详细的介绍。

③ 流量测量范围，即高、低流量。

④ 当可能存在含盐的影响时，应测量含盐量。

⑤ 需要进行分析的金属应包括：钙、镁、钠、钾、铁、锰、镉、铬（总）、铜、镍、铅、锌、砷、硼和汞。

⑥ 存在色度干扰可能时，应测量渗滤液样品中的总磷量。

⑦ 表 D.2 指出，应对微量有机物质进行监测。应根据《水质条例》(SI 第 12 号，2001 年)，对地表水中的农药和溶剂（危险物质）进行分析。

⑧ 应对废物填埋场周围 500m 之内的饮用水供水进行监测。

⑨ 具体应根据废物填埋场实际情况而定，6～9 月间应进行两次生物评估。

表 C.3 非危险废物填埋场典型渗滤液监测的一般要求

参　数	检　测　位　置	监测频率(操作阶段及后期维护阶段)
渗滤液水位	・对于铺设衬层系统的废物填埋场，应当在每个处理单元安装两个渗滤液收集点 ・对于没有铺设衬层系统的废物填埋场，每 5 公顷的填充区域应安装 3 个监测点 ・渗滤液储存池	遵从废物处理许可证的规定

参　　数	检　测　位　置	监测频率(操作阶段及后期维护阶段)
渗滤液组成成分 详细信息,见表C.2	·具有代表性的采样点,能够体现废物填埋场的整体情况 ·渗滤储存池 ·经过处理、但未排放的渗滤液	遵从废物处理许可证的规定
渗滤液排放量	·排放点处经过处理的渗滤液	遵从废物处理许可证的规定

表C.4　非危险废物填埋场典型填埋气体监测要求

监　测　点	参　　数	监测频率(操作阶段及后期维护阶段)
外围钻孔(废物堆体外部的钻孔)①,废物填埋场办公室/建筑物	甲烷、二氧化碳、氧气②、大气压力③、温度	遵从废物处理许可证的规定
钻孔/排气孔/钻井④(废物堆体内部)	甲烷、二氧化碳、氧气②、大气压力③、温度	遵从废物处理许可证的规定
收集井及相关排气管道	大宗气体浓度、流速	遵从废物处理许可证的规定
地表排放	甲烷、流速	遵从废物处理许可证的规定
各个火炬/气体利用设备的输入和输出	详细信息,见表C.5	详细信息,见表C.5

① 根据废物填埋场风险评估结果，确定钻孔的数量和位置。

② 根据实际需要，还需要包括其他气体，例如 H_2S、CO 和 H_2。

③ 大气压力下降可能会导致从废物堆体中迁移出的气体量增加。

④ 对于安装衬层系统的废物填埋场，应当在每个处理单元内至少安装一个位于废物堆体内部的气体监测位置，而对于未安装衬层系统的废物填埋场，应当于每公顷安装一个位于废物堆体内部的监测位置。

表C.5　典型填埋气体火炬与气体利用设备监测方法

参　　数	火炬监测频率	气体利用设备监测频率
进气口		
气体流速	经常	经常
甲烷(CH_4)/%	经常	经常
二氧化碳(CO_2)/%	经常	每周
氧气(O_2)/%	经常	每周
硫(总量)①	每年	每年
氯(总量)①	每年	每年
氟(总量)①	每年	每年
处理参数		
燃烧温度	经常	不适用
保留时间	每年	不适用
排气口		
一氧化碳(CO)②	经常	经常
氧化氮类 NO_x	每年	每年
二氧化硫(SO_2)	每年	每年
挥发性有机化合物总量,以碳计	每年	每年
非甲烷挥发性有机化合物总量	不适用	每年
微粒	不适用	每年
盐酸(HCl)	每年	每年
氟化氢(HF)	每年	每年
其他参数,例如:重金属、卤代有机化合物	视废物填埋场具体情况而定	视废物填埋场具体情况而定

① 如果气体中这些物质的浓度较高（Cl＞160mg/m³，F＞25mg/m³，S＞1400mg/m³），则可能需要进行净化处理，以符合废气排放标准。

② 排放物中的一氧化碳可作为不完全燃烧的指标。

表 C.6 最低气象监测要求

参　　数①	操作阶段	后期维护阶段
降水量	每天	每天,加入到每月测量数据中
最高/最低温度，14.00h CET②	每天	月平均值
主导风风向与强度	每天	不需要
蒸发量	每天	每天,加入每月测量数据中
大气压	每天	月平均值
大气湿度,14.00h CET②	每天	月平均值

① 可从废物填埋场的原位气象站或者附近的气象站收集气象数据。

② 废物填埋场指令规定，CET 是欧洲中部时间。

附录 D：最低报告值

在一般情况下，“洁净”的水是指地表水、地下水和饮用水，而“污浊”的水是指渗滤液或类似的物质。所有的分析都应当在实验室进行，可行情况下，需采用标准或者国际公认的程序，如物质的最低报告值（MRV）。MRVs 代表了测试方法灵敏度的可接受标准。为了获得更高的测量分辨率而采用的其他程序，应当在报告中详细说明。

表 D.1 最低报告值准则

待测项目①	单位	建议分析方法	MRV“洁净”	MRV“污浊”
温度②	℃	温度测定法	±1	±1
pH 值②		量电法	±0.2	±0.2
电导率③	μS/cm	量电法	10	50
溶解氧②	mg/L	量电法	±0.1	±5
溶解氧②	%	量电法	±1	±5
总悬浮固体量	mg/L	重量测定	5	10
溶解固体总量	mg/L	重量测定	10	20
氨(以 N 计)	mg/L	离子选择电极/比色法	0.05	1
氧化氮总量（以 N 计)④	mg/L	比色法/离子色谱/离子选择电极	1	1
总有机碳⑤	mg/L	TOC 分析仪	2	10
生化需氧量⑥	mg/L	量电法或滴定分析法	2	10
化学需氧量	mg/L	消化法/比色法	10	20
钙⑦	mg/L	原子光谱/离子色谱法	1	10
镁⑦	mg/L	原子光谱/离子色谱法	1	10
钠⑦	mg/L	原子光谱/离子色谱法	1	10
钾⑦	mg/L	原子光谱/离子色谱法	1	10
铁⑦	mg/L	原子光谱/比色法	0.05	0.2

续表

待测项目①	单位	建议分析方法	MRV“洁净”	MRV“污浊”
锰⑦	mg/L	原子光谱/比色法	0.02	0.05
镉⑦	mg/L	原子光谱/比色法	0.0005	0.005
铬(总量)⑦	mg/L	原子光谱/比色法	0.005	0.05
铜⑦	mg/L	原子光谱/比色法	0.005	0.05
铅⑦	mg/L	原子光谱/比色法	0.005	0.05
镍⑦	mg/L	原子光谱/比色法	0.005	0.05
锌⑦	mg/L	原子光谱/比色法	0.008	0.1
砷⑦	mg/L	原子光谱	0.005	0.05
硼⑦	mg/L	原子光谱/比色法	0.2	2
汞⑦	mg/L	原子光谱	0.0001	0.001
氰化物(总量)	mg/L	蒸馏后比色法/离子色谱/离子选择电极	0.01	0.05
总碱度(以 $CaCO_3$ 计)	mg/L	电位或酸量法滴定	5	50
硫酸盐	mg/L	离子色谱法/浊度测定法	20	50
氯化物	mg/L	比色法/离子色谱/离子选择电极	2	25
氟化物	mg/L	离子色谱/离子选择电极	0.1	1
磷⑧	mg/L	原子光谱/比色法	0.02	0.2
微量有机物质	μg/L	见表 D.2	—	—
溶解甲烷	μg/L	传感器/ GCMS/ GCFID	5	5
总的 & 排泄的大肠杆菌群⑨	No./100mL	膜滤法,MPN 法或 Colilert™法,按要求稀释	<1	10

① 水质（危险物质）条例（SI 第 12 号，2001）提供了下列金属的水质标准：砷、铬、铜、氰化物、氟化物、铅、镍和锌以及部分农药和溶剂。

② 这是所需的典型仪器的分辨率，而不是报告值。

③ 应当指定电导率测量时的参考温度。

④ 氧化氮总量可以用硝酸盐（NO_3^-）和亚硝酸盐（NO_2^-）分析总和来表示。

⑤ 对于无机碳含量较高的水质，测定 TOC 的首选方法是清除酸样本测量法，此时，TOC 将作为非清除有机碳。

⑥ 在某些情况下，可能需要碳的生化需氧量分析，如当分析处理过的废物渗滤液时。进行碳的生化需氧量分析时，需添加硝化抑制剂，应当在样品分析报告中对此做详细说明。除另有规定外，BOD 数据应为非抑制测量。

⑦ 建议对地下水和渗滤液样品进行金属分析，此时应将样品采用 0.45μm 的膜过滤，并保存在酸液里。

⑧ 可溶性钼酸盐活性磷（MRP）应在“洁净”的水质中进行分析，可行情况下，含磷总量分析应采用“污浊”水质。MRP 测量中可能出现的色度干扰，对含磷总量是可取的。

⑨ 肠埃希菌（E. coli）通常被认为是粪便大肠杆菌。

表 D.2　关于微量有机物分析与指导 MRVs 的推荐核心待测项目

待　测　项　目①	MRV"洁净"/(μg/L)	MRV"污浊"/(μg/L)
VOCs		
例如:三氯乙烯,四氯乙烯,1,2-二氯乙烷,1,2- 二氯苯,甲苯,二甲苯,六氯丁二烯,三氯苯,二氯甲烷,氯苯,苯	1.0②③	1.0②
SEMI-VOCs		
有机氯杀虫剂,如艾氏剂、γ-HCH(林丹)、狄氏剂、硫丹、氟乐灵、六氯苯	0.1②③	1.0②
三嗪类除草剂,如莠去津、西玛津	0.1②③	1.0②
有机磷农药,如敌畏	0.1②③	1.0②
除草剂,例如 2,4-滴丙酸、甲氯丙酸、溴苯腈	0.1②③	1.0②
酚类,例如 2-氯酚、五氯酚、2,4,6-三氯酚	0.1②③	1.0②
有机锡化合物,例如三丁基锡	备注 4	备注 4
多环芳烃(PAHs),例如苯并[*a*]芘、苯并[*b*]荧蒽、苯并[*k*]荧蒽、苯并(*g*,*h*,*i*)二萘嵌苯、茚并[1,2,3-*cd*]芘、萘	0.1②③	1.0②

① 列入上述表格的物质类别，反映的是在编制本文件时的相关立法规定。目前，环境部门及当地政府正在着手相关研究，以提供关于优先污染物监测的详细指导信息。上述物质类别并没有详述，而且这个列表容易受新的信息/立法影响而改变。水质（危险物质）条例（SI 第 12 号，2001 年）中列出了以下杀虫剂和溶剂：莠去津、二氯甲烷、西玛津、甲苯、三丁基锡和二甲苯。

② 应采用适当的、认可的标准方法进行样品分析，如美国 EPA、ISO、CEN、NSAI 或同级别的标准，以便于达到所需的分析效果。

③ 在某些情况下，需采用较低的最低报告值，如饮用水中检测到的化合物，或者为某一特定物质确定的触发水平时。

④ 此参数仅适用于潮水。应采用符合相关立法要求的分析技术。必要时，需进行生物效应的监测，如腹足类动物的生殖损害。

附录 E：采样设备和分析技术

表 E.1　地下水及渗滤液采样设备

设　备	优　势	缺　点
泥浆泵	·成本低 ·操作简单,可靠 ·便携式 ·不需要外接电源 ·可以安装在各种直径的材料上 ·具有专业性或一次性选择功能 ·适于挥发性有机化合物采样	·操作力度过大或者将水转移至样品瓶时，可能发生样品曝气 ·可引起样品介质污浊 ·泥浆泵电缆可能引起交叉污染 ·用于清除时,耗费工作量大 ·只能用于水柱顶部采样
离散深度采样器	·可在指定的水位收集样品 ·低成本、专业程度高 ·易于操作和便携	·低提取率,清除工作费时 ·操作力度过大时,可能引起振动
惯性取样泵	·低成本,可作为专用泵 ·可用于清洗和采样 ·可用于带泥沙的水质 ·操作深度可达 C. 60m ·机械装置轻巧便携	·可能出现扬水管混合 ·可能造成积累沉积物干扰 ·引起样品的振动

设　　备	优　　势	缺　　点
吸升泵(包括蠕动泵)	·适用于大多数无机化合物的采样 ·相对便宜、便携 ·泵可安放在地表——专用管材安放在钻孔内 ·吸取装置可使用惯性泵，以避免交叉污染	·只适用于深度<9m的钻孔 ·不适用于挥发性有机化合物测定 ·可能引起样品脱气 ·吸液可能会污染样本 ·可造成压力变化，并产生振动
膜片泵/气体驱动泵	·操作简便、可靠 ·便携式，容易清洗 ·可低流速运转 ·适用于收集所有主要的有机和无机参数样品 ·可用于任何深度的操作	·低排放率，不适合用于清除 ·昂贵 ·需要气源 ·从深水井抽水时，需要大量气体和长周期运转
扩散采样器	·只适合用于挥发性有机化合物 ·无需清除	·专用 ·昂贵
潜水泵	·流速可调节，适合清洗和取样 ·清洗深钻孔效率高 ·操作简便、可靠	·通过泵产生的热可能会导致样品化学成分发生变化 ·可能造成压力变化/样品振动
多级采样器	·可从一个钻孔内的几个离散、隔离区域收集样品 ·可用于确定流动模式和污染物分布	·昂贵，需要专业知识 ·安装困难，安装不当时易于导致交叉污染

表 E.2　测量气体参数与监测目的之间的关系

目　　的	监测位置	测量参数	仪器类型
个人防护	个人工作区域周围的大气	可燃气体浓度，氧气不足。如有必要，还需测量其他气体(如硫化氢)的浓度	具有声学的、光学的或振动警报的小型装置
建筑或开发区域防护	限制区域、空间等	可燃气体浓度，氧气不足。如有必要，还需测量其他气体(如硫化氢)的浓度	固定式或移动式，带声学或光学报警器，带或不带遥测装置，或用于调查的便携式仪器
地面测量期间的气体监测	地面、相关设施、沙井，查找钻孔	可燃气体(甲烷)、二氧化碳与氧气浓度、压力、温度、流速	便携式
废物堆体外部的气体监测	气体监测井眼或探头	可燃气体(甲烷)、二氧化碳与氧气浓度，压力、温度、流速	用于连续监测与遥测(可选)，便携式或固定式
废物堆内部或气体收集系统中的气体监测	气体或渗滤液收集井、分离罐(气体脱水装置)，气体收集管	可燃气体(甲烷)、二氧化碳与氧气浓度，压力、温度、流速 可能出现地下火的情况下，需测量一氧化碳	用于连续监测与遥测(可选)，便携式或固定式
气热破坏装置的监测	气体火炬	可燃气体(甲烷)、二氧化碳与氧气浓度，压力、温度、流速等	用于连续监测与遥测(可选)，便携式或固定式
气体利用装置的监测	电厂，窑炉，锅炉等	可燃气体(甲烷)、二氧化碳与氧气浓度，压力、温度、流速等 热值，水分	用于连续监测与遥测(可选)，便携式或固定式
详细的气体分析	气体采样	气体成分及其浓度，水分	固定或移动实验室仪器(如：GC-MS)

资料来源：《废物填埋气体监测》，IWM，1998 年。

表 E.3　各种气体传感器的特点

传感器类型	气　体	优　势	缺　点
红外线传感器	甲烷 其他烃类化合物，二氧化碳	响应速度快，使用简单； 可用于测量气体混合物中的特定气体，并且不会产生“中毒”； 宽的检测范围(ppmv—100%) 相对于其他传感器，不易与其他气体产生交叉干扰； 可装入其他安全型仪器； 气体样品通过传感器不会发生变化	易发生零位偏移； 对压力敏感； 对温度敏感； 对湿度敏感； 多数仪器只对烃类化合物敏感，并非专门针对于 CH_4——在特定的有机化合物存在的情况下，可能造成干扰； 对污染物(冷凝物，微粒)光学敏感
火焰电离传感器	甲烷 易燃气体 蒸气	高度敏感性正常范围[(0.1～10000)×10^{-6}]； 快速响应	不适用于氧气不足的环境； 其他气体，如 CO_2，H_2，废物填埋气体次要成分，水蒸气存在时，会影响仪器准确度； “盲测”——响应任何易燃气体； 检测范围有限； 易于毁坏气体样品
电化学传感器	氧气、硫化氢与二氧化碳	成本低； 常用的检测范围 0～25%(体积分数)； 响应各种的气体	保存期限短，需要频繁的校准； 在潮湿、腐蚀和中毒情况下，可失去敏感性； 避免交叉污染的能力较差
顺磁传感器	氧气	准确、牢固； 不易受大多数其他气体的干扰	容易发生偏差和气体污染；昂贵； 易受局部压力的影响，而不是浓度
催化氧化传感器(催化传感器)	甲烷 易燃气体 蒸气	快速响应； 低检测范围(0.1%～100% LEL)； 响应任何易燃气体	准确度受其他易燃气体的影响； 在氧气不足的大气中(<12%)，易于获得不准确的读数； 易发生老化，中毒和受潮； 无法监测到传感器恶化； 在测量过程中，可能会破坏气体样品
热导性传感器	甲烷 易燃气体 蒸气	快速响应任何易燃气体； 完整的检测范围(0～100%)；独立的氧气燃料； 可与其他检测器联用	其他易燃气体，二氧化碳和具有相同导热系数的其他气体存在时，影响准确度； 在安全检查中，灵敏度较差； 低浓度时易于发生错误
半导体传感器	主要是有毒气体	对一些有毒气体有较好的选择性(如硫化氢)； 不易于中毒； 对于低浓度的气体，灵敏度较高； 有长期的稳定性	对于可燃气体，缺乏选择性； 不特别适用于任何一种材料； 准确度和灵敏度易受湿度的影响
化学传感器(指示管)	二氧化碳、一氧化碳、硫化氢、水蒸气、其他气体	使用简单，廉价	对于特定的废物填埋气体成分的鉴定较差； 容易产生干扰效应
光离子化检测器	大多数有机气体	敏感度高	易于产生交叉污染； 昂贵

资料来源：《废物填埋气体监测》，IWM，1998 年。

表 E.4 监测方法 & 火炬技术 & 气体利用设备

参　　数	分析方法/技术①
温度	热电偶/温度探针/数据记录器
流速	皮托管
甲烷	红外/火焰电离/导热性
二氧化碳	红外/导热性
氧气	非色散红外(NDIR)/顺磁/电化学/导热性
硫/氯/氟总量	离子色谱/离子选择电极
二氧化硫	NDIR/非色散紫外/电化学/化学吸收
氧化氮	NDIR/化学发光/电化学/化学吸收
一氧化碳	NDIR/红外/电化学/数据记录器
微粒	等动力及重量分析
挥发性有机化合物	吸附/解吸及 GC-FID/GC-MS
盐酸,氟化氢及酸性气体	冲击式采样器和离子色谱法
重金属	等动力及 ICP-AES

① 用于监测火炬与利用设备的仪器，必须能够承受高温，为了适应监测目的的要求，可能需要对仪器进行专门的制造或改动。

缩　略　语

BAT　最佳可行技术
BOD　生化需氧量
BS　英国国家标准
CBOD　碳质生化需氧量
CEN　欧洲标准化委员会
COD　化学需氧量
FID　火焰离子化检测器
GC-MS　气相色谱——质谱法
ICP-AES　电感耦合等离子体原子发射光谱法
ISO　国际标准化组织
LEL　爆炸下限
LFG　废物填埋气体
NDIR　非色散红外线分析法
NSAI　爱尔兰国家标准管理委员会
QA　质量保证
QC　质量控制
TOC　总有机碳量
UEL　爆炸上限
WMA　《废物管理法》(1996)

术 语 表

岸堤/护堤：指的是围堤或土堆，通常由黏土或其他惰性材料筑成，可作为处理单元或者操作阶段或者道路交通的分隔界限；或者可用于分隔废物填埋场某操作单元及其邻近区域；能够帮助减少噪声、提高能见度、降低灰尘和杂物的影响。

爆炸上限（UEL）：指的是由可燃气体与空气共同组成的混合气体，在25℃与大气压力下，形成火焰时的最高体积百分浓度。

爆炸下限（LEL）：指的是由可燃气体与空气共同组成的混合气体，在25℃与大气压力下，形成火焰时的最低体积百分浓度。

储存池：指的是用于存储液体的区域，如于废物填埋场收集的渗滤液。

触发水平：指的是废物处理许可证中所规定的参数值，达到或者超过触发水平时，持牌人需采取相应的纠正措施。

大型无脊椎动物：指的是肉眼可见的较大的无脊椎动物。通常指的是不能通过0.6mm的筛孔或网孔的无脊椎动物。

底层：指的是无脊椎动物所生活的河床或者河流底部。

地下水：地下水是次表层水的一部分，主要分布于饱和层。

惰性废物填埋场：指的是只接收惰性废物的填埋场，具体标准可参考环境保护局的草案手册-《废物接收》。

废物填埋场：指的是废物的处理设施，目的是将堆填的废物转换为土地。

分类单元：指定的分类群。通常指的是生物指数中的种族或物种级别。

封顶：指的是废物填埋场的覆盖系统，通常采用渗透性低的材料建造（废物填埋场覆盖）。

恢复：指的是废物填埋场按计划执行的修复工程。

火炬设备：指的是用于燃烧填埋气体的装置，目的是将填埋气体中的甲烷转变为二氧化碳。

季度：指的是时间间隔大约为3个月。

间接排放：指的是Ⅰ类或者Ⅱ类废物在通过地表或者下层土渗透的情况下，排放至地下水中。

可生物降解废物：指的是可进行厌氧或好氧分解的废物，如食品、生活废物、纸和纸板。

空隙空间：指的是堆填废物的可用空间。

Ⅰ类/Ⅱ类废物：请参考EU指令关于危险物质（76/464/EEC）与地下水（80/68/EC）的相关规定。

冷凝物：指的是由于填埋气体内的水蒸气凝结，而在填埋气体管道内部产生的液体。

排放：参考1992年的美国能源政策法案。

渗滤液：指的是废物填埋场内部或者外部透过废物堆体的所有液体，具体信息请参考WMA中的第5（1）章节。

渗滤液井：指的是安装在废物堆体区域内部的井筒，用于监测和收集渗滤液；与钻孔的定义不同，后者是安装在废物堆体区域的外部。

生物指数：指的是通过水质指标物种或者更高生物类群获得观察指标，用于标示有机污染。

受纳水体：指的是与废物排放物相溶合的流动或者静止的水体，如小溪、河流、湖泊、河口或海。

水平衡：指的是用于估算液体产生量的一个计算方法。对于废物填埋场来说，水平衡通常指的是渗滤液产生量。

水文地质：研究土壤和岩石地质与地下水之间的相互关系。

顺梯度：指的是地下水或者地表水的径流方向。

填埋气体（LFG）：指的是填埋的废物所产生的所有气体。

填埋气体井：指的是在堆填废物或者后期修复期间，安装在废物堆体区域内部的井筒，用于监测和清除通过抽气系统或者排气系统的填埋气体。

危险废物填埋场：指的是只接收危险废物的填埋场，具体标准可参考环境保护局的草案手册——《废物验收》，以及理事会指令 99/31/EC 第 6 章中关于废物填埋场废物的规定。

温室效应：指的是上层大气吸收热量不断积累后辐射至地球表面，从而导致全球气温上升。

噪声敏感位置（NSL）：噪声敏感位置指的是人们应享有的无噪声滋扰区域，例如住宅区、酒店或旅馆、医疗机构、教育机构、宗教信仰或娱乐场所，以及其他对市容方面要求较高的机构或者区域。

直接排放：指的是Ⅰ类或者Ⅱ类废物在没有通过地表或者下层土渗透的情况下，直接排放至地下水中。

钻孔：指的是安装在废物堆填区域外部的井筒，用于监测和/或收集填埋气体/地下水。需要在钻孔中安装套筒与隔板。安装在废物堆体内部的钻孔，称为钻孔井。

最低报告值：指的是在一个已知的置信度内所能够检测到的物质的最低浓度，最低报告值是由基体决定的，并且不一定等同于分析系统的检测限，多个项目的最低报告值，可反映出应用于具体基体测试方法的稳定性和可重复性。也称为定量极限或实际报告极限。

底栖生物：与底栖意义相同。底栖生物是指水域底层固着或爬行的生物。

含水层：指的是能够存储大量水源的结构层（如体岩石、砾石或沙层），并且水源可以透过此结构层流动。

后期维护：指的是废物填埋场设施停止使用后，所采取的相关维护措施，以避免产生环境污染。

基线监测：指的是对拟建废物填埋场及其周边进行监测，以便于在废物填埋场建设之前，获得环境背景数据资料。

检测限值：当获得单一分析结果时，待测物质浓度的检测概率为 95%，此时，检测指的是获得显著大于零（$p=0.05$）的结果。也称之为检测限值。

年度：指的是时间间隔大约为 12 个月。

需氧量：指的是在该条件下，细菌可以获得基本的并能够自由地利用的氧气数量。

厌氧量：指的是在该条件下，氧气以不能被利用的溶解氧、硝酸盐/亚硝酸盐形式存在。

6

废物填埋场恢复和恢复后护理

6.1 引言

6.1.1 一般背景

尽管在循环利用和废物最少化方面已经做出相当大的努力，废物填埋是爱尔兰目前应用最广泛的废物处置方法，并且在短期和中期内可能是主要的处置方法。减少需要填埋的废物是当前废物管理和规划中需要解决的最基本的问题。根据既定政策和规模经济的要求，许多小型废物填埋场已经关闭或正在关闭。那些不升级或无法升级到符合新的环境标准的填埋场将必须关闭并恢复。

成功的恢复是使公众相信废物填埋是一种可接受的废物处置方法的重要因素。其他的重要因素有选择合适的场地、好的运营实践和填埋场设计。恢复和恢复后护理是废物处置过程必不可少的两个步骤，如果想以填埋场对环境的影响最小的方式管理填埋场，在填埋场使用寿命期内的所有阶段都必须考虑恢复和恢复后护理。

在公众眼中，成功的场地恢复比其他因素更重要，因为其结果比运营期持续时间更长、更显著。而且，许多经过专业工程设计的防止环境污染所必需的构筑物位于地下并且看不见。经过良好恢复的填埋场使场地在填埋场恢复后被重新用于有益而且有吸引力的用途并且让人们对以后的填埋场也将按照类似的高标准恢复感到放心，从而促使公众对废物填埋过程树立信心。

6.1.2 法律依据和《废物填埋场恢复和恢复后护理手册》的用途

《环境保护局法》(1992) 第 62 条要求环境保护局详细说明并出版处置家庭和其他废物填埋场的选择、管理、运营和终止使用的标准和规范。这本《废物填埋场恢复和恢复后护理手册》是爱尔兰环保局为了履行法定职能而出版的一系列手册中的一本。根据第 62 (5)条的规定，注意本手册的内容是地方政府一项法定义务。

根据《废物管理法》(1996) 第 68(3)条的规定，在环境保护局已经为特殊废物填埋设施颁发废物许可证的情况下，《环境保护局法》第 62 条详细规定的法律要求不适用。所以，本手册适用于不需要颁发废物许可证的、运营中的和已经关闭的填埋场。但是，本手册的目的是为从事需要颁发废物许可证的填埋场以及其他任何填埋场恢复的人员提供一般性建议和指导。

6.1.3 欧盟废物政策和国家废物政策

爱尔兰废物政策在文件“废物管理——改变我们的方式”中有所阐述。该文件于1998年由环境局和地方政府出版。涉及废物管理的爱尔兰国家政策基于废物分级管理法，该方法得到欧盟认可。其中的优先方法包括：

① 从源头预防废物产生并减少废物；

② 减少不可回收废物的数量；

③ 最大限度地将废物循环利用和再次用于原料和能源；

④ 用环境可以承受的方式处置无法预防或回收的废物。

在爱尔兰，为了普及更可持续和更安全的废物管理方式，已经引进了法律和最好的实践指导方针，这些包括《环境保护局法》(1992)和《废物管理法》(1996)。《环境保护局法》(1992)考虑通过由爱尔兰环保局向预定的工业活动颁发许可证，引入综合污染控制(IPC)，其中的重点是使用更清洁的技术和废物最少化。

《废物管理法》(1996)为农业领域、商业领域和工业领域的废物管理提供综合法律框架。该法律框架特别重视废物的预防、最少化和安全处置。该法提供了用于推进和支持废物回收的广泛措施。该法还禁止以导致或可能导致环境污染的方式贮存、运输、回收和处置废物。这部1996年颁布的法律指定爱尔兰环保局为重要废物管理实施颁证的权力机关，并且规定了颁发、持有和交回废物许可证必须执行的标准。《废物管理(许可)条例》(1997)(国际标准，第133号)和《废物管理(许可)条例(修正案)》(1998)(国际标准，第162号)为爱尔兰环保局废物处置和回收活动颁证制度的开始和运行做好准备。

6.1.4 废物填埋手册

根据《环境保护局法》(1992)，环境保护局已经出版了一系列的手册。这些手册涉及填埋场开发和管理的许多方面。目前的这本《废物填埋场恢复和恢复后护理手册》应该和废物填埋手册系列中的其他手册一起使用。已经出版或正在筹备中的这一系列手册包括：《废物填埋场勘查》、《填埋场选址》、《填埋场设计》、《填埋场监测手册》、《废物填埋场运营管理》、《废物填埋场恢复和恢复后护理手册》、《废物填埋场废物接收手册》(筹备中)、《废物填埋场设计手册》(筹备中)、《废物填埋场场地选择手册》(第二稿)。

6.1.5 废物填埋场恢复和恢复后护理手册

目前这本手册的宗旨是为填埋场恢复的所有方面提供指导。好的填埋场恢复为填埋场经营者提供了提高公众对填埋场认可程度的机会。该手册规定了对从成功恢复到恢复后的使用要求。恢复后的用途：自然保护和生活福利设施、林地、农业和硬化后的利用(例如已建构筑物和停车场)。恢复是使填埋场场地回到适合于建议的填埋场恢复后用途的状况的过程，这个过程中包括保护人类健康和环境的措施。

恢复包括设计、最初的景观美化工程、散布土壤和恢复后护理。恢复后护理是替换土壤后进行的工作，包括确立和进行填埋场场地恢复后的用途所需的一切作业。恢复后护理包括耕种、植被恢复、养护和正在进行的对已恢复土地的长期投入。要想恢复成功，必须特别注意土壤管理和杂草控制。

本手册将废物填埋场恢复纳入到填埋场总体设计和管理中。恢复设计的一个重要方面是将填埋场环境污染控制系统与建议的恢复后的用途成功结合。该手册还讨论了土壤在恢复中的重要作用、恢复后用途的选择、分期恢复的益处、植被建立技术和养护。

成功恢复的一个重要因素是制订详细计划说明时间选择、人员、恢复所要求的技术和材料，制订填埋场具体恢复计划包括制订恢复后护理管理计划。恢复后护理管理计划要详细说明已经恢复的土地正在进行的管理工作和管理职责。恢复和恢复后护理管理计划必须是具有灵活性的工作文件，该文件能够对变化的环境和技术做出响应。

图 6-1 说明填埋场环境管理计划与恢复和恢复后护理计划之间的联系。

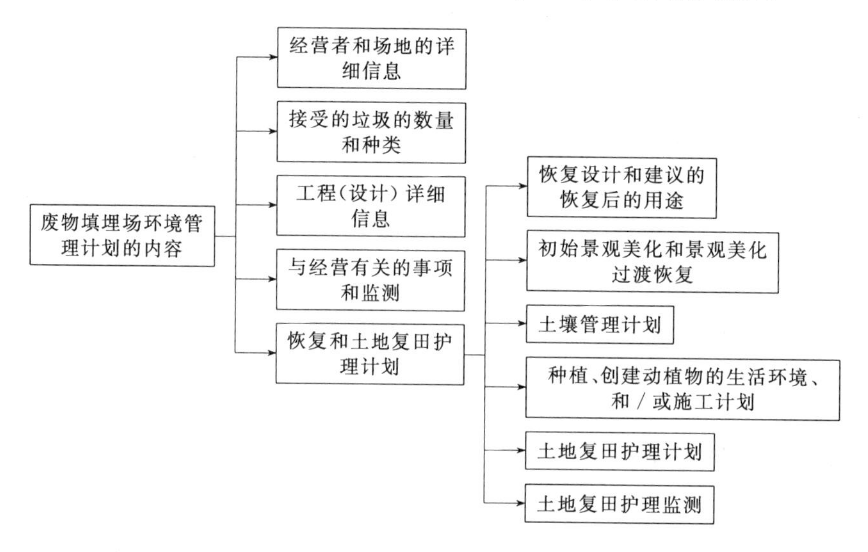

图 6-1 废物填埋场环境管理计划的内容

6.2 设计

6.2.1 概述

要想获得高质量的恢复，必须从填埋场设计到填埋场整个运营期间考虑恢复所要求的条件。恢复设计的目的是在保证环境保护和人类健康的同时制订污染控制、恢复和恢复后护理的综合方案。为了能够分期恢复填埋场，必须在场地总体规划的初期制订填埋场具体恢复计划。该计划概述恢复计划并详细叙述工作、时间选择、成功恢复要求的专业技术和处理。

设计的初始阶段是场地勘查和环境影响评价。为了设计合适的补救措施，还必须评价现有和已关闭的废物填埋场对周围环境的影响。《废物填埋场勘查手册》中有关于勘查的进一步的说明。

6.2.2 填埋场恢复需要考虑的事项

6.2.2.1 引言

成功的填埋场恢复要求良好的造林、农业、生态和工程实践。这些原则适用于各种类型的恢复，但是人员，特别是参与填埋场恢复的人员必须了解在废物填埋场可能遇到的问题。实施填埋场恢复和恢复后护理工程可能需要下列专家的专业技术：土壤学家、园林建筑师、土建和土工技术工程师、农业学家、园艺师、林学家、生态学家、考古学家。

熟悉在废物填埋场可能遇到的潜在问题将帮助恢复人员成功恢复。另外，现代技术和好的工程实践能够消除许多潜在问题。但是，在已经堆放了可生物降解废物的填埋场，沉降是不可避免的。

需要考虑的主要事项包括：沉降、填埋场气体、渗滤液、温度升高、土壤浅和土壤压实、地表水和地下水流动模式。

6.2.2.2 沉降

沉降是废物填埋场的废物处置后出现的复杂物理和生化过程的一种最明显的迹象。制订恢复计划时，必须考虑填埋场的沉降后最终高度和轮廓。为了获得要求的轮廓线，有必要预测将要出现的沉降量并保证沉降量在整个填埋场尽可能一致。在预测降解倍率时，说明在填埋场使用期内废物成分的变化具有重要意义。沉降的速率和程度总是取决于填埋场的具体情况，而且受填埋场条件、填埋场的实际做法、处置废物的种类以及机械和生化过程的影响。对于城市废物填埋场，预期沉降值为废物深度的10%～25%。最快速的沉降将发生在最初的5年之内。随着时间推移，废物沉降速率逐渐变慢并最终稳定。

在废物填埋场，通常能把沉降分成3个阶段（Latham，1994；Manassero等，1996）：

① 在放入新一层废物后，由于物质压缩立刻出现的沉降；

② 由于重力负荷和小颗粒迁移进入废物中的空隙，滞后出现的物理沉降（持续数周或数月）；

③ 由于可生物降解废物的分解和物理化学变化（例如腐蚀和氧化），出现的长期生化沉降（持续几十年）。

由于沉降速率难以预测，沉降可能成为成功恢复的主要障碍。在评价和计算各个填埋场的沉降速率时，应咨询专家的建议。还应参考专家有关这个课题的著作，例如由国际土壤力学和基础工程学协会（ISSMFE）第五技术委员会编写的《环境土工技术》。图6-2所示为分期填埋过程中需要认真注意的问题区域。如果不同分期的废物类型变化，为了把随后的沉降考虑在内，在最终轮廓的上面，各个分期可能需要不同的填充量（即过度填埋量）。

在已经恢复的填埋场，沉降引起的问题包括：

① 损坏埋在下面的设施（包括渗滤液和其他管理系统的零件）；

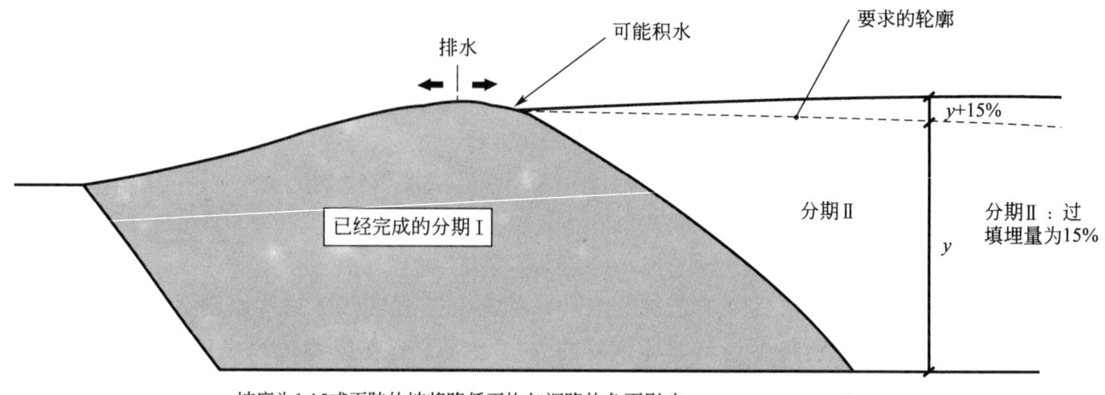

图 6-2　填埋过程中问题区域图解

（资料来源：Gawn，1991）

② 损坏封盖系统；

③ 形成低洼处（特别是在分期恢复过程中），导致积水、水渗入、渗滤液产生和庄稼死亡；

④ 损坏陆地排水设施，包括排水沟和排水管；

⑤ 地形变差；

⑥ 恢复后可选的用途受限制；

⑦ 延长恢复后护理期。

6.2.2.3 填埋场气体

废物填埋场气体是可生物降解废物分解过程中形成的复杂气体混合物，主要由甲烷（64%）、二氧化碳（34%）、一系列微量有机气体和水蒸气组成。废物填埋场气体的产生速度受许多因素影响，这些因素包括处置废物的种类、含水量、温度、pH 值和废物密度、填埋速度和压实程度。在废物填埋的最初十年，填埋场气体的产生量大，处置废物典型的填埋场气体产生速度为每吨废物 $10m^3/a$。《填埋场运营实践手册》中有进一步的详细描述。

由于压力和密度不同，填埋场气体通过顶部或覆盖材料可能存在的裂缝或通过填埋场边界处的渗透性地层扩散逃逸。这些气体迁移到填埋的废物顶部生长的植被的根部能导致植物死亡。在没有封盖或填埋场气体控制系统的填埋场，填埋场气体可能通过整个已恢复的区域表面排出并导致大面积植物顶枯病（Holmes，1991）。通过小面积已经死亡和濒临死亡的植被可以识别出局部热点。受填埋场气体影响的植被典型症状是萎蔫和叶子变黄（萎黄病）、叶子早熟脱落、根和嫩芽生长受阻碍，受影响严重的植被最终将死亡。

6.2.2.4 渗滤液

术语“渗滤液”描述的是通过堆放的废物渗透并从废物中流出或包含在废物中的任何液

体。渗滤液的产生量取决于废物中液体的比例、降雨、地表水流入和地下水侵入。目前的填埋场工程实践要求对渗滤液进行封存控制、收集和处理。在现有填埋场可能出现渗滤液自由迁移的情况。水不受控制地进入填埋场或废物中相对无渗透性的物质层将导致渗滤液液位升高，渗滤液液位高会导致渗滤液泄漏。但是，在现有填埋场，渗滤液可能通过封盖层的薄弱处、土壤覆盖（特别是废物边缘周围）或封存控制系统的衬层的缺陷处泄漏。渗滤液有一些毒性作用（Dobson & Moffat，1993），但在许多情况下，渗滤液会造成导致植物顶枯病的水涝和土壤无氧条件。渗滤液对地表水和地下水也可能有负面影响，从而影响人类和野生动植物的生存，特别是在有鲑鱼和湿地的填埋场。

6.2.2.5 温度升高

废物的微生物分解会产生热能。与其他填埋场相比，接受可生物降解废物的填埋场可能存在温度升高的现象。表面温度取决于屏障层的类型和厚度以及土壤覆盖的深度。

尽管土壤温度对植物生长的影响取决于植物的种类（Ruark 等，1983），但树生长的最佳根部区域温度约为 10～30℃，根生长严重变缓的温度为 25～35℃。如果出现温度升高，根和植物的生长会改变。如果温度超过 30℃，对植物的损害更可能由于根的需氧量增加和土壤微生物活动受到刺激而导致缺氧。

6.2.2.6 浅层土壤和土壤压实

在填埋场恢复中，如果关闭并恢复的填埋场被用于生活福利设施、林业和农业，即使用于最终端用途，景观美化，这些均需要土壤。人们经常忽视土壤在成功恢复中的重要性。在施工、运营和退出运行过程中，土壤如果管理不好，可能导致损失和破坏，影响种植植被。封盖上面的土壤深度是决定有效含水量的一个重要因素。压实的浅层土壤容易在冬季形成水涝。浅层土壤可能限制根的生长和养分供应并使树容易被风吹倒。

差的土壤结构和压实是许多已恢复的填埋场的常见问题，这些问题导致土壤缺少透气性并且全年都处于缺氧状态。不合适的土壤处理方法，例如错误选择作业时间、使用不合适的机械，能够导致孔隙、通风、蓄水能力、气体交换、扎根深度减少，这些将影响恢复。在冬季出现水涝，生长灯芯草和毛茛科植物是已恢复的填埋场的常见情况，这是土壤处理不合适的结果。

6.2.3 恢复设计

6.2.3.1 引言

恢复设计的目的是制订填埋场恢复的综合方案。必须把恢复看成整个废物填埋过程不可分割的一部分。在整个填埋场的使用寿命期间，从规划到完成，都应考虑恢复。将污染控制系统、填埋场运营、环境管理、景观美化和恢复设计有机结合会使恢复后护理期间的矛盾降到最少。把后续土地用途的变化考虑在内，灵活性融入恢复设计，这些都具有重要意义。

影响填埋场恢复和恢复后护理设计的参数包括：

① 填埋场和周围区域的生态；
② 土地用途和土壤资源（包括靠近沉降的程度）；
③ 景观美化；
④ 排水要求；
⑤ 坡度；
⑥ 水文和水文地质条件；
⑦ 古迹；
⑧ 污染控制系统；
⑨ 填埋场恢复后的用途。

6.2.3.2 生态

恢复设计应考虑生态调查的结果，目的是在废物填埋作业期间，重要的栖息地得到保护，并且充分抓住机会，创建、促进适合于填埋场具体情况的、有生态价值的栖息地。

具体的生态评价需求程度随现有环境的生态重要性不同而变化很大。为了在开发前得到现有环境的质量、生态特征的信息，这种评价应延伸到填埋场边界以外。

“开发计划”和“废物管理计划”也应予以考虑。填埋场和周围区域的生态评价包括以下内容。

① 识别现有的环境称号，例如自然遗产区域（NHAs）（建议的）、专门保护区（SPAs）、自然保护专门区域（SACs）（建议的）、法定自然保护区、国家公园、有鲑鱼的水域等。由 David Hickey 编写的《爱尔兰环境称号评价》（第二版，1997）给出了环境称号的详细信息。

②《野生动植物法》（1976）、《植物群保护令》（1987）、T. G. F. Curtis 和 H. N. McGough 编著的《爱尔兰红色数据手册Ⅰ：导管植物》、A. Wilde 编著的《爱尔兰红色数据手册 2：脊椎动物》、N. F. Stewart 和 J. M. Church 编著的《英国和爱尔兰红色数据手册：轮藻》规定的稀有和濒危物种的识别和定位。

③ 生境（陆地和水）和物种在当地、区域、国家和国际的重要性评价。

④ 识别已经或正在影响相关栖息地类型、相关物种丰富性和多样性的土地用途和管理实践。

⑤ 定位典型物种和栖息地所依赖的任何重要的自然地物，例如溪流、树木繁茂的区域、食物源、掩蔽处、露出地面的岩层等。

⑥ 识别可能影响栖息地和单个物种的季节因素和食物链。

⑦ 咨询 Dúchas、An Taisce、遗产委员会、区域渔业委员会、野生动植物非政府组织（例如爱尔兰鸟类观察家、国际水禽托拉斯等、当地自然主义者和其他有关团体）。

6.2.3.3 土地用途和土壤资源

爱尔兰土地和土壤主要分成 3 类（Lee，1991）：
① 低地矿质土（湿或干）；
② 山、丘陵和高地（海拔超过 150m 的陆地）泥炭；

③ 低地（盆地或覆盖层）泥炭。

爱尔兰采用的土地分级制度用来评价每个土壤单元一系列用途的适用范围。土壤的适用范围在很大程度上取决于土壤和环境的物理特性。城市和农村的土地用途种类包括：中心城市和城镇地区；恢复的区域；工业区；居民区；空地；生活福利设施、景区和自然保护区；农业区；林地区。

应参考“开发计划”和“废物管理计划”。附录E中给出了爱尔兰土壤分级的相关信息。

如果最终用途为柔性用途，例如生活福利设施（包括自然保护）、林地和农业，恢复时需要土壤。能够恢复的种类和数量是设计时需要考虑的关键方面。为了确定填埋场可用的土壤量和需要的土壤量，需要进行土壤物质平衡计算。由于对恢复后的可能用途有影响，可用的土壤类型和数量将影响场地的设计，而可用的土壤类型和数量需要根据各个填埋场的具体情况确定。但是一般来讲，对土壤的要求取决于使用强度，即粗放式或集约式。有关对土壤要求的信息在第4章给出。

详细的土壤调查将为评价恢复可利用的土壤数量和质量及其位置提供信息。勘查期间应考虑这种调查的需要，以便在钻孔时取样、检查并做记录。该信息将被用于为土壤剥离、存放和置换做计划并被用来确定恢复后不同用途的可行性。土壤调查期间获得的信息应包括：

① 土壤质地；

② 包括表层土和下层土在内的土壤总深度（土壤剖面）；

③ 不同土壤类型在填埋场的位置和范围；

④ 含石量；

⑤ 任何明显的影响用途的物理限制。

6.2.3.4 景观设计

景观设计的目的是为了创建适合所建议的恢复后用途的景观，这样做是为了使已恢复的场地融入周围环境，遮蔽运营中的区域并最终将有益于社会的区域留给社会。高质量的景观设计必须考虑所建议的恢复后用途的长期管理和维护需要。景观设计需要考虑的关键因素是建议的恢复后用途的坡度要求和稳定性、与周围地形的融合和环境污染控制系统的整合。填埋场气体管理系统特别重要并且可能影响选择恢复后的用途。

对于创建具有吸引力的修复场地，实现废物填埋场的恢复后的用途，高质量的景观设计是非常重要的。填埋场设计目标可分为短期目标和长期目标。高质量的景观设计将：

① 使恢复后的场地融入周围环境并有助于改善该区域的景观质量；

② 保证景观开发与分期填埋协调一致；

③ 把对填埋场各个部分的干扰时间降到最短；

④ 使早期植树面积最大并减少最初对填埋场的干扰；

⑤ 为建议的恢复后用途提供合适的景观布置；

⑥ 考虑到长期管理和维护要求；

⑦ 通过在整个填埋场使用期使用遮蔽护堤和植树减少视觉冲击；

⑧ 通过把现有的灌木树篱延伸穿过已经复垦的场地、延伸附近的林地、复制小规模的地形(例如石墙、岩石出露层）和建立野生动植物走廊（如果适用）等方式建立视觉连接，以便使景观融为一体；

不同的土地用途有各自的景观特点，设计应包括不同的土地用途各自的风景特点。景观设计必须在坡度、等高线、附近的动植物生活环境、土壤深度和排水系统、植物种植设计和出入道路布置这些方面适合于建议的恢复后的用途的要求。

风景和视觉影响评价介绍如下。

对于新、旧和不需要废物许可证的填埋场，应把风景和视觉影响评价作为恢复设计的一部分。风景评价的目的是将填埋场和周围区域的现有风景与填埋场施工、运营和恢复要创建的风景进行比较。风景影响导致风景特征变化，而视觉影响主要与填埋场对视野的直接影响有关。应特别注意风景区、有保护价值的区域、指定的旅游路线和景点、居住区、旅馆和其他生活福利设施、纪念碑和古迹。

风景评价包括识别以下方面并绘图：

① 识别风景特点和土地用途不同的区域，例如开阔水域、海岸线、溪流、河、湖、高地和低地草原、林地、高地沼泽和沉降区域；

② 周围地形的高度和形状及排水模式；

③ 各个地貌特征，例如灌木树篱、池塘和溪流、成熟树区域、考古遗址、纪念碑；

④ 出入路线，例如人行道、道路等；

⑤ 住宅和生活福利设施区域。

视觉影响评价将确定该方案使多少人的视觉受到影响并指明哪些地方需要风景美化土方工程、种植植物和设置屏障以减少视觉侵扰或障碍。对于需要抬高陆地的方案，这种评价特别重要，必须清楚说明抬高的地形产生的视觉效应。如果对环境有视觉影响，对建议的填埋场进行视觉影响评价时，应使用视觉范围或目视范围确定视觉影响。形式最简单的视觉范围图是展示从一个特定点能够看见的所有区域的图，该图说明一件物体的可视或不可视的程度。

对填埋场和周围区域的视觉影响评价包括：

① 研究观察类型，包括观察高度、观察距离和观察类型（既包括从填埋场向外看也包括从外向填埋场内看)；

② 定量测量环境风景质量并可以粗略分为清晰、易见、明确和刺眼的风景；

③ 评价季节影响；

④ 评价施工、运营、终止使用和恢复期间的影响；

⑤ 量化受影响的观察者的数量和类型；

⑥ 根据高度、体积和颜色的情况，量化视觉侵入/障碍或增进。

可利用场地平面图说明评价情况。该场地平面图应使用合适的符号说明受影响的观察者的数量和类型，以确定主要和次要的视觉接受者。图 6-3 所示为用场地平面图说明视觉影响评价。园林建筑师能够用来自关键观察点的横断面和能够叠加到该区域照片上的计算机模型更详细地说明视觉效应。

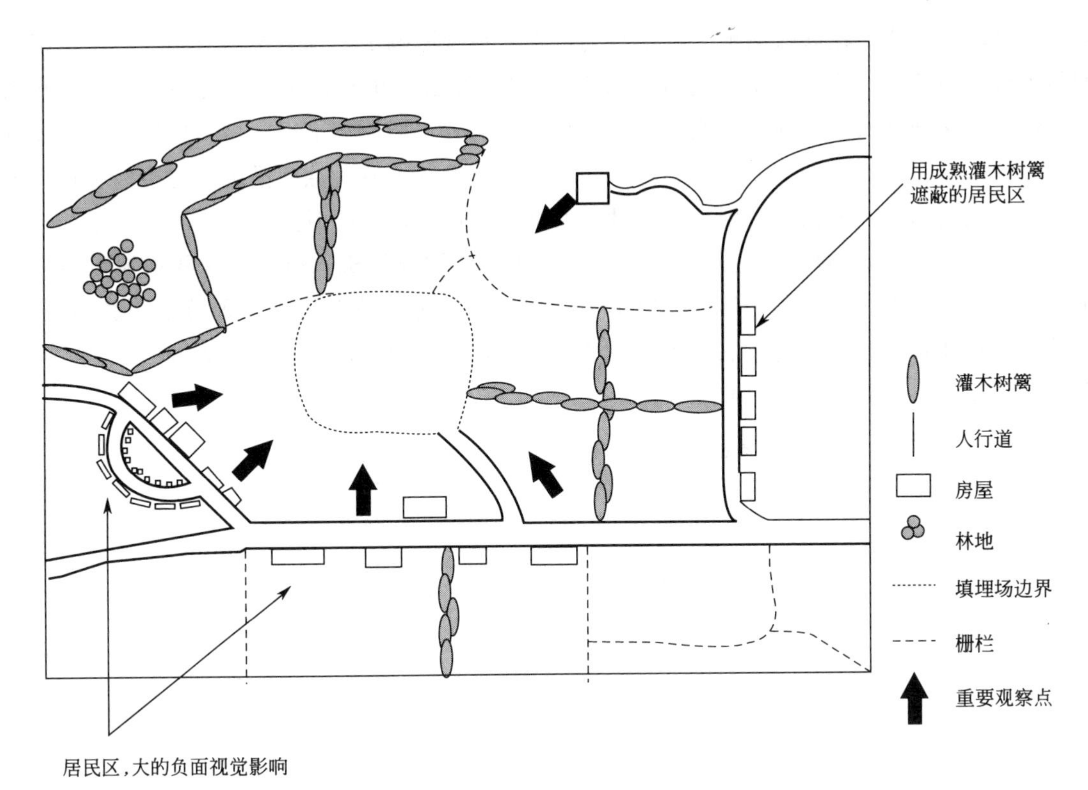

图 6-3　废物填埋场视觉冲击评价图解

6.2.3.5　排水要求

需要根据各个填埋场的具体情况为正在恢复的每个填埋场设计合适的排水系统。排水层位于表层土和下层土的下面、屏障层的上面。排水层提供排水并保证植物生长需要的良好土壤条件。排水层还将其下方的屏障层上的水头降到最低并且增加斜坡的稳定性。排水层的组成部分包括：厚度 300～500mm 的颗粒材料覆层；土工合成排水介质；人字形颗粒材料排水系统。

水力传导度应大于或等于 1×10^{-4}m/s。为了帮助重力排水，最终封盖系统中的排水层坡度应为 4%，即 1∶25 水平。为了防止细粉材料或根的侵入，可以要求将过滤层置于粗粒材料或土工合成排水层上方。在任何情况下，如果将排水层置于黏土封盖上方，并在其上植树，应把土工织物膜置于颗粒排水材料上方。

需要把排水层收集到的水排到地表水排水沟或类似的出口。地表水排水系统的作用是收集来自填埋场和周围区域的排水和径流水，并将其输送至填埋场外围的排水管。周界地表水控制系统通常被设计用于调节场外和场内径流。为了从地表水中把固体除去，可能需要提供沉淀池。有关填埋场排水要求的进一步信息，参阅《废物填埋场设计手册》。

6.2.3.6　坡度

影响已恢复填埋场的坡度因素包括：恢复后的用途和相关机械作业；不均匀沉降；封盖系统类型；土壤侵蚀和不稳定性；场地排水要求；景观要求和当地地形。

1∶15 的坡度或更陡的坡度将降低不均匀沉降的负面影响，特别是低洼处的水涝。与相对平坦的场地相比，在起伏场地上，不均匀沉降的视觉影响更不容易被注意到。在将出现不均匀沉降的填埋场，建议最小坡度为1∶25。为了鼓励自然排水，减少不均匀沉降对排水系统的影响并保证已恢复填埋场的实地排水系统继续有效，即使在平坦区域，也应按此坡度设计最终地形。在坡度大于1∶10的斜坡上，需要采取控制土壤冲蚀的措施。这些措施包括土工织物、隔断沟以及为在冬季到来之前种草而选择耕作、撒种的时间。

在坡度大于1∶4的斜坡上，建议在恢复工作中使用拖拉机。但是，这些斜坡可能显得不自然，难以耕作和播种，并且维护成本高。建议在这种斜坡上植树和种灌木。能够安全、有效地耕耘和管理的最大斜坡取决于进行的管理作业和使用的机械种类。表6-1给出了与各种土地用途有关的最小和最大坡度。

表6-1　与各种恢复后的用途有关的坡度

坡度		对于使用土地的意义
分数	度数(与水平夹角)	
1∶2	27°	大多数林业机械下坡使用时的最大坡度
约1∶2	25°	对于牧场用地，避免土壤蠕动和动物穿过斜坡时形成小路的最大坡度
1∶3	18°	对于带有全部设备的2轮驱动拖拉机的极限
1∶4	14°	生产谷物和草的大多数机械(包括联合收割机和带牵引设备的2轮驱动拖拉机)的极限。双向耕耘的最大坡度
1∶8	7°	耕种农业的最大坡度是精确撒种和收割机械的极限，适用于大多数农业机械
1∶10	6°	森林道路的最大纵向坡度
1∶40	1°25′	排水通道的最佳坡度
1∶300	0°11′	陆地管道排水系统的最小实际落差

6.2.3.7 水文和水文地质

废物填埋场设计既包括地表水管理装置又包括地下水管理装置。爱尔兰环保局的《填埋场勘查手册》详细说明要求的勘查范围。恢复设计中包括一些重要信息：

① 用于生活福利设施、自然保护和娱乐设施的地表水水体状况；

② 地表水排放模式；

③ 场内池塘和溪流的详细信息；

④ 水道的流态；

⑤ 流量和质量的时空变化特征，包括洪水数据和低流量数据；

⑥ 泉水、沉洞、落水洞或其他地下水地貌的位置；

⑦ 下层土和基岩的分布、厚度和深度；

⑧ 地下水脆弱性和蓄水层分类；

⑨ 该地区的地下水利用；

⑩ 地下水水位；

⑪ 有自然保护价值的湿地。

应研究当地政府采用的地下水保护计划并参考“爱尔兰地质调查”中有关地下水的内

容。为了确认收集到的该区域地下水信息，可能需要进行勘查。勘查工作需要调查填埋场下方地质物料的种类和范围并评价其是否适合于覆盖、封盖和用于恢复。

6.2.3.8 古迹和文化遗产

应通过方案研究和对开发中填埋场的实地调查确定考古遗址。填埋场中的纪念碑和遗址，应与“Dúchas 国家纪念碑篇”、“遗产服务局”中的“已记录的纪念碑和地点”（过去被称为“遗址和纪念碑档案”）所列的纪念碑和遗址进行对照。联系国家博物馆，以便确定是否在该地区有重要的文物发现。对于任何发现，应要求专业考古人员确定并评价对当地和地区的意义。另外，保证评价并监测施工和/或运营期间出土的所有发现物有重要意义。考古学家和 Dúchas 应一起建立在填埋场边界内重要考古发现的保护计划。填埋场环境管理计划和恢复设计中应包括这种信息。

6.2.3.9 污染控制系统

在恢复和恢复后护理设计时，应考虑原位污染控制系统对恢复后用途的影响和对监测目标的评价要求。污染控制系统以及对污染控制系统的保护是恢复设计的核心要素。选定一个系统时，需要认真考虑恢复后的用途，以便使该系统对恢复后护理的影响最小。农业区一般需要更大的区域用于种植和机械作业。地上设备，例如气井井口装置和监测钻孔，可能严重减少产量和损坏机械。如果可能，井口装置和类似的装置应沿场地的边界放置。如果关闭后场地用于生活福利设施和自然保护，允许设计有更大的灵活性，而且一般需要的维护更少。这样将减少损坏的可能性并允许更多地将灌木和树用于遮蔽。土护堤的设计可用于屏蔽噪声和遮蔽视线。污染控制系统要屏蔽的污染决定护堤的高度、坡度和植被的选择。

需要整合和保护的主要污染控制系统包括：

① 封盖系统；

② 废物填埋场气体管理系统；

③ 渗滤液管理系统；

④ 地表水收集和储存系统；

⑤ 沉降、地下水质量、地表水质量、渗滤液和气体取样固定监测点。

附录 F 概括了污染控制系统设计需要考虑的事项。

6.2.3.10 恢复后的用途

恢复后的用途指的是已经恢复的填埋场在恢复过程完成时的预期用途。决定具体填埋场恢复后用途的重要因素包括：

① 填埋场具体特征；

② 周围区域的地形和特征；

③ 开发计划和废物管理计划；

④ 向当地政府征求意见；

⑤ 涉及向其他所有相关部门（例如爱尔兰农业与食品发展部 Teagasc，Coillte，Dúchas，An Taisce、遗产委员会、渔业委员会、政府规划部门、土地使用者和当地社区）征求意见的过程。

恢复后用途的可选范围包括生活福利设施（包括自然保护和娱乐）、林地、农业和硬化后的使用。填埋场恢复计划中需要规定关闭后的可选用途，需要考虑停止填埋和恢复的时间范围。

6.3 恢复后用途的可选范围

6.3.1 概述

为了保证成功恢复，为填埋场选择合适的恢复后用途至关重要。在规划期间，应确定新填埋场建议的恢复后用途，但应带有一定程度的灵活性，目的是为了适应填埋场使用期内出现的变化。对于现有填埋场，必须在制订恢复计划前尽早确定恢复后的用途。分期恢复使得在整个运营期间都能对建议的恢复计划进行评价、修改和改进。尽管最终用途仍处于待定状态，在运营阶段也应进行初始风景美化，例如植树和种树篱。使用适合该地区物种的灵活的种植计划可适用于未来恢复后用途。在许多填埋场，不同恢复后用途的组合可能对填埋场所处地区更有益。

恢复后用途的可选范围包括：

① 生活福利设施，该恢复后用途涉及自然保护、休闲娱乐和正规体育运动（水上和陆地运动）；

② 林地，包括种植灌木树篱、防护林带、生活福利设施和商业林地；

③ 农业；

④ 硬化后的使用，例如道路、建筑物、停车场、院子等。

6.3.2 影响选择恢复后用途的因素

废物填埋场恢复后用途的选择过程主要是涉及所有有关各方的咨询过程。成功恢复到建议的用途可以促进公众接受废物填埋场、提供教育机会，而且在很多情况下，能够提高周围风景的视觉外观。

恢复后用途的最初选择可能基于土地使用者的要求或开发计划规定的土地使用区划。但是，在对填埋场所有具体特征评价后可以改变选择。在填埋场地形、地质、土壤类型，特别在恢复可利用的土壤数量方面，建议的恢复后的用途应该是现实可行的。填埋场环境污染控制系统的长期要求、实现使用的途径和监测目标必须适用于所选的恢复后用途。为了保证恢复、恢复后护理和关闭后管理有足够的资金，需要考虑与恢复有关的财务成本，并在填埋场使用期间需要做准备。

6.3.2.1 与受影响各方的协商

在选择合适的恢复后用途时，应与受影响各方进行有效协商。填埋场经营者和填埋场设计者应与以下各方协商。

① 当地社区和最终使用者。在新的和现有填埋场使用期间，当地社区的参与将帮助确

定当地的要求和已恢复的填埋场的未来可能用途。这种协商为填埋场经营者提供机会，展示经营者具有环境意识，关心环境，主动将可能被消极认识的土地用途转化成当地的有用资源。在许多现有填埋场和已关闭填埋场，需要首先采取减轻环境污染的缓解措施，而且还要创造栖息地和风景。

② 应向当地政府和规划部门咨询其所负责区域的填埋场恢复后用途的选择意见。应考虑开发计划，因为开发计划可能影响建议的恢复后用途或影响场地的某些条件最终地形、形状、坡度和遮蔽物等。

③ 土地所有者。为了保持现有土地使用模式和使用方法，所有者可能拥有恢复后用途的优先选择权。

④ 有关组织应咨询可能成为填埋场以后的最终使用者或可能为特定的最终用途恢复提供指导的有关地方和/或全国性组织。如果需要，可咨询爱尔兰农业与食品发展部 Teagasc，Coillte，Dúchas，An Taisce、遗产委员会、渔业委员会、农业组织、自然保护组织、非政府组织（Birdwatch，IWT，IPCC 等）、体育和青年俱乐部等。

6.3.2.2 场地特征

在决定填埋场恢复后用途的选择时，许多填埋场特征和周围环境特征是关键因素。这些特征包括以下几项。

① 地形和地貌，包括目前的土地用途、土地质量、地形和排水要求（特别是坡度要求）和水文。

② 有生态价值的动植物生活环境、考古遗址和周围区域中重要的地质地貌。

③ 土壤资源。能够用于恢复的土壤数量和类型，这是决定选择恢复后用途的最关键的因素。新填埋场在施工、运营和关闭时，认真管理现有土壤资源将使恢复后用途的选择更具有灵活性。在土壤资源已经流失或被污染的现有的或已关闭的填埋场，恢复后可选的用途可能受到限制。

④ 大小、位置和道路，这些因素中的每个因素都将影响恢复后用途的选择。受机械尺寸限制，小型填埋场可能不适合关闭后用于农业。但是，在城区附近的一个面积类似的小型填埋场可能更适合用于生活福利设施。

⑤ 该场地在历史上的用途。

⑥ 废物类型。废物类型影响填埋场气体和渗滤液的产生以及沉降速度，因此将影响恢复后用途的选择。主要接受惰性废物的填埋场恢复后可被广泛利用，包括硬性开发。而接受生物可降解废物的填埋场有较少的选择。

⑦ 分期恢复。在使用期内，填埋场一般分期开发并且渐进恢复。选择封闭后多用途时，必须考虑分期恢复。

⑧ 填埋场的工程设计。

⑨ 环境污染控制系统。

6.3.2.3 环境污染控制系统

环境污染控制系统的长期维护和准入条件将影响恢复后用途的选择。需要整合和保护污染控制系统并评价其对各种恢复后用途的可能影响。

要求整合和保护的污染控制系统包括：

① 封盖系统；

② 填埋场气体管理系统；

③ 渗滤液管理系统；

④ 用于沉降、地下水质量、渗滤液和气体取样的固定监测点。

废物填埋场气体管理系统可能对恢复后的用途产生最大影响。该系统的设计要根据填埋场的具体情况并且受许多因素影响，其中包括填埋场的大小、接受废物的类型、气体控制系统（主动和被动）和填埋场废物堆龄。所选气体系统的设计特征应尽可能多地考虑建议的恢复后用途。

6.3.2.4 财务准备

需要为各种恢复后用途的选择方案计算关闭后填埋场的恢复成本、恢复后护理成本和每年的维护成本。这些包括：

① 土地成本、场地开发和环境保护成本；

② 恢复成本、恢复后护理和维护成本；

③ 接受废物和气体利用（如果适用）的收入；

④ 恢复后用途的收入。

填埋场经营者应考虑恢复成本、恢复后护理和每年的维护成本并进行准备，以便保证获得足够的资金。

6.3.3 详细的恢复后用途

详细的恢复后用途需要考虑的事项列在表 6-2 中。

表 6-2 详细的恢复后用途需要考虑的重要事项

恢复后用途	详细的恢复后用途需要考虑的事项
生活福利设施	—保存和创建栖息地的长期管理需要 —向自然保护专家咨询 —与使用该填埋场的当地社区协商 —如何将现有自然保护区的利益与整体恢复计划接合起来 —包括填埋场附近具有吸引力的天然植被区域的可选方案 —填埋场大小对能够建立的栖息地类型的影响 —多用途的潜在益处 —处置危险的方法和现有已损坏区域的缓解方法 —公众进出的有利条件和允许公众进出的安全和法律责任 —区域发展规划 —现有的和未确定的环境称号 —创建和重建动植物生活环境 —景观整合 —当地社区的需要和愿望 —自然保护组织 —土壤要求 —恢复成娱乐用途(例如高尔夫球场、运动场等)的费用

续表

恢复后用途	详细的恢复后用途需要考虑的事项
林地	—植树和种灌木通常与其他用途相结合 —景观设计和多样性问题 —风灾对填埋场位置的影响 —采伐的木材的运输路线 —维护要求与污染控制系统的可能冲突 —多种用途的潜在益处 —提供遮蔽的条件和场地开发前预先种植的有利条件
农业	—土地使用者的要求 —把农业作为恢复后用途的可接受性 —成功恢复为农业用地易于管理 —保持农业用地的优良质量 —预留农业补贴和减少农业补贴的需要 —恢复成本 —土壤要求 —位置和出入问题 —污染控制系统的影响
最终端用途	—与填埋场硬化后用途开发有关的风险,包括易燃和爆炸性气体、不稳定性、沉降和腐蚀性物质 —在基础和其他结构设计前要对场地进行岩土工程勘察 —景观设计需要考虑的事项 —遮蔽

6.4 土壤在恢复中的作用

6.4.1 土壤概述

土壤是软性恢复后用途的基本材料。需要尽早评价关于填埋场可利用土壤资源的详细信息、建议的恢复后用途需要的土壤数量和需要的土壤转运作业。在所有情况下，填埋场恢复者的目标应是在一次分期作业中进行松散顶层土、剥离和放置土壤。这样做将减少土壤转运作业次数、消除存放土壤的需求并有助于把土壤压实降到最低程度。成功的恢复取决于：

① 确定填埋场所有可利用的土壤或通过输入可能获得的土壤；

② 保存和以最佳方式利用这些土壤资源；

③ 在剥离、存放和重新散布期间，有组织地、小心地转运土壤；

④ 认真计划和监督所有土壤转运作业。

附录G给出关于土壤特性的进一步详细信息。在填埋场恢复中具有重要意义的土壤关键特性包括：土壤质地；土壤结构；土壤剖面和深度；土壤结持度；容重和孔隙率；包括养分状况的土壤化学特性。

6.4.1.1 土壤质地

土壤质地指的是以土壤中无机固体成分粒度分布定义的手感。土壤质地由直径小于2mm的矿物质碎片中黏土、粉土和砂的相对比例决定。大的颗粒，例如砂砾、石块和有机物，用来描述质地的条件。表6-3给出粒度分级。

表6-3 土壤粒度分级

巨砾	圆石子	砂砾			砂			粉土			黏土
		粗	中	细	粗	中	细	粗	中	细	
		20	6		0.6	0.2		0.02	0.06		
200	60			2.0			0.06			0.002	
颗粒直径(mm)											

注：英国标准BS 5930。

质地是土壤的一种更重要的物理特性，它影响土壤的一些特性，例如保水性、排水、土壤的耕种特性及其抗家畜和机械破坏的能力、农作物生长的早晚。质地分级根据砂、粉土和黏土的不同组合情况。将土壤质地分级时，土壤学家和农业学家使用术语“壤土”。壤质土土壤由砂、粉土和黏土的混合物组成，因此没有一种成分主导其特性。附件G给出土壤质地的更详细信息。

6.4.1.2 结构

术语“土壤结构”指的是主要土壤颗粒的聚集或集群的形状、大小和程度，也可指自然或人工形成的结构单元（土壤自然结构体、土块和碎片）。土壤的生产力及其对管理的反应在很大程度上取决于土壤结构。土壤结构影响孔隙、通气、排水情况、根的生长和劳动的难易程度。

6.4.1.3 土壤剖面和深度

在涉及种植业和养殖业时，土壤剖面指的是向下到达并包括地质母质在内的土壤纵剖面。土壤剖面的性质在植物生长的许多方面（包括根的生长、水分储存、通气和养分供应）都具有重要意义。剖面显示了土壤的连续分层，这些分层的特性（例如颜色、质地、结构、孔隙率、化学成分、有机物含量和生物组成）可能不同。这些分层是大致与土地表面平行的土层。图6-4为两种角度下的土壤剖面图解。

6.4.2 土壤调查

土壤调查应确定土壤资源、绘制土壤资源图并编制土壤资源清单。土壤资源清单详细列出填埋场土壤位置、类型和估算的填埋场土壤量。在土壤已经被扰动的现有

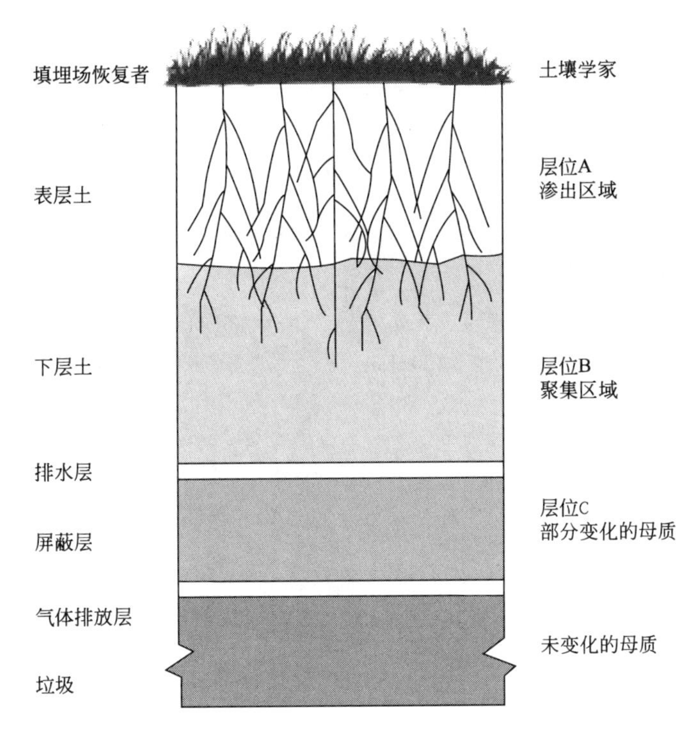

图 6-4　两种角度下的土壤剖面图解

废物填埋场，土壤调查应估算剩余的固有土壤、可能收集和保存的土壤或从大门进入的土质物料的数量。为了确定土壤对于建议的恢复后用途的适宜程度，应详细分析固有土壤和输入土壤。

与土壤转运作业有关的人员必须能够解释并理解土壤调查提供的信息。土壤调查应描述每一层位的土壤剖面和深度，而且应从工程、土工技术的角度符合英国标准 BS 5930（修订版）。为了进行土壤分级，爱尔兰土壤学家和农业学家在 1938 年美国农业部建立的制度基础上进行了改进，参见附录 G 中表 G.1 的土壤/下层土分级图。关于土壤调查的进一步细节，参见爱尔兰环保局的《填埋场勘查手册》、爱尔兰工程师协会和爱尔兰土工技术协会的《土地勘查新规范》（草案）。

需要绘制填埋场内和填埋场周围不同类型土壤（通过质地、结构、颜色、有机物含量确定）分布图并把不同类型土壤分布标在场地平面图上。图 6-5 所示为标明土壤类型分布的场地平面图。

土壤调查将说明并建立如下信息。

(1) 土壤剖面和土壤量估算　需要描述土壤剖面特点并确定每一层位的深度（分别确定表层土、下层土和地质母质或 A、B、C 层位的深度）。需测量不同类型土壤覆盖的面积并标注在场地平面图上。根据该信息，能够估算不同类型的土壤量。在相对短的距离内土壤类型可能变化，因此在土壤调查期间，描述不同种类的土壤特性、绘制不同类型土壤图并估算不同类型土壤量具有重要意义。

(2) 土壤类型　根据质地、结构、颜色、有机物含量和渗透性分类。

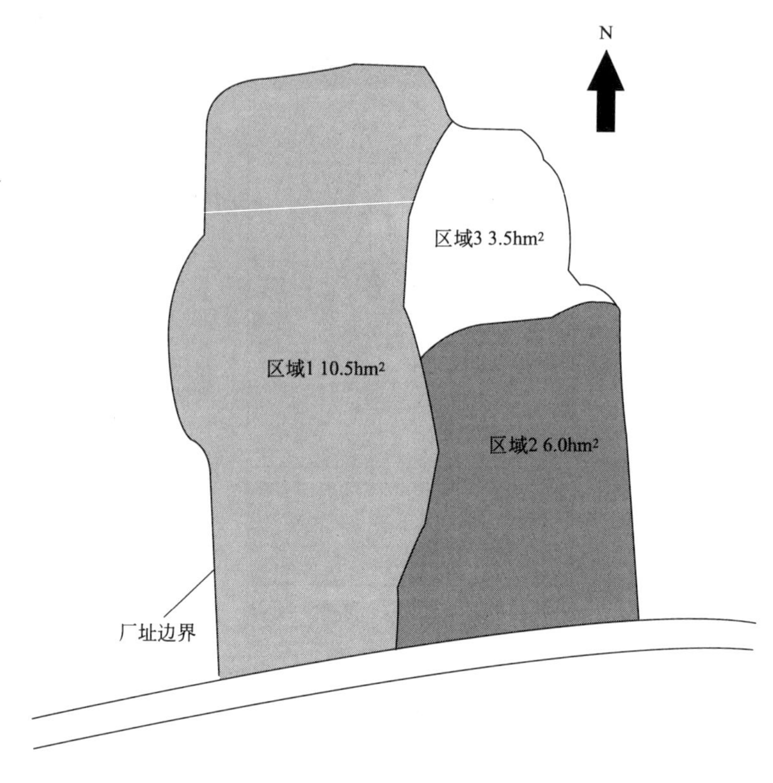

图 6-5 标明土壤质地分级分布的场地平面

(3) 土壤化学分析 关于pH值、石灰需要量、肥度（氮、磷和钾）和识别污染物（无机物和/或有机物）（如果适用）的详细信息。

用于恢复的最好土壤是填埋场存在的天然土壤。填埋场设计和恢复计划必须考虑剥离、认真存放（需要时）和再利用场内土壤。在有些填埋场，可能出现几种明显不同的土壤类型，而且在恢复期间每种土壤需要不同的管理形式。在恢复过程中，对土壤物理特性的了解对土壤剥离、存放和替换具有重要意义。

为了识别土壤类型相似的区域，多数土壤调查包括使用检查土壤纵向剖面的土样钻取器、取土坑以及来自钻孔和探坑的土壤联系图。土样的复杂程度决定单位面积的观察结果数量。土壤调查是一项需要技术的工作并且需要专业土壤顾问。通过将自主选择填埋场的直接观察结果与利用地形、植被和土地用途表征地貌中土壤从一种类型变到另一种类型的情况相结合，有经验的调查员能够评价土壤资源。应在事实性和解释性报告中给出土壤调查结果。在已经扰动的填埋场，用这种方式解释的难度大得多并且需要更详尽的勘查。在这种填埋场，应基于间隔规律、预先确定的取样点使用格网式测量法。这种方法保证以相同方式覆盖场地并且估算的不同土壤的类型和数量可靠(Moffat 和 McNeill，1994)。土壤调查应确定土壤资源、绘制土壤资源图并编制土壤资源清单。土壤资源清单应详细列出填埋场土壤位置、类型和建议的或现有场地的土壤量。图 6-5 为一个 $20hm^2$ 填埋场在填埋前的土壤分级分布示例，表 6-4 总结了调查结果。

表 6-4 根据地层高度给出的土壤调查结果示例

区域	种类	深度 /mm	面积 /hm^2	体积 /m^3
区域 1	粉质黏壤土表层土	350	3.5	12250
	粉质黏土下层土	3250	3.5	113750
区域 2	砂质黏壤土表层土	250	6.0	15000
	黏壤土下层土	3450	6.0	207000
区域 3	砂质黏土表层土	300	10.5	31500
	黏土下层土	3850	10.5	404250

6.4.3 恢复过程要求的土壤深度

恢复剖面和深度将取决于填埋场的类型和建议的恢复后用途。必须根据各个填埋场的软性最终用途（例如生活福利设施、林地和农业）情况决定恢复填埋场需要的土壤（表层土和下层土）深度。决定需要的土壤深度时，保护屏蔽层的完整性和保证成功的植被建立极为重要。在某些情况下，该土壤厚度能包括既不是表层土也不是下层土的地质材料，例如冰碛物、回收的集料等。但是，当表层土和下层土的厚度减少时，植被质量将变差，生长速度将变慢。各种填埋场恢复后的用途对土壤的最低要求列在表6-5中。

表 6-5 恢复各种填埋场要求的土壤厚度建议值

填埋场类型	恢复后用途	下层土最小深度 /mm	表层土最小深度 /mm	总深度 /mm
非惰性废物填埋场，带有管道气体控制系统和排水系统	种树。使用 1.0 m 黏土屏蔽层，该屏蔽层压实后的堆密度为 1.8 ～1.9t/m^3，在已填埋区域的水力传导系数为 1×10^{-9}m/s	1200～1350	150～300	1500
	种树。将人工合成屏蔽（例如土工膜）用于封盖系统	700～850	150～300	1000
	集约放牧和维护要求高的市容草坪	700～850	150～300	1000
	维护要求低的市容草坪	1000	在陡坡上可能出现土壤侵蚀问题	1000
	其他用途，例如停车场、硬化表面、商业和工业区等	非土壤材料，例如颗粒状填充物、冰碛物、回收的集料等	不需要	
惰性废物填埋场，不带封盖层或气体控制系统	种树	700～850	150～300	1000
	集约放牧和维护要求高的市容草坪	500	150～300	650～800
	维护要求低/使用少的市容草坪	500	在陡坡上可能出现土壤侵蚀问题	500
	其他用途，例如停车场	非土壤材料，例如颗粒状填充物、冰碛物、回收的集料等	不需要	

确定需要的下层土和/或上层土深度需要考虑的因素包括以下几个方面。

① 排水和屏蔽层保护。

② 需要与土地排水系统、气体和渗滤液管理系统相适应。

③ 选择恢复后用途：a. 利用率越高要求的土壤深度越深，例如集约放牧比野花草地要求深；b. 需要鼓励好的加固方式和在夏季保证足够的植物供水，一般情况下，如果既使用表层土又使用下层土，植被建立更容易；c. 恢复后的用途需要高肥力、旺盛的植物生长、渗透、排水和弹性土壤，则需要下层土，在要求的最小厚度土壤的上方更换 20%的土壤是比较好的做法，目的是为了适应整个场地土壤等级的变化；d. 在自然保护恢复中用肥沃程度更低的土壤经常获得更好的效果；e. 种树一般不需要表层土，但如果使用表层土，恢复成功的可能性大大提高，特别是对落叶树种有好处；f. 因为植物需要好的生长情况和生产力，农业生产需要同时有表层土（放置后厚度至少 150～300mm）和下层土；g. 对于农业和林业用途的恢复，土壤剖面应易于被根系利用并能自由排水，并提供足够的保水性；h. 在放置后厚度为 300mm 的土壤上能够建立植被，但是通常需要更厚的土壤。

④ 在填埋区域上方植树应遵循以下建议：a. 为了加强打算用于林地的区域上的黏土封盖的效果，应使用合成材料屏蔽层，除非现场和实验室物理分析能够证明该区域已经达到黏土密度和渗透性建议要求值；b. 在所有黏土封盖上方使用排水层的情况下，在准备种植的区域下方放置的渗透性填土的上方应放置渗水性土工织物膜；c. 应考虑种植不会对封盖的完整性构成威胁的树种。应避免白杨（杨树），同样也应避免一些柳树品种（白柳、爆竹柳）。

6.4.4 土壤转运

6.4.4.1 概述

土壤转运主要指的是使用运土设备提升、运输、存放和放置土壤的过程。在废物填埋场，应起草土壤移动计划，该计划将土壤转运作业融合在填埋场恢复工作计划中。该计划将包括恢复需要土壤清单和详细土壤调查确定的填埋场可利用土壤的情况。必须保存所有确定的用于恢复的土壤资源。必须将原始信息作为所有土壤转运作业的基础。应把填埋过程中可以获得的额外的土壤或与土壤相似的材料保留、存放并记录，以便日后使用。必须防止在废物填埋过程中损失或损坏土壤。应选用对地面压力小的机械疏散恢复层，以便对土壤和环境污染控制系统的损坏降到最低程度。损失的土壤资源包括：进入树篱、水道的土壤、雨或风侵蚀存放的土壤堆；不恰当地使用，例如不恰当地用于日常覆盖和中间覆盖；与碎石混合和土壤被燃料油、废物等污染；将表层土和下层土混合以及将质地分级不同的土壤混合。

只要可能，应把土壤直接从正在剥离的阶段移动到正在恢复的过程中，因为这样不需要存放并且使土壤转运作业减少到最少，从而减少对土壤的损害。逐步恢复还将有助于降低土壤损失的风险和土壤转运作业成本。土壤移动计划必须与填埋场分期结合，并且尽可能多地考虑填埋场不同土壤类型的土壤分布。该计划应包括标明每个填埋分期内的土壤类型和土壤存放堆位置的地图。图 6-6 说明填埋分期和土壤存放堆，表 6-6 给出应记录的土壤存放和位置详细信息示例。有复杂混合土壤的填埋场，应恢复成具有单一土壤类型，更均匀的区块，这种区块更容易管理。但是，还必须考虑填埋场建议的恢复后用途。

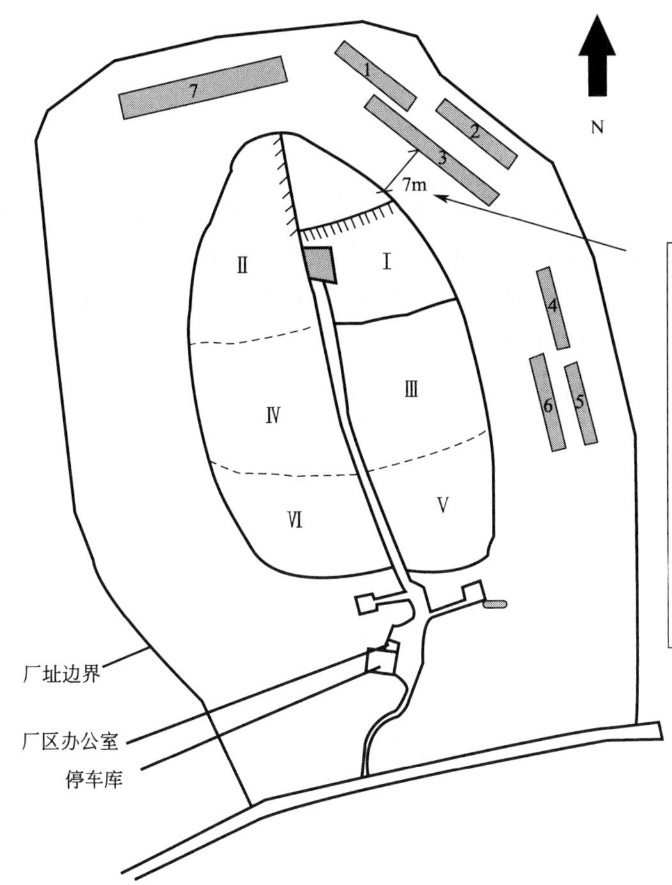

图 6-6　填埋分期和土壤存放图解

表 6-6　应该记录的土壤存放和位置详细信息示例

土壤存放堆位置编号	土壤分类	填埋分期	宽度/m	长度/m	高度/m	体积/m^3
1	粉质黏壤土表层土	分期Ⅰ				
2	粉质黏壤土表层土	分期Ⅰ				
3	粉质黏土下层土	分期Ⅰ				
4	砂质黏壤土表层土	分期Ⅱ				
5	砂质黏壤土表层土	分期Ⅱ				
6	黏壤土下层土	分期Ⅱ				
7	表土	分期Ⅰ和Ⅱ				

成功的恢复需要了解土壤转运作业对土壤特性可能产生的影响。起草土壤移动计划需要考虑的因素：

① 避免压实土壤或将压实降到最低并避免损失土壤结构；

② 选择土壤移动工作的时间；

③ 土壤转运作业的监督；

④ 承包商对土壤分类、物理特性和价值的了解程度；

⑤ 选择土壤转运设备；

⑥ 土壤剥离、存放和替换作业；

⑦ 分层放置的要求；

⑧ 减轻土壤的压实程度；

⑨ 挑出石块的要求。

6.4.4.2 土壤结构和压实

土壤转运作业主要影响土壤的物理特性，但土壤转运间接影响土壤的生物、微生物和化学状况。土壤移动期间，产生的主要影响是压实土壤和损失结构。受土壤转运影响的特性包括：结构；土壤剖面、深度和分布；质地、堆密度和孔隙率；渗透性和排水；液限；氧化还原电位。

表 6-7 总结了土壤转运作业对土壤特性的潜在影响。

表 6-7 土壤转运作业对土壤特性影响汇总

土壤特性	扰动产生的影响	使损坏最小化的措施
土壤结构	—被土壤移动作业损坏 —损坏程度取决于结构类型和移动时的现场条件 —压实引起的堆密度增加以及不良排水 —可用的含水量改变	·将剥离和放置安排在一次分期作业 ·使倾卸的土壤变松散并避免堆放 ·将合适的机械用于土壤转运作业 ·避免在潮湿状态下移动，因为这样导致土壤改性 ·下层土松土以便减轻土壤压实
土壤剖面和深度	—可能将不同层位的土壤混合 —损失材料 —土壤移动和重新安置过程中，体积可能变大	·在剥离、存放和替换过程中小心分离不同层位的土壤 ·应按土壤调查确定的量重新布散各个层位的土壤 ·在存放堆上种草将使土壤侵蚀降到最低并减少养分渗出
土壤质地	—如果移动土壤时避免将质地分类不同的土壤混合，通常不改变 —质地影响保湿型、耕作性能、抗损坏能力 —可用的含水量改变	·谨慎的土壤转运作业可以避免土壤质地的改变 ·如果将颗粒土壤，例如多碎石的土壤、多石土壤、巨砾土壤和砂质土壤分离，则再次混合
堆密度	—剥离时，可能变松散 —运土机械通过时增加堆密度(即压实) —不良排水和扎根不良	·与针对土壤结构的措施一样
土壤排水	—土壤移动改变土壤结构和孔隙率并干扰土壤排水 —土壤通气不好导致缺氧状态 —农作物建立情况不好 —滞水面和水涝	·安装排水系统 ·谨慎分离、存放和重新布散土壤 ·注意土壤移动作业，特别是使用的机械类型 ·避免潮湿状态，潮湿状态能导致土改性和压实 ·通过松土减轻压实 ·注意封盖层和土地的坡度
养分状况和化学特性	—土壤存放期间可溶性化合物渗出 —pH 值可能降低 —在潮湿和压实土壤中出现缺氧状态	·分析土壤的主要养分和 pH 值将确定提高肥度和降低酸度需要的改正措施 ·避免压实 ·注意存放期间的表层土土堆高度 ·在存放土堆上种草将增加蒸散，减少再补给和使硝酸盐的渗出降到最低 ·恢复后护理期间定期进行的土壤分析将说明是否根据庄稼需要施肥和加石灰

资料来源：根据英国环境局，1996。

从土壤调查和分析收集到的信息将详细说明需要谨慎对待的物料的总体积和所在位置。调查期间确定的不同的土壤类型需分成表层土、下层土和母质分开转运。

成功的恢复过程的核心是保存和再利用填埋场的原始土壤。土壤对于扰动的反应不同，有些土壤容易被损坏，特别是当土壤被当作工程材料使用而不是被当作天然的生物活性资源使用时。移动土壤时对土壤的损坏主要是因为运输过程的运动。运输过程的运动能导致压实、损害结构、降低渗透性和增加堆密度。一般情况，最简单和使用最广泛的压实和土壤结构的量度标准是干态堆密度（单位体积未扰动的土壤烘干的质量）。

6.4.4.3 土壤转运工作时间选择

土壤转运作业需要考虑季节、天气状况及预报、水涝的迹象及土壤含水量和塑性。为了使压实降到最低，土壤应在干燥状态下转运。在降雨量高的地区，对于排水不好的泥泞土壤（例如黏土），填埋场处于干燥状况的机会更加有限，必须很好地利用这种机会。理想情况下，在冬季，土壤不应没有遮盖。为了解决这个问题，应在秋天结束前完成所有土壤替换工作，以便在冬雨前能将农作物覆盖种植在土壤上。表层土替换工作应尽早完成，以便有足够的时间在干燥季节完成耕作和农作物种植。经营者应权衡土壤转运和保护土壤的需要。采用机械转运土壤的关键标准是土壤没有塑性或不潮湿。一般而言，应避免在以下情况下转运土壤：

① 潮湿或因积水而被水浸满的土壤；

② 在冬季当土壤含水量高并且冻结时；

③ 达到土壤塑性下限时。可以用一种相当精确的、简单的现场试验确定塑性下限。预先铸成球形的土壤不能在玻璃表面被滚成直径 3mm 的绳状土壤，此时土壤达到塑性极限。

在降雨量中等和降雨量高的地区，中等质地的土壤和黏质土都不会在某段时间内彻底干透。但在干燥天气，当把剥离的和放置的土壤松散堆放时，土壤趋向干透。在潮湿年份，必须抓住干燥期工作的机会。

6.4.4.4 土壤转运作业的监督

必须监督所有的土壤转运作业过程，特别是剥离、存放和替换。应雇用技术熟练的工作人员，特别是机械操作人员。这样的人应具有合适的技能，并了解将对土壤的损坏降到最低的必要性。工作人员应有权对现场变化的条件做出反应并且在必要时停止作业。需要监督的土壤转运作业列在表 6-8 中。

表 6-8 应该监督的土壤转运作业清单

作业过程	关键因素
·土壤剥离	—分别剥离所有可用的表层土、下层土和其他土壤资源 —分别存放不同类型的土壤材料 —只在合适状况下剥离土壤 —用压实程度最低的方式操作土壤转运机械
·土壤存放	—土壤，包括引进的土壤或土壤替代物，存放在预先确定和准备的地点 —按正确的尺寸建存放堆，建好后播撒草种
·土壤放置	—将不同类型的土壤放在正确的位置并按正确的顺序和规定深度放置 —只应在条件合适时分层替换土壤 —以使压实程度最低的方式操作土壤转运设备 —通过松土减轻压实 —应采取应对流失和侵蚀的控制措施

6.4.4.5 土壤转运设备的选择

土壤转运设备必须能提升、运输、放置和在新的位置散布土壤。特别需要指出的是，应把表层土作为活性材料转运。附录 H 列出可用于土壤转运的机械和各种设备的优点和缺点。这些不同类型的设备在其经济性、生产效率和对土壤的影响不同。恢复过程中，成功的土壤转运作业的目标应该是使由土壤移动设备等交通移动引起的土壤压实和由犁耕、刮土铲造成的扰动降到最低程度。一般的情况是，刮土机很可能对土壤的损害最大，而挖土机与刮土机形成对比，挖土机（反向挖掘机）和自动倾卸卡车移动土壤时基本不压实和扰动土壤(Moffat 和 McNeill，1994)。通常情况，如果对土壤状况做出合适的规定，合格的承包商能够将机械组合在一起，获得规定的效果。合同文件中必须包括用结构评价和测量堆密度、土壤湿度和渗透性的方式检查土壤的条款。原子能测定仪和简单的渗透性试验可用于这种测量。

6.4.4.6 土壤剥离

土壤剥离作业需要事先做出妥善计划。剥离作业应结合到填埋场分期计划中并与填埋作业的下一分期相对应。剥离作业场地应足够大，以便满足分期作业、场地开发和出入道路的用地需求。分期计划的进一步细节参见《废物填埋场运营实践手册》。

必须就土壤剥离作业给填埋场经营者以非常明确的指导，填埋场经营者还必须能够识别土壤调查中确定的土壤类型并确定其位置。指导的详细内容包括：

① 所有可用的土壤资源的剥离都不要造成土壤类型和土壤层位的交叉污染；

② 确定分开剥离和分开存放的土壤深度时，重点是避免将表层土、下层土和母质混合的需要；

③ 必须单独剥离和存放的土壤资源种类；

④ 可使用的机械种类；

⑤ 剥离顺序和计划的运输路线；

⑥ 禁止剥离作业的天气和土地状况。

6.4.4.7 土壤存放

在分期恢复过程中，如果一个进行中的填埋周期发生在一个恢复分期中，第二个分期正在填埋，第三个分期正准备填埋，则不需要存放土壤。把从准备区域剥离的土壤运输并堆放到正在恢复的区域。理想情况下，所有填埋场都应采用分期恢复；但在现有的许多填埋场，需要存放一些土壤。

所有土壤特别是表层土，在存放期间都会变化，因为土堆的大部分变成缺氧状态。一般情况，与未受扰动的土壤相比，存放的土壤的堆密度更高，孔隙率更低，有机物含量更低，微生物群体数量和土壤动物群（特别是蚯蚓）变化或减少（Ramsey，1986）。如果以土堆的形式存放土壤，种子的发育能力也降低（Rimmer，1991）。当把土壤挖开并重新散布时，大多数的变化迅速逆转，尽管恢复微生物数量和结构稳定性将需要很长时间(英国环境局，1996)。

存放期间，将土壤变化降到最低程度并减少土壤损失应该考虑的因素如下。

① 为了使压实程度最低，土壤存放堆应尽可能松散。

② 应根据现场土壤估算量，确定不同类型土壤存放堆的位置、高度和尺寸。这些在很大程度上取决于填埋场的大小，而且在土壤移动计划中必须明确说明。

③ 下层土存放堆可以比表层土存放堆更高，并且可以把下层土存放堆用作屏障。建存放堆时，应考虑存放堆以后的管理需要，例如种草、控制有害杂草和修剪草地等。

④ 理想情况下，表层土存放堆的高度应为 2～3m。如果存放期超过 2 年，存放堆的高度不应超过 2m。

⑤ 大的下层土存放堆可能需要进行边坡稳定性评价。

⑥ 在建存放堆前，应剥离存放区域有价值的表层土。

⑦ 只应允许建设存放堆和将土从存放堆移走的机械碾过存放堆。

⑧ 防止混合使用和污染，应将存放区域围起来。

⑨ 使存放土堆稳定、防止土壤侵蚀和杂草侵入已恢复区域、帮助土堆融入周围的环境，应在存放土堆上种草。

⑩ 在存放的成土母质上及早建立草坪将帮助促进形成土壤结构，并且细根的约束促进土壤团聚体的稳定性。有机物质的含量随着土壤结构的形成而增加，这将防止土壤被风和雨侵蚀。

6.4.4.8　土壤放置

土壤放置应遵循和土壤剥离作业一样的指导方针。图 6-7 所示为使用自动倾卸卡车和挖土机直接将土壤放在填埋场封盖层上的土壤放置作业顺序。为了获得恢复，必须在理想天气条件下放置土壤。需要考虑的重要方面如下所述。

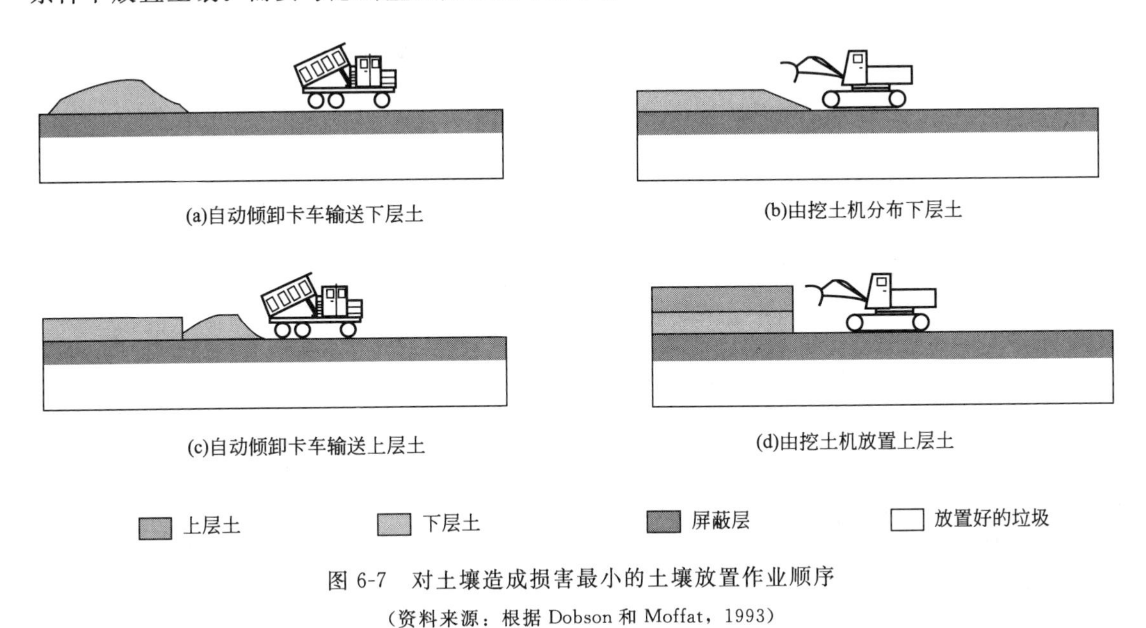

图 6-7　对土壤造成损害最小的土壤放置作业顺序

（资料来源：根据 Dobson 和 Moffat，1993）

① 将指定类型的土壤从存放土堆取走并按正确的顺序、规定的深度重新放在正确的位置。

② 将土壤分层放在排水层上方并在放置后用松土机松散土壤。每层厚度不应超过 300mm，松土机插入深度至少为 600mm。使用的松土机叶片宽度至少 50mm，并使用合适的履带片。土壤层是否经过松土必须检查核实。应做渗透性试验，以确认土壤具

有渗透性。

③ 为了使重新放置的土壤压实程度降到最低，放置作业应组织有序。

④ 已恢复的土壤剖面应能够满足建议的恢复后用途。

⑤ 必须及早完成土壤放置，以便在冬季开始前有足够的时间进行耕作、施肥（有机肥/化肥）和植被种植。

6.4.4.9 减轻土壤压实的措施

在土方工程（例如采挖、填充和散布）中，为了避免不均匀沉降，压实是不可避免的。为了恢复渗透性，放置的土壤必须分层（即放置的土壤层和放置的土壤层下面的土壤层）松土。所以，必须分层填充和放置。为了核实是否成功恢复，有必要进行渗透性检查。深松耕以机械方式进行土壤松土并以人工方式产生裂缝和裂隙。裂缝和裂隙使水和空气能够自由移动，并且允许根系全面发育。图 6-8 说明带翼耙齿松土机的上升和破碎动作。

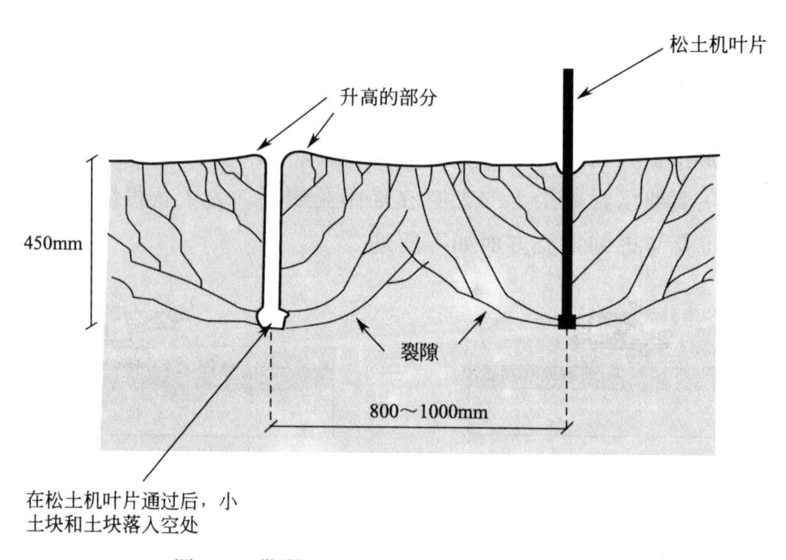

图 6-8 带翼耙齿松土机的上升和破碎动作

下层土松土的技术要求如下。

① 只有当土地表面干燥到足以有效拖拉的程度，下层土干燥到在不破坏土壤结构的情况下可以产生足够的破碎和裂隙的程度才进行下层土松土。在潮湿状况下进行下层土松土可能导致进一步改型和压实。

② 一般用正常耕作设备，例如犁（型板或开沟器）、耙或耙齿耕田机，就能破碎浅层（顶部以下 200mm 以内）压实。需要的设备取决于土壤质地和压实层深度。

③ 更深的压实层和结构不好的土壤将需要松土。宽 25mm 的松土机齿的标准工作深度为 350mm，机齿的最大临界工作深度为 600mm。在该临界深度以下的土壤不变松。

④ 土壤应分层放置在排水层和过滤层上方并在每次放置后松土。每层厚度不应超过 300mm，松土深度至少为 600mm，使用的松土器叶片宽度至少 50mm 并带合适的金属包头。需要进行检查以证明土壤层已被破碎并产生裂隙。应通过渗透性试验确认土壤渗

透性。

⑤ 建议松土作业的间距约为作业深度的 1.5 倍，且间距不超过 1000mm。

⑥ 下层土松土应在排水层和过滤层上方进行，与排水层和过滤层的间隙至少 75mm。

6.4.4.10 土壤耕作

耕作方式的选择取决于放置方法、土壤固结程度、现场特点（例如是否存在大石块、石块或掩埋的碎石、坡度、土壤质地、土壤深度）和建议的恢复后的用途。土壤耕作的两个主要目的是掩埋杂草和植被残留物，使土壤松散并成为能满足种子发芽和根生长的优质耕地。应对土壤进行足够的耕作，以便生成比较好的耕地。但是，过度耕作会严重损坏土壤结构，应尽量避免。耕作时需要考虑的因素包括：

① 一般将重型农业机械用于耕作；

② 应正确设定和使用犁板犁，以避免将表层土埋在下层土下面；

③ 凿式犁和重型刚性齿耙可使表土松散，但它们不翻土或掩埋杂草，所以可能需要杂草控制并且地面废物可能是个问题；

④ 弹簧齿耙或盘卷齿耙、钉齿耙或圆盘齿耙能被用来进行土壤耕作；

⑤ 用链耙将种子和肥料放入苗床；

⑥ 不建议使用装有动力的旋耕机，因为它们的粉碎作用使得它们不适合用于最近恢复的土地；

⑦ 可以用滚轮使新近播撒的种子周围的土壤坚实，以促进发芽。

6.4.5 土壤改良剂和成土母质的检验方法和质量标准

填埋场恢复中，使用土壤改良剂和土壤形成材料不应造成环境污染。所以，根据使用的材料或废物的来源和类型，可能需要做物理、化学或微生物试验，以确定材料或废物是否适用于填埋场恢复。特别需要确定的材料或废物的特性包括含水量、pH 值、养分含量、重金属含量、是否存在有机污染物、是否存在病原体等。

① 对于被污染的土壤、污泥和沉淀物，可以采用提取的方法。这种方法产生的渗滤液用于后续检测渗滤液。这种方法的例子是德国标准 DIN 38414（S4）——“用水确定渗出性”的方法。然后检测该提取程序产生的洗出液（渗滤液），以评价渗滤液的特性。使用有关标准将可以确定其适用性。可能适用的试验方法还包括 CEN/TC 292（废物特性）和 ISO/TC 190（土壤质量）技术委员会建议的试验方法。Van der Sloot，Heasman 和 Quevauviller（1997）编著的《浸取/提取的协调》详细叙述了浸取和提取试验的进一步信息。

② 对于有机物成分来自该处理过程和废物材料再利用（例如蔬菜、水果和绿色废物堆制的肥料）的土壤改良剂，“土壤改良剂欧盟生态标志”（委员会决定，94/923/EC-OJL 364/21，1994 年 12 月 31 日）是全欧洲唯一现行的土壤改良剂质量标准，是否服从该标准是自愿行为。该标志授予在整个寿命期内对环境影响小的高质量产品。

③ 对于污水污泥的利用，《废物管理（农业中污水污泥的使用）条例》（1998）（国际标准组织第 148 号，1998）给出了关于施用速度、农作物种植限制、重金属最大含量和土壤检

测的法律指导方针。表6-9列出了土壤和污泥中允许的重金属最大值。

表6-9 用于农业的土壤和污泥中允许的重金属最大值

类别	土壤允许的最大值①/(mg/kg代表性样本中的干物质)	污泥允许的最大值/(mg/kg干物质)
镉	1.0	20.0
铜	50.0	1000
镍	30.0	300
铅	50.0	750
锌	150.0	2500
汞	1.0	16.0

① 如果土壤pH值一直高于7，在不对人类健康、环境或（特别是）地下水构成威胁的情况下，重金属含量不可以超过规定值的50%。

6.4.6 肥料和土壤改良剂

作为土壤调查的一部分，土壤分析将确定土壤是否需要施用肥料（化肥或有机肥料）、石灰或有机物。只有分析表明肥料不足时，才应施用肥料。为了避免引起环境污染，应遵守与施用有机肥或化肥有关的法规。如果使用肥料和土壤改良剂，必须采取好的管理措施，以防止硝酸盐或磷酸盐污染地表水或地下水。关于磷酸盐污染，应参考《地方政府（水污染）法》(1977）和有关磷的水质标准条例（1998)（国际标准组织，1998年第258号），这些法规规定了改善基于磷浓度或有关水质指标的河、湖水质状况的要求。在定期施用肥料或土壤改良剂的已经恢复的填埋场，应实行养分管理规划。

在Teagasc出版的《土壤分析和关于肥料、石灰、厩肥、微量元素的使用建议》(1994）中，能够找到关于施用速度、肥料类型和与土壤指标、农作物有关的施用时间选择的指导说明。

应采用修正后的磷建议值（Teagasc，1998)。关于污水污泥的使用，应参考《废物管理（农业中污水污泥的使用）条例》(1998)（国际标准组织，1998年第148号)。应参考所有好做法的法规，例如《防止水被硝酸盐污染的农业生产实践法》(DAFF，1996)。

恢复期间种植的植物种类也是决定良好生产需要的肥沃程度的一个重要因素。人们认为植物生长需要的矿物元素包括大量元素（N、P、K、Ca、Mg和S）和微量或痕量元素（Fe、Mn、Cu、Zn、B、Mo、Cl和Co)。

植物可以获得的大量元素和微量营养元素随土壤pH值变化而变化。土壤pH值是土壤酸度和碱度的一个量度。土壤pH值通常从5.0（酸性，根周围的铝和锰浓度高，植物生长可能受抑制）到8.0（石灰性土），不同植物对于土壤pH值的敏感程度不同。另外，当土壤pH值在6.2～7.2之间时，对含N和P肥料的利用最好。土壤pH值高，Mn、B和Zn的利用率降低，而Mo和Se的利用率提高（Teagasc，1996)。

6.4.6.1 化肥和有机肥

化肥被广泛用于提高土壤肥力，特别是在农业生产中。在林业生产中，化肥的使用没有在农业生产中的使用范围广。这些化肥包括单一养分或混合养分。通过混合或复合获得复合肥，复合肥通常包含 N、P 和 K。

石灰被用于提高土壤 pH 值，添加量取决于建议的恢复后用途，例如，农用草地的最佳 pH 值为 6.3。

有机肥包括泥浆、家畜粪便、农场厩肥，这些肥料既能提供养分，又能提高有机物的含量。这些肥料的干物质含量不同，体积大，运输成本高。但是，如果它们是距离已经恢复的填埋场近的资源，建议使用这些肥料，特别建议将它们用于缺少下层土或表层土的已恢复的填埋场。施用前，应检测肥料的养分含量和干物质含量。

6.4.6.2 废物（蔬菜、水果和绿色废物）堆制肥

堆肥是指在有足够的空气供应的情况下，在细菌、真菌、昆虫和动物的作用下，植物和易腐烂的废物自然降解的过程。这个自然发生的过程使材料分解到稳定状态，产生的肥料可提高接触的土壤的肥力。任何在本质上是生物质的材料都可用于堆肥，但其中有些材料比其他材料更适合制成堆肥。堆制体积大的植物和易分解废物的优点在于减少废物产生的甲烷气体的量、减轻沉降问题并且把填埋场的空间留给其他不可降解废物。在筛分前，堆肥可使原料与最终产物的体积比达 20∶1，重量比达 2∶1。附录Ⅰ给出了堆制和适合堆制的材料的详细信息。英国按有机废物来源分开堆制成的肥料的特性列在表 6-10 中。

表 6-10 英国按有机废物来源分开堆制成的肥料的典型分析

项目		典型值（中值）			
		单位	①G&L，$n=50$	②VFGL，$n=6$	③VFG，$n=8$
水浸出物分析	pH 值		8.6	8.3	8.5
	电导率	μS/cm	771	867	1096
	铵	mg/L	3	3	1
	硝酸盐	mg/L	43	144	144
	磷	mg/L	15	14	14
	钾	mg/L	1195	1135	1760
	镁	mg/L	16	21	20
全部植物养分和有机物含量	氮	%	1.1	1.2	1.1
	磷	%	0.20	0.20	0.23
	钾	%	0.70	0.71	0.74
	碳	%	13.0	15.4	12.1
	烧失量④	%	18.5	17.9	17.1
	C∶N	比率	11.7	10.7	11.4
潜在有毒元素	隔	mg/kg	0.50	0.64	0.47
	铬	mg/kg	19	16	22
	铜	mg/kg	44	44	45
	铅	mg/kg	104	88	77
	汞	mg/kg	0.1	0.2	0.2
	镍	mg/kg	18.0	17.6	21.4
	锌	mg/kg	187	166	182

续表

项目		典型值（中值）			
		单位	①G&L,n=50	②VFGL,n=6	③VFG,n=8
物理分析	烘干后的物质	%	67.2	56.2	65.9
	密度	%	0.58	0.56	0.62
粒度分析	<1mm	%	50.9	35.2	43.1
	1～5mm	%	36.5	35.8	43.0
	5～10mm	%	8.8	7.6	10.8
	10～20mm	%	0.8	2.8	0.5
	>20mm	%	0.0	0.2	0.0
污染物	能发芽的种子	vs/L	0	2	1
	玻璃	%	0.03	0.06	0.12
	金属	%	0.00	0.01	0.03
	塑料	%	0.07	0.15	0.10
病原体含量	沙门菌属	25g 堆肥中存在或不存在	不存在	不存在	不存在
	大肠杆菌	菌落/g	<10(低于检测极限)	30	<10(低于检测极限)

① G&L 为花园和园林废物堆肥。

② VFGL 为蔬菜、水果、花园和园林废物混合物堆肥。

③ VFG 为蔬菜、水果、园林废物堆肥。

④ 有机物含量为近似值。

资料来源：堆肥协会，pers comm，1998。

经过堆制的家庭和绿色废物是有机物和养分的有用来源。填埋场的可生物降解废物的堆肥减少了需要处置的废物量并产生适合用于恢复的具有营养价值的肥料。

6.4.6.3 蘑菇渣

传统上，蘑菇是用培养料生产的。生产蘑菇的培养料是用稻草、马粪、家禽粪和石膏制成的。收割蘑菇后，剩下的培养料只部分分解，不能维持有经济价值的蘑菇产量。这种产物被称为蘑菇渣（SMC）。对 SMC 的典型分析列在表 6-11 中。爱尔兰每年蘑菇培养料用量约为 280000t(Teagasc，1998)，蘑菇渣与蘑菇培养料用量大致相等，因为蘑菇生产过程中蘑菇培养料的重量损失很小。

表 6-11 蘑菇渣的典型分析

蘑菇渣的典型分析(% 干物质)		mg/kg 干物质	
干物质（%）35		锰（Mn）	313
灰分	39	镉（Cd）	0.52
有机物	61	铬（Cr）	20
N	2.8	铜（Cu）	50
P	1.0	汞（Hg）	0.08
K	2.0	镍（Ni）	14
Ca	6.6	铅（Pb）	20
Mg	0.5	锌（Zn）	144
		砷（As）	2.0

资料来源：Teagasc，1993。

蘑菇渣一般被公认为是改善土壤结构的具有吸引力的材料，因为它的有机物含量高，重金属含量低，没有杂草种子和植物病原体。主要的潜在问题是蘑菇渣含钙量高和含盐量高。在填埋场恢复中使用蘑菇渣或堆制过的蘑菇渣取决于许多因素，其中包括是否能够得到这种材料、材料来源的距离、土壤类型和有机物含量、计划恢复后的用途。使用前，应对蘑菇渣进行分析，以确定可以获得的养分量。计算向建议的植物覆盖层施放蘑菇渣的速度时，应事先分析确定所用蘑菇渣的养分水平。

6.4.6.4 污水污泥

污水污泥是污水处理的自然副产品，其中含有氮、磷、有机物、石灰（如果在稳定期加入），可能还含有微量金属。污泥中可利用的氮的量和有机物含量取决于所用处理工艺。污泥经过生物、化学或热处理并且降低对健康的威胁和发酵后的污水污泥能够作为土壤改良剂，用于填埋场恢复。《废物管理（农业污水污泥的使用）条例》1998（国际标准组织第148号，1998）给出关于污水污泥利用的法律指导方针，其中特别规定了对使用污泥中重金属含量的限制要求。表6-12列出了对污泥的典型分析。为了提供养分和有机物，可以将污水污泥用于恢复。污泥中的有机物能够提高保水能力并改善一些土壤（特别是用于恢复的下层土）的结构。碱性物质的添加，例如干燥生石灰（CaO），可用于降低污水污泥的含水率，有利于污水污泥的气味吸收、颗粒度和结构的改善。污泥与碱性添加物之间的反应或放热使温度和pH值升高。然后，将混合物放入土堆中腐熟（Aitken等，1997）。

表6-12 典型污泥分析

污水污泥的类型	总氮③	总磷	可利用氮①	可利用磷①
未消化液体/(kg/m³)③	1.8	0.6	0.6	0.3
消化液体/(kg/m³)③	2.0	0.7	1.2	0.3
未消化滤饼/(kg/t)②	7.5	2.8	1.5	1.4
消化滤饼/(kg/t)②	7.5	3.9	1.1	1.9

① 在第一个增殖期可以获得。

② 湿重（t）。

③ 氮以氨的形式存在于污泥中。

资料来源：欧共体委员会，1994。

6.4.7 引入的土壤

在填埋场恢复中，强烈建议将当地土壤用于建议的恢复后用途。但是，在许多情况下，特别是现有填埋场，已经损失或污染大量当地土壤导致不得不考虑使用其他来源的土壤和构成土壤的材料。

在现有废物填埋场，能够用于恢复的土壤量可能受到限制，可能需要获得替代来源。在填埋场恢复中，引入的土壤、未知来源的土壤和成土母质是一些可用的替代材料。除了6.3.2部分中所述土壤调查要求的勘查外，接受来自填埋场外用于恢复的材料主要关注的问题之一是可能的污染风险。应通过对土壤的风险评价确定引入的土壤是否适用于恢复。在接受前，应认真检查引入土壤是否有物理污染和任何明显的化学污染。对化学分析的要求将考虑土壤的来源并根据现场具体情况决定。如果引入土壤中的化学分析值超过元素或化合物的背景值，是否使用引入的土壤要咨询专家。

如果需要将引入的土壤用于恢复，填埋场经营者最好知道引入土壤的来源。引入的土壤最好是基本没有石块并且肥沃。最好避免使用黏土含量高的土壤，因为黏土含量高的土壤难以转运，导致植物生长缓慢。如果知道引入土壤的来源，填埋场经营者应考虑以下因素。

① 如果能确定土壤特性，尽可能在土壤来源地就地进行土壤调查。

② 在来源地确定可利用土壤的类型及表层土、下层土和母质的量。一般情况下，土壤类型越一致，恢复越容易成功。

③ 石块量的评估，石块对土壤用途的限制程度取决于其数量、大小、形状和硬度。石块的主要影响是妨碍耕作、收割和作物的生长，降低土壤含水量和养分含量。

④ 进行现场具体的风险评价，以确定考虑采用的土壤的污染（物理和化学）程度（如果适用）。评价时，应量化存在的污染和对人类健康或环境的威胁的类型和程度。

⑤ 如果存在物理污染，为了清除建筑碎石块、木头、金属、玻璃等，用筛子筛分土壤。

⑥ 如果确定存在化学污染，把建议的恢复后用途考虑在内的现场具体风险评价将决定土壤是否适用。

⑦ 如果存在无法接受的污染程度，在与环境保护局讨论后，以合适的方式处置。

除了上述需要考虑的事项外，应就以下方面检查来自未知来源的土壤：

① 该材料外观像不像土壤？

② 该材料结构像天然土壤还是像泥浆（不应使用很湿的土壤）。

③ 该材料的颜色是什么？是否有斑纹或水浸的证据？该材料是混合物还是均质？是否存在有机物？如果存在有机物，例如腐殖质、蚯蚓和根等，表明可能存在表层土。

6.4.8 成土母质

6.4.8.1 引言

如果无法获得真正的土壤，使用成土母质将大大减少引入土壤的数量。成土母质是能够形成维持植物生长的基质的材料。从物理性质讲，这些材料必须包含足够量的、粒度和土壤一样的颗粒，以便提供植物吸收需要的水；从化学性质讲，这些材料必须对植物无毒(Moffat 和 McNeill，1994)。

可以用广泛的材料（包括场地勘查期间确定的当地地质材料、建筑和拆毁建筑产生的废物、疏浚挖出的泥沙等）制备成土母质。一些运至填埋场的废物（例如经过堆制的废物）也可以作为土壤改良剂。在可以接受较低肥度或要求肥度较低的区域，一般将成土母质作为下层土或表层土使用。在将这些材料大规模用于恢复前，应通过生物生长试验检测其作为生长介质的适宜性。成土母质的主要缺陷包括植物养分含量低、有机物含量低和不发达的结构。

确定材料是否适合用于恢复需要考虑的关键因素包括：

① 土壤有足够的深度，防止水分不足和提供足够的根区深度。

② 为了发挥生长介质必要的功能，材料必须具有合理的结构。

③ 必须确定材料的营养状态及其保持营养的能力。

④ 材料中的石块导致的问题包括降低含水量、降低将材料用于草地的可能性、降低将材料用于生活福利设施的可能性、降低将材料用于游戏场地的可能性（导致伤害）等。

⑤ 黏土和有机物含量决定排水特性、保湿性、养分的保持和供给、通风。

⑥ 有机物含量高的土壤和泥炭柔软并且在使用时容易变形。

⑦ 污染（物理和化学）程度。

6.4.8.2 疏浚挖出的泥沙

土壤侵蚀过程导致黏土、污泥和沙沉积在河流、河口、港口和深水区。如果认为可能存在有机物、氮、总磷和可提取磷、可能有毒的元素和有机污染物，应分析疏浚挖出的泥沙中它们的含量（Davis 和 Rudd，1998）。疏浚挖出的泥沙中的污泥和黏土对细菌和病毒有很强的吸附能力。需要注意疏浚挖出的泥沙、来自污水处理厂排放物、溢流的洪水污水和特定行业排放物的下游区域。

能够将这种材料成功用于填埋场恢复，但是在使用前需要考虑这些材料的具体特点（Thomas 和 De Silva，1991），这些特点包括以下几项。

① 脱水。在把疏浚挖出的泥沙作为成土母质前，需要降低泥沙的含水量。大多数疏浚挖出的泥沙的含水量很高，渗透性在 $1\times10^{-5}\sim1\times10^{-9}$m/s 之间，流限为60%～150%，塑性极限为 20%～70%，密度<1.3t/m^3。

② 调节疏浚挖出的泥沙最有效的方法是使它们风化并且移植植物，例如灯芯草（灯芯草属）和芦苇，这些植物使多余的水分蒸腾并促进裂纹产生和结构改善。

③ 因为疏浚挖出的泥沙几乎没有渗透性，不可能降低潮湿状态的泥沙的盐分。降低盐分最好的方法是移植（或种植）前面所说的芦苇。添石膏是消除盐扩散作用的最好办法，并且可以改善疏浚挖出的泥沙的结构。

④ 污染。为了评价疏浚挖出的材料是否适合土地用途，需要认真评价疏浚挖出的材料并确定污染物浓度。重金属污染是其产生危害植物的毒性的重要原因，而如果硫化物浓度高，氧化后将导致酸性硫酸盐土壤。

⑤ 将疏浚挖出的泥沙与有机物（例如经过堆制的植物废物、污水污泥、树皮和蘑菇渣料）混合能改善泥沙的土壤特性。加入 20%的有机物可从总体上改善作为无机物的泥沙的养分含量，特别是总氮和可提取氮的含量。

⑥ 养分。疏浚挖出的泥沙中通常含有大量的可溶氮，这些氮或者是被植物摄取，或者由于淋洗作用而损失。这样，在第一个生长期，植被就迅速建立起来。但是，在以后的生长期，这样的生物量生产水平不能维持（Thomas 和 De Silva，1991）。人们发现，在旧的沉积养分中加入氮磷钾肥和石灰的作用有限。

⑦ 要在填埋场恢复中长期成功使用疏浚挖出的泥沙，要求开发新的土壤处理工艺，目的是使养分在系统内循环利用。必须向老化的泥沙中不断加入养分和石灰。

6.4.8.3 泥炭粉煤灰

泥炭粉煤灰是热电站泥炭燃烧主要的废物产物。粉煤灰被裹挟在烟道气中，随后从锅炉中输送出来并用捕尘器收集。然后，将水和泥炭粉煤灰混合并把它们作为泥浆通过管道输送至沉淀池。

泥炭粉煤灰的化学性质随燃烧的泥炭的种类和燃烧过程的性质不同而变化。存在于泥炭粉煤灰中的主要混合物有方解石（$CaCO_3$）、熟石灰［$Ca(OH)_2$］、石英（SiO_2）、氢氧镁石［$Mg(OH)_2$］和碳酸镁石（$MgCO_3$）。新产生的泥炭粉煤灰的特点是强碱性、高盐度、高传导率和含有中高浓度的可能有毒的元素。泥炭粉煤灰中一些含量高的元素（例如铝、砷、硼、钼和镉）是决定其是否适合作为成土母质的主要方面。表6-13对天然土壤和泥炭粉煤灰的特性进行比较。

表 6-13　天然土壤和泥炭粉煤灰的特性

天然壤土	泥炭粉煤灰
混合粒度——碎石、砂、黏土和腐殖质形成易碎的团粒结构	粒度均匀的颗粒紧密地沉积在一起，形成带有小气孔的胶结块
含3%～6%有机物或不含有机物	不含有机物
含有具有生物活性的动物群、植物群和微生物	刚产生时贫瘠，随着时间推进慢慢出现移植生物
为植物生长提供平衡的养分	缺乏氮源，其他成分失调 氮(N)：施用速度快，因为缺乏有机物可能出现淋洗，而且如果pH值高，施用的氮转化成氨气并流失进入大气 磷(P)：含量似乎充足，但铝含量高可能导致磷无法被植物利用 铝(Al)：铝含量高可能限制植物对肥料中的磷的反应 硼(B)：硼含量相对高可能限制植物生长 钼(Mo)：钼的含量相对高可能导致放牧牲畜缺铜 天然土壤有时也出现这种情况，可通过膳食补充铜加以修正
团粒结构提供足够的保水性和自由排水	具有保水性，但粒度均匀的颗粒沉积导致排水差和水涝
对施用的肥料一般具有良好的反应和保持能力	对施用的肥料的反应和保持能力差
矿质土壤pH 7，中性	pH高（8.0～11.0）。随着长时间风化，pH值下降，但当pH值高时，植物生长受限制

资料来源：根据《国家能源》，1994。

只应该使用经过风化的泥炭粉煤灰，而且应进行详细的化学分析。填埋场恢复者必须能够根据现场具体情况展示泥炭粉煤灰作为成土母质的适宜性和管理、作业［例如运输和散布、添加养分（有机和/或化学）、种植或自然移植］技术的细节。除了所列泥炭粉煤灰的特性外，还需要考虑以下方面：

① 硬度和压实-暴露在雨中的泥炭粉煤灰，容易产生胶结层，胶结层需要予以破碎。

② 转运作业过程中，可能存在产生灰尘的问题，并且可能需要采取抑制措施。

③ 放置泥炭粉煤灰时，重要的是保证放置的泥炭粉煤灰的坡度有助于自然排水。

④ 加入有机土壤改良剂（例如堆肥、动物粪便等）将改善泥炭粉煤灰的营养状况并提供促进生物活动和改善结构的有机物。

⑤ 为了促进植被建立，如果能获得表层土，可以将表层土与泥炭粉煤灰混合或将表层土放在泥炭粉煤灰的表面。

⑥ 在自然移植过程中，初期风化可能首先出现耐碱苔藓、草等草本植物。随后出现三叶草和金雀花。在大约10年后，将出现包括柳树、桦树和其他树种的丛林林地。

⑦ 在泥炭粉煤灰上应只种植能够耐受的物种，并且为了确定物种的适宜性，应使用试验规模的生物鉴定试验计划。

⑧ 可能需要为放牧牲畜在膳食中补充微量元素（例如铜），应咨询专家（例如爱尔兰农

业与食品发展部）的意见。

6.5 恢复和恢复后护理

6.5.1 概述

恢复是将场地返回到适合所选的恢复后用途的状态的过程。恢复包括设计、初始风景美化工程、土壤散布、最终地形施工和恢复后护理。恢复后护理是在重新放置土壤之后的工作，包括耕作、施肥、种植、道路和出入点的建设、植被维护和承担的对已恢复的土地的长期义务。附录A～附录D根据关闭后的具体用途详细说明填埋场恢复和恢复后护理。这些附件是：附录A——为生活福利设施。用途的恢复和恢复后护理；附录B——为林地用途的恢复和恢复后护理；附录C——为农业用途的恢复和恢复后护理；附录D——已恢复场地硬化后的使用。

为了取得恢复的成功，必须在废物填埋过程的每个阶段认真注意恢复要求。这样需要把恢复与填埋场最初选址、设计、施工、初始景观美化、运营、退役、土壤放置、恢复后护理和关闭后管理结合起来。恢复后用途是设计准则，除非已经就恢复后用途达成一致，否则不可能成功进行恢复设计。为了把上述方面综合考虑并成功地完成恢复和恢复后护理，需要在填埋场使用期的初期制订填埋场具体恢复计划，目的是达到原始设计目标。该恢复计划将作为填埋场环境管理计划（《填埋场运营实践手册》和图6-1对该计划加以详细说明）的一部分。这个根据现场具体情况制订的计划将根据填埋工作分期执行，因为几个分阶段进行的恢复可以在整个填埋场同时展开。在整个填埋场，一个渐进的恢复周期可以紧跟在一个填埋周期的后面，一个分期正在恢复，第二个分期已经填埋，第三个分期准备填埋。恢复计划将详细叙述土壤转运作业（例如剥离、运输、存放和放置），并且土壤转运作业将与填埋分期作业协调安排。图6-9所示为渐进式填埋与恢复。

6.5.2 恢复和恢复后护理计划

恢复和恢复后护理计划是填埋场环境管理计划的组成部分。该计划必须根据现场具体情况制订，及时更新并具有灵活性，能够对变化的环境和技术做出反应并能适应变化的环境和技术。新的填埋场和现有填埋场都需要制订恢复计划。该计划的目的是在现场实施恢复和恢复后护理工作。改变恢复计划时，应参照填埋场环境管理计划中关于环境污染控制系统设计和布局的信息。表6-14总结了恢复的一些关键方面。

表6-14 恢复的关键方面

安装封盖系统和排水层之后的恢复和恢复后护理工作计划	— 土壤放置和风景美化 — 耕作 — 植被种植 — 植被维护 — 土壤维护 — 基础设施安装 — 沉降、排水和植被没成活的补救措施

续表

与废物填埋分期协调一致的恢复分期	— 初始/边界恢复 — 临时绿化 — 过渡性恢复 — 最终恢复
需要的人员和技术	— 土壤学家 — 农业学家 — 园艺家 — 林学家 — 生态学家 — 园林建筑师 — 土木工程师
恢复对填埋场运营实践的影响	— 填埋场气体和渗滤液监测与控制 — 沉降预测 — 恢复后护理维护 — 对出入的要求

资料来源：根据英国环境局，1996。

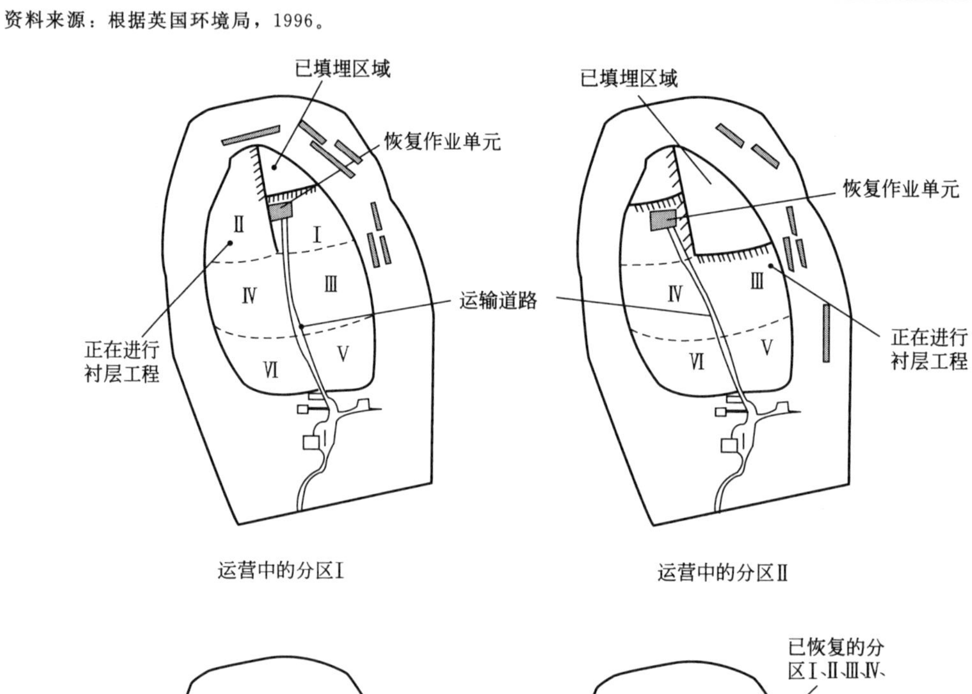

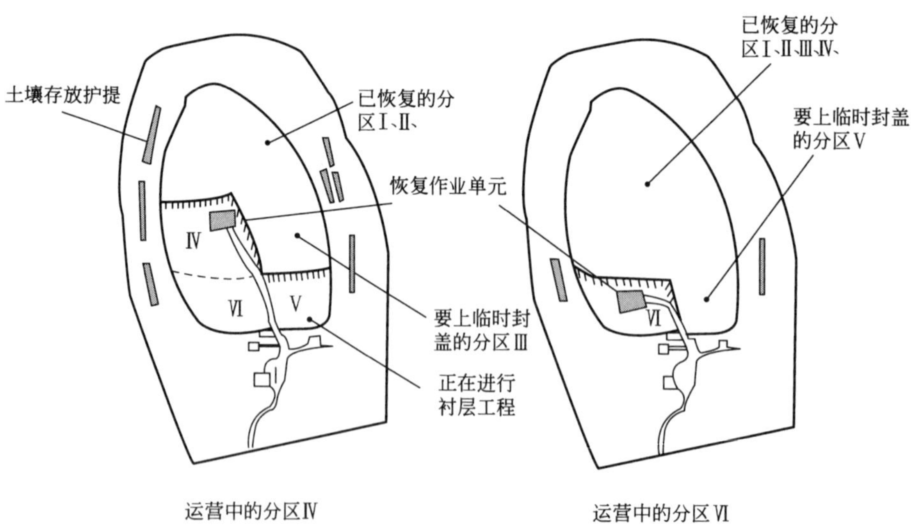

图 6-9　渐进式填埋和恢复图解

一旦在废物上方成功安装气体排放层、屏蔽层和排水层（即封盖系统的组成部分），就可以执行最终恢复计划。

填埋场恢复计划能够分为如表6-15所列的两个主要阶段。

表6-15　填埋场修复计划的两个主要阶段的内容

<table>
<tr><td rowspan="2">阶段1</td><td>土壤放置—土壤转运作业
— 地形建设
— 景观美化的组成部分，例如池塘、湿地
— 土壤深度、类型和分布</td></tr>
<tr><td>基础设施—道路
—出入点和标识
—轿车停车场
—厕所等</td></tr>
<tr><td rowspan="3">阶段2</td><td>恢复后护理—耕作
植被建立　—播种
—栽培
—施肥
—保护等</td></tr>
<tr><td>恢复后护理—放牧
植被维护　—割草
—剪枝
—间苗
—除杂草
—替换没存活的树
—土壤维护作业等</td></tr>
<tr><td>恢复后护理—围栏、大门、出入点、辅助设施等场地维护</td></tr>
</table>

恢复后护理计划作为场地恢复计划组成的一部分，应详细叙述在完成土壤放置后使土地达到恢复后用途要求的标准所需要的作业。它还应包括与已经恢复的填埋场未来的管理有关各方达成的协议。恢复后护理计划应明确列出负责执行恢复后护理计划的人员，必须规定在每个填埋场建立具体的恢复后用途需要的工作、材料和人员，指出工作计划和各项作业的时间表。

恢复后护理计划应详细叙述以下方面：

① 植被建立的作业和材料，即耕种作业、种子的种类、来源和数量、树/灌木及其种植方法和间距、保护措施、肥料、石灰添加、害虫控制。

② 植被维护需要的作业和材料，即害虫控制、除杂草、割草、放牧、剪枝、间苗、替换没存活的树等。

③ 监督植被建立和识别潜在的矛盾的规程，例如出入和损耗、添加养分量和可能的径流等。

④ 负责现场管理和维护的关键人员。

⑤ 任何重要的中间过渡阶段。

⑥ 恢复后长期护理管理的要求。

⑦ 延伸感兴趣的区域的机会，例如扩大自然保护区。

⑧ 对场地关键物理特性（例如排水、土壤压实、土壤肥度、土壤结构和沉降）进行定期检查的规定。

⑨ 场地维护作业，例如围栏、道路维护、基础设施等。

6.5.3 恢复工程的时间安排

恢复工程的时间安排受填埋场运营、沉降和季节的影响。表6-16总结了恢复工程的时间安排与填埋场运营之间的联系。

表6-16 恢复工程的时间安排与填埋场运营之间的联系

填埋场地设计和运营	恢复设计和填埋场工程
填埋场设计	—场地全面恢复和恢复后护理的综合设计方案
准备和开发	—通过控制初始准备和开发工作的范围尽可能多地保持现场不受干扰 —土壤剥离及土壤存放堆的构筑和播种 —遮蔽和周界景观美化 —入口景观美化 —非填埋区域的管理
填埋	—随着分期填埋的推进，逐步遮蔽 —为了提供土壤改良剂和成土母料，可将合适的废物遮蔽和循环利用 —对填埋场乱丢的废物进行管理能够避免乱丢的废物被风吹到非填埋区和已经恢复的区域
填埋场封场-安装环境污染控制系统	—在放置屏障层、排水层和过滤层后进行过渡性恢复 —在完成环境污染控制系统后，特别是完成沉降和气体管道装置的安装后，提供过渡性恢复的补救措施使扰动的土地恢复原状 —在已经进行过渡性恢复的区域适度耕作并在该区域种草，以防止水和风侵蚀导致的土壤流失
最终恢复和恢复后护理	—按完整的土壤剖面最终放置土壤 —种植、建立和维护植被 —土壤维护作业，例如深松耕和土壤改良
关闭后的管理	—局部排水 —定期检查排水沟，维护排水口 —植被维护 —为了减轻问题(例如压实和低洼处，这些地方可能需要剥离草皮并重新填土和重新铺草皮)进行的土壤维护 —建围栏和维护围栏 —维护出入监视设施和维护环境污染控制系统 —使老化的气体/渗滤液装置退役和恢复多余的围地

6.5.4 分期恢复

废物填埋场应分区分期交替填埋至最终高度并采用渐进式恢复。分期填埋对运营和恢复的益处包括表6-17所列内容。

表6-17 分期填埋对运营和恢复的益处

分期填埋	
对运营的益处	—对处置作业更严格的控制和组织 —减少渗滤液产生量 —可能降低噪声和减少乱丢的废物 —促使公众对填埋场有信心的积极的视觉印象

续表

分　期　填　埋	
对恢复的益处	—对非填埋区域的干扰降到最低程度，使填埋场的有些部分尽可能长时间保持在原始状态 —对动植物生活环境和野生动植物的干扰降到最低程度 —通过使土壤剥离和替换能在一个分期内完成并且避免土壤存放，改善土壤转运作业(见 5.4 部分) —减少土壤的移动、对土壤的损坏和土壤资源的损失 —在填埋完成前，一些填埋场分区已达到规定的恢复后用途 —使得能够监督填埋场恢复具体的进度和技术，并且在必要情况下予以修正 —帮助识别已经很好地适应现场条件的植物品种，以便用于需要恢复的其余分期 —在动植物原始生活环境遭到破坏前能够建立替代性野生动植物生活环境，如果需要还能允许当地植物重新建立

6.5.4.1　初始恢复和临时绿化

初始恢复涉及周界围栏周围的风景美化，目的是为了遮蔽填埋作业。这将有助于减轻填埋产生的视觉影响并改善填埋场的外观。在填埋场入口周围进行风景美化和植被维护至关重要，因为这是公众与填埋场接触的最初地点。植物品种的选择应反映周围风景和地面植被的主要风格。通过在填埋场分期区域上和土壤存放堆上种植植被进行临时绿化的益处包括：减少土壤侵蚀；改善填埋场运营期间填埋场的环境和外观；稳定土壤存放堆；减轻存放堆引起的视觉侵扰；减少风刮起的尘土；防止有害杂草增多。

6.5.4.2　中间过渡恢复

中间过渡恢复涉及已经填埋的分期部分下层土在全部深度上的替换和在该区域建立植被所必要的耕作，通常在替换的土壤剖面上种草。图 6-10 为中间过渡性恢复剖面示例。应根据填埋场具

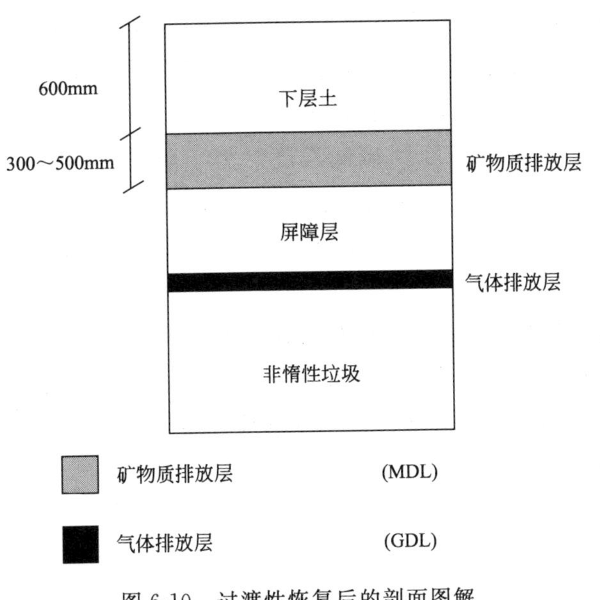

图 6-10　过渡性恢复后的剖面图解

体情况评价是否需要进行中间过渡性恢复。中间过渡性恢复最好将安装气体控制系统导致的恢复后护理期间遇到的困难降到最低程度。过渡性恢复还考虑到沉降和可能需要的补救措施。在新填埋场的设计阶段和现有填埋场新的分期开发过程中应考虑中间过渡恢复。表 6-18 总结了中间过渡恢复的好处、最适合进行过渡性恢复的现场条件和过渡性恢复要求的现场工作内容。

表 6-18　中间过渡性恢复一览表

过渡性恢复的益处	—最终恢复的标准更高 —对土壤的损害减少 —为环境污染控制系统的安装和因沉降可能需要做的补救工作提供便利 —当工程系统需要频繁工作时,改善场地外观 —保护封盖并减少通过土壤渗入的水 —如果在暴露的土壤上种草,控制地表水径流和侵蚀 —不使用而且不污染填埋场大部分下层土和全部表层土,所以这些土将能被用于最终恢复 —避免在需要对环境污染控制系统采取补救措施的区域因不得已而剥离全部土壤剖面并清除树和灌木的情况 —能够对受沉降影响的坡度进行修正
大多数填埋场适合进行过渡性恢复,特别是在存在以下情况的场地	—将安装气体控制系统或改造现有气体控制系统 — 在需要有植被覆盖但将进行进一步工程的区域 —在由于沉降需要对环境污染控制系统采取补救措施的接受生物可降解废物的填埋场
填埋场过渡性恢复涉及的内容	—为了保护封盖并支持草生长,散布浅层土壤或成土母质,例如 • 500mm　下层土; • 覆盖 300mm 下层土的 300mm 冰碛物 —捡石块 —轻度耕种、施肥和撒草种

6.5.4.3　最终恢复

将恢复计划全面融入填埋场运营具有重要意义，这将关系到最终恢复质量和最终恢复的成功将反映这种全面融合。恢复工作应作为发展过程在恢复计划中加以体现。为了获得可持续的、长期恢复和恢复后护理，该发展过程应对填埋场运营做出响应。最终恢复涉及最终土壤剖面的替换和景观美化工程，填埋场设计对这些工作做出详细设计。应尽一切努力使土壤压实或将污染降到最低程度。为了防止屏障层干燥、损坏和风化，应尽快（在天气允许的情况下）把土壤放置在屏障层上。图 6-11 所示为接受惰性废物的填埋场最终恢复剖面示例。图 6-12 和图6-13所示为接受非惰性废物的填埋场不同恢复后用途的最终恢复剖面。

填埋场最终恢复工作受与填埋场运营有关的许多因素的影响，这些因素包括：

① 整个场地的沉降速度，特别是接受生物可降解废物的填埋场。

② 为了加快稳定，再循环渗滤液。关于渗滤液再循环的进一步信息，参见本书第 2 章。

③ 安装环境污染控制系统。

④ 考虑与季节有关的因素。

6.5.4.3.1　沉降速度与最终恢复

随着时间的推移，接受生物可降解废物的填埋场会沉降。这种填埋场能够预期的沉降量

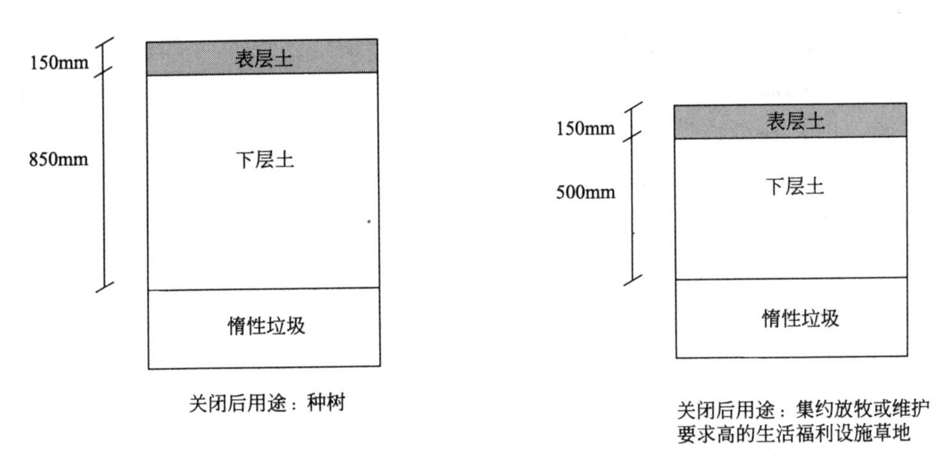

图 6-11　接受惰性废物的废物填埋场最终恢复剖面图解

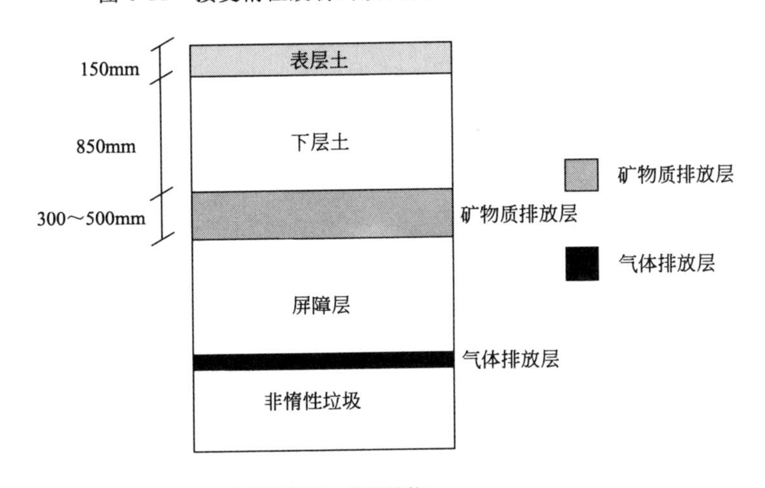

图 6-12　接受非惰性废物、为集约放牧恢复的填埋场的最终剖面

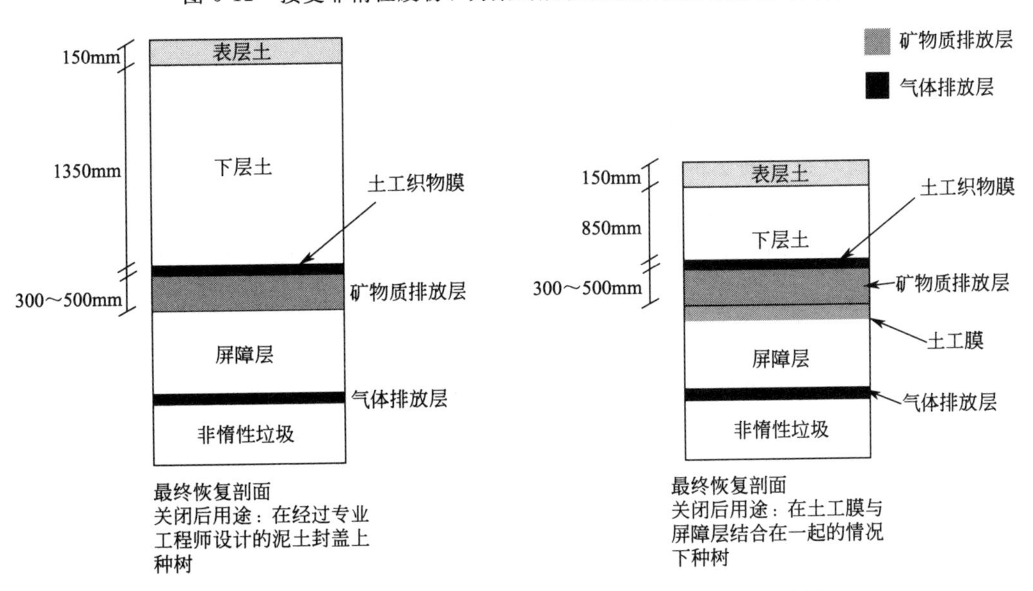

图 6-13　接受非惰性垃圾，为林地用途恢复的填埋场的最终剖面

为10%～25%。大部分沉降发生在填埋后的第一个五年内。所以，在填埋停止后，不建议直接替换全部土壤剖面。关于沉降的详细信息，参见本书第2章。因此应进行过渡性恢复。进行过渡性恢复时，在废物已经沉降并且已经安装环境污染控制系统后，替换部分土壤剖面。但是，在接受惰性废物的填埋场，一般没必要推迟最终恢复。在停止填埋后，应替换全部土壤剖面并美化风景。

6.5.4.3.2 渗滤液再循环与最终恢复

将渗滤液回灌至填埋场再循环是把填埋废物作为不受控制的缺氧过滤器/反应器，在这个缺氧过滤器/反应器中，能够再发生微生物降解。渗滤液再循环有利于加强甲烷气体的产生、对产生的渗滤液的峰值流量起到缓冲作用、废物提早稳定和加快废物沉降。应考虑渗滤液再循环系统的组成和有关最终恢复工作的时间安排的协调。这些工作包括：

① 安装引入系统；

② 当填埋已经停止时，应安装渗滤液再循环分配管道；

③ 用于确定废物中渗滤液液位的监测系统；

④ 在完成气体控制系统安装前，完成循环系统安装；

⑤ 当气体控制系统完成前，由于沉降导致管道下沉和管道系统可能损坏，对管道系统进行实质性补救；

⑥ 进行补救工作可能需要提升屏障层，这将影响过渡性恢复和推迟最终恢复。

6.5.4.3.3 气体控制系统的安装

在最终恢复期间，有必要将气体收集装置管道安装与最终土壤剖面的替换和填埋场景观美化工作有机结合。《填埋场设计手册》给出了有关气体控制系统的更详细的信息。最终恢复中气体控制系统安装的具体方面包括：

① 为了避免损坏土壤（例如压实、污染和损失土壤），应在最终恢复前安装气体管道系统。

② 由于沉降的影响，在安装气体控制系统的最初2～5年，需要修补气体控制系统。沉降能使管道系统变形，产生冷凝液蓄积的低点。沉降还可能使管道接头扭曲、破裂，并使竖井变形。过渡性恢复将有助于部分土壤放置和气体控制系统安装。

③ 为了保护封盖并保护和调节气体输送/转移管道（为了帮助排放冷凝液，落差至少为1∶30），应在封盖上方放置500mm厚的下层土（或300mm厚的非土壤材料上面覆盖300mm厚的下层土）。

④ 所选气体输送/转移管道必须能够承受恢复和恢复后护理期间的交通负荷，还必须能够承受沉降引起的负荷。安装后，为了在进行补救时能够容易辨认管道，管道的颜色最好是鲜艳的颜色。

⑤ 气体系统钻孔和挖坑以及土壤放置应在干燥天气和土壤状况良好时进行。

⑥ 种树和灌木应等到气体系统的所有修补工作已经完成并且初步沉降已经发生。这样恢复延迟的区域将需要过渡性恢复和种草，最终恢复将最多推迟5年。这样将降低成本并提高长期恢复的标准。

6.5.5 恢复后护理

恢复后护理期的目的是为了保证已经恢复的土地达到建议的恢复后用途要求的标准。恢复后的土壤脆弱，为了避免损坏土壤并帮助土壤发育，需要特殊管理。恢复后护理初期的主要目的是改善土壤的物理和化学状况（RPS Clouston 和 Wye College，1996）。各个填埋场恢复后护理期的长度不同。但是，在环境保护局按照《废物管理法》（1996）第 48 条规定，接受交回废物许可证之前，填埋场废物许可证持有者将对场地的恢复后护理负责。成功的恢复后护理取决于以下因素：

① 制订场地具体恢复后护理计划；

② 持续监测排放物和环境介质，例如填埋场气体、渗滤液、灰尘、气味、地表水、地下水、废物沉降、废物稳定性、植物群和动物群；

③ 填埋场经营者、场地恢复后护理管理者和所有有关各方（例如当地社区和农场主代表、规划部门和地方政府、生态学家、野生动物组织、爱尔兰农业与食品发展部 Teagasc、Coillte等）每年召开会议；

④ 保持有效的排水系统；

⑤ 建设适合的恢复后用途的地形和景观；

⑥ 整合和保护环境污染控制系统；

⑦ 有效组织工作，特别要考虑到季节性因素；

⑧ 为恢复后用途选择合适的植物和物种；

⑨ 借鉴在种植、除杂草、施肥和树木保护工作中的好的做法；

⑩ 定期进行土壤维护、检查土壤的物理和化学状况，以确定需要注意的区域（压实区、凹陷区、积水区和植物未存活的种植区等）。

6.5.6 现有和已经关闭的废物填埋场恢复的具体内容

填埋场的恢复计划必须考虑它们的历史状况，制订恢复战略应包括方案研究、勘察和风险评价。应根据以上工作的发现，设计补救措施（特别是与气体和渗滤液迁移有关的）并与恢复计划一起实施。详细的方案研究和后续的具体场地评价将为恢复者提供良好的信息。填埋场特点和场地勘查期间遇到的具体问题包括：

① 气体和渗滤液迁移；

② 影响视觉效果的，不美观的地形；

③ 风刮走的废物和倾卸，特别是沿填埋场周界；

④ 存在茂密的入侵杂草；

⑤ 不均匀沉降、积水和水涝；

⑥ 土壤覆盖层不足导致植被覆盖差和被鸟或其他动物吃掉；

⑦ 土壤资源不足。

6.5.6.1 方案研究和勘查

方案研究和随后的勘查将帮助确定废物填埋场的特点，这些特点在恢复设计和制订恢复计划期间需要考虑填埋场的特点。需要的信息和评估内容包括：

① 处置的废物的类型和数量；

② 填埋场的年龄和关闭日期；

③ 现有排放物控制、监测建筑物和装置的评价；

④ 估算产生的气体和渗滤液数量并确定可能的迁移路线；

⑤ 排水状况；

⑥ 地表水和地下水水质；

⑦ 填埋场现有植被及其特征；

⑧ 环境称号（如果适用）。

6.5.6.2 补救措施

目前可用的补救措施能够被分成两大类（Harris 等，1994）。

① 基于土木工程的方法　这些方法采用传统的土木工程技术清除或容纳污染源，或将污染源（例如渗滤液）到达目标（例如地下水、地表水或土壤）的途径封锁。典型的补救措施包括挖沟、表面覆盖、地下屏障和水工措施，例如泵送收集和随后的处理。

② 基于工艺的方法　这些方法采用具体的物理、化学和生物过程，清除、消灭或改变污染物。基于工艺的方法包括热过程、物理过程（例如清洗土壤）、化学过程（例如土壤原位淋洗）和生物过程（例如人工设计的芦苇床）。

在进行勘查和风险评价后，将需要根据各个填埋场的具体情况确定适当的补救措施。在废物填埋场勘查、设计和实施补救措施时，应雇用有资质的专家。Mary Harris 和 Sue Herbert编著的《英国土木工程师学会设计实践指南：被污染的土地：勘查、评价和补救》（1994）和伦敦建筑业研究和信息协会的 Harris、Herbert 和 Smith 编著的《美国建筑业研究和信息协会规范 101～112：被污染土地的补救处理》（1994）。

6.5.6.3 恢复设计

这些填埋场的恢复计划必须考虑“开发计划”、“废物管理计划”和目前可能存在的关于土地使用的建议。设计人员应考虑以下几个方面。

① 设计阶段与当地社区主动联系。

② 填埋场的特点，例如现有地形和环境状况。理想情况下，设计人员应尝试在现有地形条件下工作，目的是避免挖开放置好的废物。挖开放置好的废物将对健康、安全和环境构成威胁。

③ 现场可用于恢复的土壤数量和类型及成土母质的使用。

④ 污染控制和监测系统的设计和整合，特别是封盖、气体和渗滤液控制系统。

⑤ 恢复、恢复后护理和恢复后用途。

⑥ 恢复资金的筹措。

6.5.6.4 恢复工程

遵循与6.5.2部分中讨论的指导方针类似的填埋场和附录A～附录D详细叙述的用于各种恢复后用途的填埋场需要制订恢复计划。然而，恢复的某些方面对于已经关闭或现有填埋场也具有重要意义，恢复计划需要考虑这些差异。这些填埋场的特殊方面包括：

① 封盖系统和土壤。设计屏障层和选择恢复后用途必须考虑现场或填埋场所在地区可用于封盖和恢复的合适的材料。一般情况，大多数较老的填埋场没有足够的黏土或土壤，需要从填埋场外供应。努力保存土壤资源以便用于恢复并在适当情况下使用人工封盖材料（例如土工膜）和膨润土具有重要意义；

② 获得用于最终恢复的土壤时，应考虑过渡性恢复。在已经完成过渡性恢复的区域，在轻度耕作后，应在这些区域种草；

③ 应把污染控制系统的设计、安装和维护与恢复作为整体考虑。再次重申，为了把修补这些系统对土壤和植被的损害降到最低程度，建议进行过渡性恢复。如果安装了主动气体抽取系统，会出现沉降，恢复设计必须考虑沉降。

6.6 后期维护期间对环境污染控制系统的维护

6.6.1 概述

后期维护期间需要对排放物和环境介质持续监测，《填埋场监测手册》详细叙述了监测的最低要求。后期维护期间需要维护和保护的污染控制系统包括：

① 填埋场气体管理系统；

② 渗滤液管理系统；

③ 覆盖系统（包括排水系统）；

④ 地表水收集、储存和排放系统；

⑤ 地下水监测井；

⑥ 地表水监测点；

⑦ 许可证条款中规定的任何其他项目。

6.6.2 选择施工地点需要考虑的因素

最有效的保护措施是将监测系统的地上组件设计在不容易被损坏的位置。新的填埋场设计必须考虑填埋停止后连续监测的需要。现有填埋场，在考虑环境污染控制系统的基础上认真选择恢复后用途能够降低损坏的风险。

填埋场的设施容易受到故意损坏，需要采取适当的安全和保护措施。地上组件，特别是井口装置、气体设施、放空燃烧烟囱和被动式通风塔，容易成为被故意破坏的目标，所以需要特别注意。安全设计必须考虑健康和安全，特别是涉及室（穴）和存在火灾危险等地方的出入口。

填埋场的经营者必须保留地下设施通道的施工（交工）记录。在以后进行任何挖掘工作时，必须参考这些记录。在新的填埋场，土壤必须足够深，目的是防止破碎下层土或铺设场地排水系统时损坏填埋场设施。应记录所有地下管道系统（例如气体收集管、渗滤液输送管道等）的位置。这些记录必须放在现场，在填埋场开始任何工作时必须参考这些记录。

6.6.3 维护工作

6.6.3.1 引言

管道系统和井口装置的补救工作可能对填埋场恢复后用途产生重大影响。这时应进行过渡性恢复，目的是在过渡性恢复期间完成大部分补救工作而不是在全部恢复完成后进行补救工作。应采取适当措施，把对已经恢复土地的损坏降到最低程度。工作时间的安排、监督和使用的机械都是在实施补救工作前需要考虑的重要因素。把补救工作对恢复后用途的影响降到最低程度的好的做法包括以下内容。

(1) 就工作计划达成一致

为了把对恢复后用途的影响降到最低程度，应事先与恢复土地的使用者协商。特别应注意根据庄稼生长阶段、自然保护需要考虑的事项（例如繁殖季节）等选择工作时间。

(2) 监督

为了把对恢复后土地的损害降到最低程度，应监督工作开展情况。

(3) 把干扰降到最低程度

使用实际可行的最小工作区域和合适的出入路线。

(4) 土壤状况

在土壤状况合适的条件下工作并保证认真剥离和储存所有土壤资源以备再次使用。

(5) 使用合适的机械

使用避免/最低程度压实土壤的设备。

(6) 林地区域

雇用造林学家剪除工作区域以外但妨碍补救工作的树木和灌木。

(7) 恢复

应由景观美化承包商按照和最初工作一样的标准进行恢复。

6.6.3.2 填埋场气体管理系统

定期监测排气井并检查气井性能和气体产量，用来确定后期维护期间需要维护的区域。这些维护工作包括：

① 井和管道的修补；

② 包括新封盖井在内的扩建工作；

③ 将系统从被动排气系统改成主动抽气系统；

④ 重新定位气体放空燃烧系统；

⑤ 拆除和移除多余的构筑物。

一旦气体抽尽，应将气体设施拆除并拆除所有多余的设备。填埋场经营者必须保证需要做的工作对恢复后的用途和恢复后的场地的使用者的影响最小。

6.6.3.3 渗滤液管理系统

渗滤液系统需要定期检查和维护，包括：

① 渗滤液固定监测点；

② 渗滤液泵；

③ 渗滤液池；

④ 渗滤液处理厂和处理过程中使用的所有设备。

对渗透液系统的任何修补工作和改造都应以对恢复后用途的影响最小的方式进行。如果渗滤液收集系统出现问题，需要采取一些补救措施。如果可能，这些工作应沿场地边界进行，目的是使对恢复后用途的干扰降到最低程度。当不再需要渗滤液收集和处理系统时，经营者应把从收集池到存储池的所有渗滤液都清除。出于健康和安全原因，应用惰性材料回填这些设施，还应从现场将泵、处理设备和辅助建筑拆除。

6.6.3.4 封盖系统

应把封盖系统需要的维护降到最低程度。但是，在实行渗滤液再循环的填埋场，维护再循环系统将扰动封盖。关于渗滤液再循环的详细信息，参见《填埋场设计手册》。

填埋场不均匀沉降能导致出现积水的低洼地，需要的补救工作量将取决于沉降程度。为了填补低洼处，在一些区域，必须剥离土壤并拆除封盖。为了防止渗入水，将经过修补的封盖与原有封盖以合适的方式密封具有重要意义。

必须监测排放系统的有效性，必要时，应对排水层和/或地表水收集系统进行修补。

参 考 文 献

[1] Alther, G. R. (1983) 'The Methylene Blue Test for Bentonite Liner Quality Control' *Geotechnical Testing Journal*, Vol. 6, No. 3, pp133-143.

[2] American Society for Testing and Materials (1994) *ASTM Standards and Other Specifications and Test Methods on the Quality Assurance of Landfill Liner Systems*. ASTM, Philadelphia, PA.

[3] Bell, A. L. (1993) *Grouting in the Ground*, Thomas Telford, London.

[4] British Standards Institution (1986) BS 8004: *Code of Practice for Foundations*, BSI.

[5] British Standards Institution (1987) BS8007: *Code of Practice for Design of Concrete Structures for Retaining Aqueous Liquids*, BSI.

[6] British Standards Institution (1990) BS1377: *British Standard Methods of Tests for Soils for Civil Engineering Purposes*, BSI.

[7] Christensen, T. H.; Cossu, R.; Stegmann, R. (Eds.) (1992) *Landfilling of Waste: Leachate*, Elsevier Ap-

plied Science.
[8] CIRIA (1988) *Control of Groundwater for Temporary Works*. CIRIA (R113), London.
[9] CIRIA (1993) *The Design and Construction of Sheet-Piled Cofferdams* Special Publication 95. CIRIA (SP95), London.
[10] CIRIA (1993) *The Measurement of Methane and Other Gases from the Ground*. CIRIA (R131), London.
[11] CIRIA (1996) *Barrier Liners and Cover Systems for Containment and Control of Land Contamination* Special Publication 124. CIRIA (SP124), London.
[12] Commission of the European Communities (1996) 'Communication from the Commission on the Review of the Community Strategy for Waste Management Draft Council Resolution on Waste Policy', COM (96) 399.
[13] Coomber, D. B. (1986) 'Groundwater Control by Jet Grouting', *Groundwater in Engineering Geology* (J. C. Cripps, F. G. Bell and M. G. Culshaw eds.), Geological Society Engineering Geology Special Publication No. 3, London pp. 445-454.
[14] Council Directive (1980) on the Protection of Groundwater against Pollution caused by certain Dangerous Substances (80/68/EEC) (OJ L20 p43).
[15] Council Directive (1999) on the Landfill of Waste, (99/31/EC) (OJ L182/4).
[16] Daniel, D. E. (1989) 'In Situ Hydraulic Conductivity Tests for Compacted Clay', *Journal of Geotechnical Engineering*, Vol. 115, No. 9, pp. 1205-1226.
[17] Department of the Environment (1994) *Protection of New Buildings and Occupants from Landfill Gas*. Government Publications, Dublin.
[18] Department of the Environment (1995) *Specifications for Roadworks*, Government Publications, Dublin.
[19] Department of the Environment (1996) *Traffic Signs Manual*, Government Publications, Dublin.
[20] Department of the Environment (1997) *Sustainable Development: A Strategy for Ireland*, Government Publications, Dublin.
[21] Department of the Environment and Local Government (1998) *Waste Management-A policy Statement-changing our ways*. Government Publications, Dublin.
[22] Department of the Environment and Local Government/Environmental Protection Agency/Geological Survey of Ireland (1999) *Groundwater Protection Schemes*. Government Publications, Dublin.
[23] Department of Trade and Industry (UK) (1995) *Technology status report 017*.
[24] Environment Agency, UK (1996) *Restoration of riverine trout habitats: A Guidance Manual*, *Fisheries Technical Manual 1*. Environment Agency, UK.
[25] Environmental Protection Agency (1996) *National Waste Database Report 1995*. Environmental Protection Agency, Wexford.
[26] Environmental Protection Agency (1995) *Landfill Manuals: Investigations for Landfills*. Environmental Protection Agency, Wexford.
[27] Environmental Protection Agency (1995) *Landfill Manuals: Landfill Monitoring*. Environmental Protection Agency, Wexford.
[28] Environmental Protection Agency (1997) *Landfill Manuals: Landfill Operational Practices*. Environmental Protection Agency, Wexford.
[29] *Environmental Protection Agency Act 1992*. Government Publications, Dublin.
[30] ETSU B/LF/00474/REP/1 *A Review of the Direct Use of Landfill Gas-Best Practice Guidelines for the Use of Landfill Gas as a Source of heat*.
[31] Flower, F. B., Gilman, E. F. and Leone, I. A. (1981) *Landfill gas, what it does to trees and how its injurious effects may be prevented*. *Journal of Arboriculture* Vol 7, No. 2, pp 43-52.
[32] Forestry Commission (1987) *Trees and Weeds: Weed control for successful tree establishment*. Forestry Commis-

sion Handbook 2, HMSO, London.

[33] Gardiner, M. J. and Radford, T. (1980) *Soil Associations of Ireland and their land use potential*. An Foras Talúntais, Dublin.

[34] Gawn, P. E. (1991) *Landscape Architecture: Gas Monitoring Techniques*. In: *Practical Landfill Restoration and Aftercare of Landfill Sites*, Proceedings of a NAWDC Training Course, Welwyn, April 1991.

[35] Harris, M. and Herbert, S. (1994) *ICE design and practice guide: Contaminated land; investigation, assessment and remediation*. Thomas Telford, London, UK.

[36] Harris, M., Herbert, S. and Smith, M. (1994) CIRIA SP 101-112: *The remedial treatment of contaminated land*. CIRA, London, UK.

[37] Hawkins, K. and Latham. B. (1995) *Landfill Architecture: The Integrated Approach*. Proceedings Sardinia 95, Fifth International Landfill Symposium, S. Margherita di Pula, Calgliari, Italy; 2-6 October 1995.

[38] Hodgkinson, R. A. (1989) *The drainage of restored opencast coal sites*. *Journal of Soil Use and Management*, Vol 5, No. 4, pp 145-150.

[39] Holmes, J. (1991) *Introduction-Landfill and the future*. In: *Practical Landfill Restoration and Aftercare of Landfill Sites*, Proceedings of a NAWDC Training Course, Welwyn, April 1991.

[40] Hickey, D. (1997) *Evaluation of Environmental designations in Ireland* (Second edition). The Heritage Council, Kilkenny.

[41] Institution of Engineers of Ireland and Geotechnical Society of Ireland. (Draft) *New Specification for Ground Investigations*. IEI, Dublin.

[42] International Society of Soil Mechanics and Foundation Engineering (ISSMFE) TC 5. (1997) *Environmental geotechnics*. Jessberger & Partner GmgH, Bochum, Germany.

[43] IWM Scientific and Technical Committee. (1994) *Down to Earth Composting-of municipal green wastes*. IWM, Northampton, UK.

[44] Land Use Consultants (1992) *The use of land for amenity purposes-A summary of requirements*. The Department of the Environment (UK), HMSO, London.

[45] Land Use Consultants (1992) *Amenity reclamation of mineral workings; Main report*. The Department of the Environment, HMSO, London.

[46] Land Use Consultants in association with Wardell Armstrong (1996) *Reclamation of Damaged land for Nature Conservation*. Department of the Environment (UK), HMSO, Norwich.

[47] Latham, B. (1994) *The everlasting question of landfill settlement*. Journal of Waste Management, June.

[48] Lee, J. (1991) *Soil Mapping and Land Evaluation Research in Ireland*. In: *Soil Survey: Abasis for European Soil Protection*, Commission of European Communities, pp 39-56.

[49] *Local Government (Water Pollution) Act, 1977 (Water Quality Standards for Phosphorus) Regulations, 1998 (SI No. 258 of 1998)*. Government Publications, Dublin.

[50] Maher, M. J., Lenehan, J. J. and Staunton, W. P. (1993) *Spent mushroom compost: Options for use*. Teagasc, Kinsealy and Grange Research Centres, Ireland.

[51] Manassero, M., Van Impe, W. F. and Bouazza, A. (1996) *Waste Disposal and Containment*. Technical Committee on Environmental Geotechnics, ISSMFE, Preprint of special lectures from 2nd International Congress on Environmental Gotechnics, pp. 193-242.

[52] McClintock, D. and Fitter, R. S. R. (1974) *Collins Pocket Guide to Wildflowers*. Book Club Associates, UK.

[53] McKendry, P. (1996) *Landfill restoration: soils, specifications and standards*. IWM Proceedings, July, 1996.

[54] McLaren, R. G. and Cameron, K. C. (1990) *Soil Science: An introduction to the properties and management of New Zealand soils*. Oxford University Press. Oxford.

[55] Merrit, A. (1994) *Wetlands, Industry & Wildlife*. The Wildfowl and Wetlands Trust, Gloucester, UK.

[56] Moffat, A. J. and McNeill, J. (1994) *Reclaiming disturbed land for forestry*. Forestry Commission Bulletin 110, HMSO, London.

[57] Moffat, A. (1995) *Minimum soil depths for the establishment of woodland on disturbed ground*. Arboricultural Journal, Vol 19, pp 19-27.

[58] Mulqueen, J. (1998) *Depth, spacing and length of mole drains with application to afforestation*. Journal of Agriculture and Food Research, Vol. 37.

[59] National Power. (1994) *Engineering with Ash: Ash in the Landscape*. National Power, Swindon, UK.

[60] Olsen, P. and Collier, P. (1994) *Source-separated Waste Composting: the Quest for Quality*. Journal of Waste Management and Resource Recovery, Vol. 1, No 3, pp. 113-117.

[61] Polunin, O. (1976) *Trees and Bushes of Britain and Ireland*. Oxford University Press, Oxford.

[62] Pow, S. J. (1997) Pulverised fuel ash: its composition and weathering. In paper presented at 17th Annual Groundwater Seminar on *Soil and Groundwater Contamination and Remediation*, IAH (Irish), Portlaoise, Co. Laois, Ireland.

[63] Press, B. (1992) *Field Guide to Tress of Britain and Europe*. New Holland Publishers, London.

[64] Putwain, P. D. and Rae, P. A. S. (1988) *Heathland restoration: a handbook of techniques*. Environmental Advisory Unit, Liverpool University & British Gas, Southampton, UK.

[65] Ramsay, W. J. H. (1986) *Bulk soil handling for quarry restoration*. Journal of Soil Use and Management, Vol. 2, No. 1, pp. 30-39.

[66] Reeve, M. (1991) *Soil handling and restoration materials*. In: *Practical Landfill Restoration and Aftercare of Landfill Sites, Proceedings of a NAWDC Training Course*, Welwyn, April 1991.

[67] Rimmer, D. L. (1991) Soil storage and handling. In: *Soils in the Urban Environment* (eds) Bullock, P & Gregory, P. J. pp 76-86. Blackwell Scientific Publications, Oxford, UK.

[68] Royal Commission on Environmental Pollution. (1996) *Nineteenth Report: Sustainable Use of Soils*. HMSO, London.

[69] The Royal Society for the Protection of Birds, the National Rivers Authority and the Royal Society for Nature Conservation. (1994) *The New Rivers and Wildlife Handbook*. RSBP, NRA and Wildlife Trust, UK.

[70] RPS Clouston and Wye College (1996) *Guidance on good practice for the reclamation of mineral. workings to agriculture*. Department of the Environment, HMSO, Norwich.

[71] RPS Clouston and Wye College (1996) *The reclamation of mineral workings to agriculture*. Department of the Environment, HMSO, London.

[72] Ruark, G. A., Mader, D. L. and Tattar, T. A. (1983) *The influence of soil moisture and temperature on the growth and vigour of trees-a literature review*: Part Ⅱ. Arboricultural Journal, Vol. 7, pp. 39-51.

[73] *Safety, Health and Welfare at Work Act, 1989*.

[74] *Safety, Health and Welfare at Work Regulations (SI No. 44 of 1993)*.

[75] *Safety, Health and Welfare at Work (Construction Sites) Regulations (SI No. 138 of 1995)*.

[76] Simmons, E. (1992) Restoration of landfill sites for wildlife. *Journal of Waste Planning*, June, 1992.

[77] Simmons, E. (1992) The importance of restoration in waste disposal by landfill . *Journal of Waste Management*, December, 1992.

[78] Simmons, E (1996) Landscape design and vegetation management. *Journal of Waste Management*, February, 1996.

[79] Stewart, N. F. and Church, J. M. (1992) *Red Data Book of Britain & Ireland: Stoneworts*. The Joint Nature Conservation Committee, Peterborough, UK.

[80] Street, M. (1989) *Parks and lakes for wildfowl*. The Game Conservancy, Fordingbridge, Hampshire, UK.

[81] Sutherland, W. J. and Hill, D. A. (1995) *Managing Habitats for Conservation*. Cambridge University Press, Cambridge, UK.

[82] Teagasc (1994) *Soil analysis and fertiliser, line, animal manure and trace element recommendations*. Teagasc, Wexford.

[83] Teagasc (1996) *The concentrations of major and trace elements in Irish soils*. Teagasc, Wexford.

[84] Teagasc (1998) *Phosphorus and potash fertiliser recommendations*. Teagasc, Wexford.

[85] Teagasc (1998) *Census of Mushroom Production*. Teagasc, Kinealy Research Centre, Dublin.

[86] Thomas, B. R. and De Silva, M. S. (1991) Topsoil from Dredgings: A solution for land reclamation in the coastal zone. (Ed) Davies, M. C. R. *In Land Reclamation: An end to dereliction?*. Elservier, London, UK.

[87] Towers, W. and Horne, P. (1997) *Sewage sludge recycling for agricultural land: the Environmental. Scientist's Perspective*. Journal of the Chartered Institution of Water and Environmental Management, Vol. 11, No 2, pp. 126-132.

[88] UK Department of the Environment (1986) *Waste Management Paper No 26, Landfilling Wastes*. HMSO, London.

[89] UK Department of the Environment (1991) *Waste Management Paper No 27, Landfill Gas*. HMSO, London.

[90] UK Department of the Environment (1993) *Waste Management Paper No 26A, Landfill Completion*. HMSO, London.

[91] UK Department of the Environment (1995) *Waste Management Paper No 26B, Landfill design, Construction and Operational Practices*, HMSO, London.

[92] UK Department of Transport (1994) *Design Manual for Roads and Bridges Volume 10: Environmental Design: Section 4: Horticulture: The Wildflower Handbook*. HMSO, London.

[93] Van der Sloot, H. A., Heasman, L. and Quevauviller, Ph. (1997) *Harmonization of leaching/extraction tests*. Elservier, Amsterdam.

[94] Wallace, R. B. and Urlich, C. M. (1995) *Closure of landfills: future landuse*. Proceedings Sardinia 95, Fifth International Landfill Symposium, S. Margherita di Pula, Calgliari, Italy; 2-6 October 1995.

[95] *Waste Management Act (1996)* Government Publications, Dublin.

[96] *Waste Management (Licensing) Regulations, 1997 (SI No. 133 of 1997)*. Stationery Office, Dublin.

[97] *Waste Management (Licensing) (Amendment) Regulations, 1998 (SI No. 162 of 1998)*. Stationery Office, Dublin.

[98] *Waste Management (Use of Sewage Sludge in Agriculture) Regulations, 1998 (SI No. 148 of 1998)* Stationery Office, Dublin.

[99] White, R. E. (1979) *Introduction to the principles and practice of soil science* (second edition). Blackwell Scientific Publications, London.

[100] White, R. J. and Brynildson, O. M. (1967). *Guidelines for management of trout stream habitat in Wisconsin: Technical Bulletin No. 39*. Department of Natural Resources Division of Conservation, Madison, Wisconsin, USA.

[101] Wild, A. (Ed) (1988) *Russell's soil conditions & plant growth* Longman Scientific & Technical, Essex, UK.

[102] Wilde, A. (1993) *Threatened Mammals, Birds, Amphibians and Fish, Irish Red Data Book 2: Vertebrates*. HMSO, Belfast.

[103] Willoughby, I. and Dewar, J. (1995) *The use of herbicides in the Forest: Field Book* 8. The Forestry Authority, HMSO, London.

[104] Wilson, G. (1991) *Post closure problems on landfill sites*. In: *Practical Landfill Restoration and Aftercare of Landfill Sites*, Proceedings of a NAWDC Training Course, Welwyn, April 1991.

附录 A：为生活福利设施用途的恢复和后期维护

A.1 引言

生活福利设施涵盖许多种恢复后用途，从自然保护、休闲娱乐到正式体育运动，既包括水上又包括陆地上的设施。在进行为生活福利设施用途进行的恢复中，有许多可能影响填埋场恢复后用途选择的因素。这些因素包括：

① 区域和地方战略；

② 县城发展和废物管理计划；

③ 通过咨询当地体育运动团体和机构确定当地对非正式和正式体育运动设施的需要；

④ 通过咨询各种区域性和地方自然保护组织确定当地自然保护方面的要求；

⑤ 现场具体技术因素；

⑥ 长期管理要求；

⑦ 恢复所需花费；

⑧ 专门（包括残疾人）的出入设施；

⑨ 用于教育的潜力；

⑩ 敏感区域（例如特殊保护区域、建议的自然遗产区域、建议的专门保留区域、国家公园、景观/风景名胜区域及列入流域规划的区域）的环境称号和管理计划。

A.1.1 环境称号

填埋场恢复必须考虑填埋场内和/或在毗邻填埋场现有或建议的环境称号。未来填埋场的开发最好避开存在环境称号或建议授予环境称号的区域。现在，爱尔兰有许多现有填埋场位于或邻近有环境称号的区域。许多这些老的填埋场的运营是基于稀释和疏散的原则，所以有可能导致持续的环境污染。因此，需要根据填埋场的具体情况引进合适的措施，以减轻这些现有的填埋场产生污染的影响。任何建议的缓解措施都受现有法律或拟制定法律的管理。

重要的环境称号包括：

(1) 自然遗产区域（建议的 NHAs） NHA 称号是爱尔兰动植物自然栖息地保护体系的基础。所有其他与自然有关的称号与自然遗产区域（NHAs）重叠。在修改并通过《野生动植物法》之前，自然遗产区域（NHAs）只是建议性称号，没有法律依据。但是，《规划法》将涵盖关于防范一些损坏行为的内容。

(2) 特殊保护区域（SPAs） 由于鸟类物种的稀有性和脆弱性，自从 1981 年，爱尔兰法律已经要求按照《鸟类条例》（欧盟关于野生鸟类保护的条例 79/409/EEC）指定场地，目的是为了保护鸟类物种及其栖息地。

目前特殊保护区域的法律依据是《欧盟关于自然栖息地和野生植物群、动物群保护的条例 92/42/EEC》（栖息地条例）。该条例取代《鸟类条例》和《野生鸟类保护条例》（国际标准组织第 291 号，1985）。爱尔兰必须“采取适当措施，以避免栖息地污染、退化或干扰鸟类……”取得特殊保护区资格场地的称号是强制性的。该法一般也要求避免污染特殊保护区外的栖息地或使其退化。

(3) 专门保留区域（建议的 SACs） 授予建议的候选专门保留区域称号的法律依据是《欧盟关于自然栖息地和野生植物群、动物群保护的条例 92/43/EEC》，并作为《欧洲委员会（自然栖息地）条例》(国际标准组织第 94 号，1997）写入爱尔兰法律。该《栖息地条例》的宗旨是保护整个欧洲自然和半自然栖息地以及动植物物种。每个专门保留区域必须得到足够的保护，目的是给予该条例附录所列的栖息地和/或物种足够的保留。其中列出许多需要优先考虑的栖息地，应给予特殊关注。这些包括泥炭地、沙丘、石灰石路面和冬季湖。只有出于最重要的健康和安全原因，才能允许在优先考虑的栖息地进行损坏性开发。只有出于最重要的公众利益，才能允许在不需要优先考虑的栖息地进行损坏性开发（Hickey，1997)。

A.2 为生活福利设施用途进行的恢复

本书涵盖了下面所列的恢复后用于社会福利设施和自然保护的用途。但是，这些恢复后用途中有许多是非常特殊的，本书无法深入讨论，应参考 1996 年 Land Use Consultants & Wardell Armstrong 编著的《为自然保护恢复受损土地》和其他有关文献，以获得进一步信息。许多填埋场还提供不同用途组合，例如一些自然保护区还为当地社区提供休闲娱乐和教育机会。专家的意见是必需的，同时填埋场经营者、恢复专家和恢复后土地使用者之间的协商对于成功恢复极为重要。

· 运动和娱乐　运动场或游戏场
　　　　　　　高尔夫球场和高尔夫球推杆场
· 自然保护　　野花地和草地牧场

　　　　　　　林地和自然保护（包括在附录 B 中）
　　　　　　　荒原
　　　　　　　湿地和永久的开阔水体
　　　　　　　……

A.3 运动场

运动场对恢复的要求很具体，特别是对坡度、排水和草种混合物的要求。如果坡度很平缓或平坦，场地因此会对不均匀沉降很敏感。在预测会出现沉降的场地，建议进行过渡性恢复（见 6.5.3.2)。进行过渡性恢复可以在最终替换土壤和排水前修正坡度存在的问题。将环境污染控制系统与运动场布局和辅助设施整合在一起至关重要。必须设计气体和渗滤液管理系统，目的是使所有地上部件离开其他设施。

通常情况，运动场最好不要建在填埋了可生物降解废物的土地上。如果在这样的地上修建建筑，必须采用适当的工程技术和结构。必须清楚地知道在恢复的填埋场上进行开发有关的潜在危险。在设计运动设施时，必须考虑这些危险。与填埋场气体有关的潜在危险主要与甲烷的窒息性和爆炸性、CO_2的窒息性和缺氧有关。主动抽气系统可能需要安装组合的报警系统。建立气体连续监测系统是必须的。附录D给出了与在原填埋场场址上所建建筑物有关的潜在危险的详细内容。

正如所有其他最终用途，填埋场恢复后的后期维护计划中必须明确列出负责最终用途管理和恢复后长期维护的人员名单。

A.3.1 地形和排水

地形和排水要求取决于现场的具体情况，但具有以下特征：

① 运动场大小将根据用途变化。表A.1列出各种运动场的尺寸。

② 表面排水应良好、稳定并且没有不正常的情况。

③ 斜坡应有助于地表水流走，但不妨碍使用。标准坡度为0.6°（1％），与打球线垂直的方向；0.6°（1％），沿打球线的方向。

④ 换土期间应破碎土壤剖面，以减轻可能出现的土壤压实（见6.4.4.9）。

⑤ 必须采取有效的排水，确切的规范取决于各个填埋场的状况。设计和安装运动场排水系统需要专业技能。

表A.1 运动场规格尺寸

球场类型	长度/m		宽度/m	
	最小	最大	最小	最大
盖尔式足球和曲棍球	130	145	80	90
爱尔兰式板球	95	110	60	80
曲棍球、英式橄榄球、英式足球等	95	100	60	65

A.3.2 土壤和耕作

一般情况，运动场需要质地轻、砂含量高的土壤。理论上，应使用砂质壤土或壤砂土，最合适的土壤为砂：表层土为3∶1的混合物。这些土壤的肥沃程度合理，能够使草生长良好。这些土壤还应具有耐磨表面，能够承受各种天气条件下大负荷使用和磨损，因此还可以采用全天候砂毯设计。

—表层土：在惰性、带封盖的废物场上方，厚150mm。

—下层土：在惰性、带封盖的废物场上方，厚1m。

表层土应使用耙进行耕作并在播种后碾平。安置土壤期间，应咨询专家的意见。为了避免运动人员受伤，应把表层土壤的所有砂砾和石块捡起并清除。在播种前，必须使用耙子将表层土壤的砂砾和石块清除。

A.3.3 植被建立

理想的运动场应迅速建立，具有平整的表面，并且能够承受高强度磨损并从高强度磨损中恢复。大多数混合草基本上由迟抽穗、倒伏多年生草组成，这些草种的根茎生长促使草皮的破损处被快速填补。

混合草的组成包括：50％多年生黑麦草、20％草地早熟禾、20％大牛毛草、10％剪股颖草播种量：200 kg/hm^2。

一旦完成播种，应定期检查草坪的状况和排水系统的功效，进行以下维护工作：

① 剪草坪对于植被建立是一项重要的工作，因为修建草坪促进草长出分蘖并覆盖光秃地表。草的高度应保持在 20～35mm。

② 一般应在植被建立时施肥，随后每年进行施肥，但这需要通过土壤分析确认。肥料应分两次或更多次施用，每年应为该区域的每公顷草地提供 45kg 氮、10kg 磷和 45kg 钾。

③ 应控制杂草并在正确的时间使用合适的除草剂。对于施用速度、时间选择、健康、安全和环境保护方面，应遵循生产厂家的建议。

A.3.4 长期的后期维护

运动场的长期的后期维护涉及两个基本方面：植被管理和使用管理。运动场的长期植被管理将取决于要求的运动标准和使用频率，例如曲棍球要求的运动场地比爱尔兰式板球要求的运动场地更平整。运动场的定期维护包括剪草、耙松土壤以增加透气性、排水系统维护、碾平、用化肥追肥、松土、除杂草和一般性修护工作。

辅助设施管理将包括俱乐部和更衣室的维护、仓库维护、设备维护及划线。

A.4 高尔夫球场和高尔夫球推杆赛场地

将废物填埋场恢复成高尔夫或高尔夫球推杆赛场地需要专业技能，特别是与设计、排水、地形以及在发球区和球穴区建立植被和维护植被有关的专业技能（Adams and Gibbs, 1994)。起伏不平的区域可以被开发成半自然栖息地，并应考虑提供休闲娱乐功能（例如小路、定向越野比赛和越野赛)。

A.4.1 地形和排水

对地形和排水的要求取决于场地的具体情况和准备建的高尔夫球场的大小。一般情况，高尔夫球场要求带有各种凹坑、林带、树篱、水体等的起伏地形。场地的面积取决于要建的高尔夫设施。

① 大小。18 洞，50～60hm²；9 洞，25hm²；标准杆数为 3，18 洞，10hm²；高尔夫球推杆赛 2～4hm²；高尔夫球练习场 1～2hm²。

② 良好的排水很重要，斜坡应避免产生潮湿的洼地和霜穴。坡度的范围为：最小坡度 1°（1∶60)；最大坡度 14°（1∶4)。

排水系统需要维护，并且应定期检查排水效率。6.2.3.5 和本书第 2 章中给出了排水系统设计的详细内容。

A.4.2 土壤和耕作

一般情况，高尔夫球场需要弱酸性、质地好和没有石块的表层土。高尔夫球场中各个区域（例如发球区、球座与终点间的草地等）最适合的土壤类型应咨询专家意见。高尔夫球场一般不要求肥沃的土壤。土壤深度将随区域和所建的功能不同而变化，但一般的情况是：表层土，最小深度 150mm（安置后)；下层土，最小深度 1000mm（安置后)。

为了减轻土壤放置期间可能出现的土壤压实，需要破碎下层土。进一步的细节参见

6.4.4.9。耕种的种类和需要的机械是由所耕种区域决定，一般用带齿（叉）的耕种机，播种之后，应使用辊压机压实种子周围的苗床。播种前，应清除所有石块和砂砾。

A.4.3 植被建立

根据种植区域的不同，需要的混合草种不同。球座与终点间的草地要求带有一定比例根状茎草（例如紫羊茅）的优质草坪，目的是使植被迅速建立、击球伤痕迅速恢复。草还应相对耐磨。起伏不平的区域可以开发成半自然栖息地。球座与终点间的草地的混合草包括以下种类：40%紫羊茅亚种转换；35%紫羊茅亚种滨海木蓝；15%草地早熟禾；10%旱地翦股颖。播种量：180～300kg/hm^2。

为了美化景观并增加高尔夫球场的功能，应种植树木和灌木。植被种植应注意选择合适的物种、种植模式和树木维护方式，以便防止树荫过大遮蔽新种植的混合草种。树木的保护应注意防止割草机、修剪机和/或野生动物造成的树皮剥离。保证每棵树周围直径 1m 的区域没有杂草将有助于树木良好生长和种植。应就适合高尔夫球场的树和灌木的品种咨询专家的意见。

剪草需要对发球区和球穴区的草地做大量工作：一周剪草 5 次，每次还要进行松土、补草、杂草控制、施肥。球座与终点间草的最佳高度是 20 mm，对不平区域的维护还取决于植被特点。

肥料应根据割草方法和土壤分析结果确定施肥方法：一般施用人造复合肥；根据现场具体情况决定施用速度；应分次施用，1 年施用 2 次。

杂草控制需要在所有区域进行，特别是球座与终点间的草地、球穴区和发球区。任何有害杂草应现场及时处理。树木区域的杂草控制也具有重要意义（见附录 B.7.2）。

A.4.4 长期的后期维护

正如所有其他最终用途，填埋场恢复后护理管理计划必须明确列出负责最终用途管理和恢复后长期维护的人员。为了成功地将场地恢复成高尔夫球场，在实施恢复计划和随后的管理期间，有必要雇用有专业技能的人员。例如，高尔夫球场的恢复后长期维护需要专业高尔夫球场看守人，这些人负责球场的维护。一般情况，建议 18 洞高尔夫球场需要 4～5 名专职高尔夫球场看守人员，9 洞高尔夫球场需要 2～3 名专职高尔夫球场看守人员。需要做的维护工作包括剪草、除杂草、碾平场地、施肥、修补草坪表面、补草等。

长期的后期维护涉及辅助设施的管理。这些辅助设施包括已建建筑，即俱乐部会所、更衣室、酒吧等。需要维护的基础设施包括停车场、相连的道路和休闲娱乐设施。

必须清楚了解开发已恢复场地有关的潜在危险，辅助设施的设计和施工必须考虑这些潜在危险。填埋场气体的潜在危险主要与甲烷的爆炸和 CO_2 的窒息特性有关。在填埋生物可降解废物的填埋场，必须安装带有报警系统的主动抽气系统，而且需要连续进行气体监测。有关将填埋场恢复成硬地面用途的更多详细信息，见附录 D。

A.5 自然保护区

A.5.1 概述

建立自然保护区能够高效利用已经恢复的填埋场并可能实现综合利用，例如在吸引野生鸟类建立的栖息地附近提供观鸟隐蔽所。恢复工作能够建立新的栖息地，为增加生物多样性提供了可能。有一点具有同样重要的意义：在选择填埋场场址和引进适当的缓解措施期间，有必要考虑需要保护的重要的栖息地。例如，在某些情况下，物种（例如獾、蝾螈、植物物种等）迁移可能是一种可行的选择。根据《野生动植物法》，受保护物种的迁移需要取得许可证。这些物种由 Dúchas（“遗产服务机构”）发布。在现有填埋场和许可证制度没覆盖的填埋场，需要做的工作可能涉及重建栖息地和改善在填埋场开发期间进行的不敏感工程，例如重新排列水道。

同样，通过自然定植，许多被破坏的区域将能够发展成价值很高的栖息地，这些栖息地为当地、区域和全国的稀有物种和栖息地提供支持。如果恢复场地已经具有自然保护价值和成为建议建立的栖息地，专业生态学者应该是恢复小组的组成人员。

如果将自然保护和缓解建议融入恢复计划，从规划、设计到后期维护计划的整个填埋场的生命周期都需要考虑一些关键性原则，应考虑以下方面。

① 规划应考虑额外的土地需求。这些土地用于在填埋场以外重建填埋场开发期间破坏的栖息地。规划适用于湿地区域和永久开阔水体。湿地和水体的存在将大大增加填埋场的景观和野生动植物价值，但不应该增大使渗滤液量增加的风险。在惰性废物和已填埋区域以外的场地边缘处可以考虑建池塘和湿地。

② 咨询所有相关自然保护机构，例如 Dúchas（“遗产服务机构”）以及中央和区域渔业部门。

③ 当地社区的意见。

④ 填埋场内和填埋场周围现有自然保护区，例如现有栖息地可以为已恢复地区提供种子来源。

⑤ 使用本地物种（野花和树木）和爱尔兰其他常见物种。

⑥ 场地大小的影响。一般情况，场地越大，自然保护与其他用途成功融合的可能性越大；场地越小，越需要小心确保其他用途不破坏自然保护。

⑦ 时间表。对于自然保护，恢复时间表是一个需要考虑的重要方面，特别在很容易看见和被认为丑陋的填埋场以及采用自然定植的填埋场。时间表也可提供利用试验区评估植被建立成功与否的时机。

⑧ 后期维护管理。自然保护区需要专家管理动植物生活环境和自然保护区的使用。对于使用情况良好的填埋场或环境教育/社区参与是主要目标的填埋场，园艺是重要的方面。

⑨ 监测。为了确定是否达到自然保护目标，需要进行监测。这种做法使得在没达到目标时能够研究改正措施和替代方案。

A.5.2 植被建立技术

大量在被破坏的土地上建立植被和创建栖息地的技术已经或正在开发出来。采用的技术取决于填埋场的具体特征、当地和本土物种的使用情况。在能够获得当地和本土物种的情况下，鼓励使用当地和本土物种。在任何情况下，建议使用爱尔兰本国种源。选择适当的植被建立技术时，应向风景园艺家咨询专家建议。建立技术的种类包括：鼓励加速自然 植和演替；草皮移植；转移土壤、废物；使用富含种子的废物和未加工的干草；局部补草、 草和修剪。

1996 年 Land Use Consultants & Wardell Armstrong 出版的《用于自然保护的受损土地的恢复》中给出了上述方法的具体细节。确保土壤来源地不是现有环境称号或待定环境称号指定的区域具有重要意义。

A.5.3 野花草地

野花能够生长成一片纯粹的野花或与合适品种的草混杂生长。在爱尔兰的气候条件下，与具有商业价值、生长旺盛的改良草混杂生长的野花的生长不好，因为草生长得旺盛，需要更多的维护。需要混杂的物种类型随着填埋场的主要情况不同而变化。选择合适的与野花混杂的草必须考虑场地排水、土壤类型、pH 值、现有植被和肥度。

野花草地还将吸引蝴蝶并且能够作为创建或保护必要的野生动植物廊道。场地恢复使用出现在当地并且适合于该地区的物种具有重要意义。播种前，填埋场恢复方应及早与野花生产商沟通，目的是为了能够采集当地的种子并与其他植物的种子混合。本节的内容将介绍对建立野花草地的一般要求。有关各种野花草地和建立技术的进一步建议，参见 Design by Nature1998 年编著的《爱尔兰野花手册》。

A.5.3.1 地形和排水

建立野花草地对地形和排水的要求取决于场地的具体情况，但一般来讲，最佳的地形是平缓起伏的地形，这种地形会与周围风景融合。为了使侵蚀降到最低程度，基质应稳定。

A.5.3.2 土壤和耕作

在肥度低、可利用氮和可利用磷低的基质上，最容易建立野花花丛和野花草地。如果采用适当的剪草和放牧制度，氮量不足使得许多生长速度不同的物种能够以半稳定平衡态共存。适当的剪草和放牧制度抑制生长更旺盛的植物和不想要的侵入物种。适合野花的基质包括很浅（25～50 mm）的表层土和下层土。一般情况，肥度低的干燥下层土或土壤形成母质是最佳基质。但是，潮湿土壤最适合建立混杂湿地野花。如果土壤肥沃，基质一般不需要表层土。野花草地的土壤耕作需要采取以下管理措施。

① 应使用合适的混合物种，例如西洋蓍草和野生胡萝卜。这些物种将把多余的氮用尽。在可能存在土壤侵蚀的斜坡上，应种植形成密集纤维质/木质垫状根（例如根状茎）的品种，例如西洋蓍草、生草丛，它可以帮助土壤颗粒结合在一起。

② 定期修剪草地清除剪下来的草。

③ 为了降低肥度，在播种前和播种期间应使用保护作物。

④ 可以将小型场地的很肥沃的表层土清除，特别在建议种植单一品种野花、降雨量低的填埋场。

为了减轻土壤压实，可能需要破碎下层土。苗床要求牢固、质地细腻、没有杂草。通过在播种前耙地，然后碾压，并在播种后再次用 V 形镇压器碾压可以获得这样的苗床。土壤的养分状况应通过土壤分析评价，并且在耕作期间，应添加某些改良土壤的物质，例如添加有机物。为了防止更多生长更旺盛的高大植物遮蔽更多开花植物，恢复后用于野花和野花草地的土地的养分含量应该低。播种期间正确地控制水分非常重要。

A.5.3.3 植被建立

植被建立的方法包括自然定植、新鲜干草、草皮移植或用传统方法播种野花种子。

(1) 种子混合比例和播种量　在完成基础调查后，应利用所记录的物种混杂情况确定适合填埋场具体情况的种子混合比例。混合野花种子可以包括以下情况。

① 只有野花（一年生、二年生和多年生）。一年生和二年生野花可以作为多年生野花的保护作物，并且在最初几年开花。为了防止多年生野花被抑制死亡，可能需要割除一年生和二年生野花。播种量为 15～20kg/hm^2。某些情况下，该播种量包括保护作物。

② 野花（一年生、二年生和多年生）和草。草的品种应适合与野花一起生长，并使用在爱尔兰常见的品种。种子混合比例应由 80%草种和 20%野花种组成，并且播种量应为 40kg/hm^2。

③ 在很肥沃的土地上，应再播种 5kg/hm^2 花种；在很贫瘠的土地上，应少种 10kg/hm^2 草种，除非草用于稳定土壤；

④ 应分别获得野花种和草种，因为后者可以用机械播种，而野花是手工播种。

理想情况下，为了保证当地的基因类型不变，应从现有的、当地物种丰富的草地获得种子。再次重申，保证种源地不是已经命名的具有环境称号的区域。另一个替代方法是使用通过商业途径获得常见的爱尔兰野花种和草种混合种。在选择合适的种子混合比例之前，应根据各个填埋场的具体情况咨询专家的建议。

附录 P 列出了适合野花丛和野花草地的野花和草的品种。

(2) 播种时间的选择　在潮湿天气到来前，可以在一年中的大部分时间播种。如果土壤温度高于 4℃，最理想的播种时间是 8 月中旬至 9 月下旬或最晚至 10 月。如果在早秋播种，第二年应该开花。如果在晚秋和春季［2 月至 5 月或 6 月（如果天气冷或潮湿）］播种，植物在生长一年后会开花。播种前应就播种时间咨询专家的建议。

(3) 杂草控制　如果在播种前没适当地清理场地，草地上会出现杂草。这时需要施除草剂或手工拔除的方法控制入侵型杂草，例如羊蹄草、荨麻、蓟、狗牙根草。如果出现的杂草数量大，建议使用除杂草剂，特别是当杂草高过植物的时候。当从场外引进土壤或进行过草皮移植时，杂草最可能引起问题。但是，定期割草将降低大多数杂草的竞争力，因为花固定养分。

(4) 肥料　理想情况下，应建立试验区，以便评价建立植被和恢复后护理对养分的需求，因为这些随填埋场不同而不同并且取决于恢复时使用的土壤/基质的性质。在分期恢复的早期可以进行此项工作。在养分贫瘠的基质上，应施用 20～30kg/hm^2 氮和 10kg/hm^2 磷。

A. 5. 3. 4　长期的后期维护

为了保证成功建立植被，在最初 3 年必须进行种植后集约管理，并且应咨询专家的建议。维护时间的选择至关重要。作为野花和草混杂生长的一般规则，应把野花和草剪到 10cm 高，并且当它们的高度超过 15cm 时，应再次修剪。对于纯粹的野花丛，当生长高度超过 20 cm 时，应修剪野花。除了一年生和二年生植物以及保护作物，所有播种的植物必须在第一年定期修剪，特别在混合种子中包括草种的情况下。在任何时候都应清除割下来的干草，目的是防止在土地表面形成草垫。

传统野花草地通过放牧或修剪制度进行管理。恢复后的野花区域的管理应以效仿能够形成这种草地物种多样性的管理实践为管理目标。除去花的花朵不损害植物，但保证植物旺盛地生长，使得植物在来年开出更多的花。

修剪时间和强度取决于场地和地点，并且应与割草和放牧综合考虑。建议放羊而不是放牛，因为这样将降低践踏草地的风险。在存在流浪狗的地方，避免放养绵羊。每年应进行监测，以评价发芽率和植被建立速度。发芽率和建立速度将决定随后的补救工作。

A.5.4 欧石楠荒地

A.5.4.1 概述

欧石楠荒地是基本没有树、小灌木［苏格兰石楠（彩萼石楠）和石楠科灌木亚种］占主导地位的开阔地。欧石楠荒地的特点是肥度低的酸性薄层土壤，这种土壤呈现出一定程度的灰化，pH 值为 3.5～5.5。将填埋场恢复成欧石楠荒地最好在附近已经存在欧石楠荒地的填埋场进行，这些欧石楠荒地能够提供种源和植被。恢复的目标是在适合的地点、地形和地下水状况下完整的补充物种（包括非维管植物，例如苔藓等），而不是仅仅是覆盖欧石楠。恢复期间，应考虑对其他相关栖息地的影响，特别是对有树和灌木的栖息地、酸性草原和池塘周边的影响。

A.5.4.2 地形和排水

恢复的欧石楠丛生的荒地应与周围的风景融合。地表侵蚀是恢复欧石楠荒地过程中的主要问题。欧石楠幼苗能被水冲走或因片状侵蚀、雨水飞溅或冰冻隆胀而受损。减少土壤侵蚀的方法包括使用伴生作物、林业生产产生的碎片和剪下来的嫩枝条。重要的是，地形为欧石楠荒地的建立提供合适的排水条件。

A.5.4.3 土壤和耕作

欧石楠荒地在存在一定程度灰化并且 pH 值为 3.5～5.5 的酸性土壤上形成。在爱尔兰，在与泥炭灰壤、石质土和出露岩石、棕色灰壤以及石质土形成的土壤组合，即 Gardiner 和 Radford 编著的《爱尔兰土壤组合及其土地使用潜力》中规定的土壤组合 1、4、9 和 23，发现这种类型的栖息地。典型的欧石楠荒地土壤剖面分层清晰并带有泥炭腐殖层，欧石楠荒地需要的土壤深度随填埋场具体情况不同而不同并且取决于采用的建立技术。当存在深度通常不足 150mm 的上层泥炭有机层时，欧石楠荒地土壤可以很浅。但是，如果使用土壤或草皮移植，建立欧石楠荒地需要的土壤量将和供区现有的土壤量相等。

下层土需要的破碎（为了减轻压实）程度取决于要建立的欧石楠荒地类型，即干欧石楠荒地或湿欧石楠荒地。在利用欧石楠枯枝落叶或自然定植建立植被的地区，应通过深度 100mm 的耕作建立稳固、易碎的苗床。

A.5.4.4 养分要求

建立欧石楠荒地需要的养分量取决于被替换的土壤中现有的肥度。通常，欧石楠荒地的土壤中的可利用磷和氮不足。理想情况下，为了确定成功恢复所需要的养分量，在大规模恢复工作开始前，应进行现场试验。其目的在于为欧石楠荒地物种欧石楠和石楠科灌木提供足够的磷，但还应避免提供过多的磷，因为施用过量磷将引入来自保护作物和草的竞争。有时候如果土壤酸性很高，可能需要施用石灰。

A.5.4.5 植被建立

欧石楠荒地的植被主要是常绿矮灌木，特别是石楠科的成员。确切的物种组成（欧石楠、草和诸如越橘、金雀花等植物）将取决于土壤特性、排水、海拔高度和地理位置。植被建立的目标是恢复当地固有并且适合填埋场条件的物种。许多方法已在恢复的填埋场的欧石楠荒地植被的建立中成功运用［关于建立技术的详细信息参见 Land Use Consultants & Wardell Armstron，（1996）以及 Putwain 和 Rae（1988）］。这些信息包括：自然定植；欧石楠荒地草皮移植；欧石楠草皮移植；收割的欧石楠枯枝落叶/欧石楠嫩枝条；商业移植。

欧石楠植被建立采用的方法由现场具体情况决定，建议使用当地嫩枝条作为树苗源。草皮移植和土壤转移需要供区，并且采用这些技术的动力是抢救即将失去的现有栖息地，而不是创建栖息地所必需的。已经拥有环境称号或待定环境称号的地区不应作为供区。自然定植适用于靠近欧石楠荒地的填埋场。荒地枯枝落叶的使用不需要破坏现有栖息地。

· 苗圃物种

为了固定裸露的土壤并在土壤表面提供促进发芽的微环境，可能需要播种伴生物种。重要的一点是伴生物种不产生抑制欧石楠荒地建立的浓密草地。合适的草种包括：普通剪股颖，如糠穗草；曲芒发草，如卷发草；羊茅，如细叶羊茅草；紫羊茅亚种，如紫羊茅。

播种量：播种量应该低，大约为 20kg/hm^2。

在基质容易被侵蚀的地方，应用一薄层修剪下的碎树枝（为了进行间苗，将较低的树枝剪下来）将新近播种的区域覆盖。替代办法是使用人工合成材料，例如固定在土壤上的黄麻土工布。

A.5.4.6 恢复后长期维护

所有的恢复后维护管理要求都应以恢复后维护管理计划为指南，恢复后维护管理计划应详细叙述恢复荒地的植被和生态管理。为了评估恢复结果，需要对荒地进行监测。恢复后维护管理包括以下方面。

（1）保护/围栏　新建立的荒地土壤很容易受损害，特别容易因践踏而受到的损害。在恢复后的最初 5 年，为了把放牧牲畜挡在外面，需要用围栏把已恢复的区域围起来。

（2）除杂草　扰动荒地表层土可能促进诸如疣枝桦（白桦树）或绒毛桦、荆豆（金雀花或荆豆属植物）和灯芯草亚种（灯芯草科）发芽，特别能促进普通金雀花（刺金雀花）和杜鹃花（彭土杜鹃）发芽。普通金雀花可能引起火灾，杜鹃花是侵略性很强的外来杂草。进行杂草控制时，辨别普通金雀花（刺金雀花）与西方金雀花或秋金雀花（*Ulex galii*）具有重要意义。西方金雀花或秋金雀花（*Ulex galii*）是爱尔兰欧石楠群落中的矮生品种，其火灾危险等级与普通金雀花的不同。在已经恢复的填埋场，需要控制金雀花，特别是在林业种植园和/或私人住宅附近的填埋场。施肥也可能使蓟和羊蹄草生长出来，因此，为了除去不想要的植物品种，将需要手工拔出或用除草剂现场处理。

（3）肥料　在大多数填埋场，不需要再施肥，因为为了控制苗圃作物的生长，需要使土壤肥度保持在低水平。但是，在养分状况很差的填埋场，在恢复后的 2～3 年内可能需要施一些肥料，应使用磷含量相对高的缓释肥。

（4）放牧/修剪　欧石楠荒地的传统管理方法是放牧、烧荒或修剪。为了建立植被，在恢复后的最初 5 年不应允许放牧。理想情况下，应按欧石楠年龄建立分级管理并提供防火带，不建议在已经恢复的填埋场烧荒。放牧通常是维持传统欧石楠植物群落的最佳方法。现场的具体特点（诸如欧石楠的年龄、存在的草品种的比例和当地气候）决定牧养动物（即绵羊、牛、马等）的选择和放养密度。植被的消耗量不应超过当年生长量的40%。

A.5.5 湿地和池塘

A.5.5.1 概述

湿地和池塘大大增加了恢复的填埋场的景观和野生动植物价值。作为众多野生和涉水禽类、无脊椎动物、边际植被、水生植被、两栖动物和鱼类繁育和越冬的栖息地，湿地和池塘具有重要意义。湿地和池塘应考虑建在填埋场周围的非填埋区、规划阶段预留的指定区域和/或接受惰性废物的填埋场。芦苇床的使用可促进沉淀物沉淀并可吸收一些污染物。湿地通常与排水不良有关并且下方的土壤黏土含量相当高或者下方的地下水水位高。典型的湿地草地包括季节性或永久性适应积水条件的草和草本植物。

在设计湿地和池塘时，考虑各种栖息地植被种类的连续统一和与浅池塘中演替有关的植被阶梯具有重要意义。图A.1所示为与湿地和池塘有关的植被阶梯以及用于描述湿地植被分类的分区，即：

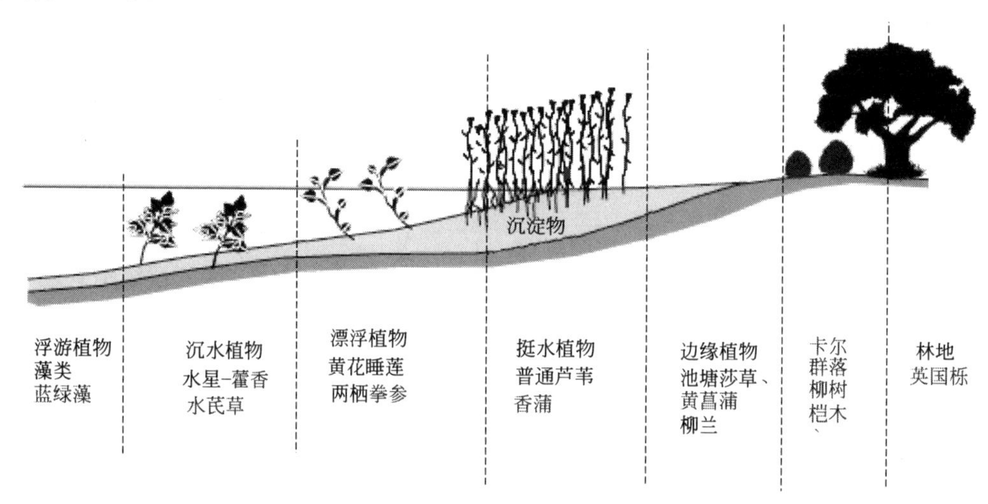

图A.1 湿地和池塘植被阶梯图解

（资料来源：Merrit，1994）

① 水生植物——浮游植物、沉水植物和漂浮植物，例如藻类、水马齿、黄花睡莲；

② 边际植物/挺水植物，例如普通芦苇、两栖拳参；

③ 边缘植物，例如池塘莎草、柳兰；

④ 卡尔群落，例如柳树、桤木；

⑤ 林地——例如橡树、岑树、桦树、欧洲花楸。

对野生禽类价值最大的水体是面积大、支持挺水物种的浅水体。最可能形成浅水食物供给地的池塘区域是岸线地带。

各种大小的水体都可能对自然保护有价值，尽管有些物种需要大面积的食物供给和繁殖区域。通常情况，水体的边缘长度和浅水比例比表面积更重要。推荐的岸线是包括半岛和岛屿、长轴与盛行风成90°、变化不规则的岸线。图A.2所示为各种类型的岸线。图A.3所示为鼓励鸟类繁育设计的岛的形状。水体的水质好并且能够利用水闸控制和改变水位非常重要。在动物繁殖季节，可能需要控制公众出入。

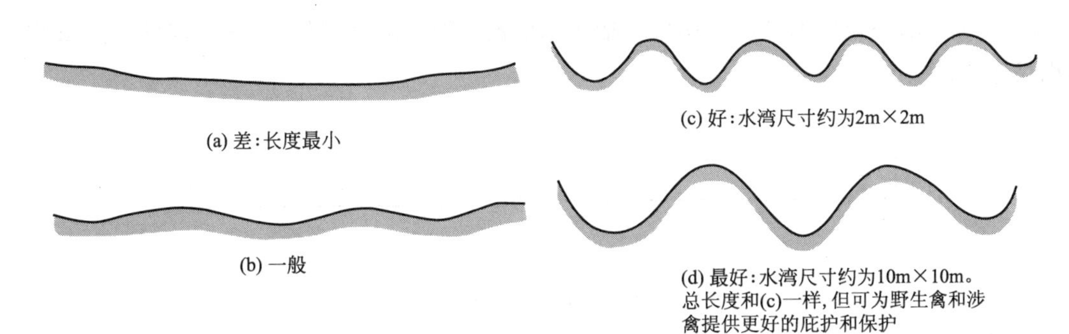

图 A.2　水体岸线图解

（资料来源：Andrews 和 Kinsman，1990）

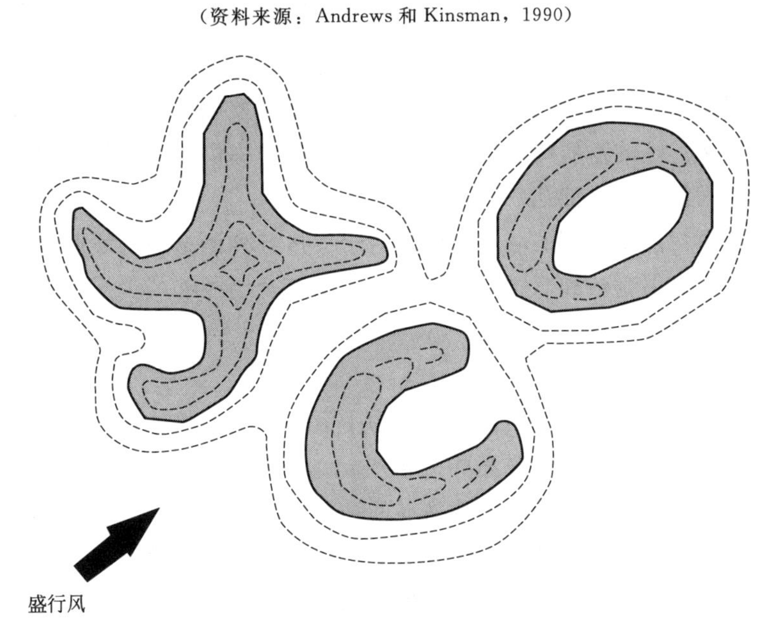

图 A.3　适合鸟类繁育的岛的形状

（资料来源：Merrit，1994）

A.5.5.2　地形

（1）深度　野生禽类生存的最基本的需求是具有最大水深 1500mm 的大面积浅水区。该浅水区支持边际物种和挺水物种，可提供良好的觅食条件。该浅水区域最大可以占水域总面积的 2/3。不平坦的湖床符合生物生产率和栖息地多样性的要求。改变水位的设施具有重要意义。

（2）岸线和岛屿　带有受保护的水湾、半岛和纵剖面低的岛屿的变化不规则的岸线对于鸟类具有重要意义。通过形成长轴与盛行风成 90°的长岛屿或半岛提供栖息区域。这些岛屿为在其下风侧的鸟提供裸露的岩石或鹅卵石滩。这些岛屿应在池塘中交错排列，以便使一个岛提供的庇护所与下一个岛提供的庇护所有重叠之处。岛的理想形状是马蹄铁形或半圆环礁形或十字形，开口方向避开盛行风（见图 A.3）。

恢复期间，应建立各种水下栖息地，例如用 150～200mm 厚的砂层、砂砾层或大石块层覆盖池塘底。

（3）岸坡　岸的坡度应尽可能平缓，最理想坡度为 1∶5 或更小，直接向下延伸至深水区。图 A.4 所示为合适的坡度。岸坡包括边际植被，而且坡度突然改变使水深超过 2m 将起到积极作用。

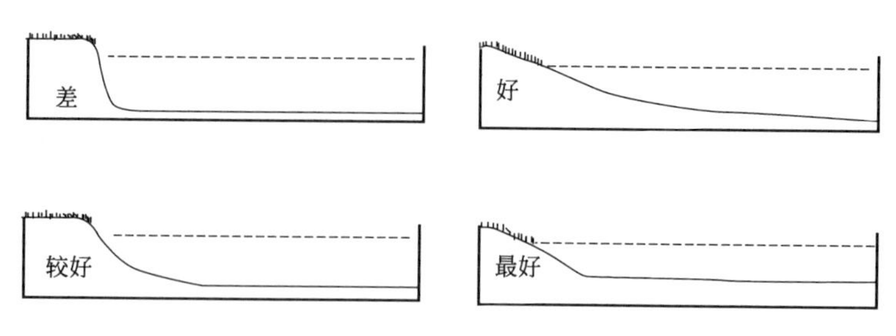

图 A.4 适合野生动植物的岸坡图解

（资料来源：Street，1989）

（4）水位控制和水质　可以通过使用水闸、坝和堤等控制水位。控制水位的能力对于有效管理具有重要意义。好的水质将允许为沉水植物的生长提供最大量的透射光。改善水质的方法包括使用淤泥收集器、沉淀池、芦苇床等。

（5）边缘栖息地　池塘周围的陆地的管理对于促进各种栖息地的发展至关重要。种植合适的树和建设护堤能提供遮蔽和庇护。填埋场周围的安全堤能够减少干扰和偷猎。应遮蔽进入通道，为了是使动物看不见人出入。

A.5.5.3 土壤

水生植物的建立不必需土壤。但是，如果为了吸引野生禽类，在种植湾加 300 mm 表层土和在湖床加 150mm 表层土能够提高养分水平，为生物提供食物来源，加快植物生长速度。建立岛屿的土壤构成应反映要占据该岛鸟的种类，例如河口鸟（长有长喙）需要松软土壤，而翻石鹬需要多石基质。添加养分时应小心，因为这样可能导致富营养化和缺氧。在加入任何土壤之前，应进行土壤分析和计算养分收支。

为了给食草水禽制造生长有营养的草的区域，应把肥沃的没压实的表层土撒在岸上。在指定用于种树的区域，必须进行减轻压实的工作并且必须排水良好。有关种树和管理的更多细节，应参见附录 B。

A.5.5.4 植被建立

对于每个生态区位，需要有不同的物种，并且应该包括：为昆虫生产食物和提供栖息地的沉水植物；提供遮蔽、保护和庇护的挺水和边际植物；生产牧草的草地；用于筑巢保护和庇护的树和灌木。

附录 Q 列出了适合在湿地和池塘种植的物种。

通过自然定植，植物在新建立的水域将非常迅速地生长，需要对此进行控制，否则再次生长的植物群落将只被一些物种（例如柳树和香蒲）控制，从而减少栖息地的多样性。

种植的方法有很多，需根据各个填埋场的具体情况来决定。如果能够得到，应从当地生长的现有林中选择合适的植物。但是，在移出和种植前，应咨询专家的建议。边际植物和挺水植物的根状茎可以用叉子挖或拔出，这些根必须保持湿润并迅速移植，可以将根茎部分踩进或按进刚好超过水线的土壤中。沉水和漂浮植物的种植深度应与采集这些植物时的深度相似，并保证嫩枝条尖在水上方。漂浮植物可以简单地扔在水上来进行移植。一些沉水植物需通过插条生长，其他产生块茎或越冬芽的沉水植物，可以在秋季将这些植物的茎芽收集起来并撒在水上进行移植。

A.5.5.5 恢复后长期维护

制订的恢复后维护管理计划应列出管理要求和负责维护的人员。恢复后维护包括：控制演替和入侵杂草；岸坡和周围植被的修剪和放牧；维护新种植的树；管理的具体区域，包括岸坡、岛、有植被的浅滩；监测水质和控制水位。

经过较长时间后，由于泥沙沉积，水体可能开始干涸。这最终将使湿地和池塘自然演替至林地。在浅水区域或沉积速度快的地方更可能出现这种情况。为了在泥沙进入水体前将淤泥收集起来，可以建淤泥收集器。如果需要，池塘清淤将把聚集的有机物清除。在保护野生禽类不是主要目的的地方，自然演替能够产生有益效果。随着时间迁移可形成不同类型的栖息地。

A.5.6 水道的改道和改善

A.5.6.1 概述

水道改道涉及把现有通道换成全新通道，在大多数填埋场应尽可能避免这种改道。但是，如果水道改道不可避免或现有水道已经退化，这是一个改善和建立栖息地的机会。新水道应尽可能与原有水道一样，所以实施“镜像”计划通常是水道改道首选的方法。

A.5.6.2 勘查要求

在填埋场实施任何改道或改进工作之前，应对现有溪流和河流的特点进行勘查。勘查将确定水道的野生动植物价值并了解该地存在的物理过程。任何想进行水道改道或建设旁路通道的人都必须能够认识并了解河流与漫滩、河流形态和冲刷过程间的水文和生态联系。对现有和新填埋场的勘查应包括：河流形态勘查；河流廊道勘查；植物勘查；水獭调查；鸟类调查；鱼类资源评价和调查；无脊椎动物调查；两栖动物调查。

有关调查方法的进一步细节，参见1994年由皇家保护鸟类学会、国家河流管理局和皇家自然保护学会出版的《新河流和野生动植物手册》。其他有用的参考资料包括：《河流鳟鱼栖息地的恢复指导手册》、1996年英国环境署出版的《野生动物保护联合会渔业技术手册》和《威斯康星州鳟鱼溪流栖息地管理指导方针》——第39号技术公告（作者White和Brynildson，1967）。

应把环境保护和改善融入设计过程，这些工作需要专业技能并且应咨询所有相关机构，这些机构包括：中央和地区渔业管理委员会；Dúchas遗产服务机构；公共建设办公室水文测量部；地方政府；地方野生动植物和钓鱼群体。

A.5.6.3 改道需要考虑的事项

为了成功地进行改道或旁路建设工程，应采取以下步骤（皇家鸟类保护协会、自然资源管理局、野生动植物联合会，1994）：

① 核查现有和待定的环境称号，例如鲑鱼水域称号。

② 考虑现场所有改道可选方案，例如旧的曲流痕迹能够提供场地的替换路线。

③ 为了保持河的坡度并便于重新建立与原始状态相似的状态，必须建立长度一样的通道（如果在之前缩短的河道上建，长度加长）。

④ 应挖掘自然通道，即在转弯处外侧建峭壁，内侧建浅滩，水道底部高度有变化并很少有直线段。

⑤ 河岸带是水生环境与陆地环境的过渡区域，为野生动植物提供变化丰富的生活环境。种植计划应考虑各种栖息地（从沿岸生长的树到漂浮植物和沉水植物）的连续统一性。

⑥ 如果可能，现有物种应迁移到新的水道。这样，在重新种植河畔植物前，河流可提供使物种在其新的空间布置内定居的时间。随着时间迁移，水道将出现物种的自然重建。如果条件适合，应帮助自然重建。

⑦ 暴露的、容易被侵蚀的土壤需要某种形式的保护，保护形式可以是无变化斜坡或护岸，这应向中央渔业管理委员会和公共建设工程办公室工程部咨询专家的建议。如果需要护岸，应使用能够生长并随着时间推移加固堤岸的活木材。应局部抬高水道底部，以避免使沙和砂砾暴露，沙和砂砾容易受侵蚀。在暴露不导致危险的地方，应建立浅滩。

⑧ 在关闭原有通道前，应邀请地区渔业管理委员会抢救鱼类。

⑨ 使河流不具有精确、固定的几何形状具有重要意义。随着工作推进，应花时间进行水道几何形状的改动。

附录 B：为林地用途的恢复和恢复后护理

B.1 引言

在已经恢复的废物填埋场上种树和建立林地是一种具有吸引力的恢复形式。在废物填埋场种植合适的树和建立林地，为将填埋场与附近的土地用途融为一体、改善当地景观、改善野生动植物生活环境和提高物种多样性提供可能，并且为建设生活福利和娱乐设施提供机会。在大多数已经恢复的废物填埋场，在一定程度上都要种一些树。种树的主要目的是进行景观融合。这通常包括种植灌木篱墙、独树种植、建立周界屏障和在较小的区域种树和灌木。需要考虑的其他因素包括：

① 封盖系统；

② 填埋场接受的废物类型；

③ 预期沉降速度；

④ 与环境污染控制系统的整合；

⑤ 土地使用区划/开发计划；

⑥ 当地社区的需要；

⑦ 公众的出入。

B.2 近期的研究发现

过去，人们担心树根可能损坏填埋场封盖系统，从而不鼓励在填埋场种植树木。早期的研究工作研究了各个树种根的生长模式和影响扎根的因素。这些研究发现，尽管基因遗传特性对于根的分布起重要作用，但与基因相比，现场的影响，特别是土壤条件，对于决定根的深度的意义更大。在土壤条件限制根的生长时，根的深度最终由树保持根继续生长的能力决定。在水分、通气和力学特性对根的生长有利的土壤的部位，根将继续生长。

最近，英国林业管理局进行的研究工作（Dobson 和 Moffat，1993，1995 以及 Bending 和 Moffat，1997）做出结论：鼓励在曾经接受生物可降解废物的已经恢复的废物填埋场种树，但需要根据建议进行。主要建议包括：

① 厚度 1.0m、压实后的堆密度 1.8～1.9t/m^3、水力传导度 1×10^{-9}m/s 的黏土封盖能够防止根穿透。但是，在想种树的区域，应使用人造阻挡层，以增加黏土封盖的效果，除非现场和实验室物理分析表明该区域已经达到对于黏土密度和渗透性的要求。

② 只要在黏土封盖上方使用排水层，就应在要种树的区域下方的渗透性填土上方放置土工织物膜。

③ 在将土壤放置在所有要种树的区域后，土壤（表层土和下层土）厚度至少应为 1m。

④ 只应种植以不威胁封盖系统完整性的方式生长并且适合各个填埋场存在的环境条件的树种。不建议种植杨树、爆竹柳和白柳。

近期研究发现的更多细节参见附录 K 和 1997 年 Bending 和 Moffat 所著《在废物填埋场树的建立——研究和更新后的指导》。

B.3 地形和排水

恢复后的填埋场的最终地形的设计应鼓励地表自然排水。一个填埋场排水系统的具体设计与安装应遵循 6.2.3.5 节和爱尔兰环保局的《废物填埋场设计手册》的指导。种树时，最小坡度为1∶10（6°）。但是，如果土壤排水良好，树能够在坡度更小的地面建立。为美化市容种树，最大坡度为1∶3（18°），因为更陡的坡使树木管理困难。林业设备的倾斜绝对极限约为1∶2 或 27°（只是下坡）（英国环境署，1996）。在陡坡上，诸如种草和使用截水沟等措施将降低土壤侵蚀程度。

B.4 对土壤的要求

为了在填埋场种植树木，必须为树提供足够的土壤深度，土壤不应压实并能够有效排水。土壤压实可能是影响树木生长的最关键的因素，所以应把土壤压实降至最低程度。如果可能，还应减轻压实。理想情况下，应在松散状态下倾卸土壤。但是，如果不能做得这一点，土壤不可避免地出现一定程度压实。种树前，需要减轻压实。

恢复后用于林地的填埋场要求的土壤深度和类型取决于确保维持树木健康和保护封盖系统完整性的需要。确定土壤深度和类型需要考虑的因素包括：

① 如果土壤自由排水，需要增加土壤深度；

② 所有树在自由排水和未压实的土壤上生长情况更好；

③ 应采用破碎下层土的方法减轻压实；

④ 为美化市容植树不需要表层土，因为表层土会使草和杂草生长更加旺盛并与树木争夺养分、水分和阳光；

⑤ 根据填埋场类型和封盖系统，一般建议采用以下土壤深度：

·放置土壤后，在带有土工合成膜（例如线型低密度聚乙烯）的封盖系统上，需要的土壤（表层土和下层土）最小厚度为1.0m；

·放置土壤后，在压实后堆密度为1.8～1.9t/m^3、水力传导度为1×10^{-9}m/s的黏土封盖上方，需要的土壤（表层土和下层土）最小厚度为1.5m；

·放置土壤后，在没有封盖系统的惰性废物上方，需要的土壤（表层土和下层土）最小厚度为1.0m。

B.5 耕作

为了确定最合适的方法，在进行耕作作业前，应对场地进行评价。经过松散倾卸的通常刚已修复土壤适合立刻进行树木的种植。在土壤替换已在几年前完成、且树木种植因沉降作用需要，推迟的种植区域在种树前应进行耕作。要种树的整个区域应松土并排水，以防止种树的区域出现水涝并导致树的死亡。如果地表施用有机物，例如堆肥料、污泥或农场厩肥，需要使用设备（例如圆盘耙）把有机材料与土壤混合。

B.6 植被建立

B.6.1 种树前的草地建立

建议在计划种树的区域预先播种草，这种做法对于填埋场有以下益处：

① 通过在冬季到来前建立地面覆盖物可以减少土壤侵蚀；

② 稳定陡坡和减轻对陡坡的侵蚀；

③ 改善场地外观；

④ 控制填埋场杂草丛生；

⑤ 为填埋场具体自然保护目标的实现提供便利（例如建立野花草地等）。

应注意选择混合的草种，因为侵略性的草种将和树争夺水分、阳光和养分。在每棵树周围直径1m的区域内，应没有草和避免草的生长。混合草种的选择应根据场地具体情况决定。但是，使用的混合草品种应为非竞争性品种并且应减量播种。研究表明，除草剂的点施优于分片施用或整个草地施用。由于高草和草本植物的保护作用，各排树之间的高草和草本植物对阔叶树的生长有积极作用。

种树前也可以种植豆类，因为它们可以固定氮，但是应注意选择品种。苜蓿类植物能和树竞争，所以，选用侵略性较低的苜蓿类植物和植株较小的豆科植物更为合理。豆科植物有助于土壤结构的发展、肥度和有机物的增加。它们不能忍受树荫，因此会随着时间推移而衰退。

B.6.2 树的品种的选择

很多因素会影响计划在填埋场种植的树的品种的选择。但是，只能考虑选择以不威胁封盖系统完整性的方式生长和能够在这种环境中以令人满意的方式生长的树种。只应在彻底评价场地的实际状况和预期状况后，才能为填埋场选择树种。树和灌木品种的选择受许多因素的影响，这些因素包括：

① 封盖系统；

② 所起到的作用，例如美化市容、庇护、野生动植物保护、遮蔽等；

③ 景观和生态适合程度；

④ 土壤排水和水文状况；

⑤ 土壤类型（例如重质黏土、钙质黏土或酸性黏土）、养分状况和 pH 值；

⑥ 暴露程度，与海拔、地形和到海的距离有关；

⑦ 当地小气候条件；

⑧ 环境污染控制系统（特别是涉及填埋场气体和渗滤液管理系统的方面）类型；

⑨ 林业局、海洋和自然资源部根据造林许可和森林奖励计划条件规定的区域要求的条件。

树木品种的选择必须明确反映种植目的，即为了景观、野生动植物保护、庇护、市容美化或商业目的。当地种树要更适合用于市容美化和自然保护，而多产的树种更适合选作商业种植。对于大面积林地，设计应包括相互联系的开阔空间，以建立一系列的林间空地和林间道路，从而使动植物生活环境多样性最大化。种植时，通过使用混合树种（灌木、边缘种、保护树种和顶极种）营造各种纵深的边缘。图 B.1 所示为通过混合种植营造的形状不规则、带有纵深变化的边缘的林地。图 B.2 所示为适合自然保护的种植制度。

保护树种包括种植速生、寿命相对短、生长旺盛、适应现场条件的灌木和树。保护树种的选择取决于要达到的目的。许多保护树种起到简单的庇护作用，另外一些保护树种对目标树种起到营养作用，多数保护树种同时有这两种作用。

另外，选择保护树种时应注意使混合树种中的树的生长速度和谐一致。如果已经种植保护树种，这些树种的正确管理可以保证需要的林地树种的生长速度在较长时间内不受抑制。如果想要的树种的建立情况良好，根据植物间距，经过 5～7 年或再短一些的时间后，可以

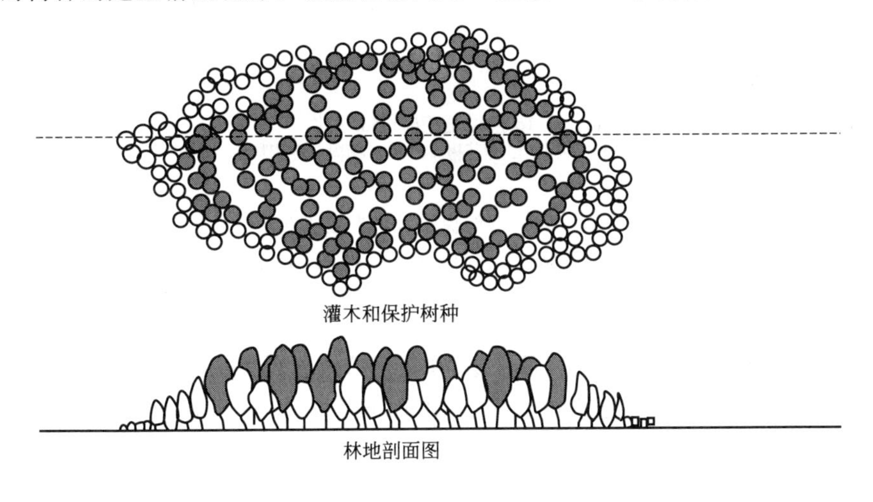

图 B.1　为得到纵深不同、形状不规则的边缘种植的林地图解

（资料来源：土地使用顾问和 Wardell Armstrong，1996）

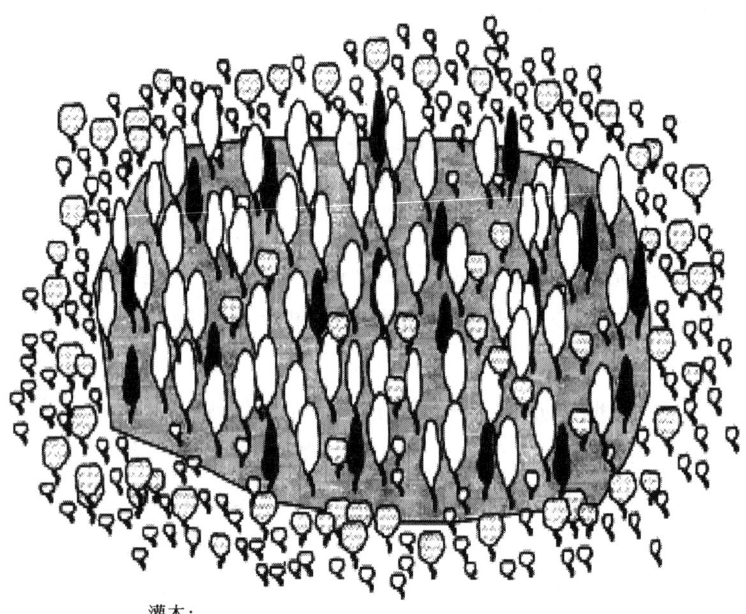

灌木：

将一个树种的10~25棵树种在一块地上，中心距离1.5m
例如耐阴品种 —— 稠李、榛树、冬青树、野生女贞、山楂
边缘树种：黑刺李、荆豆、金雀花、栓皮槭、犬蔷薇

先锋种(边缘树种)：
分组种植(4、8、16等)，中心距离4~5m
例如栓皮槭、欧洲花楸、白面子树、野黑樱桃、岑树、梓树、桤木

保护树种：
分组种植(4、8、16等)，中心距离4~5m
例如栓皮槭、欧洲花楸、白面子树、野黑樱桃、岑树、梓树、桤木

顶极树种：
分组种植(4、8、16等)，中心距离4~5m
例如橡树、岑树、欧洲花楸、梓树、柳树、冬青树

图 B.2 自然保护种植制度图解

(资料来源：土地使用顾问和 Wardell Armstrong，1996)

开始除去保护树种。

附录 L 列出了最有可能在已经恢复的废物填埋场生长的高和中等高度的树种并给出了它们忍受不利土壤条件的相对能力的指标。附录 M 列出了适合在废物填埋场种植的小型树种。

当要种植的实际树种取决于各个填埋场的具体特点时，选择合适的混合树种可以遵循以下规则。

① 在大多数填埋场，保护树种与顶极种的比例为 1∶(3～6)。在越暴露的区域，保护树种的数量越高。

② 在养分不良的已经恢复的填埋场，保护树种应包括固氮树种。固氮树种能够被分成

两类：

· 放线菌结瘤植物，例如桤木。桤木通过与类菌微生物（弗兰克氏菌属）的共生关系形成根瘤固氮；

· 豆科物种（例如羽扇豆、三叶草等）和洋槐。这些植物与根瘤菌有共生关系，能够形成根瘤。

③ 混合树种应包括3～6种不同的顶级种并且应考虑林地竖直结构，即包括林冠、下林冠和灌木树种。

④ 选择少量、搭配良好的树种，而不是许多树种的变化组合，以方便将来的管理。

⑤ 在较大的种植分区的边缘周围，应提供独立的边缘混合树种，该边缘混合树种主要由灌木（例如山楂、黑刺李、野黑樱桃等）组成。

B.6.3　苗木的选择

通常根据年龄、高度、根颈直径和根系选择树的定植苗。已经恢复的填埋场通常种植苗圃培育的苗木。一般选用小的、健壮的、根系情况良好的2+1或1+2苗木为最好（健壮与根颈有关）。欧盟已经通过了许多关于销售林木繁殖材料的条例。这些条例主要关心保证林业生产中使用的种子、插枝、幼苗选自生长旺盛的优质树。林木繁殖材料的销售仅限于特定来源，这些来源地需要被认可并颁发证明，以证明其林木基因符合高标准要求。通过“原产地证明”可以达到上述目的。苗木应从声誉好的苗圃获得，苗木应该健康并且没有明显的病虫害病，还应获得“原产地证明表”。如果能够获得已经注册的爱尔兰种源的定植苗，则应使用这种定植苗。关于定植苗的进一步信息，应咨询林务局、海洋和自然资源部。缩短树苗从苗圃挖起到在填埋场种植的间隔时间非常重要。除了土壤压实外，树苗种植失败的主要原因是干枯和运输及种植前搬运对树根的损坏。如果将根裸露的移植树苗作为苗木，应采用根与嫩枝比最有利的树苗。最有用的苗木种类是：

(1) 被移植苗木　使用填埋场上30～40cm高的小树。根据在苗床上和移植林带所用的时间，将这些小树分类。供应商普遍采用的习惯做法是1+1、1+2、2+2等。1+1指的是植物在苗床上的时间为1年，在移植林带的时间为1年。被移植的树在移植林带的时间不应超过2年。

(2) 被下切苗木　使用大小和树龄一样的移植树。这些树作为树苗育秧，然后在不移动的情况下下切，目的是切断侧向生长和向下生长的根。这些树被归为被移植苗木，分为1u1、1u2等。1u1指的是作为秧苗育秧1年然后下切又在苗床生长1年的植物。

(3) 容器培育苗木　在小的容器中生长并且可以以不同尺寸、树龄和种类提供的树苗。如果使用容器，容器必须是生物可降解的或允许根穿透。使用容器培育的主要益处是对根的扰动最小。

B.6.4　种植的时间安排和方法

如果可能，应在填埋场初始沉降之后再开始植树。这样可以在不损害已植树区域的情况下，完成环境污染控制系统的安装和补救工作。在惰性废物填埋场，不需要推迟植树。但是，在大多数填埋场，为遮蔽和改善填埋场周界以及没填埋的区域的景观则可能需要尽早植树。关于时间安排和种植方法的更多内容，参见附录N。

B.6.5 肥料和树木保护

土壤调查和分析将确定植树区域需要的肥料。混合树种中的固氮树种将有助于树木的生长，并且许多年轻的树木含有大量来自苗圃的氮，这些氮足以完成树木的建立。一般情况，爱尔兰的矿质土含有足够完成建立和早期（3～4 年）生长需要的磷。随后，可以通过对叶的分析评估肥料需要情况。

施用护根物能够帮助树木建立。护根物改善土壤湿度状况，减少土壤极端温度并抑制根的生长。种植时可以施用颗粒状或片状护根物。应将颗粒状护根物（例如堆制过的绿色废物、稻草、切碎的树皮等）散布在树周围直径 0.7～1.0m 的区域，厚度为 25～50mm。护根物还可以使用片状材料（例如聚乙烯）。应将片状材料放在树周围 1m 的区域并用钉固定或用重物压住（土地使用顾问，1992）。

树木需要保护，防止动物（家兔、野兔、牛、绵羊、山羊、鹿等）对树木损坏。大片林地能够用合适的防家畜、家兔的栅栏来保护。在大规模种植的林地，保护单棵树的方式很少有效果好的情况，因为这种方式成本高并且需要大量维护。对于分成小组的树，围栅栏（防家畜和家兔）的方式更可取。对于独立的树，如果适用，可以使用树干保护套栏。树木的保护还应咨询专家的建议。附录 O 给出了更普遍的树木保护方式。

B.7 恢复后的长期护理

种植后，在已经恢复的填埋场种植的树将需要至少 10 年的认真管理。管理类型取决于种植目的是为了融入景观、美化市容还是为了商业生产。必须在恢复后护理管理计划中详细说明对已经恢复的填埋场的恢复后长期护理的要求。为了保证成功建立林地，负责实施规定工作的人员必须在恢复后护理管理计划中与工作计划一起列出。管理计划应包括：

① 不同用途的管理目标、例如自然保护、游憩用地或木材生产；

② 各个分区的林地的类型和预期特征；

③ 开阔区域，林地内开阔区域的管理要求；

④ 计划期内造林工作的细节和时间安排；

⑤ 咨询有关机构组织和当地居民等；

⑥ 需要的材料和材料来源。

B.7.1 杂草控制

杂草控制是恢复后护理最重要的一个方面，因为控制杂草可消除对水分、养分和阳光的竞争，这对于树的早期生长至关重要。持续控制每棵树周围的竞争性草本植物对于林地的成功建立必不可少。只要与填埋场的目标一致，杂草控制的最佳办法是使用经过改进的、适合林业用途的化学除草剂。每种除草剂都有效果达到最佳的、一年内的使用次数要求，应遵照生产厂有关喷洒时间选择的建议。事实上割草或手工除草可能增加杂草的竞争（林业委员会，1987）。

杂草控制应在生长季节（三月或四月）初进行，并且可能在整个生长季节都需要持续进行。杂草控制的目标应该是，不论使用什么方法，在每棵树的周围至少保持 1m 的无杂草区域。杂草控制应注意不要损坏树木并且遵照生产厂的建议。至少需要在最初的三个生长季节进行杂草控制，每个生长季节的除草次数取决于杂草丛生的程度。一年最多需要施用 3 次除草剂。使用护根物可能是一种可选方案。关于进一步的指导，参考 Willoughby 和 Dewar1995 年编著的《林业委员会野外工作记录本 8：除草剂在森林中的使用》。杂草控制还应咨询海洋和自然资源部林务局。

B.7.2 换种

未成活的树木需要及时替换。在大片树林中，如果未成活的树分布均匀，最多可以接受损失 20%的树。但在小片树林中，损失 5%的树也是有害的，需要替换所有未成活的树。在最初种植后，应尽早进行换种（即替换所有死亡的树），否则新种植的树可能受到正在种植的树的抑制。推迟换种还将延长为种植的作物除杂草所需时间。

B.7.3 肥料

为了保证植物不缺养分，应每年进行定期检查。人们对于为新种植的树施肥的价值有争议，当决定施肥时，需要考虑现场的主要状况。只有当对叶的分析表明需要肥料时才应考虑施肥。

B.7.4 定期维护

应定期检查并维护树木保护设施。在暴露区域，为了保证庇护物牢牢地与木桩相连并避免因磨损损坏树木，定期进行维护具有重要意义。

B.7.5 间苗

出于自然保护的目的，间苗的主要目的是除去一定比例的正在生长的树，以增加顶极树种的可利用空间。在为自然保护种植的林地中，现场经理、景观设计师或园艺专家需要维持并增加物种和结构多样性。增加物种多样性的方法是在除去优势种或保护物种后种植本地灌木和下层林木，还应考虑截梢或修剪生长太旺盛的保护物种。这将允许生长较缓慢的长期物种有更大的空间。关于多种用途林地的管理，应咨询 Dúchas 和林务局专家。

B.7.6 林业基础设施

恢复后的护理管理计划必须有关林地基础设施维护的规定。在恢复后护理期，需要维护小道、路标、控制乱丢废物的装置、出入点、防火障等。

B.8 自然保护和林地

林地为实现多种用途提供良好机会并能够将保护自然、娱乐和木材生产的目的结合起来。通常情况，上述建立和管理工作适用于保护自然的目的，但需要对以下方面予以特殊考虑：林地设计和结构；物种选择；种植模式；林地草本植物的引入；恢复后对自然保护地的长期护理。

B.8.1 林地设计

为了建立一系列的林间空地和林间道路，大型林地的设计应包括相互连接的开阔区域。对于种树的区域，没有最小尺寸限制。但是，如果光线太强，小于 40m×40m 的区域或宽度不足15m的狭窄地带不可能形成林地植物群，灌木或灌丛林喜欢这种强光线。开阔区域具有重要意义，因为开阔地带提供：

① 为娱乐提供道路和空间；

② 为植物和动物提供扩散和定植网络；

③ 栖息地的丰富性和多样性；

④ 自然定植区域（Land Use Consultants & Wardell Armstrong，1996）。

林地边缘需要特别注意，林地边缘的特征应介于开阔空地和林地之间。设计应避免平直边缘和正方形林地分区，应建立不规则边缘。由于非常复杂的设计和种植模式可能使管理很困难，因此设计时考虑长期管理的需要具有重要意义。见图B.1和图B.2。

B.8.2 物种的选择

在已经恢复的填埋场，如果已经考虑进行自然定植，应通过自然定植建立林地。群落多样性的形成将取决于当地种源和基质状况。通过预备苗床、减轻土壤压实和向建立中的树苗施肥，能够促进并加速自然定植。关于物种选择的详细信息，参见本章附录K和M。

B.8.3 种植模式

为保护自然植树的主要原则是：

① 种植单一树种的树丛或由2～3种可共存的树种组成的树丛；

② 树丛/群一般由9～25棵树组成；

③ 为了防止来自生长更旺盛的邻近树丛的树阴遮挡阳光，把生长较慢的树种植成为面积大的树丛；

④ 改变树丛之间的间隙的大小和形式；

⑤ 在林地边缘周围种植边际灌木；

⑥ 避免僵化一致的行和网格。

B.8.4 引进林地草本物种

在已经恢复的填埋场新种植植物时，需要引进林地草本物种，这些物种通常和半自然林地生态系统结合起来。诸如报春花（欧樱草）、蓝铃花（圆叶风铃草）和白毛夏枯草（筋骨草）等物种对于受损场地是不好的定植物种，但为了在已种植的林地形成有魅力的草本层，需要种植这些物种。根据现场具体情况决定引进方法，包括土壤转移、播种和种植的方法。

B.8.5 恢复后长期护理

恢复后护理管理计划应明确规定管理目标和负责管理自然保护林地人员，要求的管理工作包括：

① 清除非本土物种和保护物种；

② 对合适的物种实施矮林作业［矮林作业是一种管理手段，收获来自以前作物伐桩（根株）中的嫩枝条，目的是为了生产小型圆木产品］；

③ 通过间苗减轻林冠的覆盖，以创建合适的光照条件；

④ 为了促进顶极树种的建立，通过矮林作业或间苗轮流对次要林冠树种（例如桦树、

榛树等）实施管理。

附录C：为农业用途的恢复和恢复后护理

C.1 引言

为农业用途的恢复取决于大量因素，这些因素包括：

① 整合、安装气体和渗滤液管理系统；

② 能够获得足够的优质表层土和下层土；

③ 土地所有者的要求；

④ 规划要求；

⑤ 当地土地用途、地形和场地特征；

⑥ 当地居民的要求。

为了成功实现农业用途恢复，经营者必须在恢复和恢复后护理设计时考虑气体控制系统的设计。除非气体控制系统设计良好，否则可能严重干扰正常的农业生产作业，特别是用大型机械（青贮饲料收获机）进行耕作和收割作业的场地。气体控制系统的气井井口通常在填埋场按一定间隔分布，间距为40～60m。气井井口装置一般位于地面或高于地面，并且可能严重影响农业生产作业。这也存在损坏井口装置和农业机械的风险。作物损失以及机械交通工具的出入和进行修补工作的机械会引起农业生产力的重大损失。通常情况，作物（例如主要用于青贮饲料或干草而较少用于放牧的草地）集约化管理程度越高，损失的可能最大。

在许多现有废物填埋场，获得的优质表层土受到限制，因此将影响农业生产系统的选择。所有农作物（包括草）一般要求土壤肥沃。为了维持土壤肥度，需要表层土、肥料和石灰。

C.2 地形和排水

已经恢复的填埋场沉降后的地形应与周围环境景观的区域相融合，坡度和现有地形坡度一样。场地最终坡度应允许农业生产活动能够正常进行，并且不威胁机械操作人员或使生产机械车辙过深和过度打滑。建议的坡度取决于现场的具体情况并且应考虑填埋场的废物种类。已恢复的填埋场可能出现一些不均匀沉降并产生水聚集的凹陷。中间过渡恢复期应填实这些区域并重整坡度。排水系统需要根据现场具体情况设计、安装，并且应遵循6.2.3.5和本书第2章给出的指导。最小坡度应通过帮助地表水径流以促进填埋场排水。关于农业用途恢复的坡度推荐值的更多信息，应参见表6-2。为农业用途进行的恢复的坡度建议包括：

① 根据当地土壤和气候情况，在可能沉降的填埋场，建议最小坡度为1∶25～1∶15；

② 适合草地的坡度为（1∶25）～（1∶3）；

③ 坡度大于1∶3的场地不适合牧场。

随着坡度增加，出现土壤侵蚀和快速地表径流的风险会增大。这也可能导致排放水中固体悬浮物增加。在可能出现侵蚀的填埋场，应采用侵蚀控制方法进行侵蚀控制。这些方法和实际做法包括：

① 在已恢复的土壤上尽早建立植被。

② 在已经进行中间过渡恢复的区域或等待植树的区域种草。

③ 为了避免形成下坡通道沿斜坡横向进行耕作作业。

④ 在填埋场周界的周围形成种有植被的缓冲区，将降低地表径流的速度并使通过缓冲带的固体悬浮物沉淀。

⑤ 促进良好土壤结构的形成，良好的土壤结构将增加水的渗透。促进良好土壤结构的形成的方法包括提高肥力，选择能够形成大量根须系统的作物、减轻压实程度和安装有效的实地排水系统。

C.3 对土壤的要求

为农业进行的恢复的土壤剖面取决于填埋场的具体情况并应考虑填埋场或填埋场以外可以获得的土壤或成土母质的量。为农业生产进行恢复的成功取决于足够的优质土壤的供应，放置的优质土壤提供肥沃的土壤，肥沃的土壤可以提供自由排水，可以达到的可用水含量也高。土壤中一定不能存在妨碍耕作的结构。土壤剖面应包括以下几个方面。

① 放置后，需要的土壤最小厚度为1000mm，土壤应由以下部分组成：

· 表层土，集约农业生产系统需要的表层土厚度为150～300mm；

· 下层土，封盖层上方需要的下层土最小厚度为700～850mm。

② 石块造成的限制的程度取决于数量、大小、形状、硬度和要种的作物。不建议使用含石块多的土壤。

③ 有机物含量至少为1%～2%（干重）。

④ pH 值为5～8。

⑤ 避免使用含粉砂、黏土高的土壤。

C.4 耕作

耕作的两个主要目的是破碎土壤以使耕过的土地满足种子发芽和根生长的要求，把杂草和植被残留物埋在下面。耕作设备的选择取决于土壤状况。耕作应在不损坏土壤结构的情况下形成满足特定作物要求的苗床。一般用农业器具（例如犁、机动旋耕机、弹簧齿耙或线圈齿耙、钉齿耙、链耙或圆盘）进行耕作。如果使用模板整形犁，为了防止将表层土埋在下层土下方，应根据深度和耙的情况设定模板整形犁。通常用链耙完成苗床准备工作，以便将种子和肥料混合，一般还用辊子碾压种子周围的土壤。

C.5 植被建立

在选择已经恢复的填埋场种植的作物类型时，应保证有足够的产量和良好的地面覆盖效果，还应考虑种植的作物能够帮助改善土壤物理、化学和生物状况。其他重要的参考条件包括：

① 当地气候和位置，特别是风向、坡度、海拔高度、对已经在该区域种植的作物的了解和土壤类型；

② 气体和渗滤液管理系统对作物耕种的影响；

③ 土壤结构的改善和地表的覆盖，应选择迅速覆盖地表并能越冬的作物；

④ 避免损坏土壤，应选择不需要在晚秋、冬季或早春进行土地作业的作物；

⑤ 避免在冬季地表覆盖不好的作物；

⑥ 为了增加土壤中的氮含量，种植固氮植物，例如三叶草和其他豆科植物；

⑦ 填埋类型，草一般比其他作物更耐受填埋场气体。

C.5.1 作物和混合种子的选择

草被认为是最适合用于恢复后护理的农作物，因为草能够耐受不良土壤条件，在全年提供土壤覆盖，促进土壤结构的形式并能适应环境污染控制系统。需要根据现场具体情况选择不同种类的草，草的选择还取决于恢复后的目的用途。

① 短期草地。适合排水良好的肥沃土壤，还可能适合于由于沉降需要重整坡度的填埋场。这些混合草通常包含高产、多年生草和三叶草。

② 长期草地。适合不肥沃土壤和集约管理程度较低的情况，一般包含黑麦草、牛尾草、梯牧草和三叶草。

③ 播种量。根据种子混合比例的情况，一般为 40～50kg/hm^2。

④ 播种。一般在春季或晚夏、初秋播种草种。

C.5.2 肥料、杂草和害虫控制

土壤分析将确定土壤的养分状况，养分状况表明正在生长的作物对肥料的需求。根据土壤指标可以获得关于确定肥料施用速度的建议，还可参考爱尔兰农业与食品发展部的“关于土壤分析与化肥、石灰、畜肥 和微量元素的建议”。化肥可以在耕作、播种期间施用或作为根外追肥施用。

许多机械和化学方法可以控制杂草，以避免如小蝇和蛞蝓等害虫对作物的损害。在已经建立的草地，这些害虫很少引起损害的问题，但应定期检查新播种的草是否存在被损坏的迹象。经营者必须严格遵循关于化学杀虫剂使用建议，特别是关于施用方法、速度、时间选择和安全防范措施的建议。如果使用化学药剂控制杂草和害虫，那么在使用、运输和存放化学药剂期间，健康、安全防范措施和环境保护措施至关重要。理想情况下，使用的杀虫剂都应是持续时间短、溶于水，并且分解产物无毒。

C.6 农业基础设施

C.6.1 栅栏树篱

栅栏和树篱提供场地边界和家畜防护屏障。树篱还具有景观功能，并且是重要的野生动植物栖息地和野生动植物走廊。

（1）栅栏

用于农业用地的栅栏一般有四种：柱子和铁丝网、阻挡家畜的护栏网 、柱子和横杆、石头墙，具体参考有关栅栏的标准。

（2）树篱

一般由一排间距近的木本乔木或灌木组成。为了使其形成基本连续的屏障，要对树篱进

行管理。新种植的树篱应作为与原有树篱连接的纽带并增强该地区野生动植物走廊网络。根据填埋场具体情况选择树种，并反映现有树篱物种。但是，在本地树篱中见到的优势物种是山楂树和岑树。关于树篱的更多细节，参考附录J。

C.6.2 农场进出和供水

出入农场的大门和路线应利用现有监测和维护环境污染控制系统的出入路线。为了避免车辆交通通过已经恢复的土地，如果可能，出入通道应沿田边地角。修建通道使用的材料的种类取决于用途（即用于机械的通道、家畜通道等）。填埋期间运到填埋场的合适的材料可以用于修建通道，还可以使用专门设计的土工织物。修建家畜（特别是奶牛）的通道时，应咨询专家的建议。

牧场必须为牲畜提供足够的清洁饮用水。清洁饮用水通常用与饮水槽相连的管道供水系统提供。饮水槽的能力取决于要牧养的牲畜密度和动物的种类。供水系统应与出入路线和环境污染控制系统相结合。

C.7 恢复后长期护理

在恢复后护理管理计划中，必须详细叙述对已经恢复的填埋场的长期管理要求。负责填埋场年度管理的人员必须在恢复后护理管理计划中与详细工作计划一起列出。所有的恢复后护理工作必须考虑保护和维护填埋场环境污染控制系统的需要。对农业用地的长期护理管理要求可以分为两个主要领域：土壤管理和作物管理。

C.7.1 土壤管理

土壤管理应定期进行促进形成肥沃土壤的工作，内容如下。

① 通过取样和分析监测土壤中植物的养分水平，评价土壤肥度。为了防止通过淋洗或地表水径流污染周围水道，施用化肥时需要小心。

② 已经恢复的土壤中的有机物水平一般耗尽，所以应该通过加入有机肥、污泥和堆肥料提高有机物水平。施用前，应分析污泥和堆肥料的重金属含量。

③ 应定期检查土壤压实情况。更多指导见6.4.4.9部分相关内容。

④ 为了避免损坏已经恢复的土壤，选择正确的土壤条件相关工作的时间安排。

⑤ 应定期检查排水系统和地表水收集系统，必要时，应进行维护。

C.7.2 作物管理

作物的选择受当地条件和农耕方式的影响。任何时候都应实施好的作物管理，应考虑的因素包括：

① 选用促进良好的根须生长并提供好的地面覆盖的作物，因为这些作物将促进土壤结构改善；

② 把在已恢复土地上的机械作业保持在最低水平；

③ 避免饲养过多动物，并且在潮湿天气和土壤状况不好时，使牲畜对土地的践踏减少到最低程度；

④ 杂草和害虫控制可能经常需要进行，应遵循所有与药剂、器具和环境保护有关的健康、安全指导方针。

附录 D：已恢复场地硬化后的使用

D.1 引言

在废物填埋场旧址上建设硬路面区域，或者对其开发利用时，应当考虑到相关的潜在危胁。运营商和开发商应了解潜在的危险，并应据此进行适当的设计并采用适当的建设技术，以确保建筑物的安全性能符合拟定用途。一般情况下，由于其潜在的危险性，废物填埋场不适于开发硬路面项目，除非在建设之前实施适当的补救措施。补救措施往往非常复杂，而且实施成本非常高。通常不建议在废物填埋场上开发住宅项目，尤其是对于接收生物可降解废物的废物填埋场。在废物填埋场上开发项目时，如仓库、工厂、公园、停车场、道路和操场，应考虑采纳相关的专家建议。同时，还应征询所有相关文献和立法，包括环境部与地方政府 1997 年颁布的《防止废物填埋气体对新建筑物及其住户的危害与建筑物条例》中的《技术指导性文件 C：场地准备及防潮》。

在废物填埋场旧址上开发项目时，其潜在危害包括：

① 由可生物降解废物产生的易燃气体及其潜在的爆炸危害，以及与填埋气体迁移相关的问题；

② 建筑工人在施工阶段的健康和安全问题；

③ 可能存在有毒气体，如硫化氢与二氧化碳，这类气体在密闭空间内会引发潜在的危险；

④ 地面条件较差，具有不稳定性和沉降性；

⑤ 填埋材料中存在易燃材料；

⑥ 可能会对建筑材料产生危害的腐蚀性物质/液体。

D.2 现场调查与风险评估

直至现场调查实施以后，才能确定出最适合的开发形式。在实施现场调查的过程中，应当对废物填埋场进行全面检查，并对其可能产生的危害及其重要性进行评估。现场调查应当指派相关的专家实施，同时确保调查的充分性，以便于确定后续的开发项目及相关的设计方案。对于后期的开发项目类型来说，废物填埋场所接收的废物类型是一项非常重要的参数。相对于接收可生物降解废物的废物填埋场，接收惰性废物的废物填埋场所产生的沉降量与填埋气体量比较小。

D.3 潜在危险

填埋气体的主要成分包括甲烷、二氧化碳和水蒸气，从废物一开始厌氧分解时产生。甲烷是一种易燃气体，其在空气中的爆炸极限 5%～15%（体积分数）。填埋气体中的水分通常是饱和的，并具有腐蚀性。如果不加以适当的监控与控制，废物填埋气体的易燃性与毒性便会产生相应的危害，使人窒息，甚至会使植被枯死。

随着可生物降解废物的分解，废物填埋场内的填埋废物体可能会发生沉降。关于沉降速率的详细信息，请参考爱尔兰环境保护局出版的《废物填埋场设计》。应根据填埋的废物类型，废物的填埋速率与操作方式，确定所需的结构性预防措施。应当在设计地基或者其他结构之前，对废物填埋场进行工程地质调查。在设计与选择建筑材料的过程中，应当考虑到废物、填埋气体与渗滤液的腐蚀性。根据废物填埋场的特殊情况，所有的材料都应具有足够的强度和耐久性。

在废物填埋场旧址上开发项目时，相关的设计方案与施工过程中应当考虑以下几方面的因素。

① 随着时间的推移，由于废物填埋场沉降所造成的废物的高压缩性。

② 覆盖系统的完整性。

③ 地基的设计应当避免在建筑物及其下方区域内产生不通风区域。

④ 在必要建筑设施的出入口，安装气体收集器或者其他的预防装置，尤其是供水、排水与电缆设施。

⑤ 对于建筑物的地上或者地下部分，应提供足够的内部通风，同时，对可能存在的有害填埋气体进行监测，并提供报警装置。

⑥ 渗滤液的腐蚀性。

⑦ 在通风、地基设计与结构工程中，参考技术专家的意见和建议。

⑧ 对废物填埋场及其周围区域的填埋气体进行持续监测，以核实是否存在气体迁移。爱尔兰环境保护局出版的《废物填埋场监测手册》中给出了监测基准。

⑨ 对废物填埋场的主动式填埋气体抽取系统进行定期维护。

⑩ 采取适当的安全机制，以防止对抽取、监测和报警系统的人为破坏。

⑪ 参考相关的指导文件与立法，包括：

· 环境部与地方政府《防止废物填埋气体对新建筑物及其住户的危害》；

· 环境部与地方政府 1997 年的《建筑物条例》中的《技术指导文件 C：场地准备及防潮》；

· 1989 年的《工作安全、健康和福利法案》；

· 《工作安全、健康和福利法案》(1993，SI 第 44 号)；

· 《工作安全、健康和福利条例》(1993，SI 第 44 号)；

· 《工作安全、健康和福利条例（建筑工地）》(1995，SI 第 138 号)；

· 《建筑物条例》(1997，SI 第 497 号)；

· 《关于通过钻探实施废物填埋场与污染土地安全调查的指导原则》（第四部分）现场调查督导小组，(1993)，托马斯·梯尔福德（Thomas Telford)，伦敦。

附录 E：爱尔兰土壤分类

爱尔兰的土壤可大致分为三类，分别为低地矿质土壤、山地和丘陵地，以及泥炭地。关于主要土壤类型的进一步划分，可以参考表 E.1。

表 E.1 爱尔兰的土壤分类

土地类型	面积/$10^6 hm^2$	土地面积百分比/%
低地矿质土壤(干燥)	2.83	41
低地矿质土壤(潮湿)		
-中等程度潮湿	0.93	13
-不透水的	0.81	12
山地,丘陵和高位泥炭	1.53	22
低位泥炭		
-毡状泥炭	0.41	6
-盆地泥炭	0.41	6

资料来源：Lee，1991。

爱尔兰所采用的土地分类系统对各个土壤单元各种拟定用途（包括耕地和牧场）的适用性程度分别进行了评估。需要指出的是，这些拟定用途均属于同等级别。该系统甚至可以用于评估林业或城市开发的适用性。土壤适用性在很大程度上取决于土壤和环境的物理属性。鉴于此，需要对其限制程度进行评估的因素包括：湿度（w）、干旱度（d）、洪灾的破坏度（f）、坡度（s）、坚硬性（r）、大石块（b）以及影响耕作和偷猎易感性的质地和结构特性（t）。对于牧场来说，评估其适用性等级的主要标准为生产力。

对于耕地来说，主要的评估标准是土壤特性对耕种难易度与生产力的影响。从高位土壤类型到低位土壤类型，限制程度逐渐增加。在这些因素的基础上，将牧场和耕地土壤分为五种类型，前者为 A、B、C、D 和 E 级，而后者为Ⅰ、Ⅱ、Ⅲ、Ⅳ和Ⅴ级（A 或者Ⅰ：非常好；B 或者Ⅱ：好；C 或者Ⅲ：一般；D 或者Ⅳ：差；E 或者Ⅴ：较差）。适用性等级可以根据主要限制因素分为亚等级，其中，主要限制因素可以标示为脚注。例如 AⅠd 表示 A 等级牧场，Ⅰ等级耕地，将干旱度作为主要限制条件；而 CⅢw 则表示 C 等级牧场，Ⅲ等级耕地，将湿度作为主要限制条件（Lee，1991）。

林业生产潜力是根据西加云杉（Sitka spruce）作为指示物树种。西加云杉是一种常见的树种，适合在多种类型的土壤里种植。各个场地的输出量将构成产量等级（Yield Class）范围。产量等级是一种表示林业产值的标准方法，使用该方法时，需要测量木材的体积（单位：m^3）。例如：产量等级 20（YC20）表示的是，一个伐林周期内每年每公顷的平均产量是 $20m^3$ 木材。通常情况下，伐林周期是根据最大平均年产量的生长年限设定的。

对于新建和现有的废物填埋场来说，应当参考爱尔兰土壤协会编制的地图以及县级地图，以评估拟建修复用途的土壤适用性，这一点非常重要。通过这些地图，不仅可以看出土壤类型对于作物生长的限制条件，而且还可以看出适合种植在恢复土壤上的植被类型。

附录 F：污染控制系统设计中的注意事项

污染控制系统	设计注意事项
覆盖系统	①坡度 ·最大坡度为 1∶3；但是，对于大多数的土地使用类型来说，最大可行坡度为 1∶5 ·景观美化区域应采用连续变化的坡度 ·地表水径流所需的最小梯坡为 1∶30 ②表层土和底层土 ·根据填埋场与拟建修复用途的类型，土壤层的最低厚度为 0.5～1.5m（详细信息见 5.4 部分） ③过滤层 ·土壤层（底层土和表层土）与排水层（颗粒层或土工合成材料层）之间可能需要安装过滤层，以防止微粒与根侵入排水层 ·在土工膜上安装粗粒度排水层时，同时还需要安装一个保护层，以防止土工膜被刺穿，或者负载过大 ④排水系统 ·通常，要求在所有的恢复场地上设计和安装排水系统，系统包括排水层、过滤层和地表水收集系统，应当参考场地的具体条件 ⑤屏障层 ·压实低水力传导矿物层，其最小厚度为 0.6m，水力传导为 1×10^{-9}m/s ·采用相同保护等级的土工合成材料
填埋气控制系统（被动式通风和主动式控制与火炬）	①填埋气管理系统与恢复景观设计和拟定修复用途应当保持一致。所选择的填埋气系统及其设计特征，应当最适于拟定修复用途的建设 ②填埋气监测井 ·适当情况下，应当将监测井安装在场地的边界位置与非农业区域 ·避免机械，牲畜和人为等各种因素对监测井造成破坏 ·确保监测井易于监测 ③填埋气通风 ·应当根据场地具体情况，确定通风竖管和/或砾石排水沟的位置，同时，通风竖管和砾石排水沟的设计应当能够防止水渗入 ·避免机械、牲畜和人为等各种因素，对上述结构造成破坏 ·确保上述结构易于维护 ④填埋气井和井口 ·应当根据场地的具体位置，确定钻井的位置和间距。一般情况下，钻井间距应介于 20～60m 之间，这取决于该井的用途（直接利用或控制）（ETSUB/LF/00474/ REP/ 1） ·适当情况下，井应当位于场地的边界区域与非农业区域 ·避免机械、牲畜和人为等各种因素对井造成破坏；井口应安装带锁装置 ·确保上述结构易于维护和维修，易于监测填埋气质量和吸气压力 ⑤气体收集管道系统和抽气泵 ·应根据场地的具体情况，确定管道收集系统的位置和布局 ·管道应铺设在含有沙粒或碎石垫层的底层土中，其上的覆盖层厚度至少为 600mm。采用管道着色法或警示带，以标示管道中含有填埋气体 ·应当避免其上运行的厂房与机器对所敷设的管道造成破坏 ⑥填埋气冷凝物 ·管道的敷设坡度应至少为 1∶30，以有利于排出冷凝物 ·依照拟定的修复用途，在地势较低的位置安装虹吸管或冷凝物引导管 ·确保易于维护和维修 ⑦填埋气体火炬 ·确定火炬设备的安放位置时，考虑到潜在的敏感受体，主导风等，并应尽量减少异味滋扰和视觉障碍 ·确定烟囱周边的装置和设施时，考虑到火炬烟囱可能造成的火灾风险，以及火炬烟囱所排放的热量 ⑧填埋气体设施 ·应当在设计阶段确定填埋气装置的大小和位置，并需将其整合至景观设计中 ·应采用土丘和植被，以达到视觉遮蔽和噪声消减的目的 ·土丘坡度应当便于维护植被，并应确保操作人员的安全

污染控制系统	设计注意事项
渗滤液系统	渗滤液的收集和清除 ·处理单元的地基应采用倾斜设计，以便于渗滤液在重力作用下流向污水坑或者渗滤液集流管 ·应当在工程设计阶段考虑是否需要安装再循环管道，以便于促进场地的稳定性 ·衬层系统与渗滤液收集系统落实到位以后，才可以实施再循环处理 ·应当在各个填埋场阶段安装渗滤液监测点 ·适当情况下，应将渗滤液管理系统的地上组件安放于靠近区域边界的位置 ·避免机械、牲畜和人为等各种因素，对检修井和监测点造成破坏 ·应根据拟定修复用途，确定渗滤液储存和处理设施的安放位置 ·通过渗滤液管道系统，将收集井内的渗滤液排放至污水池，处理设施或者场外。 ·适当情况下，应当为储存罐提供足够的访问和回旋空间，以便运输渗滤液，并对其进行进一步处理或者处置 ·适当情况下，需要将渗滤液管理系统组件与填埋气体装置结合，以便简化遮蔽设计 ·通过土丘和树木、灌木植被进行遮蔽
辅助设施	车间，停车场，道路/入口，安全围栏和电源的遮蔽设施 ·通过土丘、灌木和树木，以进行适当的遮蔽 ·选择相关设施时，应当考虑进入通道和维护植被的要求 ·应当将入口处的美化效果融入整个填埋场的景观设计中，同时，应慎重选择设施周围或者入口处的植被。不允许采用半观赏植物。带刺的灌木可以收集被风吹起的杂物，但是后续工作较复杂，难以清除累积的杂物 ·用于临时遮蔽的树木，有可能成为具有视觉吸引力的景观特征，清除这些树木时，有可能会遭到当地居民的反对 ·设施周围以及填埋场入口处的拟建景观设计，应当能够　保在运移和恢复设施时尽量减少对植被的破坏

附录 G：土壤特性

G.1　土壤概况

经过物理和化学风化，剥蚀和再沉积，再加上不断腐殖的动植物，使土壤形成一种多孔结构，不仅可以保留水分，而且还可以进行气体交换。其中，水分中含有溶解的有机与无机溶质，可以将其称之为土壤溶液。由于微生物代谢，土壤空气中含有氮气和氧气，以及其他微量成分，但是一般情况下，土壤空气中的二氧化碳浓度要高于大气中的二氧化碳浓度。由此可见，土壤的四个主要成分为矿物质、有机物、水和空气。

土壤形成的过程，称为成土作用，最终便会形成构成土壤剖面的一系列水平区域，这些水平区域之间具有明显的差异性。土壤剖面指的是向下直至地质母质的垂直断面，包括地质母质。土壤剖面特性对于植物生长具有诸多的重要性，包括根基生长、水分储存、通风和营养供给。因此，在对废物填埋场的原位土壤进行评估的时候，土壤剖面是最基本的研究单元。通过土壤剖面，可以看到一系列的连续土壤层，这些土壤层在很多方面的特性都不尽相同，包括颜色质地、结构、孔隙率、化学常数、有机质含量和生物组成。但这些土壤层与地面大致保持平行。

大多数情况下，土壤剖面包括三个主要的水平区域，并通常用字母 A、B 和 C 标示。A 层与 B 层相结合，构成所谓的“实际”土壤，而 C 层指的是母质层。A 层是最上层的矿质土壤层，对应于地表或者表层土壤层。通常，A 层中含有种类繁多的生物体和有机物。由于最接近地表，A层是降雨首先达到的区域，因此，A层的沥滤程度高于其下层区域。B层属于中间层，位于A层的下方，接近底层土。B层介于A层与C层之间，因此B层兼具A、C两地层的某些特性。同时，B层内的生物体含有量，也介于A层与C层之间，即少于A层但多于C层。B层属于淀积层，通常含有大量的铁、铝氧化物，腐殖质或黏土，这些物质通过沥滤而形成覆盖层。C层即为母质层，位于A、B地层的下方。C层中含有部分的松散物质和风化岩石以及其他的母质材料，如冰碛。C层不易发生风化，并含有少量的有机物，通常情况下，C层的颜色比覆盖层的颜色浅。参与废物填埋场修复的工作人员对土壤的定义持有不同的观点，尤其是对于浅地层区域。对于这些地层分类，也有很多不同形式的定义，但是在本书中将使用图5-4中给出的术语。

应当在开发废物填埋场之前实施土壤调查，以提供关于该废物填埋场土壤结构与土壤剖面的详细描述。一份完整的土壤剖面描述，应当对其中的各个地层特性进行记录。

G.2 土壤质地

土壤质地的定义为土壤中固体无机成分的颗粒粒度分布状况。它指的是直径小于2mm的黏土，粉土和砂土在矿物质中的相对比例。颗粒较大的物质，如砾石、石块与有机物质，则通过相应的质地术语进行归类。表G.1总结了土壤科学家、农学家以及岩土工程人员所使用的术语，根据土壤质地将土壤划分为不同的类型。

表G.1 土壤/底层土分类

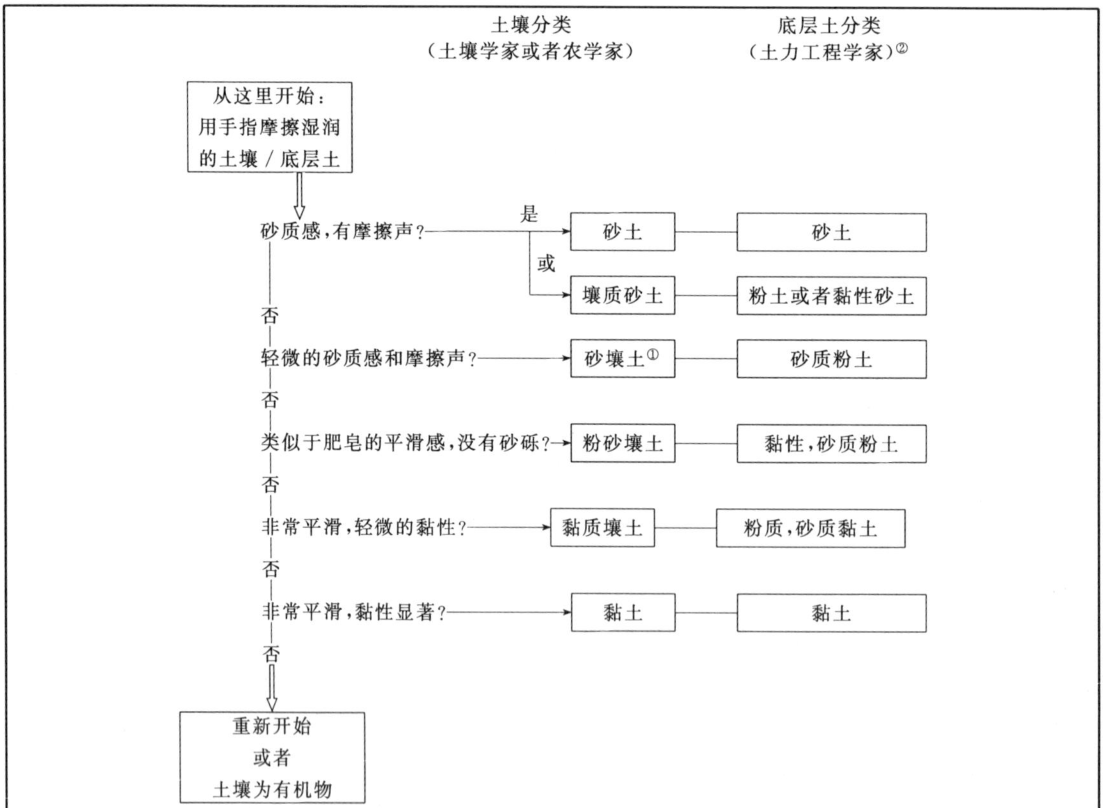

从这里开始：用手指摩擦湿润的土壤/底层土

	土壤分类（土壤学家或者农学家）	底层土分类（土力工程学家）②
砂质感，有摩擦声？是	砂土	砂土
或	壤质砂土	粉土或者黏性砂土
否→轻微的砂质感和摩擦声？	砂壤土①	砂质粉土
否→类似于肥皂的平滑感，没有砂砾？	粉砂壤土	黏性，砂质粉土
否→非常平滑，轻微的黏性？	黏质壤土	粉质，砂质黏土
否→非常平滑，黏性显著？	黏土	黏土

否→重新开始或者土壤为有机物

①壤土：指的是一种含有砂土、粉土与黏土的土壤混合物，壤土的特性并不是表现为其中某一组成物质的主要属性。
②英国标准(BS)9530：1981中使用的分类系统。

土壤的质地是一项非常重要的物理特性，该特性不仅会影响到土壤的保水性、排水性以及土壤的翻耕性质，抗牲畜和机械破坏及作物生长早熟的特性，质地的类型根据黏土、粉土和砂土的不同组成划分。图 G. 1 显示了土壤的不同质地类型。表 G. 2 中对六种常见的土壤质地类型及其特性进行了总结。

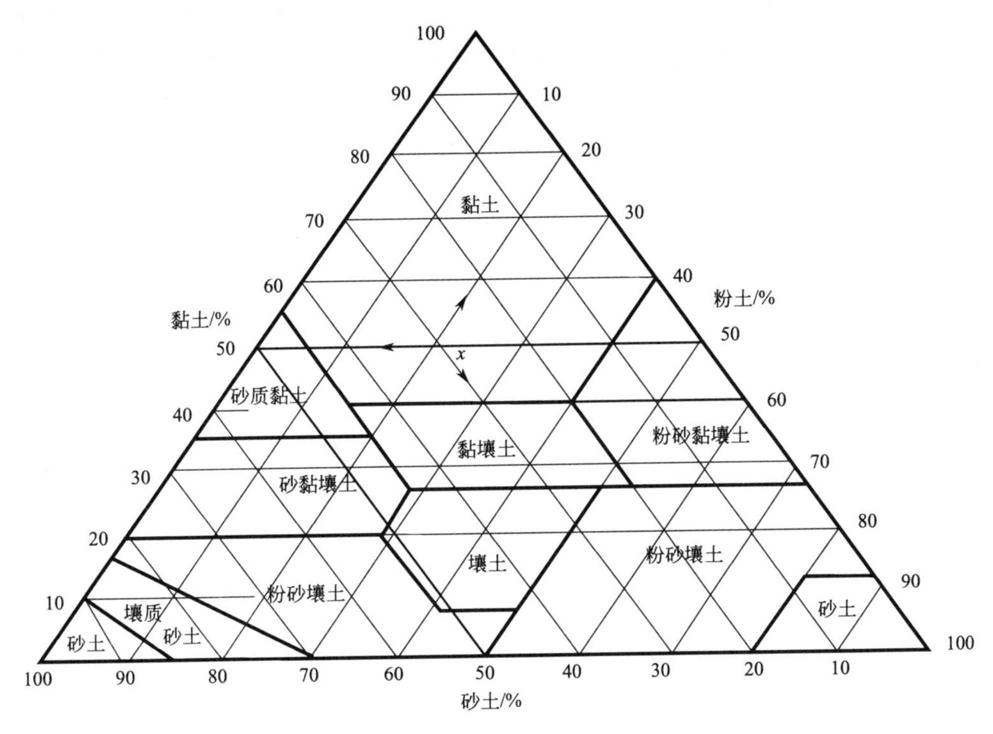

图 G. 1 土壤质地类型

（资料来源：1951 年 USDA 手册，第 18 号：《土壤调查后期指导手册》）

表 G. 2 湿润土壤的质地测定

感觉和声音	凝聚力和塑性	土壤质地类型
有砂质感和摩擦声	不可塑成球状 勉强塑成球状，但压平时解体	砂土 壤质砂土
轻微的砂质感和摩擦声	可以塑成球状，且具有一定的凝聚力，但是压平时，有出现裂缝	砂质壤土
类似于肥皂的平滑感，无砂质感	可以塑成球状，且具有一定的凝聚力，但是压平时，有出现裂缝	粉质壤土
非常平滑，有轻微的黏滞感	具有塑性，可以塑成球状，且具有一定的凝聚力，压平时无裂缝出现	黏质壤土
非常平滑，黏滞感显著	塑性非常好，可以塑成球状，且具有一定的凝聚力，压平时无裂缝出现	黏土

资料来源：根据 McLaren & Cameron，1990。

三种土壤类型的主要特性如下。

① 砂质土壤的蓄水能力很弱，种植作物易受干旱影响。砂质土壤呈酸性，对作物生长

不利，但是可以使用石灰和肥料进行改善。砂质土壤易于受到水和风的侵蚀。此外，砂质土壤重量较轻，易于耕作，而且易于通过机械设备对其进行移动。

② 黏质土壤往往具有较好的塑性，且质量较重，透水性较差。相对于砂质土壤，黏质土壤比较肥沃，耕作难度较大，并且较难通过机械设备对其进行移动。

③ 壤质和粉质土壤不仅具有良好的保湿性，而且也易于排水，通常情况下，壤质和粉质土壤比较肥沃，而且具有一定的易于耕作性。但是易于受到机械处理设备的破坏，尤其是粉质土壤。

有卵石和砾石存在时，通常会削减土壤的实际体积，大于 50～60mm 的卵石和砾石会对耕作造成影响。

G.3 土壤结构

土壤结构指的是土壤团聚体的形状、大小以及团聚度，适当情况下，还包括自然或者人工形成结构单元（自然结构体，块状和片状结构）的主要土壤颗粒结构。结构体是一种自然形成的，具有相对永久性的团聚体，相互之间通过空隙或者自然表面缺陷分隔开来。由于耕种或者霜冻而在地面所形成的非永久性团聚体、块状或者片状结构并不是真正的自然结构体（McLaren & Cameron，1990）。

土壤的生产力及其对处理方式的反应程度，在很大程度上取决于其土壤结构。可能受到土壤结构影响的因素包括孔隙空间、通风条件、排水条件、根系生长和作业的容易度。在含有球状团聚体的土壤中，其结构体之间的空隙空间比较大，且渗透性较好，相对而言，该类型土壤比块状土壤的结构状况更为理想。关于土壤结构的现场描述，可以显示出团聚体的形状、排列形式、大小、团聚特点及其耐久性。可以根据以下几方面，对结构体进行描述：

① 土壤结构等级——构成结构体的土壤体比例；

② 土壤结构种类——每一种结构类型内部的结构体大小范围；

③ 土壤结构类型——结构体的形状与排列形式。

良好的土壤结构不仅能够提供足够的孔隙空间，以便于多余的水分可以向下渗透促进植物根系生长，同时还可以提供保持水和空气的微细毛孔，以维持植物生长。土壤的恢复工作，土壤结构是最容易被破坏的土壤性质。破坏程度取决于土壤结构的类型与相关条件，尤其是土壤内的水分含量。

G.4 土壤结持度与塑性指数

土壤结持度是指土壤的内在性质，通过土壤材料黏结在一起的方式及压力下的变形或破裂程度来表示。土壤结持度在很大程度上取决于黏结土壤材料的凝聚力和黏合力的类型，而土壤内的水分含量对黏结的土壤凝聚力与黏结力会产生很大的影响。不同的土壤结持度，土壤相态也不尽相同：松散或者无黏聚力，易碎或是非常坚固。

塑限（plastic limit，PL）指的是土壤的含水量（重量分析），在此临界点，土壤将由酥性转变为具有塑性。因此，塑限代表了土壤呈现塑性的最低含水量，同时也是土壤保持酥性的最高含水量。塑限又称为“下塑限”，可以通过下述方式测定塑限，即搓滚细磨土壤样本，保持其为直径 3mm 长条而无任何裂缝时，测量土壤样本内的水分含量。

流限是土壤呈液态流动的最低含水量（重量分析）。它是酥性土壤向黏稠性液体转变临界点含水量。流限又称“上塑限”，塑性指数是上塑限与下塑限含水量的差值（Wild，1988）。

G.5 孔隙度和根系

土壤孔隙度是由土壤中各种缝隙，通道以及其他土洞的形状、大小和丰度决定的，其中缝隙、通道以及其他土洞可以通称为土壤孔隙。孔隙度主要是指土壤结构单位中的空隙，严格来讲，应将其称为结构孔隙度。土壤孔隙度在很大程度上受土壤结构类型的影响，同时，根系的生长，蚯蚓和其他土壤微生物的活动也会对土壤孔隙度造成影响。通过土壤容重和颗粒密度，可以间接地测定土壤孔隙率。土壤容重可以定义为每单位体积烘干土壤的质量，其主要取决于组成土壤颗粒的密度以及堆叠形式。土壤容重的取值范围为：对于有机物含量高的土壤，其土壤容重$<1t/m^3$；对于团聚度较好的壤质土壤，其土壤容重可以达到1.0～1.4t/m^3；而砂土与压实层的土壤，其土壤容重大约为1.2～2.0t/m^3（White，1979）。土壤的恢复操作将会对土壤容重产生影响，尤其是根系伸入到经过压实的土壤后。对于植物生长必不可少的水分和养分含量，将随着土壤深度而发生变化，这种情况下，可能会对地表根系系统表面积有影响（Mclaren & Cameron，1990）。

孔隙度和孔隙大小分布对土壤的渗透性及其水气比具有决定性作用，因此，对于土壤通气性和排水体系来说，孔隙度和孔隙大小也是非常重要的考虑因素。土壤处理操作，尤其是储存处理，会破坏土壤的孔隙度。

G.6 土壤的化学性质

土壤内含有植物生长所需的一系列大量和微量（或痕量）营养元素。这些营养物质大部分通过土壤溶液，被植物的根系所吸收。虽然土壤中的营养元素不尽相同，但是这些营养元素只能通过土壤溶液被植物吸收。有些土壤可能缺乏一种或者多种植物所需的营养物质，从而便会对植物的生长产生影响。土壤溶液的组成成分及其浓度是多种多样的，这主要取决于土壤的特性，如母质、施加的肥料、pH值、植物吸收和水分含量。

G.7 土壤颜色，有机物和斑驳层

土壤颜色是最明显和最容易确定的土壤特性。土壤颜色一般不会直接影响土壤的功能特性，但是大多数情况下，可以根据土壤颜色推断出土壤的功能特性。通过土壤颜色也可以推断出土壤中的有机物含量。土壤内的有机物质源自绿色植物、动物残渣和排泄物，这些物质沉积在地表，并在不同程度上与矿物成分混合。

大多数土壤的含水量会对土壤颜色产生影响，通常情况下，土壤层的基本颜色可以在一定湿度下通过刚刚破裂的土壤团聚体进行测定。某些土壤层可能出现斑驳，区域土壤颜色也可能与该土壤层的整体背景颜色略有差异。最常见的斑驳形式是生锈的颜色，这是由于排水条件较差造成的；但是也会存在其他形式的斑驳。斑驳是表现土壤水分状况有关的重要的因素，因此，应当仔细观察土壤斑纹情况。通常，应当记录斑驳的丰度，颜色，大小和差异性，以及斑驳边界的锐度。

G.8 土壤容重

容重测量是测量土壤处理作业是否成功的一个重要指标。应当测量不同土壤层的基准容重，以便于与恢复后数值相比较。一般情况下，原状表层土的典型容重为 1.0～1.8t/m³，这主要是由其土壤的质地和条件决定的。容重与深度成正比，例如：压实砂质壤土下层土的容重大约为 2.0t/m³。粗质土壤的孔隙度往往较低，这是由于其土壤颗粒的紧密排列造成的，但是在粗质土壤中，可能会出现单个较大的孔隙。质地、容重和孔隙度的之间关系，见表 G.3。

表 G.3 矿质土壤中质地，容重和孔隙度之间的关系

质地类型	容重/(t/m³)	孔隙度/%	质地类型	容重/(t/m³)	孔隙度/%
砂土	1.55	42	粉质壤土	1.15	59
砂质壤土	1.40	48	黏质壤土	1.10	59
细砂壤土	1.30	51	黏土	1.05	60
壤土	1.20	55			

土壤孔隙可以为气体交换、水分运动和根系穿透提供空间。土壤对于根系生长的机械阻抗，以及由于排水条件差而产生的低氧气环境，都可能会造成作物减产，并降低其性能。通常当容重增加到 1.2t/m³ 以上，便可以检测到根系分布的损伤。根系有可能无法穿透容重大于 1.46t/m³ 的重质黏土，或者容重大于 1.75t/m³ 的砂质土壤。根据土壤质地，粗碎体含量，以及植物种类，造成根系穿透能力完全损失的容重大约为 1.8t/m³（Ramsay，1986）。

只有当土壤含水量低于塑限时，才能对其进行转运作业。然而，温带气候区域的底层土一般不会达到这种干燥条件。在这种情况下，建议预先除去表层土和草皮，并通过蒸散和暴露对底层土进行干燥。

附录 H：大体积土壤转运设备

表 H.1 土壤转运作业的设备

起重设备	运输设备	摊铺设备	优 缺 点
前端式装载机	自动倾卸卡车	轻型推土机或者反铲铲土机	-采用轮式或履带式设备，且抓斗容量为 1～2m³ -挖起土壤时，铲土压力较低， -只靠重力装载到卡车上，易造成土壤混合 -相对于多变的浅层土壤，能够更有效地处理深层土壤 -前端式装载机不能驶入正在处理的土壤层 -调节范围受转弯半径和抓斗臂长的限制，易于对土壤层造成非法操作 -相对于表层土，更适于运输底层土 -使用推铲和挖起操作
反铲挖掘机	自动倾卸卡车	安装于拖车轨道上的轻型推土机或者反铲铲土机	-作业范围可达到 9m -360°转角 -在固定点操作，具有良好的灵活性 -使用推铲和挖起操作
推土机	推土机	推土机	-活动范围有限 -对土壤施加较大水平力，尤其是对于靠近铲刀下部的土壤，或者进行上坡操作时 -静态接地压力为 0.25～0.5kg/cm² -即使在接地压力较低的情况下，也可能会压实土壤 -使用推铲和挖起操作

续表

起重设备	运输设备	摊开设备	优　缺　点
吊铲抓斗	自动倾卸卡车	轻型推土机或者反铲铲土机	-使用小型吊铲抓斗 -360°转角与吊杆结合，使得在一个履带式设备通道上便能够实现较大范围的土壤操作 -对土壤的损害最小 -使用设备进行拉动操作时，需要固定好设备在工作土壤上的位置
反铲铲土机	自动倾卸卡车	轻型推土机或者反铲铲土机	-作业范围可达到 10m -铲容量约 $1.5m^3$ -准确性高，可移动 -工作效率较高，以补偿抓斗容量 -从地势较低的土壤开始操作，能够避免压实土壤 -使用设备进行拉动操作时，需要固定好设备在工作土壤上的位置
铲土机	铲土机	铲土机	-设计结构独特，将土壤提升，运输和摊铺功能集于一体 -通常为自走式，或者通过其推土机产生的推力进行拖曳 -压实或者拖尾效应明显 -铲土机在需要运移的土壤表层上进行操作，因此，每一次填充与上排空操作都会涉及在运移土壤上移动 -空铲土机净重为 60t，装载重量 100t -静态接地压力约 7～8kg/cm^2 -铲土机的工作深度为 15～30cm -使用铲土机时，必须确保土壤（表层土和底层土）处于干燥状态，并具有最高的承载力 -铲土机上可以安装铲齿，以增加铲取力 -要求实施详细的规划和严格的监督
铲土机	自动倾卸卡车		-采用认可的方法运送土壤 -将土壤卸载到卡车上，以及后续将其堆填到地面上时，应避免对土壤造成破坏，同时，这些操作还助于打破板结层 -应尽量减少卡车在暴露的土壤中经过 -在土壤提升和摊开过程中，可以将卡车和长臂挖掘机结合使用，以避免卡车在土壤层上行驶 -可能会导致与石质土壤隔离

资料来源：根据 Ramsay，1986。

附录 I：堆制肥料

在堆肥过程中，为达到令人满意的效果需要使用到各种肥料。成功堆肥的基本要求包括：

（1）含碳物质与含氮物质的比率范围为（15∶1）～（40∶1）。如果该比率低于 15∶1，堆肥处理中就会释放氨，从而产生气味问题。如果上述比率高于 40∶1，堆肥过程就会减慢甚至停止，这是由于没有足够的营养维持细菌生长造成的。

（2）堆肥堆或料堆内必须有木质材料（膨胀）形成的结构，以便于空气和水分的渗透，以及二氧化碳和水蒸气的挥散。如果缺乏上述结构，压实的堆肥材料中便无法渗入空气，此时，堆肥材料易于发生厌氧分解，从而便会产生气味问题和渗滤液。

（3）施用于废物堆积风干处理（windrowing）和熟化中的控制措施是确定最终产品的重要因素。

（4）输入材料的质量，会对最终产品的质量产生影响。

堆肥计划中将用到的基本原料，见表 I.1。

表 I.1　堆肥适用材料

材料来源	描　述	优　缺　点
家庭蔬菜、水果与园林废物（VFG）	此类废物包括蔬菜外皮，丢弃的水果和蔬菜，花卉剪枝，割草，树篱剪枝，修枝，杂草，树叶和死枯植物	-应单独收集这些废物： -排除某些植物作为堆肥使用，例如大黄，其叶子内的草酸含量较高 -应清除堆肥中碎砖、石头和玻璃 -小规模的堆肥计划可能无法达到足够的温度，以使种子和恶性杂草失去生命力
城市/私人公园和景观产生的废物或绿色废物（CGW）	由于环境美化而产生的废物，如修枝、剪枝、草等	-避免杂物或非植物废料对此类材料的污染 -该类材料是堆肥所需的含碳结构材料的有效来源 -需要将此类材料粉碎
食品加工产生的废物	由蔬菜或者水果加工厂所产生的废物，如罐头、冷冻厂、果汁提取厂等	-此类材料具有较高的含氮量和含水量，是木质废物的理想混合物，而且混合后可获得合适的 C/N 比例 —一般来说，此类废物品质较高，未受病菌和化学污染，是堆肥材料的理想来源 -堆肥堆或料堆内缺乏木质材料结构，易于形成厌氧条件，产生气味问题 -由于负载问题，需要与木质材料迅速混合，并需要频繁的翻动，使之通气
动物垫料与厩肥	由动物垫料所产生的废物，含有尿粪便、秸秆和/或废纸	-此类材料本身便可以作为堆肥的基本材料 -该种类型的材料堆肥，可用于蘑菇生产 -该材料具有较好的堆肥条件，但是木质素含量较高，经过高温阶段完全物理分解以后，堆肥赖于依靠真菌生长 -可与其他植物废料混合，有助于加快堆肥过程
猪和家禽粪便	集约化农业生产所产生的废物	-氮含量较高 -将少量此类材料添加至植物碎料废物中，可以提高 C/N 比 -此类材料过多时，易于产生氨，从而引起气味问题
污泥	采用此类材料堆肥时，通常与绿色废料、稻草、石灰、废纸或者木屑混合，以便于堆肥堆膨胀	-含有大量有机物、氮和磷 -养分释放缓慢，可以避免在植被定植之前出现衰退 -堆肥从根本上改变了污泥的物理性质，并消除了许多不良因素，如气味等 -最终产品的质量依赖于混合材料的质量 -采用隔离的混合材料源，可以产生优质的堆肥料，避免玻璃、重金属与尖锐碎片的污染 -存在市民接受程度的问题 -需要分析重金属的含量水平 -储存过程中的杂草污染 -户外存储堆肥料时，应用过程中有可能会产生操作问题

附录 J：树篱管理

本节对树篱的种植、栽培和管理的一般原则进行了描述。种植树篱之前，还应当征求有关专家的建议。

（1）在爱尔兰，最常见的树篱物种包括山楂、榉木、山梨树、接骨木、黑刺李、冬青、沙果树、普通女贞、榛树、桤木以及攀爬物种，如荆棘、犬蔷薇和金银花。

（2）树篱种植所需的土壤条件与其他植物相同，通常采取下列其中一种种植方式，包括应沿着拟定树篱栽种线的铲隙栽植，或者穴状栽植（挖掘大约300mm深、250～300mm宽的沟穴，并利用挖掘出来的土壤回填）。任何情况下，应在每一米的长度上至少种植5棵两年生移栽植物（高度为450～600mm）。当需要高密度种植树篱时，可以采用两排平行交错的种植方式，此时，两排之间的间距为300mm，每米长度上应种植6～10棵移栽植物。

（3）应当避免新栽种的树篱受家畜，野生动物或者机械设备的破坏。

（4）应分阶段管理树篱，促进产生不同的树篱高度、生长阶段与形式多样化。

（5）应于12月，1月和2月，轮流修剪绿篱，以减少对野生动物的影响。不应当修剪已作为树篱一部分的高大成熟的树木。

（6）高度为1.8～2.0m、底部宽度为2.5m的A字形树木，最适于野生动物；应注意经常修剪遮蔽树篱，以便于其向高处生长，两侧平整。

附录K：废物填埋场上的树木栽植

影响树木根系生长的土壤条件主要有四种，分别为机械阻力、通气性、肥力和水分。机械阻力和土壤通气性是限制根系垂直生长的最重要的两个因素。随着根尖附近生长组织内部不断形成新的细胞，根系的长度也在不断增加，新细胞的数量越来越多，致使根尖伸长。因此，根系生长所能承受的压力是可以衡量的，包括轴向和径向（通过调查多种不同类型的植被，发现根系生长的最大压力为0.7～2.5MPa）。土壤条件不利时，根系压力便会大大降低。在根系生长的过程中，锚固也是其抵抗土壤基质压力必不可少的条件之一。相对于粗质土壤，根系在细质土壤中的锚固作用较好，但是要求细质土壤处于未饱和状态。

1997年，Bending与Moffat根据其研究结果，得出如下结论。

（1）种植于原状森林土壤中的树木，其根系通常相对较浅，但生长范围极为宽泛，从树干向外延伸的侧根长度可达整个树身高度的1～3倍。一般情况下，大约90%的树木根系都可以延伸至地面以下1～2m，几乎包括所有地面高度为1m以上的大型根系。覆盖范围宽泛的侧根体系，可以从树干向外延伸至整个树身高度1～3倍的距离。图K.1显示了典型的树根构型。

（2）厚度为1.0m、容重为1.8～1.9t/m^3，且渗透能力为1×10^{-9}m/s的压实黏土层，可以有效地阻止树根的穿透力；但是在废物行业中，该标准所能适用的范围目前还没有确定。在Bending与Moffat的试验中，其所实施的有限的实验室工作表明，含水量对于土壤容重具有决定性的作用，同时他们还指出，对于某些类型的黏质土壤来说，达到阻止根系穿透力所需的容重是有难度的。

（3）聚乙烯膜可以有效地阻止根系的穿透力，而土工布可以在一定程度上显著地减少根系穿透至下层黏土。

（4）除非可以通过现场和实验室物理分析证明黏土层密度能够满足所需的要求，否则应在覆盖系统中安装合成屏障层，以改善林地种植区域内黏土覆盖层的效果。

侧根体系覆盖范围较为广泛，可以从树干向外延伸至整个树身高度1～3倍的距离。
通常情况下，99%的成树根系生物量均分布于表层土当中。

图K.1　典型树根构型图示（按比例绘制）

（5）任何情况下，如果在黏土覆盖层上安装排水层，则应当在排水层上方与操作区域地面下方之间安装水渗透性土工膜。

（6）树根不会造成黏土覆盖层干燥开裂，这是因为树根无法在黏土层中汲取足够的水分，从而使黏土覆盖层产生显著萎缩。

（7）成土材料可以为树木提供非常好的生长环境，但是，在指定的树木种植区域内使用表层土和底层土，不仅可以增加树种的多样性，而且还可以促进树木的生长。适当条件下，应当将表层土和底层土放置于成土材料之上，其深度至少距离地表200～300mm（放置后）。采用合成屏障层时，表层土和底层土（可以包含一定百分比的成土材料）的总厚度应至少为1.0m，但是其他条件下，该厚度应为1.5m。

（8）可能导致树木种植不成功的废物填埋场因素包括土壤压实（包括底层土和/或表层土）、水浸、干旱、土壤层较浅和土壤贫瘠。

附录L：适合于废物填埋场的大型和中型树种

大型和中型树木较易适应废物填埋场的种植条件。根据树木对废物填埋场的适应度，将其种类分为P—首选物种，T—可选物种，S—敏感物种（*表示本地物种）。

树　　种	高度(m)(生长20年)	现场条件				说　　明
		湿度	干燥度	酸度	碱度	
阔叶树种						
梣木* 拉丁名：*Fraxinus excelsior*	7	S	P		P，T	喜欢阴凉，排水条件好的肥沃土壤
山杨树* 拉丁名：*Populus tremula*	8	P，T	S	P，T		在贫瘠的土壤中生长良好，吸收能力好，易于形成树林

树　　种	高度(m)(生长20年)	现场条件				说　明
		湿度	干燥度	酸度	碱度	
榉木 拉丁名:*Fagus sylvatica*	5		P,T		P,T	阴性树木,易于形成浓密的树阴
普通桤木* 拉丁名:*Alnus glutinosa*	8	P,T	S	P	S	具有固定氮素的作用,在潮湿的地方生长良好,并利于野生动物生存
白桦树* 拉丁名:*Betula pubescens*	8	P,T	S	P,T		可以在贫瘠的,没有采取遮蔽措施的土壤中生长
洋槐 拉丁名:*Roninia pseudoacacia*	6		P,T	P,T	S	该树木适于美化市容
灰赤杨 拉丁名:*Alnus incana*	8	P,T	S	P,T	S	具有固定氮素的作用,在干旱的土壤中生长良好
意大利桤木 拉丁名:*Alnus cordata*	9	P	T		P,T	
栎树* 拉丁名:*Quercus robur*	5	P	S	P	S	只适合生长在肥沃的土壤中
挪威枫树 拉丁名:*Acer plantanoides*	7	P	S		P,T	环境美化的优选树种,喜欢深层、湿润的碱性土壤
赤杨木 拉丁名:*Alnus rubra*	9	P		P,T		具有固定氮素作用
红橡树 拉丁名:*Quercus rubra*	6	P	S	P,T	S	适于美化市容,丰富秋天的色彩
无梗花栎* 拉丁名:*Quercus petraea*	5	S	P,T	P,T		相对于硬质土壤,更适于生长在质感较轻的土壤中,具有较高的市容美化价值
白桦树* 拉丁名:*Betula pendula*	9		P,T	P,T	S	生长速度快,有效的覆盖作物,可以在贫瘠的土壤中生长
小叶椴木 拉丁名:*Tillia cordata*	6	P	S		P	
瑞典花楸树 拉丁名:*Sorbus intermedia*	7	S	P		P	可以在污染的空气中生长,具有市容美化价值
悬铃树 拉丁名:*Acer pseudoplatanus*	8	P	T	S	P,T	可以暴露于污染的空气中,利于野生动物的生长
针叶树种						
科西嘉松 拉丁名:*Pinus nigra var maritima*	8		P,T	S	P,T	适宜种植的土壤类型较多,可以种植在沿海地区,低于250m O.D
枞树 拉丁名:*Pseudotsuga menziesii*	8	P		P		适于种植在暴露的、湿润的土壤环境中,易受风倒之害,不喜欢干旱和石灰岩土壤环境
欧洲落叶松 拉丁名:*Larix decidua*	8	P	S	P		极具市容美化价值,利于野生动物生长,喜欢干旱的土壤环境,可开发利用林冠下区域
杂交落叶松 拉丁名:*Larix x eurolepis*	9	P	S	P	S	特性介于欧洲落叶松与日本落叶松之间

续表

树　　种	高度(m)(生长20年)	现场条件				说　　明
		湿度	干燥度	酸度	碱度	
日本落叶松 拉丁名:*Larix kaempferi*	9	S	P	S	P,T	极具市容美化价值,利于野生动物生长,喜雨水
黑松 拉丁名:*Pinus contorta*	7	P,T	S	T	P	在湿润或者贫瘠的土地上生长良好
挪威针杉 拉丁名:*Picea abies*	9	P	S	P		不宜暴露在风中
欧洲赤松* 拉丁名:*Pinus sylvestris*	7		P	P,T	S	具有市容美化价值,在贫瘠、未采取遮蔽措施的土壤中生长良好
北美云杉 拉丁名:*Picea sitchensis*	9	P,T		P		可种植在多种类型的土壤环境中,但是干旱与碱性土壤除外

资料来源：根据 Bending 和 Moffat，1997。

附录 M：适于废物填埋场种植的小型树木

在恢复后的废物填埋场上可以种植小型树木。根据树木对废物填埋场的适应度，将其种类分为 P—首选物种，T—可选物种，S—敏感物种（*表示本地物种）。

树　种	高度(m)(生长20年)	现场条件				说　明
		湿度	干燥度	酸度	碱度	
阔叶树种						
稠李* 拉丁名:*Prunus padus*	4	P,T	S	S	P	秋天的颜色很美,但生长期较短
黑刺李* 拉丁名:*Prunus spinosa*	3	S	P	S	P	可形成茂密的灌木丛,可美化春天和秋天环境
假叶树 拉丁名:*Cytisus scoparius*	2	S	P,T	P,T	S	具有市容美化价值,利于昆虫生长
蝴蝶树 拉丁名:*Buddleia davidii*	2		P	S	P	经常在花园里种植,利于蝴蝶树生长
普通沙棘 拉丁名:*Rhanmus cathartica*	2	S	P		P	
沙果树* 拉丁名:*Malus sylvestris*	3	P	S	P	S	常见于灌木丛中
普通茱萸 拉丁名:*Cornus sanguinea*	2		P		P,T	
接骨木* 拉丁名:*Sambucus nigra*	3	P	S	S	P,T	利于野生动物生长,常见于原状土壤
山楂树* 拉丁名:*Crataegus monogyna*	4	S	P	S	P	常见于灌木丛中,极具市容美容作用,春天开白色的花朵,秋天结红色的山楂果
普通女贞 拉丁名:*Lingustrum vulgare*	3	S	P	S	P	

续表

树　种	高度(m) (生长20年)	现场条件				说　明
		湿度	干燥度	酸度	碱度	
普通白面子树* 拉丁名:*Sorbus aria*	6		P,T	S	P,T	可以种植在暴露的沿海土壤环境中,具有市容美化价值
犬蔷薇 拉丁名:*Rosa cania*	1.5	S	P	S	P,T	
栓皮槭 拉丁名:*Acer campestre*	5	P	S	P,T		具有较高的自然保育和景观价值
狗玫瑰 拉丁名:*Rosa arvensis*	1	S	P	P	S	
野黑樱桃* 拉丁名:*Prunus avium*	6	S	P		P	适宜种植在肥沃的土壤环境中,喜阳光
黄花柳 拉丁名:*Salix caprea*	4	S	P	S	P	适于潮湿的土壤环境
绿赤杨 拉丁名:*Alnus viridis*	2	P	S	P	S	
灰毛柳 拉丁名:*Salix cinerea*	4	P,T	S	S	P	
绣球花 拉丁名:*Viburnum　opoulus*	2	P			P	
榛树* 拉丁名:*Corylus avellana*	3	P	S	S	P	利于野生动物的生长
冬青树* 拉丁名:*Illex aquifolium*	3	S	P,T	S	P,T	利于野生动物的生长
山梨树* 拉丁名:*Sorbus aucuparia*	6	P,T	T	P,T	S	耐寒,适于种植于暴露的土壤环境中,利于野生动物的生长
沙棘果 拉丁名:*Hippophae　rhamnoides*	2.5		P,T		P,T	具有市容美化的功能,可防风固沙
桫椤 拉丁名:*Euonymus　europaeus*	2.5	P			P	具有市容美化的功能
绵毛荚蒾 拉丁名:*Viburnum　lantana*	2.5		P		P	

资料来源：根据 Bending & Moffat，1997。

附录 N：树木种植的时间安排和方法

树木种植应遵循下列准则。

（1）如果有必要在早期种植树木，那么填埋气体工程师、景观设计师和恢复运营商之间应当保持密切的联系，以确保安装、修补与监测工作的可操作性，并尽量减少对恢复区域的破坏。井口周围应留有足够的工作区域。

(2) 种植树木时，应确保其处于休眠状态，树木的休眠期通常为深秋以后与来年早春以前（即三月底之前）。对于阔叶树和某些针叶树来说，最适宜的种植时间是秋天。当选择在冬季种植树木时，应避免寒冷的天气可能对树木造成的损害。应指派经验丰富的工作人员种植树木，并实施后续的维护工作。

(3) 适当情况下，可以改变林地种植密度。可以采用比较密集的种植间距，如1m或者更少，以便于提高林冠郁闭度，从而为林地地表植物定植（或者引入）创造适宜的条件。同时，高密度种植的树木也可以较快地形成致密的防渗屏障。虽然较高的种植密度是可取的，但是这种情况下，会大大提高种植成本与维护成本。鉴于此，建议树木的种植间距为1.6m和1.8m，而木本灌木的种植间距为0.8～1.2m之间，每公顷的树木数量约为4500～5000株，其中10%的面积用于灌木种植（*Bending* 与 *Moffat*，1997）。

(4) 种植间距、树种及其既定用途不同，疏伐要求也会有所不同。表N.1中给出了一个关于疏伐要求的样例。

表N.1 株距和疏伐要求

种植间距	树木数量/hm²	第一次疏伐年份(种植后)
1	10000	3
1.5	4444	7～10
2.0	2500	15～20
3.6	772	25

(5) 可以采用简单的网格形式种植树木，树行之间可以自然交错，也可以采用不对称的树行，甚至可以随机种植。对于指定的非正式休闲区域，林区边缘应为不规则结构，带有海湾与介入的林地半岛。

(6) 对于裸根移栽植物与细胞增殖性根枝，应采用铲隙栽植方式，通常情况下，这是首选的种植方法。图N.1给出了裸根移栽植物的铲隙栽植方法。采用铲隙栽植时，需要用铁锹在土壤中挖掘一个狭槽，然后把栽植的树木连同其根系插进狭槽里，树木的根系应尽量散开，最后再将树木固定在土壤中。在苗圃种植的过程中，应确保树木的种植深度保持在同一水平。翻松底层土时，应将栽植的树木放置在扰动土壤中，距离翻松线一侧30cm。

(7) 在无需耕作的土壤环境和在干旱的土壤环境中，可以考虑采用穴状栽植，以便于使栽种的植物根系更好的生长。在上述土壤环境中，采取穴状栽植能够确保实现较高的种植质量，提高植物的存活率。穴状栽植比铲隙栽植的成本高。

(8) 每株栽植的树木周围大约1m的范围内，不允许存有杂草。树木应当种植在栽种带的中间位置。杂草控制应仅次于栽种带控制。通过使用除草剂，或者通过耕种和覆盖地膜等方式，确保栽种树木周围无杂草出现，并采取适当的维护措施。

(9) 在树木栽种后的2年内，应在栽种区域内补齐树苗，即确保种植率达100%。而对于商品林来说，树木种植一年后达到85%的种植率即可，无需补种。

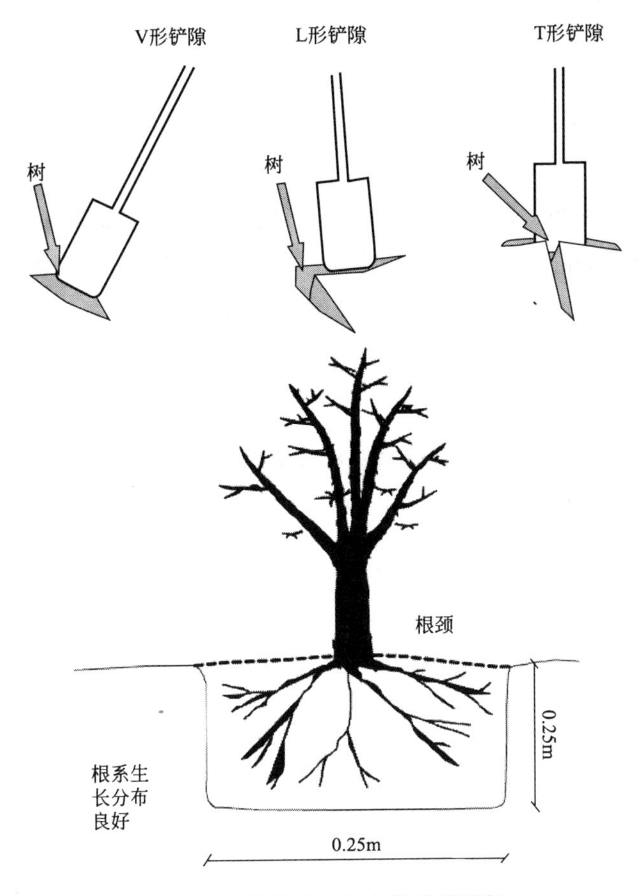

图 N.1　铲隙栽植与穴状栽植图解

（资料来源：Dobson & Moffat，1993）

附录 O：树木保护

应当对树木实施适当的保护措施，以免其遭到动物（家兔、野兔、牛、绵羊、山羊等）的破坏。面积较大的林地可采用适当的防牲畜/兔围栏。当在小面积地块或者在狭长的开阔地带种植树木时，采用单独的围栏比使用防护管的效果要好。单独的防护管不适用于大面积的种植区域。此外，栽种的树木上可能会产生较多的害虫，但是，开放的种植区域通常不存在这种危险。防护管不但会产生较高的安装和维护成本，而且种植于防护管上的树木也可能会受到暴露或者辐射的严重危害。

可用的树木防护措施种类繁多，应根据现场条件选择最适当的防护类型。目前，可用的树木防护措施如下。

（1）螺旋式防兔围栏　对于经常有兔子出没的场地比较适用，但是该装置对牲畜起到阻拦作用，大多数情况下，只能使用鞭子或者较大的树枝轰撵。

（2）塑料防护网　由不同高度和不同直径的聚乙烯塑料网格管组成，并由一根支杆支撑。该装置可以对大多数动物起到隔离作用，并可用于各种规模的幼苗或者成树种植场地。

（3）塑料管　可纵向分割，而且其自身可以分裂，以形成更小的、直径约为 50mm，高度约为 200mm 的防护管。为确保取得较好的防护效果，应当将塑料管推入地面至少 5mm。

（4）护树网套　半透明的塑料管，高达 2m，既可以用于提高树木的增长速率，又可以防止动物对树木的破坏和除草剂的飘移，此外，还可以在其环形范围内阻拦电动割草机。有些观点指出，采用该方法有可能会造成树木无法在暴露环境中生存。待其自然解体后，应拆除护树网套，一般需要 5～10 年的时间。

附录 P：草和野花的种类

表 P. 1 中列出了一些可以播种的草和野花的种类，可以建成单独的野花区域，也可以花草混播，形成缀花草地。应当根据现场的实际情况，本地植被和土地恢复利用等因素，选择适合播种的草和野花的种类。播种时应当选择爱尔兰本地的野花种子与爱尔兰常见的草种，同时应确保所选用的野花种子与草种适合在草场与牧场种植。选择野花种子和草种时，见表 P. 1，同时应当征询专家的意见。

表 P. 1　草和野花的种类列表

	名　称	学　名
适于草场与牧场的草类	小糠穗草	*Agrostis canina*
	鸭茅，也称鸡脚草、果园草	*Dactylis glomerta*
	霞糠穗草	*Agrostis tenius*
	洋狗尾草	*Cynosurus cristatus*
	草甸羊茅	*Festuca pratensis*
	狐尾草	*Alopecurus pratensis*
	草地早熟禾	*Poa trivalisis*
	早熟禾，别名：肯塔基早熟禾、肯塔基蓝草、蓝草等	*Poa pratensis*
	黄花茅	*Anthoxanthum odoratum*
	猫尾草	*Phleum pratense*
适于草场与牧场的野花类	百脉根花	*Lotus corniculatus*
	蝇子草	*Silene vulgaris*
	天蓝苜蓿	*Medicago lulpulina*
	球根毛茛	*Ranunculus bulbosus*
	虎耳草属	*Primpinella saxifraga*
	莲香报春花	*Primula veris*

	名　称	学　名
适于草场与牧场的野花类	野绿豆，或野菜豆	*Vicia sativa*
	药蒲公英	*Traxacum officinale*
	欧洲山萝卜	*Knautia arvensis*
	大矢车菊	*Centaurea scabiosa*
	狮齿属的一种普通的野花；生长在温带的欧亚地区至地中海地区	*Leontodon spp*
	称疗伤绒毛花	*Anthyllis vulneraria*
	黑矢车菊	*Centaurea nigra*
	蓬子菜	*Galium verum*
	草甸碎米荠	*Cardamine pratensis*
	牛至花	*Origanum vulgare*
	毛茛	*Ranunculus acris*
	六瓣绣线菊(蔷薇科)	*Filipendula vulgaris*
	南茼蒿	*Chrysanthemum segetum*
	剪秋罗	*Lychnis flos-cuculi*
	红车轴草	*Trifolium pratense*
	披针叶车前	*Plantago lanceolata*
	夏枯草	*Prunella vulgaris*
	酸模	*Rumex acetosa*
	贯叶连翘	*Hypericum perforatum*
	腋花女娄菜	*Melandrium noctiflorum*
	野胡萝卜	*Dancus carota*
	欧蓍草	*Achillea millefolium*
	羽冠鼻花	*Rhinanthus crista-galli*

附录 Q：湿地和池塘的物种列表

表 Q.1　适于湿地和池塘的物种列表

植　被　区	学　名	名　称
水生植物	*Callitriche* sp.	水马齿
	Elodea canadenis	＊伊乐藻
	Hydrocharis morus-ranae	冠果草，水鳖科
	Lemna spp.	浮萍
	Myriophyllum sp.	狐尾藻
	Nymphaea sp.	＊睡莲
	Potamogeton sp.	水池草
	Ranunculus aquatilis	水毛茛
	Zannichellia palustris	角果藻
边界植物	*Angelica sylvestris*	峨参，伞形科
	Caltha paustris	驴蹄草(马蹄草，马蹄叶)
	Cardamine pratensis	草甸碎米荠
	Chrysanthemum segetum	南茼蒿
	Eupatorium cannabinum	大麻叶泽兰
	Filipendula vulgaris	六瓣绣线菊(蔷薇科)
	Geum rivale	紫萼路边青
	Iris pseudacorus	黄鸢尾

续表

植 被 区	学 名	名 称
边界植物	*Juncus* sp.	藺草
	Lotus uliginosus	大鸟足拟三叶草
	Lychinus flos-cuculi	剪秋罗
	Lysimachia vulgaris	黄连花
	Lythrum salicaria	千屈菜
	Mentha aquatica	水薄荷
	Narthecium ossifragum	纳茜菜科
	Phalaris arundinacea	* 虉草
	Phragmites communis	* 芦苇
	Polygonum amphibium	两栖蓼
	Pulicaria dysenterica	止痢蚤草
	Rhinanthus crista-galli	佛甲草
	Sparganium erectum	* 三稜草
	Sagittaria sagittifolia	冠果草
	Scripus lacustris	莎草科
	Typha latifolia	宽叶香蒲
	Typha angustifolia	* 水烛香蒲
草	*Agrostis stolonifera*	本特草,或四季青
	Alopecurus geniculatus	水狐尾
	Alopecurus pratensis	狐尾草,或大看麦娘
	Anthoxanthum odoratum	黄花茅
	Cynosurus cristatus	洋狗尾草
	Deschampsia cespitosa	小穗发草
	Poa trivalisis	草地早熟禾
树	*Alnus* sp.	桤木属,又称赤杨属
	Betula sp.	桦树
	Quercus sp.	栎树
	Salix sp.	柳树

* 表示该物种有可能成为侵入物种，因此可能需要实施控制措施。

鸣　谢

本局（爱尔兰环保局）希望感谢为本手册的编写做出贡献和审校本手册的人员。参加本手册的编写和准备的本局人员有 Ms Jane Brogan，Mr Gerry Carty 和 Mr Donal Howley。

为了帮助完成本手册，本局成立了审校小组。我们感谢花时间提供有价值的信息、建议以及为本手册的草稿多次提供评论和建设性批评意见的人士。我们感谢下列人员提供帮助：

Mr Sandro Cafolla，Design By Nature
Mr Sarah Carver，3C Waste，Chester UK
Mr Aidan Connolly，John Barnett & Associates
Mr Michael Creegan，Dublin Corporation
Mr Bill Dallas，Enviroplan Services Ltd
Dr Gabriel Dennison，Fehily Timoney & Co.
Mr Sam Dewsnap，Waste Management Ireland
Mr Edmond Flynn，County Engineer，Tipperary S. R. County Council
Prof Jack Gardiner，Department of Forestry，University College，Dubin
Dr Jervis Good，Enviroplan Services Limited
Mr Damien Grehan，Tobin Environmental Services Ltd
Ms Breege Kilkenny，Wicklow County Council
Mr Michael Lavelle，Cork County Council
Dr Brian Leech，Department of the Environment and Local Government
Dr Mike Long，Dept of Civil Engineering，University College，Dublin
Ms Eileen Loughman，Environmental Health Officers Service
Dr Stuart McRae，Wye College，Kent，UK
Mr Willie Madden，MC O'Sullivan & Co. Ltd
Ms Jean Meldon，An Taisce
Mr Bruce Misstear，Dept of Civil Engineering，Trinity College，Dubin
Dr Andy Moffat，Forestry Commission，UK
Mr Billy Moore，Monaghan County Council
Dr John Mulqueen，Teagasc，University College，Galway
Mr Terry Murray，Murray & Associates
Mr Ray O'Dwyer，Tipperary S. R. County Council
Dr Martin O'Grady，Central Fisheries Board
Mr Larry O'Toole，M C O' Sullivan & Co. Ltd
Dr Henk C. Van Ommen，Tobin Environmental Services Ltd

Dr Marinus Otte, Dept of Botany, University College, Dublin

Mr Geoff Parker, KT Cullen & Co. Ltd

Mr Chris Parry, Waste Management Ireland

本局还感谢 Kilkenny 东南地区实验室环境小组委员会的帮助。